高等数学学习指南 第二版

陈明明 聂宏 赵晓颖 魏晓丽 等编著
宋岱才 主审

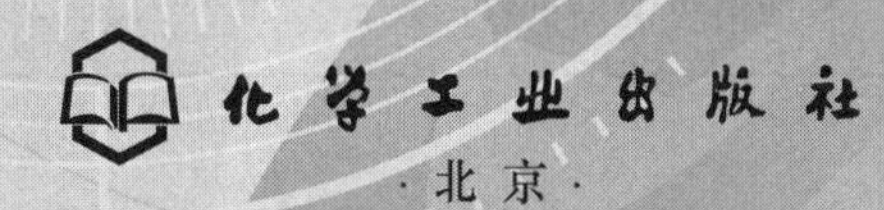

·北京·

本书以教育部制定的《工科类本科数学基础课程教学基本要求》为依据，与同济大学编写的《高等数学》（上、下册）教材相配套.

本书共分十二章，每章内容包括教学基本要求、内容要点、精选题解析与强化练习题（A题、B题），书末附有四套自测题以及强化练习题和自测题的参考答案. 本书将高等数学诸多问题进行了合理的归类，并通过对典型例题的解析，诠释解题技巧和进行方法归纳，帮助读者在理解概念的基础上，充分掌握知识和增强运算能力.

本书可作为普通高等院校理工类专业的教学用书或教学参考书，适合本科生考研学习参考，也可作为高等数学课程学习、训练与提高的参考资料.

图书在版编目（CIP）数据

高等数学学习指南/陈明明等编著. —2版. —北京：化学工业出版社，2017.9（2023.8重印）
21世纪高等学校工科数学辅导教材
ISBN 978-7-122-30378-3

Ⅰ.①高… Ⅱ.①陈… Ⅲ.①高等数学-高等学校-教学参考资料 Ⅳ.①O13

中国版本图书馆CIP数据核字（2017）第186942号

责任编辑：唐旭华 郝英华
责任校对：王 静　　装帧设计：张 辉

出版发行：化学工业出版社（北京市东城区青年湖南街13号 邮政编码100011）
印 装：大厂聚鑫印刷有限责任公司
787mm×1092mm 1/16 印张16 字数417千字 2023年8月北京第2版第7次印刷

购书咨询：010-64518888　　售后服务：010-64518899
网 址：http://www.cip.com.cn
凡购买本书，如有缺损质量问题，本社销售中心负责调换。

定 价：32.00元

前　　言

高等数学作为普通高等院校理工类专业本科生的重要必修课程，历来备受青睐．本课程不仅是其他数学分支的理论基础，而且其课程本身的内容也是非常丰富的，课程在自然科学、工程技术等众多方面都有广泛的应用．通过高等数学课程的学习，能够培养学生的抽象思维、逻辑推理和空间想象能力，使学生能够具备运用数学知识、数学思想和数学工具解决实际问题的能力．

高等数学课程的学习往往因其内容抽象、公式繁多、定理难懂使很多学生产生了畏惧心理，致使大部分学生盲目地去做题，缺乏科学的选择以及归纳梳理，最后很难达到预期的学习目的．编写本书的目的，就是为学生学习高等数学课程提供有益的参考和帮助．

本书包括十二章内容和自测题，每章内容将高等数学课程中诸多问题进行合理归类，帮助读者理解和掌握；并通过精选例题的解析，对解题方法进行归纳，帮助读者增强运算能力；各章的强化练习题和自测题，能够帮助读者进行自我检验．强化练习题分为 A 题和 B 题，更加适用于不同的学习阶段和不同层次的学生．另外，书后附有各章强化练习题和自测题的参考答案和提示．

本书适用于理工类普通高等院校的本科生，特别适合使用同济大学编写的《高等数学》（上、下册）作为教材的学生；对于有志报考研究生的学生也是一本有益的参考书．同时，本书也可作为理工类普通高等院校数学教师的教学参考书．

参与本书编写的有赵晓颖（第一章），郭振宇（第二章），王志敬（第三章），谢丽红（第四章），陈明明（第五章），张钟元（第六章），魏晓丽（第七章），刘晶（第八章），陈德艳（第九章），聂宏（第十章），姜凤利（第十一章），李金秋（第十二章），牛宏（自测题）．全书由陈明明教授组织，并修改定稿．宋岱才教授主审．

本书在编写过程中，得到了辽宁石油化工大学教务处和理学院广大教师的支持和帮助，在此表示衷心的感谢！

由于水平所限，书中疏漏与不妥之处在所难免，恳切希望广大读者批评指正．

编　者

2017 年 6 月

目 录

第一章　函数与极限

本章基本要求

在中学已有的函数知识基础之上，加深对函数概念和性质的理解，会建立简单实际问题中的函数关系；理解极限的概念和性质，了解极限的 $\varepsilon—N$，$\varepsilon—\delta$ 等定义；熟练掌握极限的运算法则，会计算极限；理解无穷小与无穷大的概念，掌握无穷小的比较，会利用等价无穷小求极限；理解两个极限存在准则，重点掌握两个重要极限，并会利用两个重要极限求极限；理解函数连续和间断的概念，会判断间断点的类型；理解连续函数的运算与初等函数的连续性；掌握闭区间上连续函数的性质.

一、内容要点

（一）函数

1. 函数的基本概念

定义 1　设数集 $D\subset R$，则映射 $f:D\to R$ 为定义在 D 上的函数. 记作：$y=f(x)$，$x\in D$. 其中：x 称为自变量，y 称为因变量，D 称为定义域.

定义 2　设函数 $f:D\to f(D)$ 是单射，则它存在逆映射 $f^{-1}:f(D)\to D$，称此映射 f^{-1} 为函数 f 的反函数. 记作：$f^{-1}(y)=x$，$y\in f(D)$.

定义 3　设函数 $y=f(u)$ 的定义域为 D_f，函数 $u=g(x)$ 的定义域为 D_g，且其值域 $R_g\subset D_f$，则函数 $y=f[g(x)]$，$x\in D_g$ 称为由函数 $u=g(x)$ 与函数 $y=f(u)$ 构成的复合函数，变量 u 称为中间变量.

2. 函数的重要性质

（1）有界性. 设函数 $f(x)$ 的定义域为 D，区间 $I\subset D$，若存在 $M>0$，对一切 $x\in I$，都有 $|f(x)|\leqslant M$，则称函数 $f(x)$ 在区间 I 上有界.

（2）单调性. 若对于区间 I 上的任意两点 x_1 与 x_2，当 $x_1<x_2$ 时，有 $f(x_1)<f(x_2)$ $[f(x_1)>f(x_2)]$，则称函数 $f(x)$ 在区间 I 上单调增加（减少）.

（3）奇偶性. 设函数 $f(x)$ 的定义域为 D 关于原点对称，若对于任意 $x\in D$，有 $f(-x)=-f(x)$ $[f(-x)=f(x)]$，则称函数 $f(x)$ 为奇函数（偶函数）.

（4）周期性. 设函数 $f(x)$ 的定义域为 D，若存在正数 T，对任意 $x\in D$，有 $f(x+T)=f(x)$，则称函数 $f(x)$ 为周期函数，T 为周期.

3. 初等函数

（1）基本初等函数. 幂函数、指数函数、对数函数、三角函数、反三角函数这五类函数统称为基本初等函数.

（2）初等函数. 由常数和基本初等函数经过有限次的四则运算和复合运算所构成并用一个式子表示的函数称为初等函数.

（二）极限

1. 极限的概念

定义 4（数列的极限） $\forall \varepsilon>0$，$\exists N>0$，使当 $n>N$ 时，恒有 $|x_n-a|<\varepsilon$，则称 a 为数列 $\{x_n\}$ 的极限．通常说，当 n 趋于无穷时，数列 $\{x_n\}$ 收敛于 a．记作

$$\lim_{n\to\infty} x_n=a \text{ 或 } x_n\to a(n\to\infty).$$

若数列没有极限，则称数列是发散的．

注意　(1) ε 是任意小的正数，否则不足以说明 x_n 与 a 的接近程度；

(2) 对于任意给定的 ε，N 只要存在即可；

(3) 一般情况下，N 与 ε 有关，但 N 并不是 ε 的函数，因为 N 以后的项都可以取成定义中的 N，故 N 并不唯一．

定义 5（自变量趋于无穷大时函数的极限） $\forall \varepsilon>0$，$\exists X>0$，使当 $|x|>X$ 时，恒有 $|f(x)-A|<\varepsilon$，则称 A 为函数 $f(x)$ 当 $x\to\infty$ 时的极限．记作

$$\lim_{x\to\infty} f(x)=A \quad \text{或} \quad f(x)\to A\ (x\to\infty).$$

若将不等式 $|x|>X$ 改为 $x<-X$ 或 $x>X$，则可得到 $\lim\limits_{x\to-\infty} f(x)=A$ 和 $\lim\limits_{x\to+\infty} f(x)=A$ 的定义．

定义 6（自变量趋于有限值时函数的极限） $\forall \varepsilon>0$，$\exists \delta>0$，使当 $0<|x-x_0|<\delta$ 时，有 $|f(x)-A|<\varepsilon$，则称 A 为函数 $f(x)$ 当 $x\to x_0$ 时的极限．记作

$$\lim_{x\to x_0} f(x)=A \quad \text{或} \quad f(x)\to A\ (x\to x_0).$$

若将 $0<|x-x_0|<\delta$ 改为 $x_0-\delta<x<x_0$，则称 A 为函数 $f(x)$ 当 $x\to x_0^-$ 时的左极限．记作

$$\lim_{x\to x_0^-} f(x)=A \quad \text{或} \quad f(x_0-0)=A.$$

类似地，可以定义 $f(x)$ 当 $x\to x_0^+$ 时的右极限 $\lim\limits_{x\to x_0^+} f(x)=f(x_0+0)=A$．

注意　(1) $\lim\limits_{x\to\infty} f(x)=A \Leftrightarrow \lim\limits_{x\to-\infty} f(x)=\lim\limits_{x\to+\infty} f(x)=A$.

$\lim\limits_{x\to x_0} f(x)=A \Leftrightarrow \lim\limits_{x\to x_0^-} f(x)=\lim\limits_{x\to x_0^+} f(x)=A$.

(2) 在以后的问题叙述中，若 $x\to x_0$ 和 $x\to\infty$ 时结论都成立，则极限符号简记为 lim.

2．极限的性质

性质 1（唯一性）　若极限存在，则其值必然唯一．

性质 2（有界性）　若数列 $\{x_n\}$ 有极限，则其必然有界．（此性质对函数而言为局部有界性）

性质 3（保号性）　若 $\lim\limits_{x\to x_0} f(x)=A$，且 $A>0$（$A<0$），则必存在 $U(x_0,\delta)$，使 $f(x)>0[f(x)<0]$．若在 $U(x_0,\delta)$ 内有 $f(x)\geqslant 0[f(x)\leqslant 0]$，且 $\lim\limits_{x\to x_0} f(x)=A$，则 $A\geqslant 0$（$A\leqslant 0$）．

性质 4（函数极限与数列极限的关系）　若函数极限 $\lim\limits_{x\to x_0} f(x)=A$，$\{x_n\}$ 为函数 $f(x)$ 的定义域内任一收敛于 x_0 的数列，且满足 $x_n\neq x_0$ $(n=1,2,\cdots)$，则相应的函数值数列 $\{f(x_n)\}$ 也收敛，且

$$\lim_{n\to\infty} f(x_n)=\lim_{x\to x_0} f(x)=A.$$

3．无穷小量与无穷大量

定义 7（无穷小量）　在定义 5（自变量趋于无穷大时函数的极限）和定义 6（自变量趋于有限值时函数的极限）中，若极限值 $A=0$，即

$$\lim_{x\to\infty} f(x)=0 \quad \text{或} \quad \lim_{x\to x_0} f(x)=0$$

则称 $f(x)$为当 $x\to\infty$或 $x\to x_0$ 时的无穷小（量）.

定义 8（无穷大量）　$\forall M>0$，$\exists\delta>0$，使当 $0<|x-x_0|<\delta$ 时，恒有 $|f(x)|>M$，则称函数 $f(x)$是当 $x\to x_0$时的无穷大（量）. 记作：

$$\lim_{x\to x_0} f(x)=\infty.$$

类似的，可以定义 $\lim\limits_{x\to\infty} f(x)=\infty$.

注意　（1）无穷小和无穷大都是变量，而不是很小和很大的数.

（2）无穷小与无穷大的关系：不等于零的无穷小的倒数为无穷大，无穷大的倒数为无穷小.

（3）无穷小与函数极限的关系：$\lim f(x)=A\Leftrightarrow f(x)=A+\alpha(x)$，其中 $\lim\alpha(x)=0$.

（4）无穷小的性质：在自变量的同一变化过程中，有界变量与无穷小的乘积是无穷小；有限个无穷小的和、积仍是无穷小.

（5）无穷小的比较：若 $\lim\alpha(x)=\lim\beta(x)=0$，且 $\beta(x)\neq0$，又 $\lim\dfrac{\alpha(x)}{\beta(x)}=c$，则当 $c=0$ 时，称 $\alpha(x)$是比 $\beta(x)$的高阶无穷小，记为 $\alpha(x)=o[\beta(x)]$；

$c=1$ 时，称 $\alpha(x)$与 $\beta(x)$是等价无穷小，记为 $\alpha(x)\sim\beta(x)$；

$c=\infty$时，称 $\alpha(x)$是比 $\beta(x)$低阶无穷小；

除此之外，称 $\alpha(x)$与 $\beta(x)$是同阶无穷小.

特别地，若 $\lim\dfrac{\alpha(x)}{[\beta(x)]^k}=c\neq0$，$k>0$，则称 $\alpha(x)$是关于 $\beta(x)$的 k 阶无穷小.

（6）等价无穷小的性质：在自变量的同一变化过程中，

传递性若 $\alpha(x)\sim\beta(x)$，$\beta(x)\sim\gamma(x)$，则有 $\alpha(x)\sim\gamma(x)$；

替换性若 $\alpha(x)\sim\bar{\alpha}(x)$，$\beta(x)\sim\bar{\beta}(x)$，且 $\lim\dfrac{\bar{\alpha}(x)}{\bar{\beta}(x)}$存在，则有 $\lim\dfrac{\alpha(x)}{\beta(x)}=\lim\dfrac{\bar{\alpha}(x)}{\bar{\beta}(x)}$.

（7）常用的等价无穷小：当 $x\to0$ 时，$x\sim\sin x\sim\tan x\sim\arcsin x\sim\arctan x\sim e^x-1\sim\ln(1+x)$，$1-\cos x\sim\dfrac{1}{2}x^2$，$\sqrt[n]{1+x}-1\sim\dfrac{1}{n}x$，$x-\sin x\sim\dfrac{1}{6}x^3$，$a^x-1\sim x\ln a$.

4. 极限的运算

（1）极限的四则运算法则：若 $\lim f(x)=A$，$\lim g(x)=B$，则 $\lim[f(x)\pm g(x)]=A\pm B$；$\lim f(x)g(x)=AB$；当 $B\neq0$ 时，$\lim\dfrac{f(x)}{g(x)}=\dfrac{A}{B}$.

（2）极限存在准则

① 夹逼准则，若 $y_n\leqslant x_n\leqslant z_n$，且 $\lim\limits_{n\to\infty}y_n=\lim\limits_{n\to\infty}z_n=a$，则有 $\lim\limits_{n\to\infty}x_n=a$；

② 单调有界原理，单调有界数列必有极限.

（3）两个重要极限：$\lim\limits_{x\to0}\dfrac{\sin x}{x}=1$，$\lim\limits_{x\to0}(1+x)^{\frac{1}{x}}=\lim\limits_{x\to\infty}\left(1+\dfrac{1}{x}\right)^x=e$.

一般地，若 $\lim f(x)=0$，且 $f(x)\neq0$，则

$$\lim\frac{\sin f(x)}{f(x)}=1,\quad \lim[1+f(x)]^{\frac{1}{f(x)}}=e.$$

（4）几个常用结论：$\lim\limits_{n\to\infty}\sqrt[n]{a}=1$（$a>1$）；$\lim\limits_{n\to\infty}\sqrt[n]{n}=1$；

$$\lim_{n\to\infty}q^n=\begin{cases}\infty, & |q|>1,\\ 0, & |q|<1;\end{cases}\qquad \begin{cases}\lim\limits_{x\to+\infty}e^x=+\infty,\\ \lim\limits_{x\to-\infty}e^x=0;\end{cases}$$

$$\lim_{x\to\infty}\frac{a_mx^m+a_{m-1}x^{m-1}+\cdots+a_1x+a_0}{b_nx^n+b_{n-1}x^{n-1}+\cdots+b_1x+b_0}=\begin{cases}\frac{a_m}{b_n}, & m=n,\\ 0, & m<n,\\ \infty, & m>n.\end{cases}\quad (其中 a_m, b_n\neq 0)$$

(三) 函数的连续性与间断点

1. 函数的连续性

定义 9 设函数 $y=f(x)$在点 x_0的某一邻域内有定义，

若$\lim\limits_{\Delta x\to 0}\Delta y=\lim\limits_{\Delta x\to 0}[f(x_0+\Delta x)-f(x_0)]=0\Leftrightarrow\lim\limits_{x\to x_0}f(x)=f(x_0)\Leftrightarrow\forall\varepsilon>0$，$\exists\delta>0$，使当$|x-x_0|<\delta$时，恒有$|f(x)-f(x_0)|<\varepsilon$，则称函数 $y=f(x)$在点 x_0连续.

注意 (1) 函数 $y=f(x)$在点 x_0 连续必须满足的条件是：① $f(x)$在 x_0点有定义；② $\lim\limits_{x\to x_0^-}f(x)$及$\lim\limits_{x\to x_0^+}f(x)$都存在；③ $\lim\limits_{x\to x_0^-}f(x)=\lim\limits_{x\to x_0^+}f(x)=f(x_0)$.

(2) 若$\lim\limits_{x\to x_0^+}f(x)=f(x_0)$[$\lim\limits_{x\to x_0^-}f(x)=f(x_0)$]，则称函数 $y=f(x)$在点 x_0右（左）连续.

(3) 若函数在区间上每一点都连续，则称函数在该区间上连续.

2. 连续函数的性质

性质 1 连续函数的和、差、积、商（分母不为零）仍为连续函数；

性质 2 单调增加（减少）连续函数的反函数在相应区间上仍单调增加（减少）连续.

性质 3 若函数 $y=f(u)$在点$u_0=\varphi(x_0)$连续，且 $u=\varphi(x)$在点 x_0连续，则复合函数$y=f[\varphi(x)]$在点 x_0也连续.

注意 (1) 基本初等函数在其定义域内都是连续的.

(2) 一切初等函数在它们的定义区间上都是连续的.（所谓定义区间，就是包含在定义域内的区间）

3. 闭区间连续函数的性质

性质 1（有界性与最大值最小值定理） 在闭区间上连续的函数在该区间上有界且一定能取得它的最大值和最小值.

性质 2（介值定理） 若函数 $f(x)$在闭区间$[a,b]$上连续，且两端点的函数值不等$f(a)\neq f(b)$，则对于 $f(a)$与 $f(b)$之间的任意一个数C，$\exists\xi\in(a,b)$，使得 $f(\xi)=C$.

注意 (1)（零点定理）若函数 $f(x)$在闭区间$[a,b]$上连续，且两端点的函数值$f(a)$与 $f(b)$异号，则$\exists\xi\in(a,b)$，使得 $f(\xi)=0$.

(2) 在闭区间连续的函数必能取得介于最大值与最小值之间的任何值.

4. 函数的间断点

定义 10 若函数在点 x_0处不连续（即不同时满足连续定义 9 中的三个条件），则称点x_0为函数 $y=f(x)$的间断点.

间断点的分类：

(1) 若间断点处的左、右极限都存在，则称此间断点为第一类间断点. 第一类间断点包括可去间断点与跳跃间断点，若$\lim\limits_{x\to x_0^-}f(x)=\lim\limits_{x\to x_0^+}f(x)\neq f(x_0)$，则为可去间断点；若$\lim\limits_{x\to x_0^-}f(x)\neq\lim\limits_{x\to x_0^+}f(x)$，则为跳跃间断点.

(2) 除此之外的间断点统称为第二类间断点，如无穷间断点和振荡间断点等.

（四）曲线的渐近线

（1）若 $\lim\limits_{x\to\infty} f(x)=c$，则直线 $y=c$ 称为函数 $y=f(x)$ 的图形的水平渐近线.

（2）若 $\lim\limits_{x\to x_0} f(x)=\infty$，则直线 $x=x_0$ 称为函数 $y=f(x)$ 的图形的铅直（垂直）渐近线.

（3）若 $\lim\limits_{x\to\infty}\dfrac{f(x)}{x}=k\neq 0$，$\lim\limits_{x\to\infty}[f(x)-kx]=b$，则直线 $y=kx+b$ 称为函数 $y=f(x)$ 的图形的斜渐近线.

二、精选题解析

（一）函数的概念和性质

【例 1】 设 $f(x)=\dfrac{1}{\ln(2-x)}+\sqrt{36-x^2}$，求 $f(x)$ 的定义域.

【解】 由题设应有 $2-x>0$，$2-x\neq 1$，且 $36-x^2\geqslant 0$，故 $f(x)$ 的定义域为 $[-6,1)\cup(1,2)$.

【例 2】 设 $f(x)=\begin{cases}1+x, & x<0,\\ 1, & x\geqslant 0,\end{cases}$ 求 $f[f(x)]$.

【解】 $f[f(x)]=\begin{cases}2+x, & x<-1,\\ 1, & x\geqslant -1.\end{cases}$

【例 3】 判定函数 $f(x)=\dfrac{e^x-1}{e^x+1}\ln\dfrac{1-x}{1+x}$ 的奇偶性.

【解】 因为 $f(-x)=\dfrac{e^{-x}-1}{e^{-x}+1}\ln\dfrac{1+x}{1-x}=\dfrac{1-e^x}{1+e^x}\ln\left(\dfrac{1-x}{1+x}\right)^{-1}=f(x)$，故 $f(x)$ 为偶函数.

（二）极限的计算

1. 利用性质和法则求极限

【例 4】 $\lim\limits_{n\to\infty}\dfrac{(-2)^n+3^n}{(-2)^{n+1}+3^{n+1}}=$________.

【解】 分子分母同除以 3^{n+1}，再取极限得 $\dfrac{1}{3}$.

【例 5】 $\lim\limits_{x\to-\infty} e^x\arctan x=$________.

【解】 $x\to-\infty$ 时，$\arctan x\to-\dfrac{\pi}{2}$，$e^x\to 0$，所以应填 0.

【例 6】 $\lim\limits_{x\to\infty}\dfrac{(4x^2-3)^3(3x-2)^4}{(6x^2+7)^5}=$________.

【解】 做此类题时，应用极限运算的常用结论，主要考虑分子、分母中 x 的最高次数即可. 在此，分子为 $4^3x^6\cdot 3^4x^4$，分母为 6^5x^{10}，所以极限为 $\dfrac{2}{3}$.

2. 利用数列求和求极限

【例 7】 求 $\lim\limits_{n\to\infty}\left[\dfrac{1+2+3+\cdots+(n-1)}{n^2}\right]$.

【解】 原式 $=\lim\limits_{n\to\infty}\left[\dfrac{\frac{n(n-1)}{2}}{n^2}\right]=\lim\limits_{n\to\infty}\left[\dfrac{n(n-1)}{2n^2}\right]=\dfrac{1}{2}$.

【例 8】 求$\lim\limits_{n\to\infty}\left(1+\frac{1}{2}+\frac{1}{4}+\cdots+\frac{1}{2^n}\right)$.

【解】 原式$=\lim\limits_{n\to\infty}\left(\dfrac{1-\frac{1}{2^{n+1}}}{1-\frac{1}{2}}\right)=2$.

【例 9】 求$\lim\limits_{n\to\infty}\left[\frac{1}{1\times2}+\frac{1}{2\times3}+\cdots+\frac{1}{n(n+1)}\right]$.

【解】 由于$\frac{1}{k(k+1)}=\frac{1}{k}-\frac{1}{k+1}$，所以有

$$\frac{1}{1\times2}+\frac{1}{2\times3}+\cdots+\frac{1}{n(n+1)}=\left(1-\frac{1}{2}\right)+\left(\frac{1}{2}-\frac{1}{3}\right)+\cdots+\left(\frac{1}{n}-\frac{1}{n+1}\right)=1-\frac{1}{n+1},$$

于是
$$\lim_{n\to\infty}\left[\frac{1}{1\times2}+\frac{1}{2\times3}+\cdots+\frac{1}{n(n+1)}\right]=1.$$

3. 消去零因子求“$\frac{0}{0}$”型极限

【例 10】 求$\lim\limits_{x\to1}\left(\frac{1}{x-1}-\frac{2}{x^2-1}\right)$.

【解】 $\lim\limits_{x\to1}\left(\frac{1}{x-1}-\frac{2}{x^2-1}\right)=\lim\limits_{x\to1}\frac{x-1}{x^2-1}=\lim\limits_{x\to1}\frac{1}{x+1}=\frac{1}{2}$.

注意 $\lim\limits_{x\to1}\left(\frac{1}{x-1}-\frac{2}{x^2-1}\right)=\lim\limits_{x\to1}\frac{1}{x-1}-\lim\limits_{x\to1}\frac{2}{x^2-1}=0$ 是错误的.

【例 11】 求$\lim\limits_{x\to1}\frac{x^m-1}{x^n-1}$（$m$ 和 n 都是正整数）.

【解】 原式$=\lim\limits_{x\to1}\frac{(x-1)(x^{m-1}+x^{m-2}+\cdots+1)}{(x-1)(x^{n-1}+x^{n-2}+\cdots+1)}=\lim\limits_{x\to1}\frac{x^{m-1}+x^{m-2}+\cdots+1}{x^{n-1}+x^{n-2}+\cdots+1}=\frac{m}{n}$.

注意 此方法主要是通过通分或根式有理化，消去“0”因子，再用极限运算法则或连续函数求极限的方法求解.

4. 利用两个重要极限求极限

【例 12】 求$\lim\limits_{x\to0}\frac{\arctan x}{\ln(1+\sin x)}$.

【解】 原式$=\lim\limits_{x\to0}\frac{\arctan x}{x}\cdot\frac{x}{\sin x}\cdot\frac{\sin x}{\ln(1+\sin x)}=1$.

【例 13】 $\lim\limits_{x\to\infty}\left(\frac{x+2}{x+1}\right)^{3x+1}=$________.

【解】 $\left(\frac{x+2}{x+1}\right)^{3x+1}=\left(1+\frac{1}{x+1}\right)^{3x+1}$，利用重要极限得知，应填 e^3.

注意 对于形如 $\lim u(x)^{v(x)}$ 的极限，若 $\lim u(x)=1$，又 $\lim v(x)=\infty$ 时，应考虑用重要极限来做.

5. 利用无穷小的性质求极限

【例 14】 求$\lim\limits_{x\to0}\dfrac{x^2\sin\frac{1}{x}}{\sin x}$.

【解】 原式$=\lim\limits_{x\to0}x\cdot\frac{x}{\sin x}\cdot\sin\frac{1}{x}=\lim\limits_{x\to0}\frac{x}{\sin x}\cdot\lim\limits_{x\to0}x\cdot\sin\frac{1}{x}=0$.

注意 由于 $x\to0$ 时，x 为无穷小量，而 $\sin\frac{1}{x}$ 为有界函数，根据无穷小的性质，有界

函数与无穷小的乘积为无穷小，所以极限为 0.

【例 15】 极限 $\lim\limits_{x\to+\infty}\left(\cos\sqrt{x+1}-\cos\sqrt{x}\right)$的结果是（　　）.

（A）无穷大　（B）零　（C）$-\dfrac{1}{2}$　（D）不存在，但不是无穷大

【解】 因为 $\cos\sqrt{x+1}-\cos\sqrt{x}=-2\sin\dfrac{\sqrt{x+1}+\sqrt{x}}{2}\sin\dfrac{\sqrt{x+1}-\sqrt{x}}{2}$，

而$\sin\dfrac{\sqrt{x+1}+\sqrt{x}}{2}$是有界函数，且

$$\lim_{x\to+\infty}\sin\frac{\sqrt{x+1}-\sqrt{x}}{2}=\lim_{x\to+\infty}\sin\frac{1}{2(\sqrt{x+1}+\sqrt{x})}=0,$$

所以原极限等于 0. 因此应选（B）.

6. 利用等价无穷小代换求极限

【例 16】 求 $\lim\limits_{x\to0^-}\dfrac{-\sqrt{1-\cos x}}{e^{\sin x}-1}$.

【解】 由于 $\sqrt{1-\cos x}=\sqrt{2}\sin\dfrac{x}{2}$，当 $x\to0$ 时，$\sin\dfrac{x}{2}\sim\dfrac{x}{2}$，$e^{\sin x}-1\sim\sin x\sim x$，

所以　原式$=\lim\limits_{x\to0^-}\dfrac{\sqrt{2}\sin\dfrac{x}{2}}{\sin x}=\lim\limits_{x\to0^-}\dfrac{\sqrt{2}\cdot\dfrac{x}{2}}{x}=\dfrac{\sqrt{2}}{2}$.

【例 17】 求$\lim\limits_{x\to1}\dfrac{\ln(1+\sqrt[3]{x-1})}{\arcsin2\sqrt[3]{x^2-1}}$.

【解】 当 $x\to1$ 时，$\ln(1+\sqrt[3]{x-1})\sim\sqrt[3]{x-1}$，$\arcsin2\sqrt[3]{x^2-1}\sim2\sqrt[3]{x^2-1}$，

所以　原式$=\lim\limits_{x\to1}\dfrac{\sqrt[3]{x-1}}{2\sqrt[3]{x^2-1}}=\lim\limits_{x\to1}\dfrac{1}{2\sqrt[3]{x+1}}=\dfrac{1}{2\sqrt[3]{2}}$.

【例 18】 求$\lim\limits_{x\to0}\dfrac{\tan x-\sin x}{x^3}$.

【解】 $\lim\limits_{x\to0}\dfrac{\tan x-\sin x}{x^3}=\lim\limits_{x\to0}\dfrac{\tan x(1-\cos x)}{x^3}=\lim\limits_{x\to0}\dfrac{x\cdot\dfrac{x^2}{2}}{x^3}=\dfrac{1}{2}$.

注意　利用等价无穷小代换求“$\dfrac{0}{0}$”型极限是一种常用求极限方法，要求大家熟记几个常用的等价无穷小公式. 但在应用时要注意，加减关系一般不能代换. 如若认为 $\sin x\sim x$，$\tan x\sim x$，于是$\lim\limits_{x\to0}\dfrac{\tan x-\sin x}{x^3}=\lim\limits_{x\to0}\dfrac{x-x}{x^3}=0$，则结果是错误的.

7. 利用极限存在准则求极限

【例 19】 求 $\lim\limits_{n\to\infty}n\left(\dfrac{1}{n^2+\pi}+\dfrac{1}{n^2+2\pi}+\cdots+\dfrac{1}{n^2+n\pi}\right)$.

【解】 由于 $\dfrac{n^2}{n^2+n\pi}\leqslant n\left(\dfrac{1}{n^2+\pi}+\dfrac{1}{n^2+2\pi}+\cdots+\dfrac{1}{n^2+n\pi}\right)\leqslant\dfrac{n^2}{n^2+\pi}$

而　$$\lim_{n\to\infty}\frac{n^2}{n^2+n\pi}=\lim_{n\to\infty}\frac{n^2}{n^2+\pi}=1,$$

所以　$$\lim_{n\to\infty}n\left(\frac{1}{n^2+\pi}+\frac{1}{n^2+2\pi}+\cdots+\frac{1}{n^2+n\pi}\right)=1.$$

【例 20】 设数列 $x_1=\sqrt{2}$，$x_2=\sqrt{2+\sqrt{2}}$，…，$x_n=\sqrt{2+\sqrt{2+\sqrt{2+\cdots+\sqrt{2}}}}$，求$\lim\limits_{n\to\infty}x_n$.

【解】 数列$\{x_n\}$显然是单调增加的，又$x_1=\sqrt{2}<2$，若假设$x_{n-1}<2$，则

$$x_n=\sqrt{2+\sqrt{2+\sqrt{2+\cdots+\sqrt{2}}}}=\sqrt{2+x_{n-1}}<\sqrt{2+2}=2,$$

即数列也是有界的．从而知$\lim\limits_{n\to\infty}x_n$的存在性，设$\lim\limits_{n\to\infty}x_n=a$，对$x_n=\sqrt{2+x_{n-1}}$两边取极限得：$a^2=2+a$，即$a=2$及$a=-1$（舍去），所以$\lim\limits_{n\to\infty}x_n=2$.

8. 利用函数连续性求极限

【例 21】 $\lim\limits_{x\to 0}\cos\left(\dfrac{\sin\pi x}{x}\right)=$________.

【解】 因为$\lim\limits_{x\to 0}\dfrac{\sin\pi x}{x}=\pi$，所以应填$-1$.

【例 22】 设$f(x)$处处连续，且$f(1)=2$，则$\lim\limits_{x\to 0}f\left[\dfrac{\ln(1+x)}{x}\right]=$________.

【解】 由于$f(x)$处处连续，且$\lim\limits_{x\to 0}\dfrac{\ln(1+x)}{x}=1$，所以应填 2.

9. 左、右极限

【例 23】 设$f(x)=\begin{cases}x^2, & x<1,\\ x+1, & x\geqslant 1,\end{cases}$则函数$f(x)$当$x\to 1$时的结果是（　　）.

（A）1　　（B）2　　（C）0　　（D）不存在

【解】 因为$f(1-0)=1$，$f(1+0)=2$，所以$\lim\limits_{x\to 1}f(x)$不存在．因而应选（D）.

【例 24】 极限$\lim\limits_{x\to\infty}\dfrac{1}{1+e^x}$的结果是（　　）.

（A）0　　（B）1　　（C）不存在但不是∞　　（D）∞

【解】 因为$\lim\limits_{x\to+\infty}\dfrac{1}{1+e^x}=0$，$\lim\limits_{x\to-\infty}\dfrac{1}{1+e^x}=1$，所以$\lim\limits_{x\to\infty}\dfrac{1}{1+e^x}$不存在，也不是无穷大．因而应选（C）.

注意　以上对极限运算的几种常用方法进行了列举，随着学习内容的增加，还会有更多的求极限的方法.

（三）判断间断点的类型

【例 25】 设$f(x)=x\cos\dfrac{2}{x}+x^2$，则$x=0$是$f(x)$的（　　）.

（A）跳跃间断点　（B）可去间断点　（C）无穷间断点　（D）振荡间断点

【解】 因为$\lim\limits_{x\to 0}f(x)=0$，即$f(0-0)=f(0+0)$，而$f(0)$没有定义，所以$x=0$是$f(x)$的可去间断点．应选（B）.

【例 26】 设$f(x)=\dfrac{1+e^{\frac{1}{x}}}{2+3e^{\frac{1}{x}}}$，则$x=0$是$f(x)$的（　　）.

（A）可去间断点　（B）跳跃间断点　（C）无穷间断点　（D）振荡间断点

【解】 因为$\lim\limits_{x\to 0^+}f(x)=\dfrac{1}{3}\neq\lim\limits_{x\to 0^-}f(x)=\dfrac{1}{2}$，所以$x=0$是$f(x)$的跳跃间断点．应选（B）.

【例 27】 下列函数在指出的点间断，说明这些间断点属于哪一类.

（1）$y=\dfrac{x^2-1}{x^2-3x+2}$，$x=1,x=2$；　　（2）$y=\begin{cases}x-1, & x\leqslant 1,\\ 3-x, & x>1,\end{cases}$　$x=1$.

【解】 (1) 因为$\lim\limits_{x\to1}\frac{x^2-1}{x^2-3x+2}=\lim\limits_{x\to1}\frac{x+1}{x-2}=-2$，$\lim\limits_{x\to2}\frac{x^2-1}{x^2-3x+2}=\lim\limits_{x\to2}\frac{x+1}{x-2}=\infty$，所以$x=1$是第一类可去间断点，令$y(1)=-2$，则$y(x)$在$x=1$处连续；而$x=2$是第二类无穷间断点.

(2) 因为$\lim\limits_{x\to1^-}y(x)=\lim\limits_{x\to1^-}(x-1)=0$，$\lim\limits_{x\to1^+}y(x)=\lim\limits_{x\to1^+}(3-x)=2$，左右极限存在但不相等，所以$x=1$是函数的第一类跳跃间断点.

(四) 确定函数及极限式中的常数

【例 28】 已知$\lim\limits_{x\to0}\frac{\tan x-\sin x}{x^p}=\frac{1}{2}$，则$p=$________.

【解】 注意到：$\frac{\tan x-\sin x}{x^p}=\frac{\sin x}{x}\cdot\frac{1}{\cos x}\cdot\frac{1-\cos x}{x^{p-1}}$，而$1-\cos x\sim\frac{1}{2}x^2$，可知$p=3$.

【例 29】 已知$\lim\limits_{x\to1}\frac{x^2+ax+b}{x-1}=3$，求$a$和$b$.

【解】 当$x\to1$时，分母$x-1\to0$，必有分子的极限$\lim\limits_{x\to1}(x^2+ax+b)=0$，即有$a+b+1=0$，将$b=-a-1$代入原式得

$$\lim_{x\to1}\frac{x^2+ax-a-1}{x-1}=\lim_{x\to1}\frac{(x-1)(x+1+a)}{x-1}=\lim_{x\to1}(x+1+a)=a+2=3,$$

所以$a=1$，$b=-2$.

【例 30】 已知$f(x)=\begin{cases}x\sin\frac{1}{x}, & x>0,\\ a+x^2, & x\leqslant0,\end{cases}$确定$a$的值，使函数$f(x)$在$(-\infty,\infty)$内连续.

【解】 当$x>0$或$x<0$时，函数为初等函数，所以函数在$(-\infty,\infty)$内是否连续关键是在分界点$x=0$处是否连续.

由于$f(0+0)=\lim\limits_{x\to0^+}f(x)=\lim\limits_{x\to0^+}x\sin\frac{1}{x}=0$，$f(0-0)=\lim\limits_{x\to0^-}f(x)=\lim\limits_{x\to0^-}(a+x^2)=a$，又$f(0)=a$，所以当$a=0$时，函数$f(x)$在$(-\infty,\infty)$内连续.

【例 31】 设$f(x)=\begin{cases}\frac{a+b\cos10x}{e^{x^2}-1}, & x\neq0,\\ 50, & x=0,\end{cases}$试确定常数$a,b$，使$f(x)$在$x=0$处连续.

【解】 由函数在一点连续的定义知，在此须有

$$\lim_{x\to0}\frac{a+b\cos10x}{e^{x^2}-1}=50,$$

而$\lim\limits_{x\to0}(e^{x^2}-1)=0$. 故应分子的极限$\lim\limits_{x\to0}(a+b\cos10x)=0$，得$a+b=0$，即$b=-a$.

又$\lim\limits_{x\to0}\frac{a+b\cos10x}{e^{x^2}-1}=\lim\limits_{x\to0}\frac{a-a\cos10x}{e^{x^2}-1}=a\lim\limits_{x\to0}\frac{50x^2}{x^2}=50a$，得$a=1$. 从而当$a=1$，$b=-1$时，$f(x)$在$x=0$处连续.

【例 32】 若$f(x)=\frac{e^{x-1}-a}{x(x-1)}$有无穷间断点$x=0$及可去间断点$x=1$，求$a$.

【解】 由条件知，$x\to0$时，$f(x)\to\infty$，而$x\to1$时，$\lim\limits_{x\to1}f(x)$存在，所以只要$a\neq e^{-1}$，就有第一个条件满足，而当$x\to1$时，由于$e^{x-1}-1\sim x-1$，则

$$\lim_{x\to1}f(x)=\lim_{x\to1}\frac{e^{x-1}-1+1-a}{x(x-1)}=\lim_{x\to1}\frac{x-a}{x(x-1)},$$

要使极限存在必有 $a=1$.

(五) 闭区间上连续函数的性质

【例 33】 证明方程 $x=a\sin x+b$，其中 $a>0,b>0$，至少有一个正根，并且不超过$a+b$.

【证明】 设 $f(x)=x-a\sin x-b$，显然它在$[0,a+b]$上连续，又 $f(0)=-b<0$，而

$$f(a+b)=a+b-a\sin(a+b)=a[1-\sin(a+b)]\geqslant 0.$$

若 $f(a+b)=0$，知 $a+b$ 即为方程 $x=a\sin x+b$ 的一个正根，结论得证.

若 $f(a+b)>0$ 则由零点定理可知，至少存在一点 $\xi\in(0,a+b)$，使得 $f(\xi)=0$，即方程至少有一个正根，并且不超过 $a+b$.

【例 34】 设 $f(x),g(x)$都是闭区间$[a,b]$上的连续函数，且 $f(a)>g(a)$，$f(b)<g(b)$，试证明在(a,b)内至少有一点 $x=\xi$，使 $f(\xi)=g(\xi)$.

【证明】 令 $F(x)=f(x)-g(x)$，则 $F(x)$在区间$[a,b]$上连续，又 $F(a)=f(a)-g(a)>0$，$F(b)=f(b)-g(b)<0$，由零点定理知结论成立.

(六) 杂例

【例 35】 当 $x\to x_0$ 时，若 $f(x)$有极限，$g(x)$没有极限，则下列结论正确的是（　　）.

(A) $f(x)g(x)$当 $x\to x_0$ 时必无极限

(B) $f(x)g(x)$当 $x\to x_0$ 时必有极限

(C) $f(x)g(x)$当 $x\to x_0$ 时可能有极限，也可能无极限

(D) $f(x)g(x)$当 $x\to x_0$ 时，若有极限其极限必等于零

【解】 看以下两例：$x\to 0$ 时，$f(x)=x$，有极限 0，$g(x)=\dfrac{1}{x}$无极限．但当 $x\to 0$ 时，$f(x)g(x)$有极限 1；而 $f(x)=x$，$g(x)=\dfrac{1}{x^2}$，当 $x\to 0$ 时，$f(x)g(x)$无极限．由此排除(A),(B),(D). 应选(C).

【例 36】 当 $x\to x_0$ 时，若 $\alpha(x)$与 $\beta(x)[\beta(x)\neq 0]$都是无穷小，则 $x\to x_0$时，下列哪一个表示式不一定是无穷小（　　）.

(A) $|\alpha(x)|+|\beta(x)|$　　(B) $\alpha^2(x)+\beta^2(x)$

(C) $\ln[1+\alpha(x)\beta(x)]$　　(D) $\dfrac{\alpha^2(x)}{\beta(x)}$

【解】 由于在自变量的同一变化过程中，有界变量与无穷小的乘积是无穷小；有限个无穷小的和、积仍是无穷小，但是无穷小的商不一定是无穷小．比如，$x\to 0$ 时，$\alpha(x)=x$，$\beta(x)=x^3$ 均为无穷小，而$\dfrac{\alpha^2(x)}{\beta(x)}=\dfrac{1}{x}$不再是无穷小．而当 $x\to x_0$ 时，由于 $\alpha(x)$，$\beta(x)$都是无穷小，所以 $\ln[1+\alpha(x)\beta(x)]\sim\alpha(x)\beta(x)$. 应选（D）.

【例 37】 当 $x\to 0$ 时，$x^2-\sin x$ 是 x 的（　　）.

(A) 高阶无穷小　　(B) 同阶无穷小，但非等价无穷小

(C) 低阶无穷小　　(D) 等价无穷小

【解】 因为$\lim\limits_{x\to 0}\dfrac{x^2-\sin x}{x}=-1$，所以是同阶无穷小，但不是等价无穷小．应选（B）.

【例 38】 无穷大量与无界量的关系是（　　）.

(A) 无穷大量可能是有界量　　(B) 无穷大量一定不是有界量

(C) 有界量可能是无穷大量　　(D) 不是有界量就一定是无穷大量

【解】 用无穷大的定义和无界的定义来区别这两个概念．$\lim\limits_{x\to x_0}f(x)=\infty$是指在 $x=x_0$ 处

的充分小邻域内，对于"所有的 x"，$f(x)$ 都可以任意大；而无界并不要求"所有的 x"．故无穷大量与无界函数的关系是：无穷大量必然是无界函数，反之不一定成立．故选（B).

【例 39】 设函数 $f(x)$ 在 $(-\infty, +\infty)$ 内单调有界，$\{x_n\}$ 为数列，下列命题正确的是（　　）.

（A）若 $\{x_n\}$ 单调，则 $f(\{x_n\})$ 收敛　　（B）若 $\{x_n\}$ 收敛，则 $f(\{x_n\})$ 也收敛

（C）若 $f(\{x_n\})$ 单调，则 $\{x_n\}$ 收敛　　（D）若 $f(\{x_n\})$ 收敛，则 $\{x_n\}$ 也收敛

【解】 若 $\{x_n\}$ 单调，且由题设函数 $f(x)$ 在 $(-\infty, +\infty)$ 内单调有界，则 $f(\{x_n\})$ 也单调有界，故收敛．所以应选(A).

【例 40】 设曲线的方程为 $y=\dfrac{\sin x}{x}+\arctan(1-\sqrt{x})$，则（　　）.

（A）曲线没有渐近线　　（B）$y=-\dfrac{\pi}{2}$ 是曲线的渐近线

（C）$x=0$ 是曲线的渐近线　　（D）$y=\dfrac{\pi}{2}$ 是曲线的渐近线

【解】 由于 $\lim\limits_{x\to\infty} f(x)=\dfrac{-\pi}{2}$，所以直线 $y=\dfrac{-\pi}{2}$ 为函数 $y=f(x)$ 的图形的水平渐近线．$\lim\limits_{x\to 0^+} f(x)=1+\dfrac{\pi}{4}$，从而函数 $y=f(x)$ 没有铅直渐近线．所以应选（B).

三、强化练习题

☆ A 题 ☆

1. 填空题

（1）函数 $y=\dfrac{\ln(2+x)}{\sqrt{|x|-1}}$ 的定义域是__________.

（2）设 $f\left(\sin\dfrac{x}{2}\right)=1+\cos x$，则 $f(\sin x)=$__________.

（3）若 $\lim\limits_{n\to\infty} x_n=A$，则 $\lim\limits_{n\to\infty}(|x_n|+1)=$__________.

（4）$\lim\limits_{x\to\infty}\dfrac{2x^3-3x^2+1}{x^3}=$__________.

（5）$\lim\limits_{x\to 6}\dfrac{x^2-8x+12}{x^2-5x-6}=$__________.

（6）$\lim\limits_{x\to 0^+}\dfrac{\sin^2\sqrt{x}}{x}=$__________.

（7）$\lim\limits_{x\to\infty}\left(1+\dfrac{2}{x}\right)^{\frac{x}{3}}=$__________.

（8）$\lim\limits_{x\to 0}\dfrac{\ln(1+x\sin x)}{1-\cos x}=$__________.

（9）若 $\lim\limits_{x\to 1}\dfrac{x^2+2x-a}{x^2-1}=2$，则 $a=$__________.

（10）若 $\lim\limits_{x\to 0}(1-kx)^{\frac{1}{x}}=e^2$，则 $k=$__________.

（11）$x=0$ 是函数 $f(x)=x\sin\dfrac{1}{x}$ 的第__________类__________间断点.

(12) 设函数 $f(x)=\begin{cases}e^x, & x<0,\\ a+x, & x\geqslant 0\end{cases}$ 在 $x=0$ 点连续，则 $a=$________.

2. 选择题

(1)"数列极限 $\lim\limits_{n\to\infty}x_n$ 存在"是"数列 $\{x_n\}$ 有界"的（　　）.

(A) 充分必要条件　　(B) 充分但非必要条件

(C) 必要但非充分条件　　(D) 既非充分条件，也非必要条件

(2) 设 $\{a_n\},\{b_n\},\{c_n\}$ 均为非负数列，且 $\lim\limits_{n\to\infty}a_n=0$，$\lim\limits_{n\to\infty}b_n=1$，$\lim\limits_{n\to\infty}c_n=\infty$，则必有（　　）.

(A) $a_n<b_n$ 对任意 n 成立　　(B) $b_n<c_n$ 对任意 n 成立

(C) 极限 $\lim\limits_{n\to\infty}a_nc_n$ 不存在　　(D) 极限 $\lim\limits_{n\to\infty}b_nc_n$ 不存在

(3) 下列各式不正确的是（　　）.

(A) $\lim\limits_{x\to 0^-}e^{\frac{1}{x}}=\infty$　　(B) $\lim\limits_{x\to 0^-}e^{\frac{1}{x}}=0$　　(C) $\lim\limits_{x\to 0^+}e^{\frac{1}{x}}=+\infty$　　(D) $\lim\limits_{x\to\infty}e^{\frac{1}{x}}=1$

(4) $\lim\limits_{x\to\infty}\dfrac{x+\sin x}{x}=$（　　）.

(A) 0　　(B) 1　　(C) 不存在　　(D) ∞

(5) 若 $\lim\limits_{x\to 2}\dfrac{x^2+ax+b}{x^2-x-2}=2$，则必有（　　）.

(A) $a=2,b=8$　　(B) $a=2,b=5$　　(C) $a=0,b=-8$　　(D) $a=2,b=-8$

(6) 设 $f(x+1)=\lim\limits_{n\to\infty}\left(\dfrac{n+x}{n-2}\right)^n$，则 $f(x)=$（　　）.

(A) e^{x-1}　　(B) e^{x+2}　　(C) e^{x+1}　　(D) e^{-x}

(7) 当 $x\to+\infty$ 时，为无穷小量的是（　　）.

(A) $x\sin\dfrac{1}{x}$　　(B) $e^{\frac{1}{x}}$　　(C) $\ln x$　　(D) $\dfrac{1}{x}\sin x$

(8) 当 $x\to 0$ 时，下列函数哪一个是其他三个的高阶无穷小（　　）.

(A) x^2　　(B) $1-\cos x$　　(C) $x-\tan x$　　(D) $\ln(1+x^2)$

(9) 当 $x\to 0$ 时，函数 $f(x)=2^x+3^x-2$ 是 x 的（　　）.

(A) 高阶无穷小　　(B) 同阶但非等价无穷小

(C) 低阶无穷小　　(D) 等价无穷小

(10) 点 $x=1$ 是函数 $f(x)=\begin{cases}3x-1, & x<1,\\ 1, & x=1,\\ 3-x, & x>1\end{cases}$ 的（　　）.

(A) 连续点　　(B) 跳跃间断点　　(C) 可去间断点　　(D) 第二类间断点

(11) 设 $f(x)$ 和 $\varphi(x)$ 在 $(-\infty,+\infty)$ 内有定义，$f(x)$ 为连续函数，且 $f(x)\neq 0$，$\varphi(x)$ 有间断点，则（　　）.

(A) $\varphi[f(x)]$ 必有间断点　　(B) $[\varphi(x)]^2$ 必有间断点

(C) $f[\varphi(x)]$ 必有间断点　　(D) $\dfrac{\varphi(x)}{f(x)}$ 必有间断点

(12) 设 $f(x)=\lim\limits_{n\to\infty}\dfrac{1+x}{1+x^{2n}}$，讨论函数的间断点，结论正确的为（　　）.

(A) 不存在间断点　　(B) 存在第一类间断点 $x=1$

(C) 存在间断点 $x=0$　　(D) 存在间断点 $x=-1$

3. 计算题

(1) $\lim\limits_{n\to\infty}(\sqrt{n^2+n}-n)$.　　(2) $\lim\limits_{n\to\infty}[\ln(n+3)-\ln n]$.

(3) $\lim\limits_{x\to-2}\dfrac{x^3+3x^2+2x}{x^2-x-6}$.　　(4) $\lim\limits_{x\to\infty}\dfrac{(2x-3)^{20}(3x+2)^{30}}{(5x+1)^{50}}$.

(5) $\lim\limits_{n\to\infty}2^n\sin\dfrac{x}{2^n}$.　　(6) $\lim\limits_{x\to\infty}x^2\left(1-\cos\dfrac{1}{x}\right)$.

(7) $\lim\limits_{x\to\infty}\left(\dfrac{x}{1+x}\right)^x$.　　(8) $\lim\limits_{x\to0}(1+3x)^{\frac{2}{\sin x}}$.

(9) $\lim\limits_{x\to1}\left(\dfrac{3}{x^3-1}-\dfrac{1}{x-1}\right)$.　　(10) $\lim\limits_{x\to0}\dfrac{\ln(1+2\sin x)}{\sqrt{1+x}-\sqrt{1-x}}$.

(11) 已知 $\lim\limits_{x\to\infty}\left(\dfrac{x^2+1}{x+1}-ax+b\right)=3$，求常数 a,b.

(12) 当 $x\to0$ 时，$(\tan x-\sin x)$与 x^k 是同阶无穷小，求 $k=$?

(13) 设 $f(x)$ 在点 $x=0$ 处连续，若 $\lim\limits_{x\to0}\left(1+\dfrac{f(x)}{x}\right)^{\frac{1}{\sin x}}=e^2$，求 $\lim\limits_{x\to0}\dfrac{f(x)}{x^2}$.

(14) $\lim\limits_{n\to\infty}\left(\dfrac{1}{n^2+1}+\dfrac{2}{n^2+2}+\cdots+\dfrac{n}{n^2+n}\right)$.

(15) 设数列 $x_1=10, x_{n+1}=\sqrt{6+x_n}$ $(n=1,2,\cdots)$，试证数列 $\{x_n\}$ 极限存在，并求 $\lim\limits_{n\to\infty}x_n$.

(16) 设 $x_n=\dfrac{a^n n!}{n^n}$（其中 $a\in R^+$，$n\in N$），求极限 $\lim\limits_{n\to\infty}\dfrac{x_{n+1}}{x_n}$.

(17) 讨论 $y=\dfrac{\tan 2x}{x}$的间断点，并指出间断点所属的类型.

(18) 设 $f(x)=\begin{cases}1+x^2, & x<0,\\ a, & x=0,\\ \dfrac{\sin bx}{x}, & x>0,\end{cases}$ ①a,b 为何值时，$\lim\limits_{x\to0}f(x)$存在？②a,b 为何值时，$f(x)$在 $x=0$ 处连续？

4. 证明题

(1) 证明：方程 $x\cdot2^x=1$ 至少有一个小于 1 的正根.

(2) 设 $f(x)$在 $[a,b]$ 上连续，且 $f(a)<a, f(b)>b$，试证明 $f(x)$在(a,b)内至少存在一点 $\xi\in(a,b)$，使 $f(\xi)=\xi$.

☆ B 题 ☆

1. 填空题

(1) 已知 $f(x)=e^{x^2}$，$f[\varphi(x)]=1-x$ 且 $\varphi(x)\geqslant0$，求 $\varphi(x)=$____________.

(2) $\lim\limits_{x\to1}\dfrac{x^2-1}{x^n-1}=$____________.

(3) (2003 年考研题) $\lim\limits_{x\to0}(\cos x)^{\frac{1}{\ln(1+x^2)}}=$____________.

(4) 已知 $\lim\limits_{x\to0}\dfrac{\ln\left[1+\dfrac{f(x)}{x}\right]}{2^x-1}=3$，则 $\lim\limits_{x\to0}\dfrac{f(x)}{\sqrt{1+x^2}-1}=$____________.

(5) 设 $f(x)=\dfrac{x^2-2x}{|x|(x^2-4)}$，则 $f(x)$ 的跳跃间断点是____________.

(6) 设函数 $f(x)=\begin{cases}\dfrac{1-e^{\tan x}}{\arcsin\dfrac{x}{2}}, & x>0,\\ ae^{2x}, & x\leqslant 0\end{cases}$ 在 $x=0$ 处连续，则 $a=$____________.

2. 选择题

(1)（2001 年考研题）设 $f(x)=\begin{cases}1, & |x|\leqslant 1,\\ 0, & |x|>1,\end{cases}$ 则 $f\{f[f(x)]\}=$（　　）.

(A) 0　　(B) 1　　(C) $\begin{cases}1, |x|\leqslant 1\\ 0, |x|>1\end{cases}$　　(D) $\begin{cases}0, |x|\leqslant 1\\ 1, |x|>1\end{cases}$

(2) 极限 $\lim\limits_{x\to\infty}\left[\dfrac{x^2}{(x-a)(x+b)}\right]^x=$（　　）.

(A) 1　　(B) e　　(C) e^{a-b}　　(D) e^{b-a}

(3) 当 $x\to 0$ 时，变量 $\dfrac{1}{x^2}\sin\dfrac{1}{x}$ 是（　　）.

(A) 无穷小　(B) 有界，但非无穷小　(C) 无界，但非无穷大　(D) 无穷大

(4) 设数列 $\{x_n\}$ 与 $\{y_n\}$ 满足 $\lim\limits_{n\to\infty}x_ny_n=0$，则下列叙述正确的是（　　）.

(A) 若 $\{x_n\}$ 发散，则 $\{y_n\}$ 必发散　　(B) 若 $\{x_n\}$ 无界，则 $\{y_n\}$ 必有界

(C) 若 $\{x_n\}$ 有界，则 $\{y_n\}$ 必为无穷小　　(D) 若 $\left\{\dfrac{1}{x_n}\right\}$ 为无穷小，则 $\{y_n\}$ 必为无穷小

(5) 设 $x_n\leqslant a\leqslant y_n$，且 $\lim\limits_{n\to\infty}(y_n-x_n)=0$，则 $\{x_n\}$ 与 $\{y_n\}$（　　）.

(A) 都收敛于 a　　(B) 都收敛，但不一定收敛于 a

(C) 可能收敛，也可能发散　　(D) 都发散

(6)（2008 年考研题）设函数 $f(x)$ 在 $(-\infty,+\infty)$ 内单调有界，$\{x_n\}$ 为数列，下列命题正确的是（　　）.

(A) 若 $\{x_n\}$ 收敛，则 $\{f(x_n)\}$ 收敛　　(B) 若 $\{x_n\}$ 单调，则 $\{f(x_n)\}$ 收敛

(C) 若 $\{f(x_n)\}$ 收敛，则 $\{x_n\}$ 收敛　　(D) 若 $\{f(x_n)\}$ 单调，则 $\{x_n\}$ 收敛

3. 计算题

(1) $\lim\limits_{x\to -8}\dfrac{\sqrt{1-x}-3}{2+\sqrt[3]{x}}$.

(2) $\lim\limits_{n\to\infty}\left(1+\dfrac{1}{n}+\dfrac{1}{2n^2}\right)^n$.

(3) $\lim\limits_{x\to 0}\dfrac{\ln(1+x)+\ln(1-x)}{\sin^2 x+1-\cos x}$.

(4) $\lim\limits_{x\to +\infty}(\sin\sqrt{x+1}-\sin\sqrt{x})$.

(5) $\lim\limits_{n\to\infty}[(1+x)(1+x^2)\cdots(1+x^{2^n})]$，$|x|<1$.

(6) $\lim\limits_{x\to 0}\left(\dfrac{2+e^{\frac{1}{x}}}{1+e^{\frac{4}{x}}}+\dfrac{\sin x}{|x|}\right)$.

(7) 已知 $\lim\limits_{x\to\infty}\left(\dfrac{x+a}{x-a}\right)^x=9$，求常数 a.

(8) 选择 a,b 使 $x\to -\infty$ 时，$f(x)=\sqrt{x^2-4x+5}-(ax+b)$ 为无穷小.

(9) 设 $a_1=2$，$a_{n+1}=\dfrac{1}{2}\left(a_n+\dfrac{1}{a_n}\right)(n=1,2,\cdots)$，试证数列 $\{a_n\}$ 极限存在，并求 $\lim\limits_{n\to\infty}a_n$.

(10) 设函数 $f(x)=\lim\limits_{n\to\infty}x\dfrac{1-x^{2n+1}}{1+x^{2n}}$，讨论 $f(x)$的间断点并指出类型.

4. 证明题

(1) 若 $f(x)$对一切 x_1,x_2满足 $f(x_1+x_2)=f(x_1)+f(x_2)$，且 $f(x)$在 $x=0$ 处连续. ①求$f(0)$；②证明：$f(x)$在任意点连续.

(2) 设 $f(x)$，$g(x)$在 $[a,b]$ 上连续，且 $f(a)<g(a)$，$f(b)>g(b)$. 证明：在(a,b)内至少存在一点$\xi\in(a,b)$，使 $f(\xi)=g(\xi)$.

(3) 设 $f(x)$在(a,b)上连续，$a<x_1<x_2<b$. 证明：存在 $\xi\in(a,b)$，使 $5f(\xi)=2f(x_1)+3f(x_2)$.

第二章　导数与微分

本章基本要求

理解导数（包括单侧导数）的概念，理解求导的基本思想，掌握导数的几何意义，重点掌握平面曲线的切线和法线的计算方法，理解函数可导性与连续性之间的关系；重点掌握基本初等函数的导数公式和函数的求导法则（包括四则运算、反函数和复合函数的求导法则）；理解高阶导数的概念，掌握简单函数高阶导数的计算；重点掌握隐函数以及由参数方程所确定的函数的求导方法（以一阶、二阶导数为主）；理解微分的概念及其几何意义，掌握可微与可导之间的关系，掌握基本初等函数的微分公式和函数微分的运算法则，重点掌握微分的运算.

一、内容要点

（一）导数与微分的基本概念

定义 1　设函数 $y=f(x)$在点 x_0 的某邻域内有定义，若

$$\lim_{\Delta x\to 0}\frac{\Delta y}{\Delta x}=\lim_{\Delta x\to 0}\frac{f(x_0+\Delta x)-f(x_0)}{\Delta x}$$

存在，则称函数 $y=f(x)$在点 x_0 处可导，并称此极限值为函数 $y=f(x)$在点 x_0 处的导数. 记作：$f'(x_0)$，$y'|_{x=x_0}$，$\left.\frac{\mathrm{d}y}{\mathrm{d}x}\right|_{x=x_0}$或$\left.\frac{\mathrm{d}f(x)}{\mathrm{d}x}\right|_{x=x_0}$.

注意　（1）$f(x)$在 x_0 点的导数 $f'(x_0)$存在的等价性定义有

$$\lim_{\Delta x\to 0}\frac{f(x_0+\Delta x)-f(x_0)}{\Delta x}\text{存在}\Leftrightarrow\lim_{h\to 0}\frac{f(x_0+h)-f(x_0)}{h}\text{存在}\Leftrightarrow\lim_{x\to x_0}\frac{f(x)-f(x_0)}{x-x_0}\text{存在}.$$

（2）记号 $f'(x_0)$与$[f(x_0)]'$的含义不同，前者表示函数 $f(x)$在 x_0 点的导数值，后者表示函数值 $f(x_0)$（常数）的导数.

（3）导数 $f'(x_0)$的几何意义：$f'(x_0)$表示曲线 $y=f(x)$在$(x_0,f(x_0))$点的切线斜率.

定义 2　若 $\lim\limits_{\Delta x\to 0^-}\frac{f(x_0+\Delta x)-f(x_0)}{\Delta x}$存在，则称函数 $y=f(x)$在点 x_0 处左可导，并称此极限值为函数 $y=f(x)$在点 x_0 处的左导数. 记作：$f'_-(x_0)$或 $f'(x_0-0)$，同样可以定义$f'_+(x_0)$.

注意　（1）左导数和右导数统称为单侧导数；

（2）函数 $y=f(x)$在点 x_0 处可导$\Leftrightarrow f'_-(x_0)$与 $f'_+(x_0)$存在并且相等.

定义 3　若函数 $y=f(x)$在某区间 I 内每一点都可导，则称函数 $y=f(x)$在此区间 I 内可导．此时，对此区间内的任一点 x，都对应着 $f(x)$的一个确定的导数值，构成一个新的函数，称为原来函数 $y=f(x)$的导函数（简称导数）. 记作：y'，$f'(x)$，$\frac{\mathrm{d}y}{\mathrm{d}x}$或$\frac{\mathrm{d}f(x)}{\mathrm{d}x}$. 即

$$y'=f'(x)=\lim_{\Delta x\to 0}\frac{f(x+\Delta x)-f(x)}{\Delta x}=\lim_{h\to 0}\frac{f(x+h)-f(x)}{h}.$$

注意　导数与导函数的关系：若函数 $y=f(x)$ 在点 x_0 处可导，则 $f'(x_0)=f'(x)|_{x=x_0}$.

定义 4　将函数 $y=f(x)$的一阶导数 $y'=f'(x)$的导数称为 $y=f(x)$的二阶导数. 记作：y''，$f''(x)$或$\frac{d^2y}{dx^2}$. 类似地，可以定义三阶导数，…，n 阶导数等高阶导数.

定义 5　设函数 $y=f(x)$在 x_0的某邻域内有定义，若

$$\Delta y=f(x_0+\Delta x)-f(x_0)=A\Delta x+o(\Delta x),$$

其中 A 是不依赖于 Δx 的常数，则称函数 $y=f(x)$在 x_0点可微分，并将 $A\Delta x$ 称为函数 $y=f(x)$在 x_0点相应于 Δx 的微分. 记作：$dy=A\Delta x$.

注意　(1) 可微的充分必要条件是函数 $y=f(x)$在 x_0处可导，并且 $f'(x_0)=A$，即函数 $y=f(x)$的微分可记作：$dy=f'(x_0)\Delta x$.

(2) 通常将自变量 x 的增量 Δx 称为自变量的微分，记作 dx. 于是函数 $y=f(x)$的微分又可记作：$dy=f'(x_0)dx$.

(3) 微分的几何意义：当自变量 x 有增量 Δx 时，微分 dy 表示曲线 $y=f(x)$在 x_0点的切线的纵坐标的相应增量.

※　可微分、可导、连续之间的关系：可微⇔可导⇒连续.

(1) 函数 $y=f(x)$在 x_0处可微的充要条件是：函数 $y=f(x)$在 x_0处可导.

(2) 函数 $y=f(x)$在 x_0处可导的必要条件是：函数 $y=f(x)$在 x_0处连续.

(二) 导数的计算

1. 基本初等函数的导数公式

(1) $(C)'=0$ (C 为常数)；

(2) $(x^\mu)'=\mu x^{\mu-1}$；

(3) $(\sin x)'=\cos x$；

(4) $(\cos x)'=-\sin x$；

(5) $(\tan x)'=\sec^2 x=\frac{1}{\cos^2 x}$；

(6) $(\cot x)'=-\csc^2 x=-\frac{1}{\sin^2 x}$；

(7) $(\sec x)'=\sec x\tan x$；

(8) $(\csc x)'=-\csc x\cot x$；

(9) $(a^x)'=a^x\ln a$；

(10) $(e^x)'=e^x$；

(11) $(\log_a x)'=\frac{1}{x\ln a}$；

(12) $(\ln x)'=\frac{1}{x}$；

(13) $(\arcsin x)'=\frac{1}{\sqrt{1-x^2}}$ $(-1<x<1)$；

(14) $(\arccos x)'=\frac{-1}{\sqrt{1-x^2}}$ $(-1<x<1)$；

(15) $(\arctan x)'=\frac{1}{1+x^2}$；

(16) $(\text{arccot}\, x)'=\frac{-1}{1+x^2}$.

2. 导数的四则运算法则

若 $u=u(x)$，$v=v(x)$均为可导函数，则有：

(1) $(u+v)'=u'+v'$；

(2) $(Cu)'=Cu'$；

(3) $(uv)'=u'v+uv'$；

(4) $\left(\frac{u}{v}\right)'=\frac{u'v-uv'}{v^2}$ $(v\neq 0)$.

3. 反函数求导法则

设函数 $x=\phi(y)$在区间 I_y内单调、可导且 $\phi'(y)\neq 0$，则其反函数 $y=f(x)$在区间 $I_x=\phi(I_y)$内单调、可导并且 $f'(x)=\frac{1}{\phi'(y)}$ 或$\frac{dy}{dx}=\frac{1}{\frac{dx}{dy}}$.

4. 复合函数求导法则

若 $y=f(u)$，$u=\varphi(x)$均可导，则 $y'=f'(u)\varphi'(x)$ 或$\dfrac{dy}{dx}=\dfrac{dy}{du}\cdot\dfrac{du}{dx}$.

注意　此链锁法则可以推广到多个中间变量的情形.

5. 莱布尼兹（Leibniz）公式

$$(uv)^{(n)}=\sum_{k=0}^{n}C_n^k u^{(n-k)}v^{(k)}=\sum_{k=0}^{n}C_n^k u^{(k)}v^{(n-k)}.$$

6. 隐函数的求导方法

设函数 $y=f(x)$是由方程 $F(x,y)=0$ 所确定的可导函数，则其导数$\dfrac{dy}{dx}$的求法可分为以下两个步骤.

第一步：将方程 $F(x,y)=0$ 两边对自变量 x 求导，视 y 为中间变量，用复合函数求导法求导，得到一个关于$\dfrac{dy}{dx}$的一次方程.

第二步：解方程，求出$\dfrac{dy}{dx}$.

7. 由参数方程所确定的函数的求导公式

设函数 $y=f(x)$是由$\begin{cases}x=\varphi(t)\\y=\varphi(t)\end{cases}$所确定的函数，则

$$\frac{dy}{dx}=\frac{\varphi'(t)}{\varphi'(t)},\qquad \frac{d^2y}{dx^2}=\frac{d}{dt}\left(\frac{\varphi'(t)}{\varphi'(t)}\right)\cdot\frac{1}{\varphi'(t)}.$$

（三）导数应用

1. 几何应用

曲线 $y=f(x)$在曲线上一点(x_0,y_0)处的切线、法线方程：

（1）切线方程，$y-y_0=f'(x_0)(x-x_0)$；

（2）法线方程，$y-y_0=\dfrac{-1}{f'(x_0)}(x-x_0)$.

2. 物理应用

物体的速度 $v=\dfrac{ds}{dt}$，加速度 $a=\dfrac{dv}{dt}=\dfrac{d^2s}{dt^2}$（其中：$s$ 是路程，t 是时间）.

3. 近似计算

由 $f(x)\approx f(0)+f'(0)x$ 可得到当$|x|$较小时的几个常用近似公式：

（1）$\sqrt[n]{1+x}\approx 1+\dfrac{1}{n}x$；　（2）$\sin x\approx x$；　（3）$\tan x\approx x$；

（4）$e^x\approx 1+x$；　（5）$\ln(1+x)\approx x$.

二、精选题解析

（一）导数计算

1. 利用导数定义求导数

【例 1】 设 $f(x)=x(x-1)(x-2)\cdots(x-50)$，求 $f'(2)$.

【解】 $f'(2)=\lim\limits_{x\to 2}\dfrac{f(x)-f(2)}{x-2}$

$=\lim\limits_{x\to 2}x(x-1)(x-3)\cdots(x-50)=2\times 1\times(-1)\cdots(-48)=2\times 48!$.

【例 2】 设 $f(x)=\begin{cases}x^2\sin\dfrac{1}{x}, & x\neq 0,\\ 0, & x=0,\end{cases}$ 求 $f'(0)$.

【解】 $f'(0)=\lim\limits_{x\to 0}\dfrac{f(x)-f(0)}{x}=\lim\limits_{x\to 0}\dfrac{x^2\sin\dfrac{1}{x}-0}{x}=\lim\limits_{x\to 0}x\sin\dfrac{1}{x}=0.$

【例 3】 设 $f(x)=\begin{cases}x^2, & x\geqslant 0,\\ -x, & x<0,\end{cases}$ 求 $f'(0)$.

【解】 由于 $f'(0)=\lim\limits_{x\to 0}\dfrac{f(x)-f(0)}{x-0}$，而 $x\to 0$ 时，可以有 $x>0$ 及 $x<0$，此时的 $f(x)$ 有不同的表示式，所以应分别考虑.

$$f'_+(0)=\lim_{x\to 0^+}\frac{f(x)-f(0)}{x}=\lim_{x\to 0^+}\frac{x^2-0}{x}=0,$$

$$f'_-(0)=\lim_{x\to 0^-}\frac{f(x)-f(0)}{x}=\lim_{x\to 0^-}\frac{-x-0}{x}=-1,$$

可见 $f'(0)$不存在.

注意　一般地，对于分段函数在分段点处的导数，应按导数的定义来求，否则就会出现错误.

如设 $f(x)=\begin{cases}\arctan\dfrac{1}{x}, & x\neq 0,\\ 0, & x=0,\end{cases}$ 则当 $x\neq 0$ 时，有 $f'(x)=\dfrac{-1}{1+x^2}$，但我们不能认为 $f'(0)=\lim\limits_{x\to 0}\dfrac{-1}{1+x^2}=-1$. 由于函数 $f(x)$在 $x=0$ 点是不连续的，因此 $f'(0)$是不存在的.

设 $f(x)=\begin{cases}\dfrac{2}{3}x^3, & x\geqslant 1,\\ x^2, & x<1,\end{cases}$ 则不能这样来求 $f'(1)$：因为 $f'_+(1)=\left(\dfrac{2}{3}x^3\right)'\Big|_{x=1}=2$，$f'_-(1)=(x^2)'\big|_{x=1}=2$，故 $f'(1)=2$. 事实上，$f'(1)$是不存在的，因为 $f(x)$在 $x=1$ 点是不连续的.

【例 4】 已知 $f'(a)$ 存在，求$\lim\limits_{x\to 0}\dfrac{f(a+\alpha x)-f(a-\beta x)}{x}$.

【解】 原式$=\lim\limits_{x\to 0}\dfrac{f(a+\alpha x)-f(a)+f(a)-f(a-\beta x)}{x}$

$$=\alpha\lim_{x\to 0}\frac{f(a+\alpha x)-f(a)}{\alpha x}+\beta\lim_{x\to 0}\frac{f(a-\beta x)-f(a)}{-\beta x}$$

$$=\alpha f'(a)+\beta f'(a)=(\alpha+\beta)f'(a).$$

【例 5】 设 $f(x)$对任意实数 x_1,x_2有 $f(x_1+x_2)=f(x_1)f(x_2)$，且 $f'(0)=1$. 试证明

$$f'(x)=f(x).$$

【解】 由 $f(0+0)=f(0)\cdot f(0)$，得 $f(0)=1$ 或 $f(0)=0$. 又因为 $f'(0)\neq 0$，所以$f(x)$不恒等于 0，于是存在 x_0，使得 $f(x_0)\neq 0$，$f(x_0)=f(x_0+0)=f(x_0)\cdot f(0)$，故$f(0)=1$.

又 $f'(x)=\lim\limits_{\Delta x\to 0}\dfrac{f(x+\Delta x)-f(x)}{\Delta x}=\lim\limits_{\Delta x\to 0}\dfrac{f(x)f(\Delta x)-f(x)f(0)}{\Delta x}=f(x)f'(0)$，

因为 $f'(0)=1$，所以 $f'(x)=f(x)$.

2. 显函数求导数

【例 6】 求下列函数 y 对 x 的导数：

（1）$y=x^3\sqrt[5]{x}$；　（2）$y=3e^x\cos x$；（3）$y=\dfrac{e^x}{x^2}+\ln 3$；　（4）$y=e^{\arctan\sqrt{x}}$.

【解】（1）$y'=\left(x^{\frac{16}{5}}\right)'=\dfrac{16}{5}x^{\frac{11}{5}}$；

（2）$y'=(3e^x\cos x)'=3(e^x\cos x)'=3(e^x\cos x-e^x\sin x)=3e^x(\cos x-\sin x)$；

（3）$y'=\left(\dfrac{e^x}{x^2}+\ln 3\right)'=\left(\dfrac{e^x}{x^2}\right)'+(\ln 3)'=\dfrac{e^x x^2-2xe^x}{x^4}+0=\dfrac{e^x(x-2)}{x^3}$；

（4）这是复合函数求导问题

$$y'=(e^{\arctan\sqrt{x}})'=e^{\arctan\sqrt{x}}\cdot(\arctan\sqrt{x})'=e^{\arctan\sqrt{x}}\cdot\frac{1}{1+x}(\sqrt{x})'$$
$$=e^{\arctan\sqrt{x}}\cdot\frac{1}{1+x}\cdot\frac{1}{2\sqrt{x}}=\frac{e^{\arctan\sqrt{x}}}{2\sqrt{x}(1+x)}.$$

【例 7】 设 $y=\cos\dfrac{\arcsin x}{2}$，则 $y'\left(\dfrac{\sqrt{3}}{2}\right)=$________.

【解】 由于 $y'=-\sin\dfrac{\arcsin x}{2}\dfrac{1}{2\sqrt{1-x^2}}$，当 $x=\dfrac{\sqrt{3}}{2}$时，$y'\left(\dfrac{\sqrt{3}}{2}\right)=-\sin\dfrac{\pi}{6}=-\dfrac{1}{2}$.

【例 8】 若 $f(x)=\sqrt{1+x}$，则 $f(3)+(x-3)f'(3)=$________.

【解】 由 $f(3)=2, f'(x)=\dfrac{1}{2\sqrt{1+x}}$，$f'(3)=\dfrac{1}{4}$，应填 $2+\dfrac{1}{4}(x-3)$.

【例 9】 设$\dfrac{d}{dx}f(x)=g(x)$，$h(x)=\sin^2 x$，则$\dfrac{d}{dx}f[h(x)]=$（　）.

（A）$2g(x)\sin x$　（B）$g(x)\sin^2 x$　（C）$g(\sin^2 x)$　（D）$\sin 2x g(\sin^2 x)$

【解】 由复合函数求导法则$\dfrac{d}{dx}f[h(x)]=f'[h(x)]\cdot h'(x)$，可知应选（D).

【例 10】 求下列函数的高阶导数：

（1）设 $y=x^2\sin 2x$，求 $y^{(50)}$；　（2）设 $y=\ln[f(x)]$，求 y''.

【解】（1）应用莱布尼兹公式

$$(uv)^{(n)}=\sum_{k=0}^{n}C_n^k u^{(n-k)}v^{(k)}=\sum_{k=0}^{n}C_n^k u^{(k)}v^{(n-k)}.$$

这里 $u(x)=x^2$，$v(x)=\sin 2x$，由于 $u'(x)=2x$，$u''(x)=2$，而 $u^{(k)}(x)=0$（$k\geqslant 3$).

又 $\sin^{(n)}x=\sin\left(x+n\dfrac{\pi}{2}\right)$，所以，$v^{(n)}(x)=(\sin 2x)^{(n)}=2^n\sin\left(2x+n\dfrac{\pi}{2}\right)$，

$$y^{(50)}=(x^2\sin 2x)^{(50)}=0+C_{50}^{48}(x^2)''(\sin 2x)^{(48)}+C_{50}^{49}(x^2)'(\sin 2x)^{(49)}+C_{50}^{50}(x^2)(\sin 2x)^{(50)}$$
$$=\frac{50\times 49}{2}\times 2\times 2^{48}\sin\left(2x+48\frac{\pi}{2}\right)+50\times 2x\times 2^{49}\sin\left(2x+49\frac{\pi}{2}\right)+x^2\times 2^{50}\times\sin\left(2x+50\frac{\pi}{2}\right)$$
$$=2^{50}\left(\frac{1225}{2}\sin 2x+50x\cos 2x-x^2\sin 2x\right).$$

（2）$y'=\dfrac{f'(x)}{f(x)}$，　$y''=\dfrac{f''(x)f(x)-[f'(x)]^2}{[f(x)]^2}$.

【例 11】 已知函数 $f(x)$具有任意阶导数，且 $f'(x)=[f(x)]^2$，则当 n 为大于 2 的正整数时，$f(x)$的 n 阶导数 $f^{(n)}(x)$是（　）.

（A）$n!\ [f(x)]^{n+1}$　（B）$n[f(x)]^{n+1}$　（C）$[f(x)]^{2n}$　（D）$n!\ [f(x)]^{2n}$

【解】 $f''(x)=2f(x)f'(x)=2[f(x)]^3$，$f'''(x)=3!\ [f(x)]^4$，
逐次求导寻找规律，可知 $f^{(n)}(x)=n!\ [f(x)]^{n+1}$. 故应选（A).

3. 由参数方程所确定的函数求导数

【例 12】 设$\begin{cases}x=\dfrac{1-t^2}{1+t^2},\\ y=\dfrac{2t}{1+t^2},\end{cases}$ 求$\dfrac{dy}{dx}$.

【解】 $\dfrac{dy}{dx}=\dfrac{\varphi'(t)}{\varphi'(t)}=\dfrac{\dfrac{2(1+t^2)-2t\cdot 2t}{(1+t^2)^2}}{\dfrac{-2t(1+t^2)-(1-t^2)\cdot 2t}{(1+t^2)^2}}=\dfrac{2-2t^2}{-4t}$.

【例 13】 设$\begin{cases}x=e^t\sin t,\\ y=e^t\cos t,\end{cases}$ 求$\left.\dfrac{dy}{dx}\right|_{t=0}$.

【解】 由$\dfrac{dy}{dx}=\dfrac{e^t(\cos t-\sin t)}{e^t(\sin t+\cos t)}=\dfrac{\cos t-\sin t}{\sin t+\cos t}$，得$\left.\dfrac{dy}{dx}\right|_{t=0}=1$.

【例 14】 设$\begin{cases}x=\ln(1+t^2),\\ y=t-\arctan t,\end{cases}$ 求 y''.

【解】 $\dfrac{dy}{dx}=\dfrac{1-\dfrac{1}{1+t^2}}{\dfrac{2t}{1+t^2}}=\dfrac{t}{2}$，$\dfrac{d^2y}{dx^2}=\dfrac{d}{dt}\left(\dfrac{t}{2}\right)\dfrac{dt}{dx}=\dfrac{1}{2}\times\dfrac{1}{\dfrac{dx}{dt}}=\dfrac{1}{2}\times\dfrac{1+t^2}{2t}=\dfrac{1+t^2}{4t}$.

注意 求参数方程的二阶导数中$\dfrac{d^2y}{dx^2}=\dfrac{d}{dx}\left(\dfrac{dy}{dx}\right)$，并非是$\dfrac{d^2y}{dx^2}=\dfrac{d}{dt}\left(\dfrac{dy}{dx}\right)$，所以上例中的$\dfrac{d^2y}{dx^2}\neq\dfrac{d}{dt}\left(\dfrac{dy}{dx}\right)=\dfrac{1}{2}$，而应$\dfrac{d^2y}{dx^2}=\dfrac{d}{dt}\left(\dfrac{t}{2}\right)\dfrac{dt}{dx}=\dfrac{1}{2}\cdot\dfrac{1}{x'(t)}$.

4. 隐函数求导数及对数求导法

【例 15】 求由下列方程所确定的隐函数 $y=y(x)$的导数$\dfrac{dy}{dx}$.

(1) $y^2-2xy+9=0$； (2) $xy=e^{x+y}$.

【解】 (1) 将方程 $y^2-2xy+9=0$ 两边对 x 求导数（注意 y 是 x 的函数），得

$$2yy'-2(y+xy')=0.$$

解出 y'得

$$\frac{dy}{dx}=\frac{y}{y-x}.$$

(2) 对于 $xy=e^{x+y}$，同样方法有 $y+xy'=e^{x+y}(1+y')$. 解得

$$\frac{dy}{dx}=\frac{e^{x+y}-y}{x-e^{x+y}}.$$

【例 16】 设函数 $y=y(x)$由方程 $y=1+xe^y$所确定，求 y''.

【解】 方程 $y=1+xe^y$两边对 x 求导

$$y'=e^y+xe^yy' \tag{2-1}$$

解得

$$y'=\frac{e^y}{1-xe^y}.$$

将(2-1)式两边再对 x 求导

$$y''=e^y\cdot y'+e^yy'+xe^y(y')^2+xe^yy''.$$

解得

$$y''=\frac{e^yy'(2+xy')}{1-xe^y}.$$

将 $y'=\dfrac{e^y}{1-xe^y}$代入并整理得：$y''=\dfrac{e^{2y}(2-xe^y)}{(1-xe^y)^3}=\dfrac{e^{2y}(3-y)}{(2-y)^3}$.

注意 求 y''时，也可以对已求得的 $y'=\dfrac{e^y}{1-xe^y}$再求导数，即

$$y''=\frac{e^yy'(1-xe^y)+e^y(e^y+xe^yy')}{(1-xe^y)^2}.$$

将 $y'=\frac{e^y}{1-xe^y}$ 代入并整理得：$y''=\frac{e^{2y}(2-xe^y)}{(1-xe^y)^3}=\frac{e^{2y}(3-y)}{(2-y)^3}$.

【例 17】 设 $y=x^x e^{2x}$，$x>0$，求 y'.

【解】 利用对数求导法. 两边取对数得，$\ln y=x\ln x+2x$（隐函数）；两边对 x 求导

$$\frac{y'}{y}=\ln x+1+2=\ln x+3，得\quad y'=y(\ln x+3).$$

【例 18】 设 $y=(1+x)^{\frac{1}{x}}$，求 $y'(1)$.

【解】 利用对数求导法. 首先两边取对数 $\ln y=\frac{\ln(1+x)}{x}$，然后两边对 x 求导得

$$\frac{y'}{y}=\frac{\frac{1}{1+x}\cdot x-\ln(1+x)}{x^2}.$$

将 $x=1$ 代入，并注意到 $y(1)=2$，则有 $y'(1)=1-2\ln 2$.

【例 19】 设 $y=\frac{\sqrt{x+2}(3-x)^4}{\sqrt[3]{(x+1)^2}}$，求 y'.

【解】 对函数两边取对数得

$$\ln y=\frac{1}{2}\ln(x+2)+4\ln(3-x)-\frac{2}{3}\ln(x+1),$$

两边对 x 求导数得

$$\frac{y'}{y}=\frac{1}{2}\times\frac{1}{x+2}-4\frac{1}{3-x}-\frac{2}{3}\times\frac{1}{1+x},$$

所以

$$y'=\frac{\sqrt{x+2}(3-x)^4}{\sqrt[3]{(x+1)^2}}\left[\frac{1}{2(x+2)}-\frac{4}{3-x}-\frac{2}{3(x+1)}\right].$$

注意　对于幂指函数 $y=u(x)^{v(x)}$ 和含有多个因式相乘除或带有开方、乘方的函数，利用对数求导法是比较方便的.

（二）微分的概念及计算

【例 20】 若 $y=f(x)$ 有 $f'(x_0)=\frac{1}{3}$，则当 $\Delta x\to 0$ 时，$y=f(x)$ 在 $x=x_0$ 处的微分 dy 是（　　）.

（A）与 Δx 等价无穷小　　（B）与 Δx 同阶无穷小

（C）比 Δx 高阶无穷小　　（D）比 Δx 低阶无穷小

【解】 在 $x=x_0$ 处，$dy=f'(x_0)\Delta x=\frac{1}{3}\Delta x$，所以应选（B）.

【例 21】 设 $y=e^{\sin^2 x}$，则 $dy=$________.

【解】 $dy=2\sin x\cos x e^{\sin^2 x}dx=\sin 2x e^{\sin^2 x}dx$；或考虑微分形式的不变性亦可知，令 $t=\sin^2 x$，$y=e^t$，$dy=e^t dt$.

【例 22】 设 $\begin{cases}x=\varphi(t),\\ y=f(t),\end{cases}$ 其中 $\varphi(t)$，$f(t)$ 都是可微函数，且 $\varphi'(t)\neq 0$，$f'(t)\neq 0$，则下列各式不正确的是（　　）.

（A）$dy=\frac{f'(t)}{\varphi'(t)}dx$　（B）$dy=\frac{f'(t)}{\varphi'(t)}dt$　（C）$dy=\frac{f'(t)}{\varphi'(t)}d\varphi(t)$　（D）$dy=f'(t)dt$

【解】 由于$\frac{dy}{dx}=\frac{f'(t)}{\varphi'(t)}$，而$\frac{dy}{dt}=f'(t)$，$\frac{dy}{d\varphi(t)}=\frac{dy}{dx}$. 故（A），（C），（D）均成立，所以应选（B）.

（三）导数应用

【例 23】 求曲线 $y=\arctan x$ 在点 $P\left(1,\frac{\pi}{4}\right)$处的切线方程为________；法线方程为________.

【解】 由于点 P 在曲线上，所以切线斜率 $k=y'|_{x=1}=\left.\frac{1}{1+x^2}\right|_{x=1}=\frac{1}{2}$，从而法线斜率 $k_1=-2$，再根据点斜式得：

切线方程为 $y-\frac{\pi}{4}=\frac{1}{2}(x-1)$；法线方程为 $y-\frac{\pi}{4}=-2(x-1)$.

【例 24】 已知曲线 L 的参数方程是$\begin{cases}x=2(t-\sin t),\\y=2(1-\cos t),\end{cases}$ 则曲线 L 上 $t=\frac{\pi}{2}$处的切线方程是(　　).

(A) $x+y=\pi$　(B) $x-y=\pi-4$　(C) $x-y=\pi$　(D) $x+y=\pi-4$

【解】 曲线的切线斜率为$\left.\frac{dy}{dx}\right|_{t=\frac{\pi}{2}}=\left.\frac{\sin t}{1-\cos t}\right|_{t=\frac{\pi}{2}}=1$，排除（A），（D）；当 $t=\frac{\pi}{2}$时，$x=\pi-2$，$y=2$，由此排除（C），所以应选（B）.

【例 25】 试求过点 $M_0(-1,1)$且与曲线 $2e^x-2\cos y-1=0$ 上点$\left(0,\frac{\pi}{3}\right)$的切线相垂直的直线方程.

【解】 先求曲线 $2e^x-2\cos y-1=0$ 上点$\left(0,\frac{\pi}{3}\right)$的切线斜率. 方程两边求导得

$$2e^x+2\sin y\cdot y'=0,$$

于是$y'|_{(0,\pi/3)}=\left.\frac{-e^x}{\sin y}\right|_{(0,\pi/3)}=\frac{-2}{\sqrt{3}}$为曲线的切线斜率，又所求直线与其垂直，所以所求直线的斜率为$\frac{\sqrt{3}}{2}$，从而所求直线方程为

$$y-1=\frac{\sqrt{3}}{2}(x+1).$$

【例 26】 质点做曲线运动，其位置坐标与时间 t 的关系为 $x=t^2+t-2$，$y=3t^2-2t-1$，则在 $t=1$ 时刻质点的速度的大小等于（　　）.

(A) 3　(B) 4　(C) 7　(D) 5

【解】 由于质点做曲线运动，所以质点运动的速度是 t 的一个向量函数$\boldsymbol{v}(t)$，它在 x 轴和 y 轴上的两个分量函数，分别为$\frac{dx}{dt}=2t+1$；$\frac{dy}{dt}=6t-2$. 速度的大小为

$$|\boldsymbol{v}(t)|=\sqrt{(2t+1)^2+(6t-2)^2},$$

当 $t=1$ 时，得$|\boldsymbol{v}(1)|=\sqrt{(2+1)^2+(6-2)^2}=5$. 应选（D）.

【例 27】 设顶点在下的正圆锥形容器，高 10m，容器口半径是 5m，若在空的容器内以每分钟 $2m^3$的速率注入水，求当水面高度为 4m 时：(1) 水面上升的速率；(2) 水的上表面面积的增长率.

【解】 设 t (min) 时刻时，水面高度为 x (m)（显然 x 是时间 t 的函数），容器内储水量为 v (m^3)，水的上表面面积为 S (m^2)，则有

$$v=\frac{\pi}{3}\cdot\left(\frac{x}{2}\right)^2\cdot x=\frac{\pi}{12}x^3,\qquad S=\pi\cdot\left(\frac{x}{2}\right)^2=\frac{\pi}{4}x^2,$$

$$\frac{dv}{dt}=\frac{\pi}{4}x^2\cdot\frac{dx}{dt},\qquad \frac{dS}{dt}=\frac{\pi}{2}x\cdot\frac{dx}{dt},$$

当$\frac{dv}{dt}=2$，$x=4$ 时，得水面上升的速率为$\frac{dx}{dt}=\frac{1}{2\pi}$(m/min)，水的上表面面积的增长率为$\frac{dS}{dt}=1$($m^2$/min).

(四) 连续性、可导性的判断

【例 28】 (2001 年考研题) 设 $f(0)=0$，则 $f(x)$在点 $x=0$ 处可导的充要条件为（　）.

(A) $\lim\limits_{h\to 0}\frac{1}{h^2}f(1-\cos h)$存在　　(B) $\lim\limits_{h\to 0}\frac{1}{h}f(1-e^h)$存在

(C) $\lim\limits_{h\to 0}\frac{1}{h^2}f(1-\sin h)$存在　　(D) $\lim\limits_{h\to 0}\frac{1}{h}[f(2h)-f(h)]$存在

【解】 应选 (B).

【例 29】 设 $f(x)=\begin{cases}x^3\sin\frac{1}{x}, & x\neq 0,\\ 0, & x=0,\end{cases}$ 试证明：$f(x)$在 $x=0$ 处连续、可导且导函数在 $x=0$ 处连续，但导函数在 $x=0$ 处不可导.

【证明】 因为$\lim\limits_{x\to 0}f(x)=\lim\limits_{x\to 0}x^3\sin\frac{1}{x}=0=f(0)$，所以 $f(x)$在 $x=0$ 处连续.

当 $x=0$ 时，$f'(0)=\lim\limits_{x\to 0}\frac{f(x)-f(0)}{x}=\lim\limits_{x\to 0}x^2\sin\frac{1}{x}=0$，所以 $f(x)$在 $x=0$ 处可导.

又 $x\neq 0$ 时，$f'(x)=3x^2\sin\frac{1}{x}-x\cos\frac{1}{x}$；从而

$$f'(x)=\begin{cases}3x^2\sin\frac{1}{x}-x\cos\frac{1}{x}, & x\neq 0,\\ 0, & x=0,\end{cases}$$

则$\lim\limits_{x\to 0}f'(x)=\lim\limits_{x\to 0}(3x^2\sin\frac{1}{x}-x\cos\frac{1}{x})=0=f'(0)$，所以导函数在 $x=0$ 处连续.

但 $f''(0)=\lim\limits_{x\to 0}\frac{f'(x)-f'(0)}{x}=\lim\limits_{x\to 0}\left(3x\sin\frac{1}{x}-\cos\frac{1}{x}\right)$不存在，因此导函数在 $x=0$ 处不可导.

【例 30】 设 $f(x)=\begin{cases}\ln(1+x)+2, & x\geqslant 0,\\ ax+b, & x<0,\end{cases}$ 选择适当的 a,b，使 $f(x)$在 $x=0$ 处可导.

【解】 由可导必连续可知，若 $f(x)$在 $x=0$ 处可导，首先有

$$\lim_{x\to 0^-}f(x)=\lim_{x\to 0^+}f(x)=f(0)，即\quad \lim_{x\to 0^-}(ax+b)=\lim_{x\to 0^+}[\ln(1+x)+2],$$

由此可得 $b=2$.

又当 $x\neq 0$ 时，$f'(x)=\begin{cases}\frac{1}{1+x}, & x>0,\\ a, & x<0,\end{cases}$ 要使 $f(x)$在 $x=0$ 处可导，则 $f'(0)=\lim\limits_{x\to 0}\frac{f(x)-f(0)}{x}$必须存在，$f'(0-0)=\lim\limits_{x\to 0-}\frac{\ln(1+x)}{x}=1$，$b=2$ 代入，得 $f'(0+0)=\lim\limits_{x\to 0+}\frac{ax}{x}=a$，所以 $a=1$；即当 $a=1,b=2$ 时，$f(x)$在 $x=0$ 处可导.

三、强化练习题

☆ A题 ☆

1. 填空题

(1) 设 $f'(x_0)=2$，则 $\lim\limits_{h\to 0}\dfrac{f(x_0-h)-f(x_0+2h)}{2h}=$______.

(2) 设 $y=\ln(1+ax)$，a 为非零常数，则 $y'=$______，$y''=$______.

(3) $y=f(\sin 2x)$具有二阶导数，则 $y''=$______.

(4) 若 $y=x^3+2xe^y$，则$\dfrac{dy}{dx}=$______.

(5) $y=x^{\sin x}(x>0)$，则 $y'=$______.

(6) 曲线 $y=\arctan x$ 在横坐标为 1 点处的切线方程为______.

(7)（1999 年考研题）曲线$\begin{cases}x=e^t\sin 2t,\\ y=e^t\cos t\end{cases}$在点(0,1)的法线方程为______.

(8) 若 $f(0)=0$，又$\lim\limits_{x\to 0}\dfrac{f(x)}{x}=A$（有限数），则 $A=$______.

(9) 设$\begin{cases}x=f(t)-\pi\\ y=f(e^{3t}-1)\end{cases}$，且 $f(x)$可导，$f'(0)\neq 0$，则$\left.\dfrac{dy}{dx}\right|_{t=0}=$______.

(10) d______$=\dfrac{1}{1+x^2}dx$.

2. 选择题

(1) 设在 x_0处 $f(x)$可导，而 $g(x)$不可导，则在 x_0处（　　）.

(A) $f(x)+g(x)$必不可导，而 $f(x)g(x)$未必可导

(B) $f(x)+g(x)$与 $f(x)-g(x)$都可导

(C) $f(x)+g(x)$可导，而 $f(x)g(x)$不可导

(D) $f(x)+g(x)$与 $f(x)g(x)$都不可导

(2) 设 $f'(a)$存在，则$\lim\limits_{x\to a}\dfrac{xf(a)-af(x)}{x-a}=$（　　）.

(A) $f'(a)$　　(B) $af'(a)$　　(C) $-af'(a)$　　(D) $f(a)-af'(a)$

(3) 设 $f(x)=\ln(1+a^{-2x})$，$a>0$ 为常数，则 $f'(0)=$（　　）.

(A) $-\ln a$　　(B) $\ln a$　　(C) $\dfrac{1}{2}\ln a$　　(D) $\dfrac{1}{2}$

(4) 设函数 $f(x)=\begin{cases}\dfrac{2}{3}x^3, & x\leqslant 1,\\ x^2, & x>1,\end{cases}$ 则 $f(x)$在点 $x=1$ 处（　　）.

(A) 左、右导数都存在　　(B) 左导数存在，但右导数不存在

(C) 左导数不存在，但右导数存在　　(D) 左、右导数都不存在

(5) 若 $y=f(x)$有 $f'(x_0)=\dfrac{1}{2}$，则当 $\Delta x\to 0$ 时，$y=f(x)$在 $x=x_0$处的微分 dy 是（　　）.

(A) 与 Δx 等价无穷小　　(B) 与 Δx 同阶无穷小，但不是等价无穷小

(C) 比 Δx 高阶无穷小　　(D) 比 Δx 低阶无穷小

(6) 若曲线 $y=x^2+ax+b$ 和 $2y=-1+xy^3$ 在点(1,−1)处相切，其中 a,b 为常数，则

（　　）.

（A）$a=-3,b=1$　（B）$a=1,b=-3$　（C）$a=-1,b=-1$　（D）$a=0,b=-2$

（7）设 $y=\arctan e^{x}$，则 $dy=$（　　）dx.

（A）$\frac{1}{\sqrt{1+e^{2x}}}$　（B）$\frac{e^{x}}{\sqrt{1+e^{2x}}}$　（C）$\frac{1}{1+e^{2x}}$　（D）$\frac{e^{x}}{1+e^{2x}}$

（8）（1998 年考研题）函数 $f(x)=(x^2-x-2)|x^3-x|$ 的不可导点的个数是（　　）.

（A）3　（B）2　（C）1　（D）0

3. 计算题

（1）设 $f(x)=x|x|$，求 $f'(0)$.

（2）设 $y=3^{\sin x}$，求 y'.

（3）设 $y=\frac{\cos x}{1-\sin x}+x\sec^2 x-\tan x$，求 y'.

（4）设 $y=\ln\frac{1+x}{1-x}$，求 y'.

（5）设 $y=\ln(1+x^2)$，求 y''.

（6）设 $f(x)=xe^{x^2}$，求 $f''(1)$.

（7）设 $f(x)=\ln(1+x)$，$y=f[f(x)]$，求 y'.

（8）设 $y=2^{\cos^2\frac{1}{x}}$，求 y'.

（9）设 $F(x)=f[\phi^2(x)+\phi(x)]$，其中 $f(x),\phi(x)$ 都为可导函数，求 $F'(x)$.

（10）设函数 $y=y(x)$ 由方程 $e^{xy}+\tan(xy)=y$ 确定，求 $y'(0)$.

（11）求方程 $y-xe^{y}=1$ 所确定的函数 $y=y(x)$ 的一阶、二阶导数 $\frac{dy}{dx}$，$\frac{d^2y}{dx^2}$.

（12）（2003 年考研题）设函数 $y=y(x)$ 由方程 $e^{y}+6xy+x^2-1=0$ 确定，求 $y''(0)$.

（13）设幂指函数 $y=(1+x^2)^{\sin x}$，利用对数求导法求 y'.

（14）求曲线 $y=\ln x$ 上与直线 $x+y=1$ 垂直的切线方程.

（15）求曲线 $x^2+2xy^2+3y^4=6$ 在点 $M(1,-1)$ 处的切线和法线方程.

（16）（1989 年考研题）设 $\begin{cases}x=\ln(1+t^2),\\ y=\arctan t,\end{cases}$ 求 $\frac{dy}{dx}$，$\frac{d^2y}{dx^2}$.

（17）设 $\begin{cases}x=a(\cos t+t\sin t),\\ y=a(\sin t-t\cos t),\end{cases}$ 求 $\left.\frac{dx}{dy}\right|_{t=\frac{3\pi}{4}}$，$\left.\frac{d^2x}{dy^2}\right|_{t=\frac{3\pi}{4}}$.

（18）$y=\sin x^2$，求 $\frac{dy}{d(x^3)}$.

（19）$y=\frac{2x}{1+2x}$，求 $y^{(n)}$.

（20）设 $f(x)=\begin{cases}e^{-\frac{1}{x^2}}, & x\neq 0,\\ 0, & x=0,\end{cases}$ 讨论 $f'(x)$ 在 $x=0$ 的连续性.

☆ B 题 ☆

1. 填空题

（1）设 $y=\ln\sqrt{\frac{1-x}{1+x^2}}$，则 $y''|_{x=0}=$________.

（2）设函数 $y=y(x)$ 由方程 $e^{x+y}+\cos(xy)=0$ 所确定，则 $\frac{dy}{dx}=$________.

（3）$y=\sqrt[3]{x+\sqrt{1+x^2}}$，则 $y'=$________.

（4）设 $\begin{cases}x=1-t^2,\\ y=t-t^3,\end{cases}$ 则 $\frac{dy}{dx}=$________，$\frac{d^2y}{dx^2}=$________.

（5）$y=\frac{1-x}{1+x}$，则 $y^{(n)}=$________.

2. 选择题

(1) 设 $f(x)$ 可导，$F(x)=f(x)(1+|\sin x|)$，若使 $F(x)$ 在 $x=0$ 处可导，则必有(　　).

(A) $f(0)=0$　(B) $f'(0)=0$　(C) $f(0)+f'(0)=0$　(D) $f(0)-f'(0)=0$

(2) 设 $f(x)=\sin\frac{x}{2}+\cos 2x$，则 $f^{(27)}(\pi)=$ (　　).

(A) 2^{27}　(B) $\frac{-1}{2^{27}}$　(C) $2^{27}-\frac{1}{2^{27}}$　(D) 0

(3) 若 $f(x)$ 在 $x=a$ 处二阶可导，则 $\lim\limits_{h\to 0}\dfrac{\frac{f(a+h)-f(a)}{h}-f'(a)}{h}=$ (　　).

(A) $f''(a)$　(B) $\frac{f''(a)}{2}$　(C) $2f''(a)$　(D) $-f''(a)$

(4) (2005 年考研题) 设函数 $f(x)=\lim\limits_{n\to\infty}\sqrt[n]{1+|x|^{3n}}$，则 $f(x)$ 在 $(-\infty,+\infty)$ 内 (　　).

(A) 处处可导　　(B) 恰有一个不可导点

(C) 恰有两个不可导点　　(D) 至少有三个不可导点

(5) (2006 年考研题) 设函数 $y=f(x)$ 具有二阶导数，且 $f'(x)>0$，$f''(x)>0$，Δx 为自变量 x 在点 x_0 处的增量，Δy 与 dy 分别为 $f(x)x_0$ 处对应的增量与微分，若 $\Delta x>0$，则(　　).

(A) $\Delta y<dy<0$　(B) $dy<\Delta y<0$　(C) $0<\Delta y<dy$　(D) $0<dy<\Delta y$

3. 解答题

(1) 设 $y=f(x+y)$，其中 f 具有二阶导数，且其一阶导数不等于 1，求 $\frac{d^2y}{dx^2}$.

(2) (2010 年考研题) 设 $\begin{cases}x=e^{-t},\\ y=\int_0^t \ln(1+u^2)du,\end{cases}$ 求 $\left.\frac{d^2y}{dx^2}\right|_{t=0}$.

(3) 求曲线 $\sin(xy)+\ln(y-x)=x$ 在点 $(0,1)$ 的切线和法线方程.

(4) 已知函数 $f(x)$ 具有任意阶导数，且 $f'(x)=[f(x)]^3$，求 $f(x)$ 的 n ($n\geqslant 2$) 阶导数 $f^{(n)}(x)$.

(5) 设函数 $f(x)=\begin{cases}\dfrac{\sqrt{1+x}-1}{\sqrt{x}}, & x>0,\\ 0, & x\leqslant 0,\end{cases}$ 试证明：$f(x)$ 在点 $x=0$ 处连续，但不可导.

第三章　中值定理与导数的应用

本章基本要求

理解并掌握罗尔（Rolle）定理和拉格朗日（Lagrange）定理及其应用，理解柯西（Cauchy）定理和泰勒（Taylor）定理；掌握罗比塔（L' Hospital）法则，并会应用罗比塔法则求解不定型极限；理解函数极值、最值的概念，掌握利用导数判断函数的单调性和求极值的方法，掌握最值的求法及简单应用；理解曲线凹凸性的概念，会利用导数判断函数图形的凹凸性并求拐点；理解弧微分的概念，了解曲率及曲率半径的概念和计算.

一、内容要点

（一）中值定理

1. 罗尔中值定理

若函数 $f(x)$满足：①在$[a,b]$上连续；②在(a,b)内可导；③$f(a)=f(b)$，则至少存在一点 $\xi\in(a,b)$，使 $f'(\xi)=0$.

注意　(1) 定理说明：满足条件①,②,③的函数 $f(x)$在(a,b)内其导数 $f'(x)$有零点 ξ；或者说，满足条件①,②,③的函数方程 $f'(x)=0$ 在(a,b)内有根；或者说，满足条件①,②,③的曲线 $y=f(x)$在(a,b)内有水平切线．因此要证明类似于以上的结论，可以考虑使用罗尔定理试证.

(2) 定理的证明过程中，利用了如下费马定理的结论：若函数 $f(x)$满足，①在$(x_0-\delta,x_0+\delta)$内有定义；②$f(x_0)$为$(x_0-\delta,x_0+\delta)$内的最值；③$f'(x_0)$存在，则 $f'(x_0)=0$.

2. 拉格朗日中值定理

若函数 $f(x)$满足：①在$[a,b]$上连续；②在(a,b)内可导，则至少存在一点 $\xi\in(a,b)$，使

$$f(b)-f(a)=f'(\xi)(b-a).$$

注意　(1) 函数值之差利用拉格朗日中值定理可缩成一项，由此可以用来确定函数的增减性，也可以用来证明一类涉及函数值之差的不等式.

(2) 由于$\dfrac{f(b)-f(a)}{b-a}=f'(\xi)$（割线斜率＝切线斜率），因此定理在几何上说明：满足条件①,②的曲线 $y=f(x)$在(a,b)内存在切线平行于连接曲线弧段两端的割线.

(3) 定理的结论蕴含方程$\dfrac{\mathrm{d}}{\mathrm{d}x}\{[f(b)-f(a)]x-f(x)(b-a)\}=0$ 在(a,b)内有根 ξ，故可对$[f(b)-f(a)]x-f(x)(b-a)$使用罗尔定理证明之.

3. 柯西中值定理

若函数 $f(x),g(x)$满足：①在$[a,b]$上连续；②在(a,b)内可导；③$g'(x)\neq0$，则至少

存在一点 $\xi\in(a,b)$，使

$$\frac{f(b)-f(a)}{g(b)-g(a)}=\frac{f'(\xi)}{g'(\xi)}.$$

注意　在几何上说明：曲线弧段 $\begin{cases}x=f(t),\\y=g(t)\end{cases}$ $t\in[a,b]$ 上存在切线平行于连接曲线弧段两端的割线；可以应用于证明一类不等式，也可以应用于计算一类函数的极限（罗比塔法则）.

4. 泰勒中值定理与泰勒公式

（1）泰勒中值定理. 若函数 $f(x)$ 在 (a,b) 内具有 $n+1$ 阶导数，则至少存在一点 ξ 介于 x_0,x 之间，使得 $f(x)=f(x_0)+f'(x_0)(x-x_0)+\frac{f''(x_0)}{2!}(x-x_0)^2+\cdots+\frac{f^{(n)}(x_0)}{n!}(x-x_0)^n+\frac{f^{(n+1)}(\xi)}{(n+1)!}(x-x_0)^{n+1}$，上式称为带拉格朗日型余项的泰勒公式.

注意　① 在满足定理的条件之下，不论 $f(x)$ 表达式有多复杂，在 x_0 附近 $f(x)$ 均可用多项式 $f(x_0)+f'(x_0)(x-x_0)+\cdots+\frac{f^{(n)}(x_0)}{n!}(x-x_0)^n$ 来替代，其误差为 $\frac{f^{(n+1)}(\xi)}{(n+1)!}(x-x_0)^{n+1}$；

② 可以用来计算极限，也可以用来证明一类不等式；

③ 当 $x_0=0$ 时，上述公式称为带拉格朗日型余项的麦克劳林公式，即

$$f(x)=f(0)+f'(0)x+\frac{f''(0)}{2!}x^2+\cdots+\frac{f^{(n)}(0)}{n!}x^n+\frac{f^{(n+1)}(\xi)}{(n+1)!}x^{n+1}\quad(\xi\text{ 介于 }0,x\text{ 之间}).$$

（2）带皮亚诺型余项泰勒公式. 若函数 $f(x)$ 在 x_0 处有 n 阶导数，则在 x_0 附近有

$$f(x)=f(x_0)+f'(x_0)(x-x_0)+\frac{f''(x_0)}{2!}(x-x_0)^2+\cdots+\frac{f^n(x_0)}{n!}(x-x_0)^n+o[(x-x_0)^n].$$

注意　① 欲证明该结论，只需证明

$$\lim_{x\to x_0}\frac{f(x)-f(x_0)(x-x_0)-\cdots-\frac{f^{(n)}(x_0)}{n!}(x-x_0)^n}{(x-x_0)^n}=0$$

（连续使用罗比塔法则即可）；

② 计算 $\frac{0}{0}$ 型极限时，当分子或分母具有代数和形式时不宜使用等价无穷小替换，此时使用这个公式往往比使用罗比塔法则简便；

③ 比泰勒公式条件弱，但估计误差 $o[(x-x_0)^n]$ 不方便；

④ 带皮亚诺型余项的麦克劳林公式

$$f(x)=f(0)+f'(0)x+\frac{f''(0)}{2!}x^2+\cdots+\frac{f^{(n)}(0)}{n!}x^n+o(x^n).$$

（二）导数应用

1. 罗比塔法则

若（1）$\lim\limits_{\substack{x\to x_0\\(x\to\infty)}}\frac{f(x)}{g(x)}$ 呈 $\frac{\infty}{\infty}$ 型或呈 $\frac{0}{0}$ 型；

（2）$f(x),g(x)$ 在 x_0 附近（或 ∞ 附近）可导，且 $g'(x)\neq0$；

(3) $\lim\limits_{\substack{x\to x_0\\(x\to\infty)}} \dfrac{f'(x)}{g'(x)}$存在或为$\infty$；

则
$$\lim_{\substack{x\to x_0\\(x\to\infty)}} \frac{f(x)}{g(x)}=\lim_{\substack{x\to x_0\\(x\to\infty)}} \frac{f'(x)}{g'(x)}.$$

2. 单调区间和极值的求法（增减表）

增减表解题步骤：①求出定义域；②求出导数 $f'(x)$，求出驻点及导数不存在点（包括分段点）；③列表；④写出结果.

注意 (1) 如果对驻点 x_0 处高阶导数易求，可使用如下方法求极值.

① 当 $f''(x_0)>0$ 时，则 $f(x_0)$为极小值；当 $f''(x_0)<0$ 时，则 $f(x_0)$为极大值.

② 若 f 在 x_0 的某个邻域内存在直到 $n-1$ 阶导数，在 x_0 处 n 阶可导，且 $f^{(k)}(x_0)=0(k=1,2,\cdots,n-1)$，$f^{(n)}(x_0)\neq 0$，则

a. 当 n 为偶数时，f 在点 $x=x_0$ 取得极值. 且当 $f^{(n)}(x_0)<0$ 时，f 在 $x=x_0$ 取得极大值；当 $f^{(n)}(x_0)>0$ 时，f 在 $x=x_0$ 取得极小值.

b. 当 n 为奇数时，f 在 $x=x_0$ 不取极值.

(2) 利用增减表可以了解函数的零点个数，进而可以讨论一元方程实根的个数.

3. 凹凸区间和拐点的求法（凹凸表）

凹凸表解题步骤：①求出定义域；②求出 $f''(x)$，求 $f''(x)=0$ 的根及二阶导数不存在点（包括分段点）；③列表；④写出结果.

注意 (1) 如果对 $f''(x_0)=0$ 的点 x_0 高阶导数易求，可使用如下方法求拐点：

① 当 $f'''(x_0)\neq 0$ 时，则 $(x_0,f(x_0))$为拐点.

② 若 $f'''(x_0)=0$，…，$f^{(2n-1)}(x_0)=0$，$f^{(2n)}(x_0)\neq 0$，则 $(x_0,f(x_0))$不是拐点.

③ 若 $f'''(x_0)=0$，…，$f^{(2n)}(x_0)=0$，$f^{(2n+1)}(x_0)\neq 0$，则 $(x_0,f(x_0))$为拐点.

(2) 利用增减表和凹凸表可以作出函数的草图.

4. 最值及其应用

(1) $[a,b]$上连续函数的最值，比较端点，不可导点，驻点的函数值即可.

(2) (a,b) 上连续函数的最值，参考 $f(a^+)$，$f(b^-)$且比较不可导点，驻点的函数值即可.

(3) $(-\infty,+\infty)$上连续函数最值，参考 $f(-\infty)$，$f(+\infty)$且比较不可导点，驻点的函数值即可.

(4) 最大（小）值的应用问题，首先要列出应用问题的目标函数及考虑的区间，然后再求出目标函数在区间内的最大（小）值.

5. 渐近线的求法

(1) 垂直渐近线. 若 $\lim\limits_{x\to a^+} f(x)=\infty$ 或 $\lim\limits_{x\to a^-} f(x)=\infty$，则 $x=a$ 为曲线 $y=f(x)$的一条垂直渐近线.

(2) 水平渐近线. 若 $\lim\limits_{x\to+\infty} f(x)=b$ 或 $\lim\limits_{x\to-\infty} f(x)=b$，则 $y=b$ 为曲线 $y=f(x)$的一条水平渐近线.

(3) 斜渐近线. 若 $\lim\limits_{x\to+\infty} \dfrac{f(x)}{x}=a\neq 0$，$\lim\limits_{x\to+\infty}[f(x)-ax]=b$ 或 $\lim\limits_{x\to-\infty} \dfrac{f(x)}{x}=a\neq 0$，$\lim\limits_{x\to-\infty}[f(x)-ax]=b$，则 $y=ax+b$ 是曲线 $y=f(x)$的一条斜渐近线.

6. 图形描绘的一般步骤

（1）求出 $y=f(x)$ 的定义域，判定函数的奇偶性和周期性；

（2）求出 $f'(x)$，令 $f'(x)=0$ 求出驻点，确定导数不存在的点．再根据 $f'(x)$ 的符号找出函数的单调区间与极值；

（3）求出 $f''(x)$，确定 $f''(x)$ 的全部零点及 $f''(x)$ 不存在的点，再根据 $f''(x)$ 的符号找出曲线的凹凸区间及拐点；

（4）求出曲线的渐近线；

（5）将上述“增减、极值、凹凸、拐点”等特性综合列表，必要时可用补充曲线上某些特殊点（如与坐标轴的交点），依据表中性态作出函数 $y=f(x)$ 的图形.

7. 曲率*

设曲线 $y=f(x)$，它在点 $M(x,y)$ 处的曲率 $k=\dfrac{|y''|}{[1+(y')^2]^{3/2}}$.

若 $k\neq 0$，则称 $R=\dfrac{1}{k}$ 为点 $M(x,y)$ 处的曲率半径，在 M 点的法线上，凹向这一边取一点 D，使 $|MD|=R$，则称 D 为曲率中心，以 D 为圆心，R 为半径的圆周称为曲率圆.

二、精选题解析

1. 含有中值的证明题

【例 1】 设 $f(x)$ 在 $[0,3]$ 上连续，在 $(0,3)$ 内可导，且 $f(0)+f(1)+f(2)=3$，$f(3)=1$，试证：必存在 $\xi\in(0,3)$，使 $f'(\xi)=0$.

【证明】 因为 $f(x)$ 在 $[0,3]$ 上连续，所以 $f(x)$ 在 $[0,2]$ 上连续，且有最大值 M 和最小值 m，于是 $m\leqslant f(0)\leqslant M$；$m\leqslant f(1)\leqslant M$；$m\leqslant f(2)\leqslant M$，故

$$m\leqslant \frac{1}{3}[f(0)+f(1)+f(2)]\leqslant M.$$

由连续函数的介值定理可知，至少存在一点 $c\in[0,2]$，使得

$$f(c)=\frac{1}{3}[f(0)+f(1)+f(2)]=1.$$

因此 $f(c)=f(3)$，且 $f(x)$ 在 $[c,3]$ 上连续，$(c,3)$ 内可导，由罗尔定理得出必存在 $\xi\in(c,3)\subset(0,3)$，使得 $f'(\xi)=0$.

【例 2】 设 $f(x)$ 在 $[0,a]$ 上连续，在 $(0,a)$ 内可导，且 $f(a)=0$. 证明：存在一点 $\xi\in(0,a)$，使 $f(\xi)+\xi f'(\xi)=0$.

分析　结论是 $f(x)+xf'(x)=0$ 在 $(0,a)$ 内有根 ξ，而 $f(x)+xf'(x)=(xf(x))'\triangleq F'(x)$，故结论是 $F'(x)=0$ 在 $(0,a)$ 内有根 ξ. 自然考虑对 $F(x)$ 使用罗尔定理.

【证明】 令 $F(x)=xf(x)$，则 $F(0)=0, F(a)=af(a)=0$，由已知 $F(x)$ 在 $[0,a]$ 上满足罗尔定理条件，故至少存在一点 $\xi\in(0,a)$，使 $F'(\xi)=0$，即 $(xf(x))'|_{x=\xi}=0$，即

$$f(\xi)+\xi f'(\xi)=0.$$

【例 3】 设 $f(x)$ 在 $[0,1]$ 上连续，在 $(0,1)$ 内可导，且 $f(1)=0$，证明存在一点 $\xi\in(0,1)$，使

$$f'(\xi)=-\frac{2f(\xi)}{\xi}.$$

分析　结论是 $f'(x)=-\dfrac{2f(x)}{x}$ 在 $(0,1)$ 内有根，而方程可进行如下变形

$$xf'(x)=-2f(x)\Rightarrow xf'(x)+2f(x)=0\Rightarrow x^2f'(x)+2xf(x)=0，即 F'(x)\triangleq[x^2f(x)]'=0.$$

故结论是 $F'(x)=0$ 在 $(0,1)$ 内有根 ξ，自然考虑到对 $F(x)$ 使用罗尔定理.

【证明】 令 $F(x)=x^2f(x)$，$F(0)=0,F(1)=f(1)=0$，所以 $F(x)$ 在 $[0,1]$ 上满足罗尔定理条件，故至少存在一点 $\xi\in(0,1)$，使 $F'(\xi)=0$，即

$$(x^2f(x))'|_{x=\xi}=0,\ f'(\xi)=-\frac{2f(\xi)}{\xi}.$$

注意 【例 2】和【例 3】是十分有趣的证明题，将结论中 ξ 换成 x，对方程进行变形，直至化成 $F'(x)=0$ 的形式时，对 $F(x)$ 使用罗尔定理即得结论.

【例 4】 设 $0<a<b$，函数 $f(x)$ 在 $[a,b]$ 上连续，在 (a,b) 内可导. 证明至少存在一点 $\xi\in(a,b)$，使 $f(b)-f(a)=\xi f'(\xi)\ln\frac{b}{a}$.

分析 本题结论可以写成

$$\frac{f(b)-f(a)}{\ln b-\ln a}=\frac{f'(\xi)}{\frac{1}{\xi}}.$$

自然考虑对 $f(x)$ 和 $\ln x$ 在 $[a,b]$ 上使用柯西中值定理.

【证明】 $f(x)$ 和 $\ln x$ 在 $[a,b]$ 上满足柯西中值定理条件，故至少存在一点 ξ，使

$$\frac{f(b)-f(a)}{\ln b-\ln a}=\frac{f'(\xi)}{(\ln x)'|_{x=\xi}}=\frac{f'(\xi)}{\frac{1}{\xi}},$$

从而结论成立.

注意 本题也可以考虑使用罗尔定理证明（读者可自行证明），但不如此法简单.

【例 5】 若函数 $f(x)$ 在 (a,b) 内具有二阶导数，且 $f(x_1)=f(x_2)=f(x_3)$. 其中 $a<x_1<x_2<x_3<b$. 证明在 (x_1,x_3) 内至少存在一点 ξ，使 $f''(\xi)=0$.

分析 因 $f(x_1)=f(x_2)$，可在 $[x_1,x_2]$ 上对 $f(x)$ 使用罗尔定理，应有 $f'(\xi_1)=0$. 因 $f(x_2)=f(x_3)$，可在 $[x_2,x_3]$ 上对 $f(x)$ 使用罗尔定理，应有 $f'(\xi_2)=0$. 而 $f'(\xi_1)=f'(\xi_2)$，可在 $[\xi_1,\xi_2]$ 上对 $f'(x)$ 使用罗尔定理，可得结论 $f''(\xi)=0$.

【证明】 由 $f(x_1)=f(x_2)$ 知，$f(x)$ 在 $[x_1,x_2]$ 上满足罗尔定理条件，故至少存在一点 $\xi_1\in(x_1,x_2)$，使 $f'(\xi_1)=0$；又由 $f(x_2)=f(x_3)$ 知，$f(x)$ 在 $[x_2,x_3]$ 上满足罗尔定理条件，故至少存在一点 $\xi_2\in(x_2,x_3)$，使 $f'(\xi_2)=0$，由于 $a<x_1<\xi_1<x_2<\xi_2<x_3<b$，且 $f'(\xi_1)=f'(\xi_2)=0$，知 $f'(x)$ 在 $[\xi_1,\xi_2]$ 上满足罗尔定理条件，故至少存在一点 $\xi\in[\xi_1,\xi_2]$，使 $f''(\xi)=0$，故结论成立.

注意 证明 $f^{(n)}(\xi)=0$ 时，若能找到 $n+1$ 个函数值相等，可仿本题方法证明.

【例 6】 若 $f(x)$ 在 $[0,1]$ 上有三阶导数，且 $f(0)=f(1)=0$，设 $F(x)=x^3f(x)$，证明存在 $\xi\in(0,1)$，使得 $F'''(\xi)=0$

【证明】 $F(x)$ 在 $x=0$ 处的泰勒公式

$$F(x)=F(0)+F'(0)x+\frac{F''(0)}{2!}x^2+\frac{F'''(\xi)}{3!}x^3\quad(\text{其中}\ \xi\ \text{介于}\ 0\ \text{与}\ x\ \text{之间}).$$

而 $F(0)=x^3f(x)|_{x=0}=0$，$F'(0)=[x^3f(x)]'|_{x=0}=[3x^2f(x)+x^3f(x)]|_{x=0}=0$，

$$F''(0)=[x^3f(x)]''|_{x=0}=[6xf(x)+6x^2f'(x)+x^3f''(x)]|_{x=0}=0,$$

所以

$$F(x)=\frac{1}{3!}F'''(\xi_x)x^3,$$

令 $x=1$，且记 $\xi=\xi_1$，得 $F(x)=\frac{1}{3!}F'''(\xi)$，其中 $\xi\in(0,1)$，

而 $F(1)=x^3f(x)|_{x=1}=f(1)=0$，所以 $F'''(\xi)=0$.

注意　$F^{(n)}(\xi)=0$ 的证明有时使用泰勒公式证明，这是因为泰勒公式中含有$F^{(n)}(\xi)$这一项.

【例 7】 设 $f(x)$在$[a,b]$上连续，在(a,b)内可导，$0\leqslant a<b$. 证明存在$\xi,\eta\in(a,b)$，使得

$$f'(\xi)=\frac{a+b}{2\eta}f'(\eta).$$

【证明】 由已知，利用柯西中值定理，有

$$\frac{f(b)-f(a)}{b^2-a^2}=\frac{f'(\eta)}{2\eta},\quad \eta\in(a,b).$$

对 $f(b)-f(a)$ 使用拉格朗日中值定理，有

$$f(b)-f(a)=(b-a)f'(\xi),\quad \xi\in(a,b).$$

代入上式有$\frac{(b-a)f'(\xi)}{b^2-a^2}=\frac{f'(\eta)}{2\eta}$，即得 $f'(\xi)=\frac{a+b}{2\eta}f'(\eta)$. 其中 $\xi,\eta\in(a,b)$.

注意　含有两个"中值"ξ,η 时，应对某一个表达式分别使用两次中值定理．由于结论可以写成$\frac{f'(\eta)}{2\eta}=\frac{1}{a+b}f'(\xi)$，而左端明显是 $f(x)$与 x^2 在 $x=\eta$ 处的导数之比．自然本题应对$\frac{f(b)-f(a)}{b^2-a^2}$使用中值定理.

2. 不等式的证明

【例 8】 当 $0<x<\frac{\pi}{2}$时，$\sin x+\tan x>2x$.

【证明】 令 $f(x)=\sin x+\tan x-2x$，$x\in\left(0,\frac{\pi}{2}\right)$，

则

$$f'(x)=\cos x+\frac{1}{\cos^2x}-2=\cos x-\cos^2x+\left(\cos^2x-2+\frac{1}{\cos^2x}\right)$$

$$=\cos x(1-\cos x)+\left(\cos x-\frac{1}{\cos x}\right)^2>0,\ x\in\left(0,\frac{\pi}{2}\right).$$

所以 $f(x)$在 $x\in\left(0,\frac{\pi}{2}\right)$上单调增加；又 $f(0)=0$，所以

$$f(x)>0,\quad x\in\left(0,\frac{\pi}{2}\right),$$

即

$$\sin x+\tan x>2x,\ x\in\left(0,\frac{\pi}{2}\right).$$

注意　要证明某函数 $f(x)>0$，若能证明 $f(x)$单调，再参考端点情形，即可得出结论 $f(x)>0$.

【例 9】 当 $x>0$ 时，证明：$\ln\left(1+\frac{1}{x}\right)>\frac{1}{1+x}$.

【证明】 令 $f(x)=\ln\left(1+\frac{1}{x}\right)-\frac{1}{1+x}$，$x\in(0,+\infty)$，

$$f'(x)=\frac{1}{1+\frac{1}{x}}\left(-\frac{1}{x^2}\right)+\frac{1}{(1+x)^2}=\frac{-1}{(1+x)^2x}<0,\ x\in(0,+\infty).$$

所以　$f(x)$在$(0,+\infty)$上单调减少．(下面考虑右"端点"的情形)

而　$f(+\infty)=\lim\limits_{x\to+\infty}f(x)=\lim\limits_{x\to+\infty}\left[\ln\left(1+\frac{1}{x}\right)-\frac{1}{1+x}\right]=0$，

所以　$f(x)>0$，$x\in(0,+\infty)$即 $x>0$ 时，

$$\ln\left(1+\frac{1}{x}\right)>\frac{1}{1+x}.$$

注意　端点处没有函数值时，可用极限值代替.

【例 10】 当 $0<x<\frac{\pi}{2}$时，证明：$\tan x>x+\frac{1}{3}x^3$.

【证明】 令 $f(x)=\tan x-x-\frac{1}{3}x^3,\ x\in\left(0,\frac{\pi}{2}\right)$,

$$f'(x)=\sec^2 x-1-x^2=\tan^2 x-x^2=(\tan x+x)(\tan x-x)$$

令 $g(x)=\tan x-x,\ x\in\left(0,\frac{\pi}{2}\right)$［要判断 $f'(x)$的符号，由于 $\tan x+x>0$，故只需要推断 $\tan x-x$ 的符号即可］. 因为

$$g'(x)=\sec^2 x-1=\tan^2 x>0,\ x\in\left(0,\frac{\pi}{2}\right),$$

所以 $g(x)$在 $x\in\left(0,\frac{\pi}{2}\right)$上单调增加，而 $g(0)=0$，故

$$g(x)>0,\ x\in\left(0,\frac{\pi}{2}\right).$$

从而 $f'(x)>0,\ x\in\left(0,\frac{\pi}{2}\right)$. 而 $f(0)=0$，所以

$$f(x)>0,\ x\in\left(0,\frac{\pi}{2}\right).$$

即当 $0<x<\frac{\pi}{2}$时，$\tan x>x+\frac{1}{3}x^3$.

注意　本题中先对 $f(x)$的符号进行推断，推断的过程中尚须对 $g(x)$的符号进行推断. 这样的题型很多，要多做练习.

【例 11】 证明当 $0<x\leqslant\frac{\pi}{2}$时，$\frac{\sin^3 x}{x^3}>\cos x$.

【证明】 由于$\frac{\sin^3 x}{x^3}>\cos x$，所以

$$\sin x\ (\cos x)^{-\frac{1}{3}}>x,\ 0<x\leqslant\frac{\pi}{2}.$$

令 $f(x)=\sin x(\cos x)^{-\frac{1}{3}}-x$，则

$$f'(x)=(\cos x)^{\frac{2}{3}}+\frac{1}{3}\sin^2 x(\cos x)^{-\frac{4}{3}}-1,$$

$$f''(x)=-\frac{2}{3}(\cos x)^{-\frac{1}{3}}\sin x+\frac{2}{3}\sin x(\cos x)^{-\frac{1}{3}}+\frac{4}{9}\sin^3 x(\cos x)^{-\frac{7}{3}}>0,$$

因此 $f'(x)$ 在 $(0,\frac{\pi}{2}]$ 上单调递增，又因为 $f'(0)=0$，所以 $f'(x)>0$ 在 $(0,\frac{\pi}{2}]$ 上成立，从而 $f(x)$ 在 $(0,\frac{\pi}{2}]$ 上单调递增，而 $f(0)=0$，故

$$\sin x(\cos x)^{-\frac{1}{3}}>x,x\in(0,\frac{\pi}{2}]，\text{即当 } 0<x\leqslant\frac{\pi}{2}\text{ 时，}\frac{\sin^3 x}{x^3}>\cos x.$$

注意　利用单调性证明不等式 $f(x)<g(x)$ 时，常比较 $f'(x),g'(x)$ 的大小，若不能直接判断它们的大小时，可用二阶导数来判断，若还有困难可三阶导数来判断.

【例 12】 证明$\frac{e^x+e^y}{2}>e^{\frac{x+y}{2}}$.

【证明】 令 $f(t)=e^t$　有 $f''(t)=e^t>0$，故 $f(t)$为凹函数. 由凹函数定义知

$$\forall x,y，\text{有 } f\left(\frac{x+y}{2}\right)<\frac{f(x)+f(y)}{2}，\text{即 } e^{\frac{x+y}{2}}<\frac{e^x+e^y}{2}.$$

注意　比较 $f\left(\frac{x+y}{2}\right)$ 和 $\frac{f(x)+f(y)}{2}$ 时，通常先判断凹凸性，再利用凹凸函数定义得到结果.

【例 13】 证明 $x>1$ 时，$\ln x>\frac{2(x-1)}{x+1}$.

【证明】 令 $f(x)=(x+1)\ln x$，因 $f(1)=0, f'(1)=2$，$f''(x)=\frac{x-1}{x^2}$.

所以 $f(x)$ 在 $x=1$ 处可以展成

$$
\begin{aligned}
f(x)&=f(1)+f'(1)+\frac{f''(\xi)}{2!}(x-1)^2\\
&=2(x-1)+\frac{\xi-1}{2\xi^2}(x-1)^2 \quad （其中\ \xi\ 介于\ 1,x\ 之间）.
\end{aligned}
$$

所以 $(x+1)\ln x=2(x-1)+\frac{\xi-1}{2\xi^2}(x-1)^2$，当 $x>1$ 时，$1<\xi<x$，故 $\frac{\xi-1}{2\xi^2}(x-1)^2>0$，所以 $(x+1)\ln x>2(x-1)$，从而结论成立.

注意　展成泰勒公式后，对余项进行估计，可得不等式，但适当从不等式中构造数是关键.

3. 泰勒公式

【例 14】 当 $x=4$ 时，求 $y=\sqrt{x}$ 的三阶泰勒公式.

【解】 $f(x)=x^{\frac{1}{2}}$，$f'(x)=\frac{1}{2}x^{-\frac{1}{2}}$，$f''(x)=-\frac{1}{4}x^{-\frac{3}{2}}$，

$$f'''(x)=\frac{3}{8}x^{-\frac{5}{2}}，f^{(4)}(x)=-\frac{15}{16}x^{-\frac{7}{2}}.$$

则
$$f(4)=2，f'(4)=\frac{1}{4}，f''(4)=-\frac{1}{32}，f'''(4)=\frac{3}{256}，$$

所以
$$f^{(4)}[4+\theta(x-4)]=-\frac{15}{16}[4+\theta(x-4)]^{-\frac{7}{2}}，$$

$$
\begin{aligned}
\sqrt{x}&=f(4)+f'(4)(x-4)+\frac{f''(4)}{2!}(x-4)^2+\frac{f'''(4)}{3!}(x-4)^3+\frac{f^{(4)}[4+\theta(x-4)]}{4!}(x-4)^4\\
&=2+\frac{1}{4}(x-4)-\frac{1}{64}(x-4)^2+\frac{1}{512}(x-4)^3-\frac{5}{128}[4+\theta(x-4)]^{-\frac{7}{2}}(x-4)^4，\theta\in(0,1).
\end{aligned}
$$

注意　本题是展开泰勒公式的直接方法，先求各阶导数，然后代入公式即可.

4. 罗比塔法则的应用

罗比塔法则是计算极限的重要方法．但在使用该方法之前最好是将问题化简，通常的做法是：①某因子的极限不为零时，先行计算；②无穷小替换.

【例 15】 求 $\lim\limits_{x\to 0}\frac{\ln(1+x)(1-\cos x)(x-\sin x)}{e^x\cos x\tan^3 x(\arcsin x)^3}$.

【解】 因为 $x\to 0$ 时 $e^x\to 1$，$\cos x\to 1$，$\ln(1+x)\to x$，$1-\cos x\to\frac{1}{2}x^2$，$\tan x\to x$，$\arcsin x\to x$，所以

$$原式=\lim_{x\to 0}\frac{x\cdot\frac{1}{2}x^2\cdot(x-\sin x)}{1\cdot 1\cdot x^3\cdot x^3}=\frac{1}{2}\lim_{x\to 0}\frac{x-\sin x}{x^3}\overset{\frac{0}{0}}{=}\frac{1}{2}\lim_{x\to 0}\frac{1-\cos x}{3x^2}=\frac{1}{6}\lim_{x\to 0}\frac{\frac{1}{2}x^2}{x^2}=\frac{1}{12}.$$

注意　本题是“$\frac{0}{0}$”型，但是若直接对原题使用罗比塔法则显然很麻烦.

【例 16】　求$\lim\limits_{x\to 0}\frac{e^{-\frac{1}{x^2}}}{x^{10}}$.

【解】　若直接用“$\frac{0}{0}$”型罗比塔法则，则得

$$\lim_{x\to 0}\frac{\left(\frac{2}{x^3}\right)e^{-\frac{1}{x^2}}}{10x^9}=\lim_{x\to 0}\frac{e^{-\frac{1}{x^2}}}{5x^{12}}\quad(\text{分母 } x \text{ 的次数反而增加}),$$

为了避免分子求导数的复杂性，我们先用变量替换，令$\frac{1}{x^2}=t$，于是

$$\text{原式}=\lim_{t\to+\infty}\frac{e^{-t}}{t^{-5}}=\lim_{t\to+\infty}\frac{t^5}{e^t}\ \left(\text{“}\frac{\infty}{\infty}\text{”型}\right)=\lim_{t\to+\infty}\frac{5t^4}{e^t}=\cdots=\lim_{t\to+\infty}\frac{5!}{e^t}=0.$$

【例 17】　求$\lim\limits_{x\to 0}\left(\frac{1}{\sin^2 x}-\frac{\cos^2 x}{x^2}\right)$.

【解】　原式$=\lim\limits_{x\to 0}\frac{x^2-\sin^2 x\cdot\cos^2 x}{x^2\sin^2 x}=\lim\limits_{x\to 0}\frac{x^2-\frac{1}{4}\sin^2 2x}{x^4}=\lim\limits_{x\to 0}\frac{2x-\frac{4}{4}\sin 2x\cdot\cos 2x}{4x^3}$

$$=\lim_{x\to 0}\frac{x-\frac{1}{4}\sin 4x}{2x^3}=\lim_{x\to 0}\frac{1-\cos 4x}{6x^2}=\lim_{x\to 0}\frac{4\sin 4x}{12x}=\frac{4}{3}.$$

【例 18】　求$\lim\limits_{x\to+\infty}\left(\frac{2}{\pi}\arctan x\right)^x$.

【解】　因为$\left(\frac{2}{\pi}\arctan x\right)^x=e^{\ln\left(\frac{2}{\pi}\arctan x\right)^x}=e^{x\ln\left(\frac{2}{\pi}\arctan x\right)}$，

$$\lim_{x\to+\infty}x\ln\left(\frac{2}{\pi}\arctan x\right)\overset{\infty\cdot 0}{=}\lim_{x\to+\infty}\frac{\ln\left(\frac{2}{\pi}\arctan x\right)}{\frac{1}{x}}\overset{\frac{0}{0}}{=}\lim_{x\to+\infty}\frac{\frac{2}{\pi}\cdot\frac{1}{1+x^2}\cdot\frac{1}{\frac{2}{\pi}\arctan x}}{-\frac{1}{x^2}}$$

$$=-\frac{2}{\pi}\lim_{x\to+\infty}\frac{x^2}{1+x^2}=-\frac{2}{\pi},$$

所以原式$=e^{-\frac{2}{\pi}}$.

注意　计算幂指函数的极限时，先利用对数恒等式将其化成指数函数，对指数部分计算极限.

【例 19】　求$\lim\limits_{x\to 0}\frac{x^2}{\sqrt[5]{1+5x}-(1+x)}$.

【解】　方法一　直接应用罗比塔法则，

$$\text{原式}\overset{\frac{0}{0}}{=}\lim_{x\to 0}\frac{2x}{\frac{1}{5}(1+5x)^{-\frac{4}{5}}\cdot 5-1}=2\lim_{x\to 0}\frac{x}{(1+5x)^{-\frac{4}{5}-1}}\overset{\frac{0}{0}}{=}2\lim_{x\to 0}\frac{1}{-\frac{4}{5}(1+5x)^{-\frac{9}{5}}\cdot 5}=-\frac{2}{4}=-\frac{1}{2}.$$

方法二　将$\sqrt[5]{1+5x}$在$x=0$处展成泰勒公式

$$(1+5x)^{\frac{1}{5}}=1+x-2x+o(x^2),$$

所以　　$$\text{原式}=\lim_{x\to 0}\frac{x^2}{-2x^2+o(x^2)}=\lim_{x\to 0}\frac{1}{-2+\frac{o(x^2)}{x^2}}=-\frac{1}{2}.$$

注意　含有差的极限在计算时，如果容易展成泰勒公式，抵消公共项后，呈 $a+o(x^n)$ 形式，如方法二，显得很简便.

【例 20】 求 $\lim\limits_{n\to\infty}\dfrac{\dfrac{1}{n}-\sin\dfrac{1}{n}}{\sin^3\dfrac{1}{n}}$.

【解】 离散型不能直接用罗比塔法则，故考虑

$$\lim_{x\to 0}\frac{x-\sin x}{\sin^3 x}\xlongequal{\text{等价无穷小代换}}\lim_{x\to 0}\frac{x-\sin x}{x^3}=\lim_{x\to 0}\frac{1-\cos x}{3x^2}=\lim_{x\to 0}\frac{\sin x}{6x}=\frac{1}{6},$$

所以原式 $=\dfrac{1}{6}$.

5. 极值、单调区间、凹凸区间、拐点

【例 21】 求 $y=3x^4-4x^3+1$ 的单调区间、凹凸区间、极值及拐点.

【解】 (1) 定义域 $D=(-\infty,+\infty)$.

(2) $y'=12x^3-12x^2=12x^2(x-1)$；$y''=36x^2-24x=12x(3x-2)$，驻点为 $x_1=0, x_2=1$. 可能拐点的横坐标为：$x_3=0, x_4=\dfrac{2}{3}$.

(3) $0,\dfrac{2}{3},1$ 将 $D=(-\infty,+\infty)$ 分成四个区间，列表如下.

x	$(-\infty,0)$	0	$\left(0,\frac{2}{3}\right)$	$\frac{2}{3}$	$\left(\frac{2}{3},1\right)$	1	$(1,+\infty)$
y'	−		−		−		+
y''	+		−		+		+
y	凹，减	1	凸，减	$\frac{11}{27}$	凹，减	0	凹，增

(4) 注意到 $x=0,\dfrac{2}{3},1$ 均为连续点，故

单调增加区间：$[1,+\infty)$. 单调减少区间：$(-\infty,1]$. 凹区间：$(-\infty,0]$，$\left[\dfrac{2}{3},\infty\right]$. 凸区间：$\left[0,\dfrac{2}{3}\right]$. 极小值为：在 $x=1$ 处 y 值为 0；拐点为：$(0,1)$，$\left(\dfrac{2}{3},\dfrac{11}{27}\right)$.

注意　本题在求出单调区间时，顺便求出极值；在求出凹凸区间时，顺便求出拐点；求单调区间时，要求出驻点和导数不存在的点；求凹凸区间时，要求出二阶导为零和二阶导不存在的点．本题只有驻点和二阶导数为零的点.

【例 22】 求下列函数的极值.

(1) $y=x^5e^x$；　　(2) $y=2-(x-1)^{\frac{2}{3}}$；　　(3) $y=\begin{cases}x^{2x}, & x>0,\\ x+2, & x\leqslant 0,\end{cases}$

【解】 (1) $D=(-\infty,+\infty)$，$y'=x^4(x+5)e^x$. 驻点为 $x_1=0$，$x_2=-5$.

当 $x<0$ 时，$y'>0$；　当 $x>0$ 时，$y'>0$，故 $x_1=0$ 不是极值点；

当 $x<-5$ 时，$y'<0$；当 $x>-5$ 时，$y'>0$，故 $x_2=-5$ 是极值点；极小值为

$$y=-5^5e^{-5}.$$

(2) $D=(-\infty,+\infty)$，$y'=-\dfrac{2}{3}\dfrac{1}{\sqrt[3]{x-1}}$. 导数不存在点为 $x_0=1$；

当 $x<1$ 时，$y'>0$；当 $x>1$ 时，$y'<0$. 故 $x_0=1$ 是极大值点，极大值为

$$y=2.$$

(3) $D=(-\infty,+\infty)$，$y=\begin{cases}x^{2x}, & x>0,\\ x+2, & x\leqslant 0,\end{cases}$ $y'=\begin{cases}x^{2x}(2\ln x+2), & x>0,\\ 1, & x\leqslant 0,\end{cases}$

驻点 $x_1=\mathrm{e}^{-1}$，由 $\mathrm{e}^{2x\ln x}(2\ln x+2)=2\mathrm{e}^{2x\ln x}\ln(x\mathrm{e})$ 知：当 $x<\mathrm{e}^{-1}$ 时，$y'<0$；当 $x>\mathrm{e}^{-1}$ 时，$y'>0$，故 $x_1=\mathrm{e}^{-1}$ 是极小值点，极小值为

$$y=\mathrm{e}^{-\frac{2}{\mathrm{e}}};$$

对于分段点 $x_2=0$，因为

$$\lim_{x\to 0^-}y=\lim_{x\to 0^-}(x+2)=2,\quad \lim_{x\to 0^+}y=\lim_{x\to 0^+}\mathrm{e}^{2x\ln x}=\mathrm{e}^{2\lim\limits_{x\to 0}x\ln x}=\mathrm{e}^0=1,$$

所以 $x_2=0$ 不是连续点，故不需要讨论 $x_2=0$ 是否为极值点.

注意　求极值点时，先求定义域，再求驻点，导数不存在点，分段点（连续），然后利用 y' 符号来判断是否为极值点. 若 y'' 易求，对驻点判断 y'' 符号比较容易一些.

【例 23】 求下列函数的拐点.

(1) $y=3x^5-5x^3$；　(2) $y=x^{\frac{5}{3}}$；　(3) $y=\begin{cases}x^2, & x<0,\\ -x^2, & x>0.\end{cases}$

【解】 (1) $D=(-\infty,+\infty)$，$y'=15x^4-15x^2$，

令 $y''=60x^3-30x=60x\left(x-\dfrac{1}{\sqrt{2}}\right)\left(x+\dfrac{1}{\sqrt{2}}\right)=0$，得 $x_1=0,x_2=\dfrac{1}{\sqrt{2}},x_3=-\dfrac{1}{\sqrt{2}}$，

$x<0,y''>0$；$x>0,y''<0$，故 $(0,0)$ 是拐点；

$x<-\dfrac{1}{\sqrt{2}},y''<0$；$x>-\dfrac{1}{\sqrt{2}},y''>0$，故 $\left(-\dfrac{1}{\sqrt{2}},\dfrac{7}{8}\sqrt{2}\right)$ 是拐点；

$x<\dfrac{1}{\sqrt{2}},y''<0$；$x>\dfrac{1}{\sqrt{2}},y''>0$，故 $\left(\dfrac{1}{\sqrt{2}},-\dfrac{7}{8}\sqrt{2}\right)$ 是拐点.

(2) $D=(-\infty,+\infty)$，$y'=\dfrac{5}{3}x^{\frac{2}{3}},y''=\dfrac{10}{9}x^{-\frac{1}{3}}$. 因为 $x_0=0$ 时，y'' 不存在；但是 $x<0$，$y''<0$；$x>0,y''>0$，故 $(0,0)$ 是拐点.

(3) $D=(-\infty,+\infty)$，$y'=\begin{cases}2x, & x<0,\\ -2x, & x>0,\end{cases}$ $y''=\begin{cases}2, & x<0,\\ -2, & x>0,\end{cases}$

且 $x_0=0$ 是连续分段点，由于 $x<0,y''>0$；$x>0,y''<0$，故 $(0,0)$ 是拐点.

注意　y'' 不存在的点，$y''=0$ 的点，连续的分段点都是可疑拐点.

三、强化练习题

☆ A 题 ☆

1. 填空题

(1) 按 $x+1$ 的幂展开多项式 $p(x)=x^3+3x^2-2x+4$，则 $p(x)=$________.

(2) $f(x)=x^3-3x$ 在区间 $[0,2]$ 上的最小值是________.

(3) $y=3x^4-4x^3$ 的拐点是________.

(4) 曲线 $y=\mathrm{e}^{-x^2}$ 在区间________上是凸的.

(5) 当 $x=$________时，函数 $y=x2^x$ 取得极小值.

(6) 当 $x\geqslant 1$ 时，$\arctan\sqrt{x^2-1}+\arcsin\dfrac{1}{x}=$________.

(7) 已知曲线 $y=\dfrac{x^2}{x^2-1}$，则其水平渐近线方程是________，垂直渐近线方程

是____________.

(8) $y=2^x$的麦克劳林公式中x^n项的系数是____________.

2. 选择题

(1) 曲线$y=x\arctan x$的图形（　　）.

(A) 在$(-\infty,+\infty)$内是凹的　　(B) 在$(-\infty,0)$内是凸的，在$(0,+\infty)$内是凹的

(C) 在$(-\infty,+\infty)$内是凸的　　(D) 在$(-\infty,0)$内是凹的，在$(0,+\infty)$内是凸的

(2) 设$a<0$，则当满足条件（　　）时函数$f(x)=ax^3+3ax^2+8$为增函数.

(A) $x<-2$　　(B) $-2<x<0$　　(C) $x>0$　　(D) $x<-2$或$x>0$

(3) $f(x)=(x-1)^2(x+1)^3$的极值点的集合是（　　）.

(A) $\left\{\frac{1}{5},-1,1\right\}$　(B) $\left\{-1,\frac{1}{5}\right\}$　　(C) $\left\{\frac{1}{5},1\right\}$　　(D) $\left\{\frac{1}{5}\right\}$

(4) 已知$f(x)=x^3+ax^2+bx$在$x=1$处取极小值-2，则（　　）.

(A) $a=1,b=2$　(B) $a=0,b=-3$　　(C) $a=2,b=2$　(D) $a=1,b=1$

(5) 已知$f(x)=2kx^3-3kx^2-12kx$在区间$[-1,2]$上是增函数，则k的取值范围是（　　）.

(A) $k<1$　　(B) $k>0$　　(C) $k<0$　　(D) k为任意实数

(6) 设函数$f(x)$在$[0,1]$上$f''(x)>0$，则$f'(0),f'(1),f(1)-f(0)$或$f(0)-f(1)$的大小顺序是（　　）.

(A) $f'(1)>f'(0)>f(1)-f(0)$　　(B) $f'(1)>f(1)-f(0)>f'(0)$

(C) $f(1)-f(0)>f'(1)>f'(0)$　　(D) $f'(1)>f(0)-f(1)>f'(0)$

(7) 设函数$f(x),g(x)$是大于零的可导函数，且$f'(x)g(x)-f(x)g'(x)<0$，则当$a<x<b$时，有（　　）.

(A) $f(x)g(b)>f(b)g(x)$　　(B) $f(x)g(a)>f(a)g(x)$

(C) $f(x)g(x)>f(b)g(b)$　　(D) $f(x)g(x)>f(a)g(a)$

(8) 设函数$f(x)$连续，且$f'(0)>0$，则存在$\delta>0$，使得（　　）.

(A) $f(x)$在$(0,\delta)$内单调增加　　(B) 对任意的$x\in(0,\delta)$，有$f(x)>f(0)$

(C) $f(x)$在$(-\delta,0)$内单调减少　　(D) 对任意的$x\in(-\delta,0)$，有$f(x)>f(0)$

3. 计算题

(1) 求$\lim\limits_{x\to 0}\frac{x-\sin x}{x-\tan x}$.　　(2) 求$\lim\limits_{x\to 1}\left(\frac{x}{x-1}-\frac{1}{\ln x}\right)$.

(3) 求$\lim\limits_{x\to 0}x\cot 2x$.　　(4) 求$\lim\limits_{x\to 0}\frac{1-x^2-e^{-x^2}}{\sin^4 2x}$.

(5) 求$\lim\limits_{x\to 0}(1+x\cos x)^{\frac{1}{\sin x}}$.　　(6) 求$\lim\limits_{x\to 0}x^2(\cos\frac{1}{x}-1)$.

(7) 讨论函数$f(x)=\frac{x}{1+x^2}$的单调性，凹凸性，极值与拐点.

(8) 求$f(x)=2x^3-3x^2-12x+2$的单调区间、凹凸区间、极值与拐点.

4. 证明不等式

(1) 试证：当$x>0$时，$\frac{1}{1+x}<\ln\frac{x+1}{x}<\frac{1}{x}$.

(2) 证明不等式：当$0<x<1$时，$e^{2x}<\frac{1+x}{1-x}$.

(3) 试证：当$x>0$时，$\arctan x>\frac{\pi}{2}-\frac{1}{x}$.

(4) 证明：当 $x>0$ 时，$\ln(x+1)>\frac{\arctan x}{1+x}$.

☆ **B题** ☆

1. 填空题

(1) 曲线 $y=\begin{cases} e^{\frac{1}{x}}, & x<0, \\ (3-x)\sqrt{x}, & x\geqslant 0 \end{cases}$ 的拐点是________.

(2) 曲线 $y=\frac{1}{x}+\ln(1+e^x)$ 的斜渐近线有________条.

(3) 设 $\lim\limits_{x\to\infty}\frac{\sin x}{e^x-a}(\cos x-b)=5$，则 $a=$______，$b=$______.

(4) 曲线 $y^2=x$ 在 $(0,0)$ 点的曲率为 $k=$________.

2. 选择题

(1) 设函数 $f(x)$ 在 $[a,b]$ 上连续，在 (a,b) 内可导，则结论不一定成立的是（　）.

(A) $f(b)-f(a)=f'(\xi)(b-a),\xi\in(a,b)$

(B) $f(x_2)-f(x_1)=f'(\xi)(x_2-x_1),\xi\in(a,b)$

(C) $f(b)-f(a)=f'(\xi)(b-a),\xi\in(x_2,x_1)$

(D) $f(x_2)-f(x_1)=f'(\xi)(x_2-x_1),\xi\in(x_2,x_1)$

(2) 设函数 $f(x)$ 在 $(-\infty,+\infty)$ 内有定义，x_0 是函数 $f(x)$ 的极大值点，则（　）.

(A) $-x_0$ 必是 $-f(-x)$ 的极小值点　　(B) x_0 必是 $f(x)$ 的驻点

(C) $-x_0$ 必是 $-f(x)$ 的极小值点　　(D) 对一切 x 都有 $f(x)\leqslant f(x_0)$

(3) 设 $f(x)$ 的导数在 $x=a$ 处连续，又 $\lim\limits_{x\to a}\frac{f'(x)}{x-a}=-1$，则（　）.

(A) $x=a$ 是 $f(x)$ 的极小值点

(B) $x=a$ 是 $f(x)$ 的极大值点

(C) $(a,f(a))$ 是曲线 $y=f(x)$ 的拐点

(D) $x=a$ 不是 $f(x)$ 的极值点；$(a,f(a))$ 也不是曲线 $y=f(x)$ 的拐点

(4) 已知函数 $y=f(x)$ 对一切 x 满足 $xf''(x)+3x[f'(x)]^2=1-e^{-x}$，若 $f'(x_0)=0(x_0\neq 0)$，则（　）.

(A) $f(x_0)$ 是 $f(x)$ 的极大值

(B) $f(x_0)$ 是 $f(x)$ 的极小值

(C) $(x_0,f(x_0))$ 是曲线 $y=f(x)$ 的拐点

(D) $f(x_0)$ 不是 $f(x)$ 的极值，$(x_0,f(x_0))$ 也不是曲线 $y=f(x)$ 的拐点

(5) 设函数 $f(x)$ 满足关系式 $f''(x)+[f'(x)]^2=x$，且 $f'(0)=0$，则（　）.

(A) $f(0)$ 是 $f(x)$ 的极大值

(B) $f(0)$ 是 $f(x)$ 的极小值

(C) 点 $(0,f(0))$ 是曲线 $y=f(x)$ 的拐点

(D) $f(0)$ 不是 $f(x)$ 的极值，点 $(0,f(0))$ 也不是曲线 $y=f(x)$ 的拐点

3. 计算题

(1) 求 $\lim\limits_{x\to 0}\frac{3\sin x+(1-\cos)\sin\frac{1}{x}}{(1+\cos x)\ln(1+x)}$.

(2) 求 $\lim\limits_{x\to 0}\frac{1}{x^3}\left[\left(\frac{2+\cos x}{3}\right)^x-1\right]$.

(3) 求 $\lim\limits_{x\to 0^+}\frac{e^{-\frac{1}{x^2}}\sin x}{x^4}$.

(4) 求 $\lim\limits_{x\to 0^+}\left(\frac{1}{\sin^2 x}-\frac{\cos^2 x}{x^2}\right)$.

(5) 设 $f'(-x)=x(f'(x)-1)$ 且 $f(0)=0$，求函数 $f(x)$ 的极值.

4. 证明题

(1) 设函数 $f(x)$满足 $xf''(x)-3x[f'(x)]^2=1-e^{-x}$ $(-\infty<x<+\infty)$，

① 若 $f'(a)=0(a\neq 0)$，$f(x)$在 $x=a$ 处是否取极值？为什么？

② 若 $f(x)$在 $x=0$ 处取极值. 证明：$x=0$ 是 $f(x)$的极小值点.

(2) 设函数 $f(x)$在$[a,b]$上连续，在(a,b)内可导，且满足 $f(a)=0$，如果 $f'(x)$单调增加，证明 $\varphi(x)=\dfrac{f(x)}{x-a}$在$(a,b)$内单调增加.

第四章　不定积分

本章基本要求

理解原函数和不定积分的概念，掌握不定积分的性质，重点掌握基本积分表；理解换元积分法的基本思想，重点掌握不定积分的两类换元积分法和分部积分法；掌握简单有理函数的积分以及可化为有理函数积分的计算方法.

一、内容要点

（一）不定积分的概念与性质

1. 原函数与不定积分

定义 1　若 $F'(x)=f(x)$ 或 $\mathrm{d}F(x)=f(x)\mathrm{d}x$，$x\in I$，则 $F(x)$ 称为 $f(x)$ 在区间 I 上的原函数.

定义 2　函数 $f(x)$ 的带有任意常数项的原函数称为 $f(x)$ 的不定积分，记为

$$\int f(x)\mathrm{d}x=F(x)+C.$$

2. 不定积分与导数（或微分）的关系

$\dfrac{\mathrm{d}}{\mathrm{d}x}\int f(x)\mathrm{d}x=f(x)$；　　$\int F'(x)\mathrm{d}x=F(x)+C$；

$\mathrm{d}\int f(x)\mathrm{d}x=f(x)\mathrm{d}x$；　　$\int \mathrm{d}F(x)=F(x)+C$.

3. 不定积分的线性性质

$\int kf(x)\mathrm{d}x=k\int f(x)\mathrm{d}x\ (k\neq 0)$；　$\int[f(x)\pm g(x)]\mathrm{d}x=\int f(x)\mathrm{d}x\pm\int g(x)\mathrm{d}x$.

（二）基本积分公式

(1) $\int x^k\mathrm{d}x=\dfrac{1}{k+1}x^{k+1}+C\ (k\neq -1)$，$\int\dfrac{1}{x^2}\mathrm{d}x=-\dfrac{1}{x}+C$，$\int\dfrac{1}{\sqrt{x}}\mathrm{d}x=2\sqrt{x}+C$；

(2) $\int\dfrac{1}{x}\mathrm{d}x=\ln|x|+C$；

(3) $\int a^x\mathrm{d}x=\dfrac{a^x}{\ln a}+C\ (a>0,a\neq 1)$，$\int \mathrm{e}^x\mathrm{d}x=\mathrm{e}^x+C$；

(4) $\int\cos x\mathrm{d}x=\sin x+C$，$\int\sin x\mathrm{d}x=-\cos x+C$；

(5) $\int\dfrac{1}{\cos^2x}\mathrm{d}x=\int\sec^2x\mathrm{d}x=\tan x+C$，$\int\dfrac{1}{\sin^2x}\mathrm{d}x=\int\csc^2x\mathrm{d}x=-\cot x+C$；

(6) $\int\dfrac{1}{\sin x}\mathrm{d}x=\int\csc x\mathrm{d}x=\ln|\csc x-\cot x|+C$，$\int\dfrac{1}{\cos x}\mathrm{d}x=\int\sec x\mathrm{d}x=\ln|\sec x+\tan x|+C$；

(7) $\int\sec x\tan x\mathrm{d}x=\sec x+C$，$\int\csc x\cot x\mathrm{d}x=-\csc x+C$；

(8) $\int \tan x\mathrm{d}x = -\ln|\cos x| + C$，$\int \cot x\mathrm{d}x = \ln|\sin x| + C$；

(9) $\int \frac{\mathrm{d}x}{a^2 + x^2} = \frac{1}{a}\arctan\frac{x}{a} + C$，$\int \frac{\mathrm{d}x}{1 + x^2} = \arctan x + C$；

(10) $\int \frac{\mathrm{d}x}{\sqrt{a^2 - x^2}} = \arcsin\frac{x}{a} + C$，$\int \frac{\mathrm{d}x}{\sqrt{1 - x^2}} = \arcsin x + C$；

(11) $\int \frac{\mathrm{d}x}{a^2 - x^2} = \frac{1}{2a}\ln\left|\frac{a + x}{a - x}\right| + C$，$\int \frac{\mathrm{d}x}{1 - x^2} = \frac{1}{2}\ln\left|\frac{1 + x}{1 - x}\right| + C$；

(12) $\int \frac{\mathrm{d}x}{\sqrt{x^2 \pm a^2}} = \ln\left|x + \sqrt{x^2 \pm a^2}\right| + C$.

注意　以上公式把 x 换成 $u(x)$ 仍然成立.

（三）不定积分的计算

1. 直接积分法

直接积分法就是利用不定积分的线性性质和基本积分公式求不定积分，有时还要利用代数和三角恒等式先作适当的恒等变形.

2. 第一类换元积分法（凑微分法）

$$\int g(x)\mathrm{d}x = \int f[\varphi(x)]\varphi'(x)\mathrm{d}x = \int f[\varphi(x)]\mathrm{d}\varphi(x) \xlongequal{令\ u = \varphi(x)} \int f(u)\mathrm{d}u$$

$$= F(u) + C \xlongequal{u = \varphi(x)} F[\varphi(x)] + C.$$

注意　(1) 由 $\int f[\varphi(x)]\varphi'(x)\mathrm{d}x = \int f[\varphi(x)]\mathrm{d}\varphi(x)$，这一步是凑微分的过程；

(2) 运算熟练后不必再设中间变量 $u = \varphi(x)$；

(3) 凑微分法是非常重要的一种积分法，要运用自如，务必记住基本积分表，并掌握常见的凑微分形式及“凑”的一些技巧.

几种常见的凑微分类型：

① $\int f(ax + b)\mathrm{d}x = \frac{1}{a}\int f(ax + b)\mathrm{d}(ax + b)$，

$\int x^{n-1} f(ax^n + b)\mathrm{d}x = \frac{1}{an}\int f(ax^n + b)\mathrm{d}(ax^n + b)$；

② $\int f(\mathrm{e}^x)\mathrm{e}^x\mathrm{d}x = \int f(\mathrm{e}^x)\mathrm{d}\mathrm{e}^x$，$\int f(\sqrt{x})\frac{\mathrm{d}x}{\sqrt{x}} = 2\int f(\sqrt{x})\mathrm{d}(\sqrt{x})$；

③ $\int f(\ln x)\frac{\mathrm{d}x}{x} = \int f(\ln x)\mathrm{d}(\ln x)$，$\int \frac{f'(x)}{f(x)}\mathrm{d}x = \int \frac{1}{f(x)}\mathrm{d}f(x) = \ln|f(x)| + C$；

④ $\int \sin^m x\mathrm{d}x$ 或 $\int \cos^m x\mathrm{d}x$

当 m 为正偶数时，利用倍角公式 $\sin^2 x = \frac{1 - \cos 2x}{2}$，$\cos^2 x = \frac{1 + \cos 2x}{2}$ 降幂，

当 m 为大于 1 的奇数时，利用平方和公式 $\sin^2 x + \cos^2 x = 1$ 化为

$\int \sin^m x\mathrm{d}x = \int (1 - \cos^2 x)^{\frac{m-1}{2}}(-\mathrm{d}\cos x)$ 或 $\int \cos^m x\mathrm{d}x = \int (1 - \sin^2 x)^{\frac{m-1}{2}}\mathrm{d}(\sin x)$；

⑤ $\int f(\sin x)\cos x\mathrm{d}x = \int f(\sin x)\mathrm{d}(\sin x)$，$\int f(\cos x)\sin x\mathrm{d}x = -\int f(\cos x)\mathrm{d}(\cos x)$；

⑥ $\int f(\tan x)\sec^2 x\mathrm{d}x=\int f(\tan x)\mathrm{d}(\tan x)$，$\int f(\cot x)\csc^2 x\mathrm{d}x=-\int f(\cot x)\mathrm{d}(\cot x)$；

⑦ $\int \frac{f(\arcsin x)}{\sqrt{1-x^2}}\mathrm{d}x=\int f(\arcsin x)\mathrm{d}(\arcsin x)$，$\int \frac{f(\arctan x)}{1+x^2}\mathrm{d}x=\int f(\arctan x)\mathrm{d}(\arctan x)$.

注意 可以将上述常见的凑微分公式进一步推广，即当 $f(u)$ 分别取 $u^a, a^u, \sin u, \cos u, \sec^2 u, \csc^2 u, \tan u, \cot u, \frac{1}{\sqrt{1-u^2}}, \frac{1}{1+u^2}$ 等形式，而 $u=\varphi(x)$ 分别取 $ax+b, ax^b, \mathrm{e}^x, \ln x, \sin x, \cos x, \arcsin x, \arctan x, \tan x, \cot x$ 等函数时仍然成立.

3. 第二类换元积分法

$$\int g(x)\mathrm{d}x \xlongequal{\text{令 } x=\psi(t)} \int g[\psi(t)]\psi'(t)\mathrm{d}t=\int f(t)\mathrm{d}t=F(t)+C \xlongequal{t=\psi^{-1}(x)} F[\psi^{-1}(x)]+C.$$

(1) 为了保证 $x=\psi(t)$ 的反函数 $t=\psi^{-1}(x)$ 存在，以及保证不定积分 $\int g[\psi(t)]\psi'(t)\mathrm{d}t$ 有意义，应要求 $x=\psi(t)$ 单调可导，且 $\psi'(t)\neq 0$.

(2) 几种常用的换元法如下.

① 三角代换：

被积函数中含有 $\sqrt{a^2-x^2}$ 时，令 $x=a\sin t$，则 $\sqrt{a^2-x^2}=a\cos t$；

被积函数中含有 $\sqrt{a^2+x^2}$ 时，令 $x=a\tan t$，则 $\sqrt{a^2+x^2}=a\sec t$；

被积函数中含有 $\sqrt{x^2-a^2}$ 时，令 $x=a\sec t$，则 $\sqrt{x^2-a^2}=a\tan t$.

被积函数中含有 $\sqrt{ax^2+bx+c}$ 时，通常采用配方法消去一次项，再进行变量替换化为 $\sqrt{k^2-t^2}$，$\sqrt{k^2+t^2}$，$\sqrt{t^2-k^2}$，再用三角代换法去掉根号.

② 简单无理式积分

被积函数中含有 $\sqrt[n]{ax+b}$ 和 $\sqrt[m]{ax+b}$ 时，令 $t=\sqrt[p]{ax+b}$（p 为 m,n 的最小公倍数)，解出 $x=\psi(t)$，即为选取的代换，达到去根号的目的.

被积函数中含有 $\sqrt[n]{\frac{ax+b}{cx+d}}$ 时，令 $t=\sqrt[n]{\frac{ax+b}{cx+d}}$，从中解出 $x=\psi(t)$，即为选取的变量代换，可去掉根号.

③ 三角函数有理式的积分

对 $\int R(\sin\theta,\cos\theta)\mathrm{d}\theta$ 作半角代换，即令 $u=\tan\frac{\theta}{2}$，则

$$\sin\theta=\frac{2u}{1+u^2}，\cos\theta=\frac{1-u^2}{1+u^2}，\mathrm{d}\theta=\frac{2}{1+u^2}\mathrm{d}u.$$

注意 半角代换可把三角函数有理式的积分化为有理函数的积分，有时会把问题变得很复杂. 求三角函数有理式的积分时，应根据被积函数的特点选取适当的变量替换，而尽量不用半角代换. 如

若 $R(\sin\theta,\cos\theta)=R(-\sin\theta,-\cos\theta)$，令 $t=\tan\theta$；

若 $R(\sin\theta,\cos\theta)=-R(\sin\theta,-\cos\theta)$，令 $t=\sin\theta$；

若 $R(\sin\theta,\cos\theta)=-R(-\sin\theta,\cos\theta)$，令 $t=\cos\theta$ 等.

④ 倒代换，令 $x=\frac{1}{t}$，设 m，n 分别表示分子、分母中变量的最高次幂，当 $n-m>1$ 时，可选用倒代换.

4. 分部积分法

设 $u=u(x)$，$v=v(x)$ 具有连续导数，则

$$\int uv'\mathrm{d}x=uv-\int u'v\mathrm{d}x \quad 或 \quad \int u\mathrm{d}v=uv-\int v\mathrm{d}u.$$

（1）应用分部积分法求不定积分，正确分解被积分式是关键．分解被积分式 $f(x)\mathrm{d}x=u(x)v'(x)\mathrm{d}x=u(x)\mathrm{d}v(x)$ 的原则：

① $v(x)$ 好求，即 $\int\mathrm{d}v$ 易积分，而 $u(x)$ 求导简单；

② $\int v\mathrm{d}u$ 要比 $\int u\mathrm{d}v$ 好积分.

（2）应用分部积分法求不定积分时，有时又出现等式左端的积分，即求得

$$\int f(x)\mathrm{d}x=G(x)+k\int f(x)\mathrm{d}x \quad (k\neq 1).$$

这是关于所求积分 $\int f(x)\mathrm{d}x$ 的一个方程式，解此方程即得所求积分

$$\int f(x)\mathrm{d}x=\frac{1}{1-k}G(x)+C.$$

（3）应用分部积分法有时可以得到计算积分的递推公式，反复用递推公式，最后归结为求一次幂或零次幂的不定积分，则可求得结果.

（4）几种常用的分部积分类型如下.

① 被积函数是正整数次幂的幂函数（或多项式）和正、余弦函数的乘积，以及正整数次幂的幂函数（或多项式）和指数函数的乘积时，则可考虑用分部积分法，并设幂函数（或多项式）为 $u(x)$.

② 被积函数是幂函数与对数函数的乘积，或者幂函数与反三角函数的乘积时，则可考虑用分部积分法，并设对数函数（或反三角函数）为 $u(x)$.

③ 被积函数是正、余弦函数和指数函数的乘积时，要用分部积分法，设哪个因子为 $u(x)$ 均可，通过分部积分，等式右端又出现原不定积分，解方程求得积分结果再加上常数 C.

5. 有理函数积分

有理函数的不定积分为初等函数，可以通过待定系数法求出有理函数的不定积分，步骤如下.

（1）把被积函数化为多项式与真分式之和.

（2）把真分式分解成部分分式之和，求待定系数．可用比较同类项的系数解联立方程组的方法，或用代入特殊值的方法，当然两种方法还可以灵活地混合使用.

（3）求多项式及各个部分分式的积分.

注意　*用待定系数法求有理函数的不定积分计算较繁琐，在求有理函数的不定积分时，应根据被积函数的特点，选择最简单的方法，尽量避免用待定系数法.*

6. 其他说明

初等函数在其定义区间上都连续，故它们的原函数一定存在．但初等函数的原函数不一定都是初等函数．如对于 e^{x^2}，$\frac{\sin x}{x}$，$\frac{1}{\ln x}$，$\frac{1}{\sqrt{1+x^4}}$，…，它们的不定积分不能用上述所介

绍的基本积分法求出，因为它们的原函数不是初等函数.

二、精选题解析

(一) 选择题

【例 1】 函数 $2(e^{2x}-e^{-2x})$ 的一个原函数是（　　）.

(A) $e^{x}+e^{-x}$　　(B) $4(e^{2x}+e^{-2x})$　　(C) $e^{x}-e^{-x}$　　(D) $(e^{x}+e^{-x})^{2}$

【解】 应选（D）. 因为

$$[(e^{x}+e^{-x})^{2}]'=2(e^{x}+e^{-x})(e^{x}+e^{-x})'=2(e^{2x}-e^{-2x}).$$

注意　正确理解原函数的概念是解答本题的关键.

【例 2】 若 $f(x)$ 的导函数是 $\sin x$，则 $f(x)$ 有一个原函数为（　　）.

(A) $1+\sin x$　　(B) $1-\sin x$　　(C) $1+\cos x$　　(D) $1-\cos x$.

【解】 应选(B). 因为 $f(x)$ 原函数的二阶导数是 $f(x)$ 的导数.

【例 3】 $\int\ln(x+1)\mathrm{d}x=$（　　）.

(A) $x[\ln(x+1)-1]+C$　　(B) $x\ln(x+1)-x+\ln(x+1)+C$

(C) $x\ln(x+1)-x-\ln(x+1)+C$　　(D) $x\ln(x+1)-\ln(x+1)+C$

【解】 应选(B). 因为

$$\int\ln(x+1)\mathrm{d}x=x\ln(x+1)-\int\frac{x}{x+1}\mathrm{d}x=x\ln(x+1)-\int\left(1-\frac{1}{1+x}\right)\mathrm{d}x$$

注意　这是应用分部积分的典型问题，熟练掌握教材上的典型例题是很必要的.

【例 4】 $\int xf''(x)\mathrm{d}x=$（　　）.

(A) $xf'(x)-\int f(x)\mathrm{d}x$　　(B) $xf'(x)-f'(x)+C$

(C) $xf'(x)-f(x)+C$　　(D) $f(x)-xf'(x)+C$

【解】 应选（C）.

因为　$\int xf''(x)\mathrm{d}x=\int x\mathrm{d}f'(x)=xf'(x)-\int f'(x)\mathrm{d}x=xf'(x)-f(x)+C.$

【例 5】 已知 $f'(e^{x})=1+x$，则 $f(x)=$（　　）.

(A) $1+\ln x+C$　　(B) $x+\frac{1}{2}x^{2}+C$

(C) $\ln x+\frac{1}{2}\ln^{2}x+C$　　(D) $x\ln x+C$

【解】 应选（D）. 因为 $f'(e^{x})=1+x$，即 $f'(e^{x})=1+\ln e^{x}$，$f'(x)=1+\ln x$，

$$f(x)=\int(1+\ln x)\mathrm{d}x=x+x\ln x-x+C=x\ln x+C.$$

注意　本题首先应用简单的恒等变形解出 $f'(x)$ 的表达式，然后利用微分与积分的互逆关系解出 $f(x)$ 表达式.

【例 6】 若 $\int f(x)\mathrm{d}x=x^{2}+C$，则 $\int xf(1-x^{2})\mathrm{d}x=$（　　）.

(A) $2(1-x^{2})^{2}+C$　　(B) $x^{2}-\frac{1}{2}x^{4}+C$

(C) $-2(1-x^{2})+C$　　(D) $\frac{1}{2}(1-x^{2})+C$

【解】 应选（B）．因为

$$\int xf(1-x^2)\mathrm{d}x=-\frac{1}{2}\int f(1-x^2)\mathrm{d}(1-x^2)=-\frac{1}{2}(1-x^2)^2+C_1.$$

注意　本题是含有抽象函数的积分，显然首先利用常见的凑微分，然后利用已知条件代入即可.

（二）填空题

【例 7】 $\int\frac{\mathrm{d}x}{x(2+x^{10})}=$____________.

【解】 $\int\frac{\mathrm{d}x}{x(2+x^{10})}=\int\frac{x^9\mathrm{d}x}{x^{10}(2+x^{10})}=\frac{1}{10}\int\frac{\mathrm{d}x^{10}}{x^{10}(2+x^{10})}=\frac{1}{20}\int\left(\frac{1}{x^{10}}-\frac{1}{2+x^{10}}\right)\mathrm{d}x^{10}$

$$=\frac{1}{2}\ln|x|-\frac{1}{20}\ln(x^{10}+2)+C.$$

注意　本题利用第一类换元法巧妙地把 x 化成 x^{10}，然后利用拆项的方法顺利求解.

【例 8】 已知 $\int f(x)\mathrm{d}x=\mathrm{e}^{-x}+C$，则 $\int xf(x)\mathrm{d}x=$____________.

【解】 应填 $x\mathrm{e}^{-x}+\mathrm{e}^{-x}+C$.

因为　原式 $\int xf(x)\mathrm{d}x=\int x\mathrm{d}\mathrm{e}^{-x}=x\mathrm{e}^{-x}-\int\mathrm{e}^{-x}\mathrm{d}x=x\mathrm{e}^{-x}+\mathrm{e}^{-x}+C$.

【例 9】 设 $f'(\ln x)=1+x$，则 $f(x)=$____________.

【解】 应填 $x+\mathrm{e}^x+C$. 令 $t=\ln x$，则 $x=\mathrm{e}^t$，得 $f'(x)=1+\mathrm{e}^x$，从而

$$f(x)=\int f'(x)\mathrm{d}x=\int(1+\mathrm{e}^x)\mathrm{d}x=x+\mathrm{e}^x+C.$$

【例 10】 $\int|x|\mathrm{d}x=$____________.

【解】 应填 $\frac{1}{2}x|x|+C$. 因为，当 $x\geqslant0$ 时，$\int|x|\mathrm{d}x=\int x\mathrm{d}x=\frac{1}{2}x^2+C_1$；当 $x<0$ 时，$\int|x|\mathrm{d}x=\int-x\mathrm{d}x=-\frac{1}{2}x^2+C_2$；在 $x=0$ 处，$\frac{1}{2}x^2+C_1=-\frac{1}{2}x^2+C_2$.

注意　当被积函数中含有绝对值时务必要讨论符号，再分别求原函数.

（三）计算题

1. 基本公式积分法

这部分的积分题，通过将被积函数拆项、恒等变形，化为基本积分表中积分公式的形式，使每部分容易积分.

【例 11】 求 $\int\frac{x}{\sqrt[5]{(3x+1)^4}}\mathrm{d}x$.

【解】 原式 $=\frac{1}{3}\int\frac{3x+1-1}{\sqrt[5]{(3x+1)^4}}\mathrm{d}x=\frac{1}{3}\int\frac{3x+1}{\sqrt[5]{(3x+1)^4}}\mathrm{d}x-\frac{1}{3}\int\frac{\mathrm{d}x}{\sqrt[5]{(3x+1)^4}}$

$$=\frac{1}{3}\int(3x+1)^{\frac{1}{5}}\mathrm{d}x-\frac{1}{3}\int(3x+1)^{-\frac{4}{5}}\mathrm{d}x$$

$$=\frac{1}{9}\int(3x+1)^{\frac{1}{5}}\mathrm{d}(3x+1)-\frac{1}{9}\int(3x+1)^{-\frac{4}{5}}\mathrm{d}(3x+1)$$

$$=\frac{5}{54}(3x+1)^{\frac{6}{5}}-\frac{5}{9}(3x+1)^{\frac{1}{5}}+C.$$

【例 12】 求 $\int\frac{1}{\sqrt{3+2x-x^2}}\mathrm{d}x$.

【解】 原式$=\int \frac{1}{\sqrt{4-(x-1)^2}}\mathrm{d}x=\frac{1}{2}\int \frac{\mathrm{d}x}{\sqrt{1-\left(\frac{x-1}{2}\right)^2}}=\int \frac{\mathrm{d}\left(\frac{x-1}{2}\right)}{\sqrt{1-\left(\frac{x-1}{2}\right)^2}}$

$=\arcsin\frac{x-1}{2}+C$.

【例 13】 求$\int e^x\left(1-\frac{e^{-x}}{\sqrt{x}}\right)\mathrm{d}x$.

【解】 原式$=\int\left(e^x-\frac{1}{\sqrt{x}}\right)\mathrm{d}x=\int e^x\mathrm{d}x-\int\frac{1}{\sqrt{x}}\mathrm{d}x=e^x-2\sqrt{x}+C$.

【例 14】 求$\int\frac{\mathrm{d}x}{\sin 2x\cos x}$.

【解】 原式$=\int\frac{\mathrm{d}x}{2\sin x\cos^2 x}=\frac{1}{2}\int\frac{\sin x\mathrm{d}x}{\sin^2 x\cos^2 x}=-\frac{1}{2}\int\frac{\mathrm{d}\cos x}{(1-\cos^2 x)\cos^2 x}$

$=-\frac{1}{2}\int\frac{\mathrm{d}\cos x}{1-\cos^2 x}-\frac{1}{2}\int\frac{\mathrm{d}\cos x}{\cos^2 x}=-\frac{1}{2}\ln\left|\frac{1+\cos x}{1-\cos x}\right|+\frac{1}{2}\frac{1}{\cos x}+C$.

【例 15】 求$\int\frac{1+\cos x}{1+\sin^2 x}\mathrm{d}x$.

【解】 原式$=\int\frac{1}{1+\sin^2 x}\mathrm{d}x+\int\frac{\cos x}{1+\sin^2 x}\mathrm{d}x$

$=\int\frac{\frac{1}{\cos^2 x}}{\frac{1}{\cos^2 x}+\frac{\sin^2 x}{\cos^2 x}}\mathrm{d}x+\int\frac{\mathrm{d}\sin x}{1+\sin^2 x}=\int\frac{\sec^2 x}{\sec^2 x+\tan^2 x}\mathrm{d}x+\arctan(\sin x)$

$=\int\frac{\mathrm{d}\tan x}{1+2\tan^2 x}+\arctan(\sin x)=\frac{1}{\sqrt{2}}\int\frac{\mathrm{d}\sqrt{2}\tan x}{1+(\sqrt{2}\tan x)^2}+\arctan(\sin x)+C$.

【例 16】 求$\int\frac{x^2+\sin^2 x}{x^2+1}\cdot\sec^2 x\mathrm{d}x$.

【解】 原式$=\int\frac{x^2+1-(1-\sin^2 x)}{x^2+1}\cdot\sec^2 x\mathrm{d}x=\int\left(\sec^2 x-\frac{1}{1+x^2}\right)\mathrm{d}x$

$=\tan x-\arctan x+C$.

【例 17】 求$\int\frac{x^4+1}{x^6+1}\mathrm{d}x$.

【解】 原式$=\int\frac{x^4-x^2+1+x^2}{x^6+1}\mathrm{d}x=\int\frac{x^4-x^2+1}{x^6+1}\mathrm{d}x+\int\frac{x^2}{x^6+1}\mathrm{d}x$

$=\int\frac{1}{x^2+1}\mathrm{d}x+\frac{1}{3}\int\frac{1}{1+(x^3)^2}\mathrm{d}(x^3)=\arctan x+\frac{1}{3}\arctan x^3+C$.

注意 以上【例 11】~【例 17】都是利用基本积分公式求解，所以基本积分表中的公式必须熟记.

2. 换元积分法

换元积分法有两类：第一类换元法

$$\int f[\varphi(x)]\varphi'(x)\mathrm{d}x=\int f[\varphi(x)]\mathrm{d}\varphi(x)\xlongequal{u=\varphi(x)}\int f(u)\mathrm{d}u=F(u)+C=F[\varphi(x)]+C,$$

在使用这个换元公式时，关键在于把什么凑成 $\mathrm{d}u$，因此该积分法亦称之为凑微分法.

第二类换元法 $\int f(x)\mathrm{d}x\xlongequal{x=\varphi(t)}\int f[\varphi(t)]\varphi'(t)\mathrm{d}t$.

要注意两类积分的不同之处，在积分中灵活运用.

【例 18】 求 $\int \frac{1}{\sqrt{x+x^{3/2}}}\mathrm{d}x$.

【解】 方法一 形如 $f(\sqrt{x})\frac{\mathrm{d}x}{\sqrt{x}}$ 的被积函数，都可以凑成 $f(\sqrt{x})\mathrm{d}\sqrt{x}$ 的形式，从而有

$$原式=\int \frac{1}{\sqrt{x}\sqrt{1+\sqrt{x}}}\mathrm{d}x=\int \frac{2}{\sqrt{1+\sqrt{x}}}\mathrm{d}\sqrt{x}=2\int (1+\sqrt{x})^{-\frac{1}{2}}\mathrm{d}(\sqrt{x}+1)$$

$$=4\sqrt{1+\sqrt{x}}+C.$$

方法二 令 $\sqrt{1+\sqrt{x}}=t$，则 $\sqrt{x}=t^2-1$，于是

$$原式=\int \frac{4t(t^2-1)}{(t^2-1)t}\mathrm{d}t=4\int \mathrm{d}t=4t+C=4\sqrt{1+\sqrt{x}}+C.$$

【例 19】 求 $\int x\sqrt[3]{1-x}\mathrm{d}x$.

【解】 $$原式=\int (1-x-1)(1-x)^{\frac{1}{3}}\mathrm{d}(1-x)=\int (1-x)^{\frac{4}{3}}\mathrm{d}(1-x)-\int (1-x)^{\frac{1}{3}}\mathrm{d}(1-x)$$

$$=\frac{3}{7}(1-x)^{\frac{7}{3}}-\frac{3}{4}(1-x)^{\frac{4}{3}}+C.$$

【例 20】 求 $\int \frac{\mathrm{d}x}{(1+x^2)\sqrt{1-x^2}}$.

【解】 令 $x=\sin t$，

$$原式=\int \frac{\csc^2 t}{\csc^2 t+1}\mathrm{d}t=-\int \frac{1}{2+\cot^2 t}\mathrm{d}(\cot t)=-\frac{1}{\sqrt{2}}\arctan\left(\frac{\cot t}{\sqrt{2}}\right)+C.$$

【例 21】 求 $\int \frac{\mathrm{d}x}{x^2\sqrt{x^2-a^2}}$.

【解】 被积函数中含有 $\sqrt{x^2-a^2}$ 的积分，通常采用代换 $x=a\sec t$，则

$$原式=\int \frac{a\tan t\sec t}{a^2\sec^2 t\tan t}\mathrm{d}t=\frac{1}{a^2}\int \cos t\mathrm{d}t=\frac{1}{a^2}\sin t+C=\frac{\sqrt{x^2-a^2}}{a^2x}+C.$$

【例 22】 求 $\int \frac{\mathrm{d}x}{x^4\sqrt{1+x^2}}$.

【解】 方法一 令 $x=\tan t$，则

$$原式=\int \frac{\sec^2 t}{\tan^4 t\sec t}\mathrm{d}t=\int \cot^3 t\csc t\mathrm{d}t=-\int (\csc^2 t-1)\mathrm{d}\csc t$$

$$=-\frac{1}{3}\csc^3 t+\csc t+C=-\frac{1}{3}\frac{\sqrt{(1+x^2)^3}}{x^3}+\frac{\sqrt{1+x^2}}{x}+C.$$

方法二 令 $x=\frac{1}{t}$，则

$$原式=-\int \frac{t^3}{\sqrt{t^2+1}}\mathrm{d}t=-\frac{1}{2}\int \frac{(t^2+1)-1}{\sqrt{t^2+1}}\mathrm{d}t^2=-\frac{1}{2}\int\left(\sqrt{t^2+1}-\frac{1}{\sqrt{t^2+1}}\right)\mathrm{d}(t^2+1)$$

$$=-\frac{1}{2}\left[\frac{2}{3}(t^2+1)^{\frac{3}{2}}-2\sqrt{t^2+1}\right]+C=-\frac{1}{3}\frac{\sqrt{(1+x^2)^3}}{x^3}+\frac{\sqrt{1+x^2}}{x}+C.$$

【例 23】 求 $\int \frac{x+1}{\sqrt{3+4x-4x^2}}\mathrm{d}x$.

【解】 原式 $=\int \frac{x+1}{\sqrt{4-(2x-1)^2}}dx$ （令 $2x-1=2\sin t$）

$$=\int \frac{\sin t+\frac{3}{2}}{2\cos t}dt=\frac{1}{2}\int\left(\tan t+\frac{3}{2}\sec t\right)dt=-\frac{1}{2}\ln\cos t+\frac{3}{4}\ln|\sec t+\tan t|+C$$

$$=-\frac{1}{2}\ln\sqrt{3+4x-4x^2}+-\frac{1}{2}\ln 2+\frac{3}{4}\ln\frac{2x+1}{\sqrt{3+4x-4x^2}}+C.$$

3. 分部积分法

分部积分法计算过程是 $\int u(x)v'(x)dx=u(x)v(x)-\int v(x)u'(x)dx$，其关键是恰当选择 $u(x)$ 和 $v(x)$．一般要注意两点：

① $v(x)$ 容易求得；② $\int v(x)u'(x)dx$ 要比 $\int u(x)v'(x)dx$ 容易积分.

可用分部积分求积分的类型：

(1) $\int p_n(x)e^{kx}dx$，$\int p_n(x)\sin ax dx$，$\int p_n(x)\cos ax dx$，其中 a,k 为常数，$p_n(x)$ 为 n 次多项式．选取 $u(x)=p_n(x)$，$dv=e^{kx}dx(\sin ax dx,\cos ax dx)$．

【例 24】 求 $\int(x^2+1)e^{2x}dx$．

【解】 原式 $=\frac{1}{2}\int(x^2+1)de^{2x}=\frac{1}{2}(x^2+1)e^{2x}-\int xe^{2x}dx$

$$=\frac{1}{2}(x^2+1)e^{2x}-\int xd\frac{1}{2}e^{2x}$$

$$=\frac{1}{2}(x^2+1)e^{2x}-\frac{1}{2}xe^{2x}+\frac{1}{2}\int e^{2x}dx$$

$$=\frac{1}{2}(x^2+1)e^{2x}-\frac{1}{2}xe^{2x}+\frac{1}{4}e^{2x}+C.$$

注意　这是幂函数与指数函数乘积的积分，通常选择幂函数为 $u(x)$．

【例 25】 求 $\int x\sin^2 x dx$．

【解】 原式 $=\int x\left(\frac{1-\cos 2x}{2}\right)dx=\frac{1}{2}\int xdx-\frac{1}{2}\int x\cos 2x dx$

$$=\frac{1}{4}x^2-\frac{1}{2}\int xd\frac{1}{2}\sin 2x=\frac{1}{4}x^2-\frac{1}{4}x\sin 2x+\frac{1}{4}\int\sin 2x dx$$

$$=\frac{1}{4}x^2-\frac{1}{4}x\sin 2x-\frac{1}{8}\cos 2x+C.$$

注意　这是幂函数与三角函数乘积的积分，通常选择幂函数为 $u(x)$．

(2) $\int p_n(x)\ln x dx$，$\int p_n(x)\arcsin x dx$，$\int p_n(x)\arctan x dx$，选取

$$u(x)=\ln x\ (\arcsin x,\arctan x),\ dv=p_n(x)dx.$$

【例 26】 求 $\int\arctan\sqrt{x}dx$．

【解】 原式 $=x\arctan\sqrt{x}-\int x\cdot\frac{1}{1+x}\cdot\frac{1}{2\sqrt{x}}dx=x\arctan\sqrt{x}-\frac{1}{2}\int\frac{x+1-1}{\sqrt{x}(x+1)}dx$

$$=x\arctan\sqrt{x}-\frac{1}{2}\int\frac{1}{\sqrt{x}}dx+\frac{1}{2}\int\frac{1}{\sqrt{x}(x+1)}dx$$

$$= x\arctan\sqrt{x} - \sqrt{x} + \int \frac{\mathrm{d}\sqrt{x}}{1+(\sqrt{x})^2}$$

$$= x\arctan\sqrt{x} - \sqrt{x} + \arctan\sqrt{x} + C.$$

注意　这里被积函数只有反三角函数，而不是两个函数的乘积，通常选择积分变量 x 为 $v(x)$.

【例 27】 求 $\int x\ln(x-1)\mathrm{d}x$.

【解】 原式 $= \frac{1}{2}\int \ln(x-1)\mathrm{d}x^2 = \frac{1}{2}x^2\ln(1-x) - \frac{1}{2}\int \frac{x^2}{x-1}\mathrm{d}x$

$$= \frac{1}{2}x^2\ln(1-x) - \frac{1}{2}\int \frac{x^2-1+1}{x-1}\mathrm{d}x$$

$$= \frac{1}{2}x^2\ln(1-x) - \frac{1}{2}\int (x+1)\mathrm{d}x - \frac{1}{2}\int \frac{1}{x-1}\mathrm{d}x$$

$$= \frac{1}{2}x^2\ln(1-x) - \frac{1}{4}(x+1)^2 - \ln|x-1| + C.$$

注意　这是幂函数与对数函数乘积的积分，通常选择对数函数为 $u(x)$.

(3) $\int e^{kx}\sin(ax+b)\mathrm{d}x$，$\int e^{kx}\cos(ax+b)\mathrm{d}x$，其中 k,a,b 均为常数，$u(x)$，$\mathrm{d}v(x)$ 可任意选择.

【例 28】 求 $\int e^{2x}\sin^2 x\mathrm{d}x$.

【解】 原式 $= \frac{1}{2}\int e^{2x}(1-\cos 2x)\mathrm{d}x = \frac{1}{4}e^{2x} - \frac{1}{2}\int e^{2x}\cos 2x\mathrm{d}x$，

而 $\int e^{2x}\cos 2x\mathrm{d}x = \frac{1}{2}\int \cos 2x\mathrm{d}e^{2x} = \frac{1}{2}e^{2x}\cos 2x + \int e^{2x}\sin 2x\mathrm{d}x$

$$= \frac{1}{2}e^{2x}\cos 2x + \frac{1}{2}\int \sin 2x\mathrm{d}e^{2x}$$

$$= \frac{1}{2}e^{2x}\cos 2x + \frac{1}{2}e^{2x}\sin 2x - \int e^{2x}\cos 2x\mathrm{d}x.$$

所以 $\int e^{2x}\cos 2x\mathrm{d}x = \frac{1}{4}e^{2x}(\cos 2x + \sin 2x)$，

故 $\int e^{2x}\sin^2 x\mathrm{d}x = \frac{1}{4}e^{2x} - \frac{1}{8}e^{2x}(\cos 2x + \sin 2x) + C$.

注意　在分部积分过程中，出现了与原被积函数一样的积分时，把它移项到左端，这种方法是比较典型的. 另外，$\int e^{2x}\cos 2x\mathrm{d}x$ 是指数函数与三角函数乘积的积分，也可以选择指数函数为 $u(x)$，读者不妨试一试.

【例 29】 求 $\int e^{kx}\sin(ax+b)\mathrm{d}x$

【解】 原式 $= \int \sin(ax+b)\mathrm{d}\,\frac{1}{k}e^{kx}$

$$= \frac{1}{k}e^{kx}\sin(ax+b) - \frac{a}{k}\int e^{kx}\cos(ax+b)\mathrm{d}x$$

$$= \frac{1}{k}e^{kx}\sin(ax+b) - \frac{a}{k}\int \cos(ax+b)\mathrm{d}\,\frac{1}{k}e^{kx}$$

$$= \frac{1}{k}e^{kx}\sin(ax+b) - \frac{a}{k^2}e^{kx}\cos(ax+b) - \frac{a^2}{k^2}\int e^{kx}\sin(ax+b)\mathrm{d}x.$$

移项，得 $\int e^{kx}\sin(ax+b)dx=\dfrac{k\sin(ax+b)-a\cos(ax+b)}{k^2+a^2}+C$.

4. 有理函数的积分

【例 30】 求 $\int\dfrac{x^5+x^4-8}{x^3-x}dx$.

【解】 由于 $\dfrac{x^5+x^4-8}{x^3-x}=x^2+x+1+\dfrac{x^2+x-8}{x^3-x}$ （利用多项式除法），

设
$$\frac{x^2+x-8}{x^3-x}=\frac{x^2+x-8}{x(x+1)(x-1)}=\frac{A}{x}+\frac{B}{x+1}+\frac{C}{x-1},$$

即
$$x^2+x-8=A(x^2-1)+Bx(x-1)+Cx(x+1).$$

令 $x=0$，得 $A=8$；令 $x=-1$，得 $B=-4$；令 $x=1$，得 $C=-3$.

$$\int\frac{x^5+x^4-8}{x^3-x}dx=\int\left(x^2+x+1+\frac{8}{x}-\frac{4}{x+1}-\frac{3}{x-1}\right)dx$$
$$=\frac{1}{3}x^3+\frac{1}{2}x^2+x+8\ln|x|-4\ln|x+1|-3\ln|x-1|+C.$$

注意　化成最简分式的主要方法是用待定系数法，用 x 的特定值代入的方法求待定系数较简便.

【例 31】 求 $\int\dfrac{dx}{x^4-2x^2+1}$.

【解】 设 $\dfrac{1}{x^4-2x^2+1}=\dfrac{A}{x-1}+\dfrac{B}{x+1}+\dfrac{C}{(x-1)^2}+\dfrac{D}{(x+1)^2}$，

两边同乘以 $(x-1)^2$，令 $x\to1$，得 $C=\dfrac{1}{4}$；两边同乘以 $(x+1)^2$，令 $x\to-1$，得
$$D=\frac{1}{4}.$$

两边同乘以 x，令 $x\to\infty$，得 $A+B=0$，用 $x=0$ 代入得，$B-A=\dfrac{1}{2}$，从而 $A=-\dfrac{1}{4}$，$B=\dfrac{1}{4}$. 所以
$$\text{原式}=\frac{1}{4}\left(\ln\left|\frac{1+x}{1-x}\right|+\frac{1}{1-x}-\frac{1}{1+x}\right)+C.$$

注意　在确定部分分式中的待定系数时，还可以采用等式两边同乘以适当的因子后，令 x 趋于某些值的方法.

5. 无理函数和三角有理式的积分

【例 32】 求 $\int\dfrac{1}{x^2}\sqrt{\dfrac{1-x}{1+x}}dx$.

【解】 方法一　利用换元法去掉根号. 令 $\sqrt{\dfrac{1-x}{1+x}}=t$，则 $x=\dfrac{1-t^2}{1+t^2}$，$dx=-\dfrac{4t}{(1+t^2)^2}dt$，于是有
$$\text{原式}=-\int\frac{4t^2}{(1-t^2)^2}dt=-2\int\frac{tdt^2}{(1-t^2)^2}=-2\int td\left(\frac{1}{1-t^2}\right)=-\frac{2t}{1-t^2}+2\int\frac{1}{1-t^2}dt$$
$$=-\frac{2t}{1-t^2}+\ln\left|\frac{1+t}{1-t}\right|+C=-\frac{\sqrt{1-x^2}}{x}+\ln\left|\frac{\sqrt{1+x}+\sqrt{1-x}}{\sqrt{1+x}-\sqrt{1-x}}\right|+C.$$

注意　凡无理函数的积分一般来说要设法寻找适当的代换以便去掉根号，使它化成有理函数的积分.

方法二　利用倒代换法．令 $x=\frac{1}{u}$，$\mathrm{d}x=-\frac{1}{u^2}\mathrm{d}u$，于是有

$$\int\frac{1}{x^2}\sqrt{\frac{1-x}{1+x}}\mathrm{d}x=-\int\sqrt{\frac{u-1}{u+1}}\mathrm{d}u,$$

再令 $\sqrt{\frac{u-1}{u+1}}=t, u=\frac{1+t^2}{1-t^2}, \mathrm{d}u=\frac{4t}{(1-t^2)^2}\mathrm{d}t$，代入上式，得

$$\int\frac{1}{x^2}\sqrt{\frac{1-x}{1+x}}\mathrm{d}x=-\int\frac{4t^2}{(1-t^2)^2}\mathrm{d}t.$$

以下同方法一．

【例 33】 求 $\int\frac{\mathrm{d}x}{x\sqrt[3]{1+x^2}}$．

【解】 为去掉根号，令 $1+x^2=t^3$，则 $2x\mathrm{d}x=3t^2\mathrm{d}t$．

$$\text{原式}=\int\frac{\frac{1}{2}\mathrm{d}(x^2)}{x^2\sqrt[3]{1+x^2}}=\frac{1}{2}\int\frac{3t^2\mathrm{d}t}{t(t^3-1)}=\frac{1}{2}\int\left(\frac{1}{t-1}+\frac{1-t}{t^2+t+1}\right)\mathrm{d}t.$$

$$=\frac{1}{2}\ln|t-1|+\frac{1}{2}\int\frac{-\frac{1}{2}(2t+1)+\frac{3}{2}}{t^2+t+1}\mathrm{d}t$$

$$=\frac{1}{2}\ln|t-1|-\frac{1}{4}\ln|t^2+t+1|+\frac{6}{4\sqrt{3}}\arctan\frac{t+\frac{1}{2}}{\sqrt{3}/2}+C$$

$$=\frac{1}{2}\ln(\sqrt[3]{1+x^2}-1)-\frac{1}{4}\ln(\sqrt[3]{(1+x^2)^2}+\sqrt[3]{1+x^2}+1)+$$

$$\frac{\sqrt{3}}{2}\arctan\frac{2\sqrt[3]{1+x^2}+1}{\sqrt{3}}+C.$$

【例 34】 求 $\int\frac{\mathrm{d}x}{\cos x+2\sin x+3}$．

【解】 这是三角有理式积分，可以采用万能代换 $t=\tan\frac{x}{2}$，则有

$$\sin x=\frac{2t}{1+t^2},\quad \cos x=\frac{1-t^2}{1+t^2},\quad x=2\arctan t,\quad \mathrm{d}x=\frac{2}{1+t^2}\mathrm{d}t.$$

$$\text{原式}=\int\frac{\frac{2}{1+t^2}\mathrm{d}t}{\frac{1-t^2}{1+t^2}+\frac{4t}{1+t^2}+3}=\int\frac{\mathrm{d}t}{t^2+2t+2}=\arctan(1+t)+C=\arctan\left(1+\tan\frac{x}{2}\right)+C.$$

如果注意到 $1+\cos x=2\cos^2\frac{x}{2}$，$\sin x=2\sin\frac{x}{2}\cos\frac{x}{2}$ 和 $\sec^2\frac{x}{2}=1+\tan^2\frac{x}{2}$，则有

$$\text{原式}=\int\frac{\mathrm{d}x}{(1+\cos x)+2\sin x+2}=\int\frac{\mathrm{d}x}{2\cos^2\frac{x}{2}+4\sin\frac{x}{2}\cos\frac{x}{2}+2}$$

$$=\int\frac{\sec^2\frac{x}{2}\mathrm{d}x}{2+4\tan\frac{x}{2}+2\sec^2\frac{x}{2}}=\int\frac{\mathrm{d}\left(\tan\frac{x}{2}+1\right)}{\left(\tan\frac{x}{2}+1\right)^2+1}=\arctan\left(\tan\frac{x}{2}+1\right)+C.$$

注意　凡三角有理式的积分原则上皆可采用所谓万能代换 $t=\tan\frac{x}{2}$，使之化为有理函数的积分. 但是，必须视具体情况灵活掌握.

【例 35】 求 $\int\frac{dx}{(2+\cos x)\sin x}$.

【解】 形如 $\int R(\sin x,\cos x)dx$ 的积分，若满足 $R(-\sin x,\cos x)=-R(\sin x,\cos x)$，则可以令 $\cos x=t,-\sin x dx=dt$，

$$
\begin{aligned}
原式&=\int\frac{\sin x dx}{(2+\cos x)\sin^2 x}=-\int\frac{dt}{(2+t)(1-t^2)}\\
&=\int\left[\frac{1}{6(t-1)}-\frac{1}{2(t+1)}+\frac{1}{3(t+2)}\right]dt\\
&=\frac{1}{6}\ln|t-1|-\frac{1}{2}\ln|t+1|+\frac{1}{3}\ln|t+2|+C\\
&=\frac{1}{6}[\ln(1-\cos x)-3\ln(1+\cos x)+2\ln(2+\cos x)]+C.
\end{aligned}
$$

【例 36】 求 $\int\frac{dx}{(2+\sin^2 x)\cos x}$.

【解】 被积函数属于 $R(\sin x,-\cos x)=-R(\sin x,\cos x)$ 型，设 $\sin x=t,\cos x dx=dt$，

$$
\begin{aligned}
原式&=\int\frac{dt}{(2+t^2)(1-t^2)}=\frac{1}{3}\int\frac{(2+t^2)+(1-t^2)}{(2+t^2)(1-t^2)}dt\\
&=\frac{1}{6}\ln\left|\frac{1+\sin x}{1-\sin x}\right|+\frac{1}{3\sqrt{2}}\arctan\left(\frac{\sin x}{\sqrt{2}}\right)+C.
\end{aligned}
$$

6. 抽象函数的积分

所谓抽象函数的不定积分，是指被积函数由抽象函数所构成的一类积分，其解法同样可用换元法和分部积分法.

【例 37】 求 $\int\left[\frac{f(x)}{f'(x)}-\frac{f^2(x)f''(x)}{f'^3(x)}\right]dx$.

【解】
$$
\begin{aligned}
原式&=\int\left[\frac{f(x)f'^2(x)-f^2(x)f''(x)}{f'^3(x)}\right]dx=\int\frac{f(x)}{f'(x)}\cdot\frac{f'^2(x)-f(x)f''(x)}{f'^2(x)}dx\\
&=\int\frac{f(x)}{f'(x)}d\left[\frac{f(x)}{f'(x)}\right]=\frac{1}{2}\left[\frac{f(x)}{f'(x)}\right]^2+C.
\end{aligned}
$$

【例 38】 设 $f(\ln x)=\frac{\ln(1+x)}{x}$，求 $\int f(x)dx$.

【解】 令 $\ln x=t,x=e^t$，则 $f(\ln x)=f(t)=\frac{\ln(1+e^t)}{e^t}$，所以

$$
\begin{aligned}
原式&=\int\frac{\ln(1+e^x)}{e^x}dx=\int\ln(1+e^x)d(-e^{-x})=-e^{-x}\ln(1+e^x)+\int e^{-x}\frac{e^x}{1+e^x}dx\\
&=-e^{-x}\ln(1+e^x)+\int\left(1-\frac{e^x}{1+e^x}\right)dx=-e^{-x}\ln(1+e^x)+x-\int\frac{d(1+e^x)}{1+e^x}\\
&=-e^{-x}\ln(1+e^x)+x-\ln(1+e^x)+C.
\end{aligned}
$$

7. 分段函数的不定积分

对于分段函数，在求不定积分时必须注意在不同区间分别求出不定积分，然后利用原函

数在整个定义域上的连续性求出该函数的一个原函数，再写出它的不定积分.

【例 39】 设 $f(x)=e^{|x|}$，求 $\int f(x)dx$.

【解】 $f(x)=e^{|x|}=\begin{cases}e^{x}, & x\geqslant 0,\\ e^{-x}, & x<0,\end{cases}$ 所以当 $x\geqslant 0$ 时，$f(x)$ 的不定积分是 $e^{x}+C_1$，当 $x<0$ 时，$f(x)$ 的不定积分是 $-e^{-x}+C_2$，根据原函数的连续性，得 $C_2=2+C_1$，所以在区间 $(-\infty,+\infty)$ 上，$e^{|x|}$ 的一个原函数是

$$F(x)=\begin{cases}e^{x}, & x\geqslant 0,\\ -e^{-x}+2, & x<0,\end{cases}\quad 故 \int f(x)dx=F(x)+C.$$

【例 40】 已知 $f'(x)=\begin{cases}x^2, & x\leqslant 0,\\ \sin x, & x>0,\end{cases}$ 求 $f(x)$.

【解】 当 $x\leqslant 0$ 时，$f(x)=\frac{1}{3}x^3+C_1$，当 $x>0$ 时，$f(x)=-\cos x+C_2$，由于 $f(x)$ 在 $(-\infty,+\infty)$ 连续，所以 $f(0+0)=f(0-0)=f(0)$，即 $C_1=-1+C_2$，所以 $f'(x)$ 的一个原函数是

$$F(x)=\begin{cases}\frac{1}{3}x^3, & x\leqslant 0,\\ 1-\cos x, & x>0,\end{cases}$$

故 $f(x)=F(x)+C=\begin{cases}\frac{1}{3}x^3+C, & x\leqslant 0,\\ 1-\cos x+C, & x>0.\end{cases}$

三、强化练习题

☆ A 题 ☆

1. 填空题

(1) $\int\frac{dx}{\sqrt{4x-x^2}}=$__________.
(2) $\int\frac{dx}{\sin^2x\cos^2x}=$__________.

(3) $\int\frac{dx}{x^2(1+x^2)}=$__________.
(4) $\int\frac{dx}{4+x^2}=$__________.

(5) $\int d(\ln(2+\sin x))=$__________.
(6) $\int\arccos x dx=$__________.

(7) $\int\ln\sqrt{x}dx=$__________.
(8) $\int\sec x(\sec x-\tan x)dx=$__________.

(9) $\int\frac{x^2}{1+3x^2}dx=$__________.
(10) $\int e^{\sqrt{2x+1}}dx=$__________.

(11) $\int\frac{\sin x+\cos x}{(\sin x-\cos x)^{\frac{1}{3}}}dx=$__________.
(12) $\int\frac{(2-x)^2}{2-x^2}dx=$__________.

(13) $\int\frac{\ln(x+1)-\ln x}{x(x+1)}dx=$__________.
(14) $\int x\tan^2x dx$__________.

(15) 设 $f(x)$ 的一个原函数是 $\arctan x$，则 $\int x^2f(x)dx=$__________.

(16) 设 $f(x)$ 的一个原函数是 e^{-x^2}，则 $\int xf'(x)dx=$__________.

(17) 设 $f(\ln x)=\frac{\ln(x+1)}{x}$，则 $\int f(x)dx=$__________.

(18) 设 $f(x)$ 的一个原函数是 $\cot^2 x$，则 $\int xf(x)\mathrm{d}x =$ ________.

(19) $\int f(x)\mathrm{d}x = F(x)+C$，则 $\int f(3x-5)\mathrm{d}x =$ ________.

(20) 已知 $\int f(x^2)\mathrm{d}x = \mathrm{e}^{\frac{x}{2}}+C$，则 $f(x)=$ ________.

(21) 若 $f(x)=\mathrm{e}^{-x}$，则 $\int \frac{f'(\ln x)}{x}\mathrm{d}x =$ ________.

(22) 若 $\int \sin f(x)\mathrm{d}x = x\sin f(x)-\int \cos f(x)\mathrm{d}x$，则 $f(x)=$ ________.

2. 计算题

(1) 求 $\int x^2\mathrm{e}^x\mathrm{d}x$.

(2) 求 $\int \frac{\sec^2 x}{4+\tan^2 x}\mathrm{d}x$.

(3) 求 $\int \frac{x\mathrm{e}^x}{(1+x)^2}\mathrm{d}x$.

(4) 求 $\int x\cos^2 x\mathrm{d}x$.

(5) 求 $\int \frac{\sqrt{x}}{\sqrt{a^3-x^3}}\mathrm{d}x\ (a>0)$.

(6) 求 $\int \ln^2 x\mathrm{d}x$.

(7) 求 $\int \frac{1+\ln x}{2+(x\ln x)^2}\mathrm{d}x$.

(8) 求 $\int \frac{\mathrm{d}x}{2x+\sqrt{1-x^2}}$.

(9) 求 $\int \frac{x(1+x^2)}{1+x^4}\mathrm{d}x$.

(10) 求 $\int \frac{\mathrm{d}x}{x(1+2\ln x)}$.

(11) 求 $\int \frac{\mathrm{d}x}{(1+\mathrm{e}^x)^2}$.

(12) 求 $\int \frac{x^3}{9+x^2}\mathrm{d}x$.

(13) 求 $\int x(\arctan x)^2\mathrm{d}x$.

(14) 求 $\int \frac{\ln\tan x}{\cos x\sin x}\mathrm{d}x$.

(15) 求 $\int \frac{\ln x}{(1-x)^2}\mathrm{d}x$.

(16) 求 $\int \frac{x\tan x}{\cos^4 x}\mathrm{d}x$.

(17) 求 $\int \frac{1}{(x+1)^2(x^2+1)}\mathrm{d}x$.

(18) 求 $\int \mathrm{e}^x\cos x\mathrm{d}x$.

(19) 求 $\int x\arctan x\mathrm{d}x$.

(20) 求 $\int x^2\arctan x\mathrm{d}x$.

(21) 求 $\int \frac{\mathrm{d}x}{x(1+2\ln x)}$.

(22) 求 $\int \frac{x^2+1}{x\sqrt{1-x^4}}\mathrm{d}x$.

(23) 求 $\int \frac{\sin 2x}{1+\sin^4 x}\mathrm{d}x$.

(24) 求 $\int \frac{1}{\sqrt{2+\tan^2 x}}\mathrm{d}x\left(|x|<\frac{\pi}{2}\right)$.

(25) 求 $\int \frac{x+1}{x(1+x\mathrm{e}^x)}\mathrm{d}x$.

(26) 求 $\int \sin(\ln x)\mathrm{d}x$.

(27) 求 $\int \mathrm{e}^{\sin x}\sin 2x\mathrm{d}x$.

(28) 求 $\int \frac{1}{1+\cos x}\mathrm{d}x$.

(29) 求 $\int \frac{\sin^2 x}{\cos^3 x}\mathrm{d}x$.

(30) 求 $\int \frac{\sqrt{1+\cos x}}{\sin x}\mathrm{d}x$.

(31) 求 $\int \sqrt{1-x^2}\arcsin x\mathrm{d}x$.

(32) 求 $\int \tan^4\mathrm{d}x$.

(33) 求 $\int \sqrt{\frac{a+x}{a-x}}\mathrm{d}x$.

(34) 求 $\int \frac{x+2}{(2x+1)(x^2+x+1)}\mathrm{d}x$.

☆ B　题 ☆

1. 填空题与选择题

（1）（1998 年考研题）$\int \frac{\ln x - 1}{x^2} dx =$ ________.

（2）（1999 年考研题）$\int \frac{x + 5}{x^2 - 6x + 13} dx =$ ________.

（3）（2000 年考研题）$\int \frac{\arcsin \sqrt{x}}{\sqrt{x}} dx =$ ________.

（4）（2002 年考研题）已知 $f(x)$ 的一个原函数为 $\ln^2 x$，则 $\int x f'(x) dx =$ ________.

（5）（1999 年考研题）设 $f(x)$ 是连续函数，$F(x)$ 是 $f(x)$ 的原函数，则下列说法正确的是（　　）.

（A）当 $f(x)$ 是奇函数时，$F(x)$ 必为偶函数

（B）当 $f(x)$ 是偶函数时，$F(x)$ 必为奇函数

（C）当 $f(x)$ 是周期函数时，$F(x)$ 必为周期函数

（D）当 $f(x)$ 是单调增函数时，$F(x)$ 必为单调增函数

2. 计算题

（1）（2011 年考研题）求不定积分 $\int \frac{\arcsin \sqrt{x} + \ln x}{\sqrt{x}} dx$.

（2）（2009 年考研题）求不定积分 $\int \ln\left(1 + \sqrt{\frac{1+x}{x}}\right) dx \ (x > 0)$.

（3）计算不定积分 $\int \frac{x \ln x}{(1 - x^2)^{\frac{3}{2}}} dx$.

3. 辨析题

（1）$F(x) = \begin{cases} e^x, & x \geqslant 0, \\ -e^{-x}, & x < 0 \end{cases}$ 是 $y = e^{|x|}$ 的一个原函数 $[x \in (-\infty, +\infty)]$.

（2）若 $f(x)$ 在 (a,b) 内存在原函数，则 $f(x)$ 在 (a,b) 内必然连续.

第五章　定积分

本章基本要求

理解和掌握定积分的概念和性质，理解积分的基本思想；理解积分上限函数的概念及性质；掌握积分上限函数导数的计算，重点掌握牛顿-莱布尼兹公式（微积分基本公式）；掌握定积分的换元法和分部积分法，会计算函数的定积分；掌握两类反常积分（包括无穷限的反常积分和无界函数的反常积分）的概念和计算.

一、内容要点

（一）定积分的概念及性质

1. 定积分的定义

$$\int_a^b f(x)\mathrm{d}x = \lim_{\lambda\to 0}\sum_{i=1}^{n} f(\xi_i)\Delta x_i\ .$$

说明　(1) $\int_a^b f(x)\mathrm{d}x$ 是一个极限值，即表示一个数值，它仅与积分区间 $[a,b]$ 及被积函数 $f(x)$ 有关，而与积分变量的记号无关，即

$$\int_a^b f(x)\mathrm{d}x = \int_a^b f(t)\mathrm{d}t = \int_a^b f(u)\mathrm{d}u = \cdots .$$

(2) 规定：$\int_b^a f(x)\mathrm{d}x = -\int_a^b f(x)\mathrm{d}x$ ；$\int_a^a f(x)\mathrm{d}x = 0$.

(3) $\int_a^b f(x)\mathrm{d}x$ 存在的充分条件：① $f(x)$ 在 $[a,b]$ 上连续；② $f(x)$ 在 $[a,b]$ 上有界，且只有有限个间断点；③ $f(x)$ 在 $[a,b]$ 上单调有界.

(4) $\int_a^b f(x)\mathrm{d}x$ 存在的必要条件：$f(x)$ 在 $[a,b]$ 上有界，反之不成立.

2. 定积分的几何意义

$\int_a^b f(x)\mathrm{d}x$ 等价于介于 x 轴、曲线 $y=f(x)$ 及直线 $x=a, x=b$ 之间的赋予正负号的各部分面积之和.

3. 定积分的性质及积分中值定理

(1) $\int_a^b \mathrm{d}x = b-a$.

(2) $\int_a^b [f(x)\pm g(x)]\mathrm{d}x = \int_a^b f(x)\mathrm{d}x \pm \int_a^b g(x)\mathrm{d}x$.

(3) $\int_a^b kf(x)\mathrm{d}x = k\int_a^b f(x)\mathrm{d}x$.

(4) $\int_a^b f(x)\mathrm{d}x = \int_a^c f(x)\mathrm{d}x + \int_c^b f(x)\mathrm{d}x$（不论 a,b,c 的相对位置如何）.

(5) 定积分比较定理 设 $f(x) \leqslant g(x), x \in [a,b]$，则 $\int_a^b f(x)\mathrm{d}x \leqslant \int_a^b g(x)\mathrm{d}x$.

推论 1：当 $f(x) \geqslant 0, x \in [a,b]$ 时，$\int_a^b f(x)\mathrm{d}x \geqslant 0$.

推论 2：$\left|\int_a^b f(x)\mathrm{d}x\right| \leqslant \int_a^b |f(x)|\mathrm{d}x$.

(6) 估值定理 设 $m \leqslant f(x) \leqslant M, x \in [a,b]$，其中 m, M 为常数，则

$$m(b-a) \leqslant \int_a^b f(x)\mathrm{d}x \leqslant M(b-a).$$

(7) 积分中值定理 若 $f(x)$ 在区间 $[a,b]$ 上连续，则在区间 $[a,b]$ 上至少存在一点 ξ，使

$$\int_a^b f(x)\mathrm{d}x = f(\xi)(b-a).$$

即 $f(\xi) = \frac{1}{b-a}\int_a^b f(x)\mathrm{d}x$，也就是说 $f(\xi)$ 是 $f(x)$ 在区间 $[a,b]$ 上的函数值的平均值.

注意 与定积分性质有关的问题有三个.

(1) 估值问题.

【解题思路】第一步，或者求出被积函数 $f(x)$ 在区间 $[a,b]$ 上的最值，定出 $f(x)$ 的范围；或者用不等式放缩法写出 $f(x)$ 在区间 $[a,b]$ 上的界限；或者二者结合得出 $f(x)$ 的适当范围．第二步，用估值定理或比较定理进行分析处理.

(2) 不等式证明问题.

【解题思路】之一，与估值问题同；之二，先将积分区间分成若干个子区间，再用比较定理进行分析处理.

(3) 求极限.

【解题思路】第一步，将被积函数 $f(x)$ 在积分区间内放大或缩小（注意：一般情况下以 n 为指数幂的因子保留）；第二步，利用定积分的比较定理和极限的夹逼定理求极限.

(二) 积分上限函数及其性质

1. 积分上限函数

设 $f(x)$ 在 $[a,b]$ 上连续，$x \in [a,b]$，则称 $\Phi(x) = \int_a^x f(t)\mathrm{d}t\ (a \leqslant x \leqslant b)$ 为积分上限函数.

2. 积分上限函数的性质

如果 $f(x)$ 在 $[a,b]$ 上连续，则积分上限函数 $\Phi(x) = \int_a^x f(t)\mathrm{d}t$ 在 $[a,b]$ 上可导，且 $\Phi'(x) = \frac{\mathrm{d}}{\mathrm{d}x}\int_a^x f(t)\mathrm{d}t = f(x)$，$x \in [a,b]$.

注意 (1) 用变动积分限的定积分定义函数是一种表示函数的方法，要注意分清在 $\int_a^x f(t)\mathrm{d}t$ 中两个变量 x 和 t 的不同作用，x 是积分上限函数的自变量，它是积分区间 $[a,x]$ 的右端点；而 t 是积分变量，在区间 $[a,x]$ 上变化．如果遇到积分变量仍用 x 表示的情形，即 $\Phi(x) = \int_a^x f(x)\mathrm{d}x$ 的情形，一定要把作为积分变量的 x 与作为积分上限变量的 x 区别开，不要混淆.

(2) 上述定理表明：积分上限函数的导数 $\Phi'(x)$ 等于被积函数 $f(t)$ 在积分上限点处的

函数值 $f(x)$，因此 $\Phi(x)=\int_a^x f(t)\mathrm{d}t$ 是连续函数 $f(x)$ 的一个原函数，它揭示了定积分与原函数之间的本质联系.

(3) 如果 $f(x)$ 在 $[a,b]$ 上连续，则 $\dfrac{\mathrm{d}}{\mathrm{d}x}\int_x^b f(t)\mathrm{d}t=-f(x)$；

如果 $g(x)$ 可微，则 $\dfrac{\mathrm{d}}{\mathrm{d}x}\int_a^{g(x)} f(t)\mathrm{d}t=f[g(x)]g'(x)$；

如果 $u(x),v(x)$ 可微，则 $\dfrac{\mathrm{d}}{\mathrm{d}x}\int_{u(x)}^{v(x)} f(t)\mathrm{d}t=f[v(x)]v'(x)-f[u(x)]u'(x)$.

(三) 定积分的计算

1. 牛顿-莱布尼兹公式

设 $f(x)$ 在 $[a,b]$ 上连续，$F(x)$ 是 $f(x)$ 的一个原函数，则

$$\int_a^b f(x)\mathrm{d}x=F(b)-F(a)=F(x)\big|_a^b.$$

2. 定积分的换元法

设 $f(x)$ 在 $[a,b]$ 上连续，如果函数 $x=\varphi(t)$ 满足条件：

(1) $x=\varphi(t)$ 在 $[\alpha,\beta]$ 单值且有连续导数；

(2) 当 t 在 $[\alpha,\beta]$ 上变化时，$x=\varphi(t)$ 在 $[a,b]$ 上变化，且 $\varphi(\alpha)=a,\varphi(\beta)=b$，则

$$\int_a^b f(x)\mathrm{d}x=\int_\alpha^\beta f[\varphi(t)]\varphi'(t)\mathrm{d}t.$$

注意　(1) 当用 $x=\varphi(t)$ 作变量替换求定积分时，换元应立即换限；

(2) 当用 $t=\psi(x)$ 引入新变量 t 时，一定要注意其反函数 $x=\psi^{-1}(t)$ 单值、可导等条件；

(3) 新变量 t 在 $[\alpha,\beta]$ 上变化时，$x=\varphi(t)$ 在 $[a,b]$ 上变化；

(4) 定积分的换元公式从左 → 右为第二类换元法；使用从右 → 左为第一类换元法；

(5) 求出 $f[\varphi(t)]\varphi'(t)$ 的一个原函数 $F(t)$ 后，不必像计算不定积分那样要把 $F(t)$ 变换成原来变量 x 的函数，而只要把新变量 t 的上下限代入 $F(t)$ 中然后相减就行了.

3. 定积分的分部积分法

设 $u(x),v(x)$ 在 $[a,b]$ 上具有连续的导数，则

$$\int_a^b uv'\mathrm{d}x=uv\big|_a^b-\int_a^b u'v\mathrm{d}x \text{ 或 } \int_a^b u\mathrm{d}v=uv\big|_a^b-\int_a^b v\mathrm{d}u.$$

注意　$u,\mathrm{d}v=v'\mathrm{d}x$ 的选择参见不定积分的分部积分法.

4. 计算定积分的几个常用公式

设 $f(x)$ 为连续函数.

(1) 若 $f(x)$ 为偶函数，则 $\int_{-a}^a f(x)\mathrm{d}x=2\int_0^a f(x)\mathrm{d}x$；

(2) 若 $f(x)$ 为奇函数，则 $\int_{-a}^a f(x)\mathrm{d}x=0$；

(3) 若 $f(x)$ 是以 T 为周期的周期函数，a 为任意常数. 则

$$\int_a^{a+T} f(x)\mathrm{d}x=\int_0^T f(x)\mathrm{d}x=\int_{-\frac{T}{2}}^{\frac{T}{2}} f(x)\mathrm{d}x,$$

$$\int_a^{a+nT} f(x)\mathrm{d}x=n\int_0^T f(x)\mathrm{d}x;$$

(4) $\int_0^{\frac{\pi}{2}} f(\sin x)\mathrm{d}x=\int_0^{\frac{\pi}{2}} f(\cos x)\mathrm{d}x$；

(5) $\int_0^{\pi} x f(\sin x)\mathrm{d}x = \frac{\pi}{2}\int_0^{\pi} f(\sin x)\mathrm{d}x$；

(6) $\int_0^{\frac{\pi}{2}} \sin^n x\,\mathrm{d}x = \int_0^{\frac{\pi}{2}} \cos^n x\,\mathrm{d}x = \begin{cases} \frac{n-1}{n}\cdot\frac{n-3}{n-2}\cdot\cdots\cdot\frac{3}{4}\cdot\frac{1}{2}\cdot\frac{\pi}{2}, & n\text{为正偶数}, \\ \frac{n-1}{n}\cdot\frac{n-3}{n-2}\cdot\cdots\cdot\frac{2}{3}, & n>1,\text{为奇数}. \end{cases}$

（四）反常积分

1. 无穷限反常积分

(1) $f(x)$ 在 $[a,+\infty)$ 上连续，取 $b\in[a,+\infty)$，若 $\lim\limits_{b\to+\infty}\int_a^b f(x)\mathrm{d}x$ 存在，则称此极限值为 $f(x)$ 在 $[a,+\infty)$ 上的反常积分（或广义积分），记作 $\int_a^{+\infty} f(x)\mathrm{d}x$，即

$$\int_a^{+\infty} f(x)\mathrm{d}x = \lim_{b\to+\infty}\int_a^b f(x)\mathrm{d}x,$$

这时称反常积分 $\int_a^{+\infty} f(x)\mathrm{d}x$ 收敛，若该极限不存在，则称反常积分 $\int_a^{+\infty} f(x)\mathrm{d}x$ 发散.

(2) 类似可以定义 $\int_{-\infty}^b f(x)\mathrm{d}x$ 的收敛与发散.

(3) $f(x)$ 在 $(-\infty,+\infty)$ 上连续，若反常积分 $\int_{-\infty}^c f(x)\mathrm{d}x$ 与 $\int_c^{+\infty} f(x)\mathrm{d}x$ 均收敛，则称这两个反常积分之和为 $f(x)$ 在 $(-\infty,+\infty)$ 内的反常积分 $\int_{-\infty}^{+\infty} f(x)\mathrm{d}x$，即

$$\int_{-\infty}^{+\infty} f(x)\mathrm{d}x = \int_{-\infty}^c f(x)\mathrm{d}x + \int_c^{+\infty} f(x)\mathrm{d}x = \lim_{a\to-\infty}\int_a^c f(x)\mathrm{d}x + \lim_{b\to+\infty}\int_c^b f(x)\mathrm{d}x,$$

此时也称反常积分 $\int_{-\infty}^{+\infty} f(x)\mathrm{d}x$ 收敛，若该极限不存在，则称反常积分 $\int_{-\infty}^{+\infty} f(x)\mathrm{d}x$ 发散.

注意　右端有一个发散，就说反常积分 $\int_{-\infty}^{+\infty} f(x)\mathrm{d}x$ 发散.

(4) 无穷限反常积分 $\int_1^{+\infty}\frac{1}{x^p}\mathrm{d}x$；当 $p>1$ 时收敛，当 $p\leqslant 1$ 时发散.

2. 无界函数的反常积分

(1) 设 $f(x)$ 在 $[a,b)$ 上连续，$\lim\limits_{x\to b^-} f(x)=\infty$，取 $\varepsilon>0$，若极限 $\lim\limits_{\varepsilon\to0^+}\int_a^{b-\varepsilon} f(x)\mathrm{d}x$ 存在时，则称此极限值为 $f(x)$ 在 $[a,b)$ 上的反常积分（或瑕积分），记作 $\int_a^b f(x)\mathrm{d}x$，即

$$\int_a^b f(x)\mathrm{d}x = \lim_{\varepsilon\to0^+}\int_a^{b-\varepsilon} f(x)\mathrm{d}x,$$

如果该极限不存在，则称反常积分 $\int_a^b f(x)\mathrm{d}x$ 发散.

(2) 同样可以定义 $\lim\limits_{x\to a^+} f(x)=\infty$，$f(x)$ 在 $(a,b]$ 上连续时的反常积分 $\int_a^b f(x)\mathrm{d}x$.

(3) 设 $f(x)$ 在 $[a,c),(c,b]$ 上连续，$\lim\limits_{x\to c} f(x)=\infty$，若 $\int_a^c f(x)\mathrm{d}x$ 和 $\int_c^b f(x)\mathrm{d}x$ 均收敛时，则称这两个反常积分之和为 $f(x)$ 在 $[a,b]$ 上的反常积分 $\int_a^b f(x)\mathrm{d}x$，即

$$\int_a^b f(x)\mathrm{d}x = \int_a^c f(x)\mathrm{d}x + \int_c^b f(x)\mathrm{d}x = \lim_{\varepsilon\to0^+}\int_a^{c-\varepsilon} f(x)\mathrm{d}x + \lim_{\eta\to0^+}\int_{c+\eta}^b f(x)\mathrm{d}x,$$

此时也称反常积分 $\int_a^b f(x)\mathrm{d}x$ 收敛，若该极限不存在，称反常积分 $\int_a^b f(x)\mathrm{d}x$ 发散（右端有一个不存在即称发散）.

(4) 无界函数的反常积分 $\int_0^1 \frac{1}{x^q}\mathrm{d}x$；当 $q<1$ 时收敛，当 $q\geqslant 1$ 时发散.

二、精选题解析

(一) 是非题

【例 1】 设 $f(x)$ 在 $[a,b]$ 上连续，$f(x)\geqslant 0$ 且 $\int_a^b f(x)\mathrm{d}x=0$，则在 $[a,b]$ 上 $f(x)\equiv 0$.

【解】 是. 可用反证法证明如下：假设存在 $x_0\in[a,b]$ 使得 $f(x_0)\neq 0$，从而 $f(x_0)>0$. 则必有 $\delta>0$，使得 $f(x)>0$，$x\in(x_0-\delta,x_0+\delta)$，于是

$$\int_a^b f(x)\mathrm{d}x=\int_a^{x_0-\delta} f(x)\mathrm{d}x+\int_{x_0-\delta}^{x_0+\delta} f(x)\mathrm{d}x+\int_{x_0+\delta}^b f(x)\mathrm{d}x>0,$$

与已知矛盾，故在 $[a,b]$ 上 $f(x)\equiv 0$.

【例 2】 若 $f(x)$ 在 $[a,b]$ 上连续，$f(x)\geqslant 0$ 且 $f(x)\not\equiv 0$，则 $\int_a^b f(x)\mathrm{d}x>0$.

【解】 是. 可用反证法证明如下：假设 $\int_a^b f(x)\mathrm{d}x=0$，则由【例 1】知 $f(x)\equiv 0$，$x\in[a,b]$，与已知矛盾，因而 $\int_a^b f(x)\mathrm{d}x\neq 0$，又因为 $f(x)\geqslant 0$，故 $\int_a^b f(x)\mathrm{d}x>0$.

【例 3】 若 $f(x)$ 在 $[a,b]$ 上可积，$g(x)$ 在 $[a,b]$ 上不可积，则 $f(x)+g(x)$ 在 $[a,b]$ 上必不可积.

【解】 是. 可用反证法证明如下：设 $f(x)+g(x)$ 在 $[a,b]$ 上可积，记 $h(x)=f(x)+g(x)$，则 $g(x)=h(x)-f(x)$，$h(x),f(x)$ 都在 $[a,b]$ 上可积，则 $g(x)$ 在 $[a,b]$ 上也可积，矛盾.

【例 4】 不连续函数一定不可积.

【解】 非. 例如取 $f(x)=\begin{cases}1, & 0\leqslant x<1,\\ 2, & 1\leqslant x\leqslant 2,\end{cases}$ 此函数在 $[0,2]$ 上有不连续点 $x=1$，但是 $f(x)$ 在 $[0,2]$ 上可积，事实上

$$\int_0^2 f(x)\mathrm{d}x=\int_0^1 \mathrm{d}x+\int_1^2 2\mathrm{d}x=1+2=3.$$

【例 5】 若在 $[a,b]$ 上有界，则 $\int_a^b f(x)\mathrm{d}x$ 必存在.

【解】 非. 举反例如下：设 $f(x)$ 定义在 $[-1,1]$ 上，且 $f(x)=\begin{cases}1, & x\text{ 为有理数},\\ 0, & x\text{ 为无理数}.\end{cases}$

根据定积分的定义 $\int_a^b f(x)\mathrm{d}x=\lim\limits_{\lambda\to 0}\sum\limits_{i=1}^n f(\xi_i)\Delta x_i$，若取 ξ_i 为有理点，则 $\int_a^b f(x)\mathrm{d}x=2$；若取 ξ_i 为无理点，则 $\int_a^b f(x)\mathrm{d}x=0$；故 $\int_a^b f(x)\mathrm{d}x$ 不存在.

(二) 填空题

【例 6】 设 $f(x)$ 连续，且 $\int_0^{x^3} f(t)\mathrm{d}t=x$，则 $f(8)=$ ______.

【解】 应填$\frac{1}{12}$. 对$\int_0^{x^3} f(t)\mathrm{d}t = x$两边同时对$x$求导，有$3x^2 f(x^3) = 1$，整理有$f(x^3) = \frac{1}{3x^2}$，当$x=2$时，即$f(8) = \frac{1}{12}$.

【例 7】 函数$f(x)$具有连续的导数，则$\frac{\mathrm{d}}{\mathrm{d}x}\int_0^x (x-t)f'(t)\mathrm{d}t =$ ________.

【解】 应填$f(x)-f(0)$. 因为

$$\int_0^x (x-t)f'(t)\mathrm{d}t = \int_0^x [xf'(t)-tf'(t)]\mathrm{d}t = \int_0^x xf'(t)\mathrm{d}t - \int_0^x tf'(t)\mathrm{d}t$$
$$= x\int_0^x f'(t)\mathrm{d}t - \int_0^x tf'(t)\mathrm{d}t,$$

所以
$$\frac{\mathrm{d}}{\mathrm{d}x}\int_0^x (x-t)f'(t)\mathrm{d}t = \int_0^x f'(t)\mathrm{d}t = f(x)-f(0).$$

【例 8】 设$f(x)$在$[a,b]$上有连续的导数，且$f(a)=f(b)=1$，又$\int_a^b f^2(x)\mathrm{d}x = 3$，则$\int_a^b xf(x)f'(x)\mathrm{d}x =$ ________.

【解】 应填$\frac{b-a-3}{2}$. 因为依条件可得

$$\int_a^b xf(x)f'(x)\mathrm{d}x = \frac{1}{2}\int_a^b x\mathrm{d}f^2(x) = \left[\frac{x}{2}f^2(x)\right]_a^b - \frac{1}{2}\int_a^b f^2(x)\mathrm{d}x = \frac{b-a-3}{2}.$$

（三）选择题

【例 9】 设$f(x) = (x^3+1)\sin^2 x - 2\int_{-1}^1 f(t)\mathrm{d}t$，则$f(x) = ($　　$)$.

(A) $(x^3+1)\sin^2 x + \frac{\sin 2 - 2}{5}$　　(B) $(x^3+1)\sin^2 x - \frac{\sin 2 - 2}{5}$

(C) $(x^3+1)\sin^2 x + \frac{\sin 2 + 2}{5}$　　(D) $(x^3+1)\sin^2 x - \frac{\sin 2 + 2}{5}$

【解】 应选择(A). 令$\int_{-1}^1 f(t)\mathrm{d}t = P$，则$f(x) = (x^3+1)\sin^2 x - 2P$，两边取$[-1,1]$上的定积分，有

$$P = \int_{-1}^1 f(x)\mathrm{d}x = \int_{-1}^1 [(x^3+1)\sin^2 x - 2P]\mathrm{d}t = \int_{-1}^1 x^3\sin^2 x\mathrm{d}x + \int_{-1}^1 \sin^2 x\mathrm{d}x - 2P\int_{-1}^1 \mathrm{d}x$$
$$= 2\int_0^1 \sin^2 x\mathrm{d}x - 4P\int_0^1 \mathrm{d}x = \int_0^1 (1-\cos 2x)\mathrm{d}x - 4P = 1 - \frac{\sin 2}{2} - 4P,$$

所以$P = \frac{2-\sin 2}{10}$，故选择(A).

【例 10】 设$f(x)$连续，则$\lim\limits_{x\to a}\frac{x}{x-a}\int_a^x f(t)\mathrm{d}t = ($　　$)$.

(A) 0　　(B) a　　(C) $af(a)$　　(D) $f(a)$

【解】 应选择（C）. 事实上，由罗比塔法则有

$$\lim_{x\to a}\frac{x\int_a^x f(t)\mathrm{d}t}{x-a} = \lim_{x\to a}\left[\int_a^x f(t)\mathrm{d}t + xf(x)\right] = af(a).$$

注意　利用积分中值定理也可得到上述结果.

【例 11】 设$M = \int_{-\frac{\pi}{2}}^{\frac{\pi}{2}} \frac{\sin x}{1+x^2}\cos^8 x\mathrm{d}x, N = \int_{-\frac{\pi}{2}}^{\frac{\pi}{2}} (\sin^3 x + \cos^4 x)\mathrm{d}x, P = \int_{-\frac{\pi}{2}}^{\frac{\pi}{2}} (x^2\sin^3 x -$

$\cos^6 x)\mathrm{d}x$，则有（　）.

(A) $N<P<M$　　(B) $M<P<N$　　(C) $N<M<P$　　(D) $P<M<N$

【解】 应选择（D）. 因为积分区间相同且对称于原点，根据奇、偶连续函数对称区间上定积分的特殊性质易得 $M=0, N>0, P<0$，故选择（D).

【例 12】 反常积分（　）是收敛的.

(A) $\int_1^{+\infty}\cos x\mathrm{d}x$　　(B) $\int_1^{+\infty}\frac{1}{x^2}\mathrm{d}x$　　(C) $\int_1^{+\infty}\ln x\mathrm{d}x$　　(D) $\int_1^{+\infty}\mathrm{e}^x\mathrm{d}x$

【解】 应选择（B）. 事实上，$\int_1^{+\infty}\frac{1}{x^2}\mathrm{d}x=-\frac{1}{x}\Big|_1^{+\infty}=1$，其他都是发散的.

【例 13】 已知 $f(0)=1, f(2)=3, f'(2)=5$，则 $\int_0^2 xf''(x)\mathrm{d}x=$（　）.

(A) 12　　(B) 8　　(C) 7　　(D) 6

【解】 应选择(B). $\int_0^2 xf''(x)\mathrm{d}x=\int_0^2 x\mathrm{d}f'(x)=xf'(x)\Big|_0^2-\int_0^2 f'(x)\mathrm{d}x$

$$=xf'(x)\Big|_0^2-f(x)\Big|_0^2=2f'(2)-f(2)+f(0)=8.$$

(四) 计算题

1. 利用牛顿-莱布尼兹公式及性质计算积分

牛顿-莱布尼兹公式是连接不定积分与定积分的纽带，是计算定积分的基本方法. 将它与定积分的性质结合起来使用会使定积分的计算更简洁.

【例 14】 计算 $\int_0^{\frac{\pi}{2}}2\sin^2\frac{x}{2}\mathrm{d}x$.

【解】 原式 $=\int_0^{\frac{\pi}{2}}(1-\cos x)\mathrm{d}x=x\Big|_0^{\frac{\pi}{2}}-\sin x\Big|_0^{\frac{\pi}{2}}=\frac{\pi}{2}-1$.

【例 15】 计算 $\int_0^1 x|x-a|\mathrm{d}x$.

【解】 当 $a\leqslant 0$ 时，原式 $=\int_0^1 x(x-a)\mathrm{d}x=\frac{1}{3}-\frac{a}{2}$；

当 $a>1$ 时，原式 $=\int_0^1 x(a-x)\mathrm{d}x=\frac{a}{2}-\frac{1}{3}$；

当 $0<a\leqslant 1$ 时，原式 $=\int_0^a x(a-x)\mathrm{d}x+\int_a^1 x(x-a)\mathrm{d}x=\frac{1}{3}-\frac{a}{2}+\frac{1}{3}a^3$，

故
$$\int_0^1 x|x-a|\mathrm{d}x=\begin{cases}\frac{1}{3}-\frac{a}{2}, & a\leqslant 0\\ \frac{1}{3}-\frac{a}{2}+\frac{1}{3}a^3, & 0<a\leqslant 1.\\ \frac{a}{2}-\frac{1}{3}, & a>1\end{cases}$$

注意　此题中的 a 为参数，应对它所在的范围进行讨论.

【例 16】 计算 $\int_{-1}^2\sqrt{x^2}\mathrm{d}x$.

【解】 被积函数 $\sqrt{x^2}=\begin{cases}-x, & x\in[-1,0),\\ x, & x\in[0,2]\end{cases}$ 是由分段解析式表达的，积分时需对积分区间分段进行，再利用积分可加性，即可求出积分.

$$\int_{-1}^2\sqrt{x^2}\mathrm{d}x=\int_{-1}^0(-x)\mathrm{d}x+\int_0^2 x\mathrm{d}x=\left[-\frac{x^2}{2}\right]_{-1}^0+\left[\frac{x^2}{2}\right]_0^2=\frac{5}{2}.$$

注意　如果计算结果 $\int_{-1}^{2}\sqrt{x^2}\mathrm{d}x=\int_{-1}^{2}x\mathrm{d}x=\left[\frac{x^2}{2}\right]_{-1}^{2}=\frac{3}{2}$，则是错误的，原因是忽视了被积函数 $\sqrt{x^2}\geqslant 0$.

2. 利用奇偶性计算积分

函数 $f(x)$ 定义在对称区间 $[-a,a](a>0)$ 上，若 $f(x)$ 为奇函数，则 $\int_{-a}^{a}f(x)\mathrm{d}x=0$；若 $f(x)$ 为偶函数，则 $\int_{-a}^{a}f(x)\mathrm{d}x=2\int_{0}^{a}f(x)\mathrm{d}x$. 该结论使对称区间上的积分运算简单化.

【例 17】 设 $f(x)$ 是区间 $[-a,a]$ 上的连续函数，计算

$$I=\int_{-a}^{a}[(x+\mathrm{e}^{\cos x})f(x)+(x-\mathrm{e}^{\cos x})f(-x)]\mathrm{d}x.$$

【解】 $(x+\mathrm{e}^{\cos x})f(x)+(x-\mathrm{e}^{\cos x})f(-x)=x[f(x)+f(-x)]+\mathrm{e}^{\cos x}[f(x)-f(-x)]$，因 $f(x)+f(-x)$ 为偶函数，x 为奇函数，故 $x[f(x)+f(-x)]$ 为奇函数，又因 $f(x)-f(-x)$ 为奇函数，$\mathrm{e}^{\cos x}$ 为偶函数，故 $\mathrm{e}^{\cos x}[f(x)-f(-x)]$ 为奇函数，从而 $I=0$.

【例 18】 计算 $\int_{-1}^{1}\left(\frac{x}{2x^2+x-6}-\frac{\arcsin x}{x^2-3}\right)\mathrm{d}x$.

【解】 原式 $=\int_{-1}^{1}\frac{x}{2x^2+x-6}\mathrm{d}x-\int_{-1}^{1}\frac{\arcsin x}{x^2-3}\mathrm{d}x=\int_{-1}^{1}\frac{x}{2x^2+x-6}\mathrm{d}x$

$$=\int_{-1}^{1}\frac{x}{(2x-3)(x+2)}\mathrm{d}x=\int_{-1}^{1}\frac{2}{7}\cdot\frac{1}{x+2}\mathrm{d}x+\int_{-1}^{1}\frac{3}{7}\cdot\frac{1}{2x-3}\mathrm{d}x$$

$$=\frac{2}{7}\ln(x+2)\Big|_{-1}^{1}+\frac{3}{14}\ln(3-2x)\Big|_{-1}^{1}=\frac{2}{7}\ln 3-\frac{3}{14}\ln 5.$$

3. 利用换元法计算积分

换元法即变量代换法. 定积分换元法与不定积分相对应，也有两种换元法. 但使用换元法计算定积分时，要注意换元同时必须换限.

【例 19】 计算 $\int_{-\frac{\pi}{4}}^{\frac{\pi}{4}}\frac{\cos^2 x}{1+\mathrm{e}^{-x}}\mathrm{d}x$.

分析　注意到积分区间关于原点对称，而被积函数是非奇非偶函数，利用 $\int_{-a}^{a}f(x)\mathrm{d}x=\int_{0}^{a}[f(x)+f(-x)]\mathrm{d}x$，简化计算.

【解】 原式 $=\int_{0}^{\frac{\pi}{4}}\left[\frac{\cos^2 x}{1+\mathrm{e}^{-x}}+\frac{\cos^2(-x)}{1+\mathrm{e}^{-(-x)}}\right]\mathrm{d}x=\int_{0}^{\frac{\pi}{4}}\cos^2 x\left[\frac{1}{1+\mathrm{e}^{-x}}+\frac{1}{1+\mathrm{e}^{x}}\right]\mathrm{d}x$

$$=\int_{0}^{\frac{\pi}{4}}\cos^2 x\mathrm{d}x=\frac{\pi}{8}+\frac{1}{4}.$$

【例 20】 计算 $\int_{0}^{3}\frac{\mathrm{e}^{3x}+\mathrm{e}^{x}}{\mathrm{e}^{4x}-\mathrm{e}^{2x}+1}\mathrm{d}x$.

【解】 原式 $=\int_{0}^{3}\frac{\mathrm{e}^{2x}(\mathrm{e}^{x}+\mathrm{e}^{-x})}{\mathrm{e}^{2x}(\mathrm{e}^{2x}-1+\mathrm{e}^{-2x})}\mathrm{d}x=\int_{0}^{3}\frac{(\mathrm{e}^{x}+\mathrm{e}^{-x})}{(\mathrm{e}^{2x}-1+\mathrm{e}^{-2x})}\mathrm{d}x$

$$=\int_{0}^{3}\frac{\mathrm{d}(\mathrm{e}^{x}-\mathrm{e}^{-x})}{1+(\mathrm{e}^{x}-\mathrm{e}^{-x})^2}=[\arctan(\mathrm{e}^{x}-\mathrm{e}^{-x})]_{0}^{3}=\arctan\left(\mathrm{e}^{3}-\frac{1}{\mathrm{e}^{3}}\right).$$

【例 21】 计算 $\int_{0}^{1}\frac{\ln(1+x)\mathrm{d}x}{1+x^2}$.

分析　利用三角代换及三角恒等变换，可以得到两个形式相同而符号相反的积分. 此类技巧，在定积分计算中常用到.

【解】 令 $x=\tan t$，则

$$\int_0^{\frac{\pi}{4}}\frac{\ln(1+\tan t)\sec^2 t\mathrm{d}t}{1+\tan^2 t}=\int_0^{\frac{\pi}{4}}\ln(1+\tan t)\mathrm{d}t=\int_0^{\frac{\pi}{4}}\ln\left(\frac{\sin t+\cos t}{\cos t}\right)\mathrm{d}t$$

$$=\int_0^{\frac{\pi}{4}}\ln\frac{\sqrt{2}\sin(\frac{\pi}{4}+t)}{\cos t}\mathrm{d}t=\frac{\pi}{8}\sqrt{2}+\int_0^{\frac{\pi}{4}}\ln\sin(\frac{\pi}{4}+t)\mathrm{d}t-\int_0^{\frac{\pi}{4}}\ln\cos t\mathrm{d}t,$$

又令 $\frac{\pi}{4}+t=\frac{\pi}{2}-u$，则

$$\int_0^{\frac{\pi}{4}}\ln\sin(\frac{\pi}{4}+t)\mathrm{d}t=\int_0^{\frac{\pi}{4}}\ln\cos t\mathrm{d}t，故原式=\frac{\pi}{8}\sqrt{2}.$$

【例 22】 计算 $\int_{\frac{\sqrt{3}}{3}}^1\frac{\mathrm{d}x}{x^6(x^2+1)}$.

【解】 当分母的幂较高时，一般采用倒代换.

令 $x=\frac{1}{t}$, $\mathrm{d}x=-\frac{1}{t^2}\mathrm{d}t$，当 $x=\frac{\sqrt{3}}{3}$ 时，$t=\sqrt{3}$；当 $x=1$ 时，$t=1$. 于是

$$原式=\int_{\sqrt{3}}^1\frac{t^6}{1+t^2}\mathrm{d}t=\int_{\sqrt{3}}^1\left(t^4-t^2+1-\frac{1}{1+t^2}\right)\mathrm{d}t=\left[\frac{t^5}{5}-\frac{t^3}{3}+t-\arctan t\right]_{\sqrt{3}}^1$$

$$=\frac{27\sqrt{3}-13}{15}-\frac{\pi}{12}.$$

【例 23】 计算 $\int_0^{\pi}\sqrt{\sin^3 x-\sin^5 x}\mathrm{d}x$.

【解】 $$原式=\int_0^{\pi}\sin^{\frac{3}{2}}x|\cos x|\mathrm{d}x=\int_0^{\frac{\pi}{2}}\sin^{\frac{3}{2}}x\cos x\mathrm{d}x-\int_{\frac{\pi}{2}}^{\pi}\sin^{\frac{3}{2}}x\cos x\mathrm{d}x$$

$$=\int_0^{\frac{\pi}{2}}\sin^{\frac{3}{2}}x\mathrm{d}\sin x-\int_{\frac{\pi}{2}}^{\pi}\sin^{\frac{3}{2}}x\mathrm{d}\sin x=\frac{2}{5}\sin^{\frac{5}{2}}x\Big|_0^{\frac{\pi}{2}}-\frac{2}{5}\sin^{\frac{5}{2}}x\Big|_{\frac{\pi}{2}}^{\pi}=\frac{4}{5}.$$

【例 24】 设函数 $f(x)=\begin{cases}x\mathrm{e}^{-x^2}, & x\geqslant 0,\\ \frac{1}{1+\mathrm{e}^x}, & x<0,\end{cases}$ 求 $\int_1^4 f(x-2)\mathrm{d}x$.

【解】 令 $x-2=t$，则 $\mathrm{d}x=\mathrm{d}t$. 且当 $x=1$ 时，$t=-1$；当 $x=4$ 时，$t=2$. 于是

$$原式=\int_{-1}^2 f(t)\mathrm{d}t=\int_{-1}^0\frac{\mathrm{d}t}{1+\mathrm{e}^t}+\int_0^2 t\mathrm{e}^{-t^2}\mathrm{d}t=\int_{-1}^0\frac{\mathrm{d}t}{\mathrm{e}^t(1+\mathrm{e}^{-t})}-\frac{1}{2}\int_0^2\mathrm{e}^{-t^2}\mathrm{d}(-t^2)$$

$$=-\int_{-1}^0\frac{\mathrm{d}(\mathrm{e}^{-t})}{(1+\mathrm{e}^{-t})}-\frac{1}{2}[\mathrm{e}^{-t^2}]_0^2=-[\ln(1+\mathrm{e}^t)]_{-1}^0-\frac{1}{2}[\mathrm{e}^{-t^2}]_0^2$$

$$=-\ln 2+\ln(1+\mathrm{e})-\frac{1}{2}\mathrm{e}^{-4}+\frac{1}{2}.$$

4. 利用分部积分法计算积分

在不定积分中使用分部积分的场合，在对应的定积分中，一般也要使用分部积分法. 有些积分，需要连续多次使用分部积分法才能得出结果；有些积分，使用分部积分法后又出现原积分形式，合并后得出结果；还有些积分，需要分部积分法与换元积分法相结合.

【例 25】 计算 $\int_0^{\frac{1}{2}}(\arcsin x)^2\mathrm{d}x$.

【解】 $$原式=[x(\arcsin x)^2]_0^{\frac{1}{2}}-\int_0^{\frac{1}{2}}2\arcsin x\cdot\frac{x}{\sqrt{1-x^2}}\mathrm{d}x=\frac{\pi^2}{72}+2\int_0^{\frac{1}{2}}2\arcsin x\mathrm{d}\sqrt{1-x^2}$$

$$=\frac{\pi^2}{72}+2\left\{\left[\sqrt{1-x^2}\arcsin x\right]_0^{\frac{1}{2}}-\int_0^{\frac{1}{2}}\mathrm{d}x\right\}=\frac{\pi^2}{72}+\frac{\sqrt{3}}{6}\pi-1.$$

【例 26】 计算 $\int_1^e \sin(\ln x)dx$.

【解】 原式 $= [x\sin(\ln x)]_1^e - \int_1^e \cos(\ln x)dx = e\sin 1 - [x\cos(\ln x)]_1^e - \int_1^e \sin(\ln x)dx$ ，于是 $2\int_1^e \sin(\ln x)dx = e(\sin 1 - \cos 1) + 1$ ，故

$$\int_1^e \sin(\ln x)dx = \frac{e(\sin 1 - \cos 1)}{2} + \frac{1}{2}.$$

【例 27】 计算 $\int_0^{\frac{\pi}{2}} f(x)\cos x dx$ ，其 $f(x) = \int_{\frac{\pi}{2}}^x \frac{1}{\sin u + \cos u}du$.

分析　因为 $f(x)$ 是一变上限函数，故考虑用定积分的分部积分公式求积.

【解】 $\int_0^{\frac{\pi}{2}} f(x)\cos x dx = \int_0^{\frac{\pi}{2}} f(x)d\sin x = f(x)\sin x\Big|_0^{\frac{\pi}{2}} - \int_0^{\frac{\pi}{2}} \sin x df(x)$

$$= -\int_0^{\frac{\pi}{2}} \frac{\sin x}{\sin x + \cos x}dx \xlongequal{令 x=\frac{\pi}{2}-t} -\int_0^{\frac{\pi}{2}} \frac{\cos x}{\cos x + \sin x}dx,$$

故 $\int_0^{\frac{\pi}{2}} \frac{\sin x}{\sin x + \cos x}dx = \frac{1}{2}\int_0^{\frac{\pi}{2}} \frac{\sin x + \cos x}{\cos x + \sin x}dx = \frac{\pi}{4}$ ，所以 $\int_0^{\frac{\pi}{2}} f(x)\cos x dx = -\frac{\pi}{4}$.

5. 利用定积分定义计算极限

【例 28】 求极限 $\lim\limits_{n\to\infty}\left(\frac{1}{2n+2} + \frac{1}{2n+4} + \cdots + \frac{1}{2n+2n}\right)$.

分析　由定积分定义 $\int_a^b f(x)dx = \lim\limits_{\lambda\to 0}\sum\limits_{i=1}^n f(\xi_i)\Delta x_i$ ，将和的极限化为积分和式的形式，即要配出 $f(\xi_i)$ 和 Δx_i ，一般将积分区间 $[a,b]$ n 等分，则 $\Delta x_i = \frac{b-a}{n}$，$\xi_i$ 可取作

$$a + (b-a)\cdot\frac{i}{n} \quad 或 \quad a + (b-a)\cdot\frac{i-1}{n}.$$

【解】 原式 $= \lim\limits_{n\to\infty}\sum\limits_{i=1}^n \frac{1}{2n+2i} = \frac{1}{2}\lim\limits_{n\to\infty}\frac{1}{n}\sum\limits_{i=1}^n \frac{1}{1+\frac{i}{n}}$ ，

现取 $f(x) = \frac{1}{1+x}, x\in[0,1], \Delta x_i = \frac{1}{n}, f(\xi_i) = \frac{1}{1+\xi_i}$ ，其中 $\xi_i = \frac{i}{n}$ 为 $\left[\frac{i-1}{n}, \frac{i}{n}\right]$ 的右端点，于是

$$原式 = \frac{1}{2}\int_0^1 \frac{1}{1+x}dx = \frac{1}{2}[\ln(1+x)]_0^1 = \frac{\ln 2}{2}.$$

【例 29】 求极限 $\lim\limits_{n\to\infty}\frac{1}{n}\sqrt[n]{(n+1)(n+2)\cdots(n+n)}$.

分析　数列通项为 n 项之积，可采取对数的方法，化积为和，进而将所求极限化成积分，这时被积函数为对数函数.

【解】 令 $a_n = \frac{1}{n}\sqrt[n]{(n+1)(n+2)\cdots(n+n)}$ ，并在两端取对数，得到

$$\ln a_n = \ln\frac{1}{n} + \frac{1}{n}[\ln(n+1) + \ln(n+2) + \cdots + \ln(n+n)]$$

$$= \frac{1}{n}[\ln(n+1) + \ln(n+2) + \cdots + \ln(n+n) - n\ln n]$$

$$= \frac{1}{n}\{[\ln(n+1)-\ln n]+[\ln(n+2)-\ln n]+\cdots+[\ln(n+n)-\ln n]\}$$

$$= \frac{1}{n}\sum_{i=1}^{n}\ln\frac{n+i}{n} = \sum_{i=1}^{n}\frac{1}{n}\ln(1+\frac{i}{n}),$$

上式可看成函数 $f(x)=\ln(1+x)$ 在区间 $[0,1]$ 上的积和式，所以

$$\lim_{n\to\infty}\ln a_n = \int_0^1 \ln(1+x)\mathrm{d}x = 2\ln 2 - 1 = \ln\frac{4}{\mathrm{e}},$$

于是所求极限为 $\lim\limits_{n\to\infty} a_n = \frac{4}{\mathrm{e}}$.

6. 变限积分求导问题

变上限积分 $\Phi(x)=\int_a^{\varphi(x)} f(t)\mathrm{d}t$ 是关于 x 的函数．当 $\varphi(x)=x$ 时，就是积分上限函数 $\int_a^x f(t)\mathrm{d}t$，变下限积分 $\Psi(x)=\int_{\psi(x)}^{b} f(t)\mathrm{d}t$ 也可以化为变上限积分．变限积分在很多问题中都会涉及，基本运算是求导，也可以利用它的导数讨论其他问题.

【例 30】 设 a 为常数，$\varphi(x)$ 可导，求下列导数.

(1) $\frac{\mathrm{d}}{\mathrm{d}x}\int_a^{x^3}\cos x^2\mathrm{d}x$； (2) $\frac{\mathrm{d}}{\mathrm{d}x}\int_{\varphi(x)}^{\varphi(x^3)}\sin t^2\mathrm{d}t$； (3) $\frac{\mathrm{d}}{\mathrm{d}x}\int_0^{x}\cos(t-x)^2\mathrm{d}t$.

【解】 (1) $\frac{\mathrm{d}}{\mathrm{d}x}\int_a^{x^3}\cos x^2\mathrm{d}x = (x^3)'\cos(x^3)^2 = 3x^2\cos x^6$；

(2) $$\frac{\mathrm{d}}{\mathrm{d}x}\int_{\varphi(x)}^{\varphi(x^3)}\sin t^2\mathrm{d}t = (x^3)'\varphi'(x^3)\sin[\varphi(x^3)]^2 - \varphi'(x)\sin[\varphi(x)]^2$$
$$= 3x^2\varphi'(x^3)\sin[\varphi(x^3)]^2 - \varphi'(x)\sin[\varphi(x)]^2;$$

(3) 此题作变量代换 $t-x=u$, $\mathrm{d}t=\mathrm{d}u$. 当 $t=0$ 时，$u=-x$；当 $t=x$ 时，$u=0$．于是

$$\frac{\mathrm{d}}{\mathrm{d}x}\int_0^{x}\cos(t-x)^2\mathrm{d}t = \frac{\mathrm{d}}{\mathrm{d}x}\int_{-x}^{0}\cos u^2\mathrm{d}u = -(-x)'\cos(-x)^2 = \cos x^2.$$

【例 31】 设 $f(x)=\begin{cases}\cos x, & x>0,\\ x, & x\leqslant 0,\end{cases}$ $\Phi(x)=\int_{-1}^{x} f(t)\mathrm{d}t$，求出 $\Phi(x)$ 表达式，并计算 $\int_{-\pi}^{\pi}\Phi(x)\mathrm{d}x$.

【解】 由于被积函数是分段函数，所以根据积分上限 x 不同的取值范围决定 $\Phi(x)$ 的表达式.

当 $x\leqslant 0$ 时，$\Phi(x)=\int_{-1}^{x} f(t)\mathrm{d}t = \int_{-1}^{x} t\mathrm{d}t = \frac{x^2}{2}-\frac{1}{2}$；

当 $x>0$ 时，$\int_{-1}^{x} f(t)\mathrm{d}t = \int_{-1}^{0} t\mathrm{d}t + \int_0^x \cos t\mathrm{d}t = -\frac{1}{2}+\sin x$；

故
$$\Phi(x)=\begin{cases}\frac{x^2}{2}-\frac{1}{2}, & x\leqslant 0,\\ -\frac{1}{2}+\sin x, & x>0,\end{cases}$$

于是
$$\int_{-\pi}^{\pi}\Phi(x)\mathrm{d}x = \int_{-\pi}^{0}\left(\frac{x^2}{2}-\frac{1}{2}\right)\mathrm{d}x + \int_0^{\pi}\left(\frac{1}{2}-\cos x\right)\mathrm{d}x = \frac{\pi^3}{6}.$$

【例 32】 设 $f(x)$ 是 $\left(0,\frac{\pi}{2}\right)$ 内的正值连续函数，且 $f^2(x)=\int_0^x \frac{f(t)\tan t}{\sqrt{1+2\tan^2 t}}\mathrm{d}t$，试求

$f(x)$.

【解】 由于右端作为积分上限函数可导，故左端也可导．等式两端对 x 求导得

$$2f(x)f'(x)=\frac{f(x)\tan x}{\sqrt{1+2\tan^2 x}}.$$

又 $f(x)>0$，从而 $f'(x)=\dfrac{\tan x}{2\sqrt{1+2\tan^2 x}}$，于是

$$f(x)=\frac{1}{2}\int\frac{\tan x}{\sqrt{1+2\tan^2 x}}\mathrm{d}x=\frac{1}{2}\int\frac{\sin x}{\sqrt{\cos^2 x+2\sin^2 x}}\mathrm{d}x=\frac{1}{2}\int\frac{\sin x}{\sqrt{2-\cos^2 x}}\mathrm{d}x$$

$$=-\frac{1}{2}\int\frac{\mathrm{d}(\cos x)}{\sqrt{2-\cos^2 x}}=-\frac{1}{2}\arcsin\frac{\cos x}{\sqrt{2}}+C.$$

令 $x=0$，得 $f(0)=0, C=\dfrac{\pi}{8}$，故

$$f(x)=-\frac{1}{2}\arcsin\frac{\cos x}{\sqrt{2}}+\frac{\pi}{8}.$$

【例 33】 设 $F(x)=\begin{cases}\dfrac{\int_0^x tf(t)\mathrm{d}t}{x^2}, & x\neq 0,\\ C, & x=0,\end{cases}$ 其中 $f(x)$ 具有连续导数，且 $f'(x)>0$，$f(0)=0$．试确定 C 使 $F(x)$ 在 $x=0$ 点连续，并讨论 $F'(x)$ 的连续性.

【解】 因为 $\lim\limits_{x\to 0}F(x)=\lim\limits_{x\to 0}\dfrac{\int_0^x tf(t)\mathrm{d}t}{x^2}=\lim\limits_{x\to 0}\dfrac{xf(x)}{2x}=\dfrac{1}{2}f(0)=0$，当 $C=0$ 时，$F(x)$ 在 $x=0$ 点连续.

又当 $x\neq 0$ 时，$F'(x)=\dfrac{x^3 f(x)-2x\int_0^x tf(t)\mathrm{d}t}{x^4}=\dfrac{x^2 f(x)-2\int_0^x tf(t)\mathrm{d}t}{x^3}$，

且
$$\lim_{x\to 0}F'(x)=\lim_{x\to 0}\frac{x^2 f(x)-2\int_0^x tf(t)\mathrm{d}t}{x^3}=\lim_{x\to 0}\frac{2xf(x)+x^2 f'(x)-2xf(x)}{3x^2}$$

$$=\lim_{x\to 0}\frac{x^2 f'(x)}{3x^2}=\lim_{x\to 0}\frac{x^2 f'(x)}{3x^2}=\frac{1}{3}f'(0),$$

而 $F'(0)=\lim\limits_{x\to 0}\dfrac{F(x)-F(0)}{x}=\lim\limits_{x\to 0}\dfrac{\int_0^x tf(t)\mathrm{d}t}{x^3}=\lim\limits_{x\to 0}\dfrac{xf(x)}{3x^2}=\dfrac{1}{3}\lim\limits_{x\to 0}\dfrac{f(x)-f(0)}{x}=\dfrac{1}{3}f'(0)$，即 $\lim\limits_{x\to 0}F'(x)=F'(0)=\dfrac{1}{3}f'(0)$，故 $F'(x)$ 在 $x=0$ 点连续，而 $F'(x)$ 在 $x\neq 0$ 时显然连续，故 $F'(x)$ 在 $(-\infty,+\infty)$ 上均连续.

（五）证明题

1. 利用性质证题法

【例 34】 设 $f(x)$ 在 $[a,b]$ 上连续，且严格单调增加．证明

$$(a+b)\int_a^b f(x)\mathrm{d}x<2\int_a^b xf(x)\mathrm{d}x.$$

分析　原不等式 $\Leftrightarrow 2\int_a^b xf(x)\mathrm{d}x-(a+b)\int_a^b f(x)\mathrm{d}x>0$，$b>a$，

$$\Leftrightarrow 2\int_a^x tf(t)\mathrm{d}t-(a+x)\int_a^x f(t)\mathrm{d}t>0,\ x>a,$$

故可考虑用证明函数 $F(x)=2\int_a^x tf(t)\mathrm{d}t-(a+x)\int_a^x f(t)\mathrm{d}t$ 严格单调增加的方法证明.

【证明】 设 $F(x)=2\int_a^x tf(t)\mathrm{d}t-(a+x)\int_a^x f(t)\mathrm{d}t$，则 $F(x)$ 在 $[a,b]$ 上可导，且 $F(a)=0$，

$$F'(x)=2xf(x)-\int_a^x f(t)\mathrm{d}t-(a+x)f(x)=(x-a)f(x)-\int_a^x f(t)\mathrm{d}t$$
$$=\int_a^x f(x)\mathrm{d}t-\int_a^x f(t)\mathrm{d}t=\int_a^x[f(x)-f(t)]\mathrm{d}t,$$

因为 $f(x)$ 严格单调增加，可知 $f(x)-f(t)>0$，$a<t<x$，$F'(x)>0$，$x>a$，所以 $F(x)$ 在 $[a,b]$ 严格单调增加，从而有 $F(x)>F(a)=0$，$x>a$，令 $x=b$，得

$$2\int_a^b xf(x)\mathrm{d}x>(a+b)\int_a^b f(x)\mathrm{d}x.$$

【例 35】 设 $f(x)$ 在 $[a,b]$ 上连续，试证存在 $\xi\in[a,b]$，使得

$$\int_a^\xi f(x)\mathrm{d}x=\frac{1}{2}\int_a^b f(x)\mathrm{d}x.$$

分析　原问题 $\Leftrightarrow\left(\int_a^x f(t)\mathrm{d}t-\frac{1}{2}\int_a^b f(t)\mathrm{d}t\right)\Big|_{x=\xi}=0$，可考虑对函数 $F(x)=\int_a^x f(t)\mathrm{d}t-\frac{1}{2}\int_a^b f(t)\mathrm{d}t$ 运用零点定理.

【证明】 设 $F(x)=\int_a^x f(t)\mathrm{d}t-\frac{1}{2}\int_a^b f(t)\mathrm{d}t$，则 $F(x)$ 在 $[a,b]$ 上连续，且

$$F(a)=-\frac{1}{2}\int_a^b f(t)\mathrm{d}t,\ F(b)=\int_a^b f(t)\mathrm{d}t-\frac{1}{2}\int_a^b f(t)\mathrm{d}t=\frac{1}{2}\int_a^b f(t)\mathrm{d}t.$$

若 $\int_a^b f(t)\mathrm{d}t=0$，则在所证等式中取 $\xi=a$ 即可使等式成立. 若 $\int_a^b f(t)\mathrm{d}t\neq 0$，则 $F(a)$ 与 $F(b)$ 异号，根据零点定理，存在 $\xi\in(a,b)$，使 $F(\xi)=0$，即 $\int_a^\xi f(x)\mathrm{d}x=\frac{1}{2}\int_a^b f(x)\mathrm{d}x$，综上所述，结论成立.

【例 36】 证明：$\int_0^{\frac{\pi}{2}} x\sin x\mathrm{d}x\leqslant\frac{\pi^2}{8}$.

【证明】 因为 $x\in\left[0,\frac{\pi}{2}\right]$，$x\sin x\leqslant x$，有 $\int_0^{\frac{\pi}{2}} x\sin x\mathrm{d}x\leqslant\int_0^{\frac{\pi}{2}} x\mathrm{d}x$，又因

$$\int_0^{\frac{\pi}{2}} x\mathrm{d}x=\frac{1}{2}x^2\Big|_0^{\frac{\pi}{2}}=\frac{\pi^2}{8}，故有\int_0^{\frac{\pi}{2}} x\sin x\mathrm{d}x\leqslant\frac{\pi^2}{8}.$$

【例 37】 已知当 $a\leqslant x\leqslant b$ 时，$f'(x)>0$，$f''(x)>0$. 证明

$$(b-a)f(a)<\int_a^b f(x)\mathrm{d}x<\frac{b-a}{2}[f(a)+f(b)].$$

【证明】 由积分中值定理 $\int_a^b f(x)\mathrm{d}x=f(\xi)(b-a)$，$a\leqslant\xi\leqslant b$，

又 $x\in[a,b]$，$f'(x)>0$，即 $f(x)$ 在 $[a,b]$ 上单调增加.

于是 $\xi>a$，$f(\xi)>f(a)$，不等式

$$(b-a)f(a)<\int_a^b f(x)\mathrm{d}x\ 成立.$$

为了证明不等式右端，设 $g(x)=\frac{x-a}{2}[f(a)+f(x)]-\int_a^x f(x)\mathrm{d}x$，

则有 $g'(x)=\dfrac{x-a}{2}f'(x)+\dfrac{f(a)-f(x)}{2}$，$g'(a)=0$，

$$g''(x)=\frac{x-a}{2}f''(x)>0,\quad x\in(a,b].$$

即 $g'(x)$ 在 $[a,b]$ 上单调增加，且当 $x\in(a,b]$ 时 $g'(x)>g'(a)=0$，从而 $g(x)$ 在 $[a,b]$ 上单调增加．于是当 $x\in(a,b]$ 时 $g(x)>g(a)=0$，故

$$g(b)=\frac{b-a}{2}[f(a)+f(b)]-\int_a^b f(x)\mathrm{d}x>0,$$

即证明不等式右端也成立.

2. 换元证题法

【例 38】 若 $f(x)$ 在 $[a,b]$ 上连续，证明：$\int_a^b f(x)\mathrm{d}x=(b-a)\int_0^1 f[a+(b-a)x]\mathrm{d}x$．

分析：此题是将 $[a,b]$ 上的积分化为 $[0,1]$ 上的积分，它既进行了平移变换，又进行了比例伸缩．为此，寻找一个适当的换元 $x=\varphi(t)$，使得 $x=a$ 时，$t=0$；$x=b$ 时，$t=1$．且

$$\int_a^b f(x)\mathrm{d}x=(b-a)\int_0^1 f[a+(b-a)x]\mathrm{d}x.$$

【证明】 作换元 $x=a+(b-a)t$，$\mathrm{d}x=(b-a)\mathrm{d}t$. 当 $x=a$ 时，$t=0$；$x=b$ 时，$t=1$.

$$\begin{aligned}\int_a^b f(x)\mathrm{d}x&=\int_0^1 f[a+(b-a)t](b-a)\mathrm{d}t=(b-a)\int_0^1 f[a+(b-a)t]\mathrm{d}t\\&=(b-a)\int_0^1 f[a+(b-a)x]\mathrm{d}x.\end{aligned}$$

【例 39】 设 $f(x)$ 为连续函数，且当 $0\leqslant x\leqslant\dfrac{a}{2}$ 时，$f(x)+f(a-x)<0$. 证明

$$\int_0^a f(x)\mathrm{d}x<0.$$

分析：利用 $[a,b]$ 上 $f(x)\leqslant 0$，且 $f(x)$ 不恒等于零，则 $\int_a^b f(x)\mathrm{d}x<0$.

【证明】 $\int_0^a f(x)\mathrm{d}x=\int_0^{\frac{a}{2}} f(x)\mathrm{d}x+\int_{\frac{a}{2}}^a f(x)\mathrm{d}x$，

对于右边第二个积分，令 $x=a-t$，有

$$\int_{\frac{a}{2}}^a f(x)\mathrm{d}x=\int_{\frac{a}{2}}^0 f(a-t)\mathrm{d}(a-t)=\int_0^{\frac{a}{2}} f(a-t)\mathrm{d}t=\int_0^{\frac{a}{2}} f(a-x)\mathrm{d}x,$$

故

$$\int_0^a f(x)\mathrm{d}x=\int_0^{\frac{a}{2}}[f(x)+f(a-x)]\mathrm{d}x<0.$$

3. 分部积分证题法

【例 40】 若 $f'(u)$ 在 $[-1,1]$ 上连续. 证明：$\int_0^{\pi}[f(\sin x)\cos x+f'(\sin x)\cos^2 x]\mathrm{d}x=0$.

【证明】

$$\begin{aligned}\int_0^{\pi}[f(\sin x)\cos x+f'(\sin x)\cos^2 x]\mathrm{d}x&=\int_0^{\pi} f(\sin x)\cos x\mathrm{d}x+\int_0^{\pi} f'(\sin x)\cos^2 x\mathrm{d}x\\&=[f(\sin x)\sin x]_0^{\pi}-\int_0^{\pi} f'(\sin x)(\cos x)\cos x\mathrm{d}x+\int_0^{\pi} f'(\sin x)\cos^2 x\mathrm{d}x=0.\end{aligned}$$

分析：此题的积分分成两部分，第一个积分利用分部积分法，得到一个与第二个积分符号相反的积分，这一技巧很常用.

【例 41】 设 $f(x)$ 在 $[0,1]$ 上有连续的导数，且存在常数 a 使得 $af(0)-(a-1)f(1)=0$. 证明：

$$\int_0^1 f(x)\mathrm{d}x = \int_0^1 f'(x)(a-x)\mathrm{d}x .$$

【证明】 $\int_0^1 f'(x)(a-x)\mathrm{d}x = [(a-x)f(x)]_0^1 - \int_0^1 f(x)\mathrm{d}(a-x)$

$$= (a-1)f(1) - af(0) + \int_0^1 f(x)\mathrm{d}x = \int_0^1 f(x)\mathrm{d}x .$$

（六）反常积分

1. 无穷限的反常积分

无穷限的反常积分可以用定义计算，$\int_a^{+\infty} f(x)\mathrm{d}x = \lim\limits_{b\to+\infty}\int_a^b f(x)\mathrm{d}x$；也可以采用推广的牛顿-莱布尼兹公式，即设 $F'(x)=f(x)$，则

$$\int_a^{+\infty} f(x)\mathrm{d}x = [F(x)]_a^{+\infty} = \lim_{x\to+\infty}F(x) - F(a) .$$

【例 42】 求 $\int_1^{+\infty}\dfrac{\mathrm{d}x}{x\sqrt{1+x^6+x^{12}}}$.

【解】 原式 $=\int_1^{+\infty}\dfrac{\mathrm{d}x}{x^7\sqrt{1+\dfrac{1}{x^6}+\left(\dfrac{1}{x^6}\right)^2}} = -\dfrac{1}{6}\int_1^{+\infty}\dfrac{\mathrm{d}\left(\dfrac{1}{x^6}\right)}{\sqrt{1+\dfrac{1}{x^6}+\left(\dfrac{1}{x^6}\right)^2}}$

$$\xlongequal{u=\frac{1}{x^6}} -\frac{1}{6}\int_1^0\frac{\mathrm{d}u}{\sqrt{u^2+u+1}} = \frac{1}{6}\int_0^1\frac{\mathrm{d}u}{\sqrt{u^2+u+1}}$$

$$= \frac{1}{6}\left[\ln\left(u+\frac{1}{2}+\sqrt{u^2+u+1}\right)\right]_0^1 = \frac{1}{6}\ln\left(1+\frac{2}{\sqrt{3}}\right).$$

注意 从本例可以看到，广义积分作变量代换后变成了普通积分．对于某些反常积分，出现这种现象也是正常的.

【例 43】 求 $\int_1^{+\infty}\dfrac{\mathrm{d}x}{\mathrm{e}^{x+1}+\mathrm{e}^{3-x}}$.

【解】 原式 $=\dfrac{1}{\mathrm{e}^2}\int_1^{+\infty}\dfrac{\mathrm{d}x}{\mathrm{e}^{x-1}+\mathrm{e}^{1-x}} \xlongequal{x-1=u} \dfrac{1}{\mathrm{e}^2}\int_0^{+\infty}\dfrac{\mathrm{d}u}{\mathrm{e}^u+\mathrm{e}^{-u}} = \dfrac{1}{\mathrm{e}^2}\int_0^{+\infty}\dfrac{\mathrm{e}^u\mathrm{d}u}{1+\mathrm{e}^{2u}}$

$$=\frac{1}{\mathrm{e}^2}\arctan\mathrm{e}^u\Big|_0^{+\infty} = \frac{1}{\mathrm{e}^2}\left(\frac{\pi}{2}-\frac{\pi}{4}\right) = \frac{\pi}{4\mathrm{e}^2}.$$

2. 无界函数的反常积分

对于任意有限区间上的积分，首先判断被积函数在该区间有无无穷型间断点，有则为无界函数的反常积分，无则为普通定积分.

无界函数的反常积分可以使用定义计算：设 $f(x)$ 在 $(a,b]$ 上连续，且 $\lim\limits_{x\to a^+}f(x)=\infty$，则 $\int_a^b f(x)\mathrm{d}x = \lim\limits_{\varepsilon\to0^+}\int_{a+\varepsilon}^b f(x)\mathrm{d}x$，也可以采用推广的牛顿-莱布尼兹公式，即设 $F'(x)=f(x)$，则

$$\int_a^b f(x)\mathrm{d}x = [F(x)]_{a+0}^b = F(b) - F(a+0).$$

【例 44】 判断积分 $\int_0^2\dfrac{1}{x^2-6x+5}\mathrm{d}x$ 的敛散性.

【解】 由于 $\frac{1}{x^2-6x+5}=\frac{1}{4}\left(\frac{1}{x-5}-\frac{1}{x-1}\right)$，可见 $x=1$ 是函数的无穷间断点，且 $x=1$ 是积分区间内的一点．于是

$$原式=\int_0^1\frac{1}{x^2-6x+5}dx+\int_1^2\frac{1}{x^2-6x+5}dx.$$

其中 $\int_0^1\frac{1}{x^2-6x+5}dx=\frac{1}{4}\int_0^1\left(\frac{1}{x-5}-\frac{1}{x-1}\right)dx=\frac{1}{4}[\ln|x-5|-\ln|x-1|]_0^1=-\infty$，故原积分发散．

注意　此题若不经判断，误认为是正常积分，并计算得原式 $=\frac{\ln3-\ln5}{4}$，则是错误的．

【例 45】 计算 $\int_1^{+\infty}\frac{1}{x\sqrt{x^2-1}}dx$．

分析　此积分含两种广义性，即上限为无穷大，下限为奇点，此时将积分拆开，使每个积分只含一种广义性再讨论．

【解】 将积分 $\int_0^{+\infty}\frac{1}{x\sqrt{x^2-1}}dx$ 拆成

$I_1=\int_1^a\frac{1}{x\sqrt{x^2-1}}dx$ 和 $I_2=\int_a^{+\infty}\frac{1}{x\sqrt{x^2-1}}dx$（其中 $a>1$），

$I_1=\int_1^a\frac{1}{x^2\sqrt{1-\frac{1}{x^2}}}dx=\arccos\frac{1}{x}\Big|_1^a=\arccos\frac{1}{a}$，收敛，

$I_2=\int_a^{+\infty}\frac{1}{x^2\sqrt{1-\frac{1}{x^2}}}dx=\arccos\frac{1}{x}\Big|_a^{+\infty}=\frac{\pi}{2}-\arccos\frac{1}{a}$，收敛，

故原积分收敛，且 $\int_1^{+\infty}\frac{1}{x\sqrt{x^2-1}}dx=I_1+I_2=\frac{\pi}{2}$．

三、强化练习题

☆ A　题 ☆

1. 填空题

(1) 当 $x=$__________时，函数 $I(x)=\int_0^x te^{-t^2}dt$ 有极值．

(2) $I_1=\int_0^{\frac{\pi}{2}}(1+\tan^2x)^{\frac{1}{3}}dx$ 与 $I_2=\int_0^{\frac{\pi}{2}}(1+\sin^2x)^{\frac{1}{3}}dx$ 的大小关系是__________．

(3) 设 $f(x)$ 在 $[a,b]$ 上连续，则 $\int_a^x f(t)dt$ 称作是 $f(x)$ 在 $[a,b]$ 上的一个________．

(4) $\lim\limits_{x\to0}\frac{\int_x^0\ln(1+t)dt}{x^2}=$__________．

(5) 设 $f'(x)$ 在 $[1,3]$ 连续，则 $\int_1^3\frac{f'(x)}{1+[f(x)]^2}dx=$__________．

(6) $\int_{-1}^1\frac{\arcsin x}{\sqrt{1-x^2}}dx=$__________．

(7) $\int_{-2}^{2}(x^3+1)\sqrt{4-x^2}\,dx=$ ________.

(8) 设 $\begin{cases} x=\int_0^t \cos u\,du, \\ y=\int_0^t \sin u\,du, \end{cases}$ 则 $\frac{dy}{dx}=$ ________.

(9) 设 $\varphi(x)$ 可导，则 $\frac{d}{dx}\int_{\varphi(x)}^{\varphi(x^2)} \sin t^2\,dt=$ ________.

(10) 反常积分 $\int_1^{+\infty}\frac{\arctan x}{1+x^2}dx$ 的收敛性是________.

2. 选择题

(1) 若 $f(x)$ 为可导函数，且已知 $f(0)=0, f'(0)=2$，则 $\lim\limits_{x\to 0}\frac{\int_0^x f(t)dt}{x^2}=$ (　　).

(A) 0　　(B) 1　　(C) 2　　(D) 不存在

(2) 设 $f(x)=\int_0^{x^2}\ln(2+t)dt$，则 $f'(x)$ 的零点个数为 (　　).

(A) 0　　(B) 1　　(C) 2　　(D) 3

(3) 设 $F(x)=\int_a^x f(t)dt$，自变量 x 有增量 Δx，则函数增量 $\Delta F(x)=$ (　　).

(A) $\int_a^x [f(t+\Delta t)-f(t)]dt$　　(B) $\int_a^{x+\Delta x} f(t)dt$

(C) $f(x)\Delta x$　　(D) $\int_a^{x+\Delta x} f(t)dt-\int_a^x f(t)dt$

(4) 设 $f(x)$ 连续，则 $\frac{d}{dx}\int_1^2 f(x+y)dy=$ (　　).

(A) $\int_1^2 f'(x+y)dy$　　(B) $f(x+2)-f(x+1)$

(C) $f(x+1)$　　(D) $f(x+2)$

(5) 函数在闭区间 $[a,b]$ 上可导是定积分 $\int_a^b f(x)dx$ 存在的 (　　).

(A) 必要条件　　(B) 充分条件

(C) 充分且必要条件　　(D) 既非充分也非必要条件

(6) $\frac{d}{dx}\int_x^b e^t dt=$ (　　).

(A) e^x　　(B) $-e^x$　　(C) e^b-e^x　　(D) $-2xe^x$

(7) 设 $f(x)$ 是奇函数，除 $x=0$ 外处处连续，若 $x=0$ 是其第一类间断点，则 $\int_0^x f(t)dt$ 是 (　　).

(A) 连续的奇函数　　(B) 连续的偶函数

(C) 在点 $x=0$ 处间断的奇函数　　(D) 在点 $x=0$ 处间断的偶函数

(8) 设 $\alpha(x)=\int_0^{5\sin x}\frac{\sin t}{t}dt$，$\beta(x)=\int_0^{\sin x}(1+t)^{\frac{1}{t}}dt$，则当 $x\to 0$ 时，$\alpha(x)$ 是 $\beta(x)$ 的(　　).

(A) 高阶无穷小　　(B) 低阶无穷小

(C) 同阶但不等价的无穷小　　(D) 等价无穷小

(9) 反常积分 (　　) 是收敛的.

(A) $\int_{e}^{+\infty}\frac{\ln x}{x}dx$　　(B) $\int_{e}^{+\infty}\frac{1}{x(\ln x)^2}dx$

(C) $\int_{e}^{+\infty}\frac{1}{x\ln x}dx$　　(D) $\int_{e}^{+\infty}\frac{1}{x(\ln x)^{1/2}}dx$

(10) 设 $f(x)$ 为连续函数，而 $I=t\int_{0}^{\frac{s}{t}}f(tx)dx$，其中 $t>0,s>0$，则 I 的值（　　）.

(A) 依赖于 s 和 t　　(B) 依赖于 s，t 和 x

(C) 依赖于 t 和 x，不依赖于 s　　(D) 依赖于 s，不依赖于 t

3. 计算题

(1) 求 $\lim\limits_{x\to 0}\frac{\int_{0}^{x}\frac{t^2}{\sqrt{t+4}}dt}{x-\sin x}$.　　(2) 求 $\lim\limits_{a\to 0}\frac{1}{a}\int_{0}^{a}\frac{\ln(2+x)}{1+x^2}dx$.

(3) 计算 $\int_{-\frac{1}{2}}^{\frac{1}{2}}\ln\frac{1-x}{1+x}dx$.　　(4) 计算 $\int_{-1}^{1}\arcsin x dx$.

(5) 计算 $\int_{\frac{1}{e}}^{e}|\ln x|dx$.　　(6) 计算 $\int_{0}^{3}\frac{x}{\sqrt{1+x}}dx$.

(7) 计算 $\int_{0}^{\frac{\pi}{2}}\cos^5 2x\sin 4x dx$.　　(8) 计算 $\int_{1}^{e}\frac{dx}{x\sqrt[3]{(2+\ln x)^2}}$.

(9) 计算 $\int_{0}^{\ln 2}xe^{-x}dx$.　　(10) 计算 $\int_{2}^{3}\frac{dx}{2x^2-x-1}$.

4. 综合题

(1) 求 $\int_{0}^{\frac{\pi}{2}}\sqrt{1-\sin 2x}dx$.　　(2) 设 $f(x)=\begin{cases}\frac{1}{x^2+3x+2}, & x\geqslant 0,\\ \frac{e^x}{1+e^{2x}}, & x<0,\end{cases}$ 求 $\int_{0}^{2}f(x-1)dx$.

(3) 求常数 a,b,c，使 $\lim\limits_{x\to 0}\frac{ax-\sin x}{\int_{b}^{x}\frac{\ln(1+t^3)}{t}dt}=c$ $(c\neq 0)$.

(4) 设 $f(x)=x^2-x\int_{0}^{2}f(t)dt+2\int_{0}^{1}f(t)dt$，求 $f(x)$ 的解析表达式.

(5) 设 $f(x)=\begin{cases}x^2, & 0\leqslant x<1,\\ 2-x, & 1\leqslant x\leqslant 2,\end{cases}$ 求 $G(x)=\int_{0}^{x}f(t)dt$ 在 $[0,2]$ 上的表达式.

(6) 已知 $f(x)=\begin{cases}0, & -\infty<x\leqslant 0,\\ \frac{x}{2}, & 0<x\leqslant 2,\\ 1, & 2<x,\end{cases}$ 试求分段函数 $\varphi(x)=\int_{-\infty}^{x}f(t)dt$.

(7) 若 $F(x)=\int_{0}^{x}f(t)dt$，$f(t)=\int_{1}^{t^2}\frac{\sqrt{1+u^4}}{u}du$，求 $F''(2)$.

(8) 由方程 $\int_{0}^{y+x}e^t dt+\int_{0}^{x}\cos t dt=0$ 确定了 y 是 x 的函数，求 $\frac{dy}{dx}$.

(9) 求 $\varphi(x)=\int_{0}^{x}t(t-1)dt$ 的极值.

(10) 设 $f(x)$ 在区间 $(-\infty,+\infty)$ 内连续，且对任何 x,y 有 $f(x+y)=f(x)+f(y)$，计算 $\int_{-1}^{1}(x^2+1)f(x)dx$.

5. 证明题

(1) 函数 $f(x)$ 在 $[0,1]$ 上连续，在 $(0,1)$ 内可导，且 $2\int_0^{\frac{1}{2}} xf(x)\mathrm{d}x = f(1)$ ，证明：存在 $\xi \in (0,1)$ ，使得 $f(\xi) + \xi f'(\xi) = 0$.

(2) 设 $f(x)$ 在 $(0,+\infty)$ 内连续，且 $f(x) > 0$ ，证明：当 $x > 0$ 时，$\varphi(x) = \dfrac{\int_0^x tf(t)\mathrm{d}t}{\int_0^x f(t)\mathrm{d}t}$ 为单调增加函数.

(3) 证明：$\dfrac{2}{3} < \int_{\frac{\pi}{6}}^{\frac{\pi}{2}} \dfrac{\sin x}{x}\mathrm{d}x < 1$.

☆ B 题 ☆

1. 填空题

(1) 设 $g(x) = \int_{2x}^{x^2(1+x)} f(t)\mathrm{d}t$ ，$x \geqslant 0$ ，$f(x)$ 在 $[0,+\infty]$ 上连续，则 $g'(x) =$ __________.

(2) $\int_1^{+\infty} \dfrac{\ln x}{(1+x)^2}\mathrm{d}t =$ __________.

(3) $\int_{-4}^3 \max(1,x^2,x^3)\mathrm{d}x =$ __________.

(4) 定积分 $\int_0^3 [x]\sin\dfrac{\pi}{3}x\mathrm{d}x$ 的值是__________.

(5) (2012 年考研题) $\int_0^2 x\sqrt{2x-x^2}\mathrm{d}x =$ __________.

(6) $\lim\limits_{t\to 0}\int_0^{t^2} \dfrac{\sin\sqrt{x}}{t^3}\mathrm{d}x\ (t<0) =$ __________.

2. 选择题

(1) 设 $f(x)$ 在 $[a,b]$ 上连续，在 (a,b) 内可导，且 $f'(x) \leqslant 0$ ，则函数 $F(x) = \dfrac{1}{x-a}\int_a^x f(t)\mathrm{d}t$ 在 (a,b) 内必有（　　）.

(A) $F(x) \leqslant 0$　　(B) $F'(x) \leqslant 0$　　(C) $F'(x) \geqslant 0$　　(D) $F(x) \geqslant 0$

(2) 设 $f(x)$ 有连续的导数，$f(0) = 0, f'(0) \neq 0$ ，$F(x) = \int_0^x (x^2 - t^2)f(t)\mathrm{d}t$ ，且当 $x \to 0$ 时，$F'(x)$ 与 x^k 是同阶无穷小，则 k=（　　）.

(A) 1　　(B) 2　　(C) 3　　(D) 4

(3) (2012 年考研题)设 $I_k = \int_0^{k\pi} \mathrm{e}^{x^2}\sin x\mathrm{d}x, (k = 1,2,3)$，则有（　　）.

(A) $I_1 < I_2 < I_3$　　(B) $I_3 < I_2 < I_1$　　(C) $I_2 < I_3 < I_1$　　(D) $I_2 < I_1 < I_3$

(4) 已知 $\int_0^{+\infty} \dfrac{\sin x}{x}\mathrm{d}x = \dfrac{\pi}{2}$ ，则 $\int_0^{+\infty} \dfrac{\sin^2 x}{x^2}\mathrm{d}x =$（　　）.

(A) $-\dfrac{\pi}{2}$　　(B) $\dfrac{\pi}{2}$　　(C) π　　(D) $-\pi$

(5) (2010 年考研题)设 m,n 为正整数，则反常积分 $\int_0^1 \dfrac{\sqrt[m]{\ln^2(1-x)}}{\sqrt[n]{x}}\mathrm{d}x$ 的收敛性（　　）.

(A) 仅与 m 取值有关　　(B) 仅与 n 取值有关

(C) 与 m,n 取值都有关　　　　　　(D) 与 m,n 取值都无关

3. 计算题

(1) 求 $\lim\limits_{x\to 0}\dfrac{\ln\left[1+\dfrac{f(x)}{\sin x}\right]}{a^x-1}=b$，其中 $a>1$，求 $\lim\limits_{x\to 0}\dfrac{f(x)}{x^2}$.

(2) 求 $\lim\limits_{n\to\infty}\int_0^1\dfrac{x^n}{1+x}\mathrm{d}x$.

(3) 已知 $\int_0^1\ln(1+x)\mathrm{d}x=\ln 4-1$ 求 $\lim\limits_{n\to\infty}\dfrac{1}{n}\sqrt[n]{n(n+1)\cdots(2n-1)}$.

(4) 求 $\int_0^4 x^2\sqrt{4x-x^2}\mathrm{d}x$.

4. 综合题

(1) 求连续函数 $f(x)$，使它满足 $\int_0^1 f(tx),\mathrm{d}t=f(x)+x\sin x$，且 $f(0)=0$.

(2) 已知 $f(x)$ 为奇函数，$F(x)=\int_0^x f(t)\cos t\mathrm{d}t+\int_0^x\dfrac{1}{1+t^2}\mathrm{d}t$，$F(1)=\pi$，求 $F(-1)$.

(3) 设 $I_1=\int_0^{\pi}\mathrm{e}^{-x^2}\cos^2 x\mathrm{d}x$，$I_2=\int_{\pi}^{2\pi}\mathrm{e}^{-x^2}\cos^2 x\mathrm{d}x$，试比较 I_1 与 I_2 的大小，并说明理由.

(4) (2011年考研题)已知函数 $F(x)=\dfrac{\int_0^x\ln(1+t^2)\mathrm{d}t}{x^{\alpha}}$，设 $\lim\limits_{x\to+\infty}F(x)=\lim\limits_{x\to 0^+}F(x)=0$，试求 α 的取值范围.

(5) 设函数 $g(x)$ 在 $(-\infty,+\infty)$ 上连续，且 $g(1)=5$，$\int_0^1 g(t)\mathrm{d}t=2$，又 $f(x)=\dfrac{1}{2}\int_0^x(x-t)^2 g(t)\mathrm{d}t$，试证：$f'(x)=x\int_0^x g(t)\mathrm{d}t-\int_0^x tg(t)\mathrm{d}t$；并计算 $f''(1)$ 及 $f'''(1)$.

(6) 设正值函数 $f(x)$ 在 $[1,+\infty)$ 上连续，求函数 $F(x)=\int_1^x\left[\left(\dfrac{2}{x}+\ln x\right)-\left(\dfrac{2}{t}+\ln t\right)\right]f(t)\mathrm{d}t$ 的最小值点.

5. 证明题

(1) (2008年考研题)若函数 $\varphi(x)$ 具有二阶导数，且满足 $\varphi(2)>\varphi(1)$，$\varphi(2)>\int_2^3\varphi(x)\mathrm{d}x$，证明至少存在一点 $\xi\in(1,3)$，使得 $\varphi''(\xi)<0$.

(2) 设 $f(x)$ 在 (a,b) 上可导，且 $f'(x)\leqslant M$ (M 为常数)，$f(a)=0$，证明

$$\int_a^b f(x)\mathrm{d}x\leqslant\frac{1}{2}M(b-a)^2.$$

(3) 设 $f(x)$ 在 $[a,b]$ 上非负连续且不恒为零. 求证：在 (a,b) 内至少存在一点 ξ，使

$$\int_a^{\xi}f(x)\mathrm{d}x=\frac{1}{k}\int_a^b f(x)\mathrm{d}x\quad(k>1).$$

第六章　定积分的应用

本章基本要求

理解微元法的基本思想，掌握利用定积分求解一些几何量（如平面图形的面积、旋转体体积、弧长等）；了解微元法在物理上的应用（如利用定积分计算变力做功、重心、质心等）.

一、内容要点

（一）微元法

欲求总量 A，先建立适当的坐标系，确定自变量 x 的变化区间 $[a,b]$；并在 $[x,x+\mathrm{d}x]$ 内计算微量的近似值（微分），即 $\mathrm{d}A=f(x)\mathrm{d}x$；再求和，即 $A=\int_a^b f(x)\mathrm{d}x$.

一般说来，求微量之和时，通常可以使用定积分.

（二）几何应用

1. 平面区域的面积

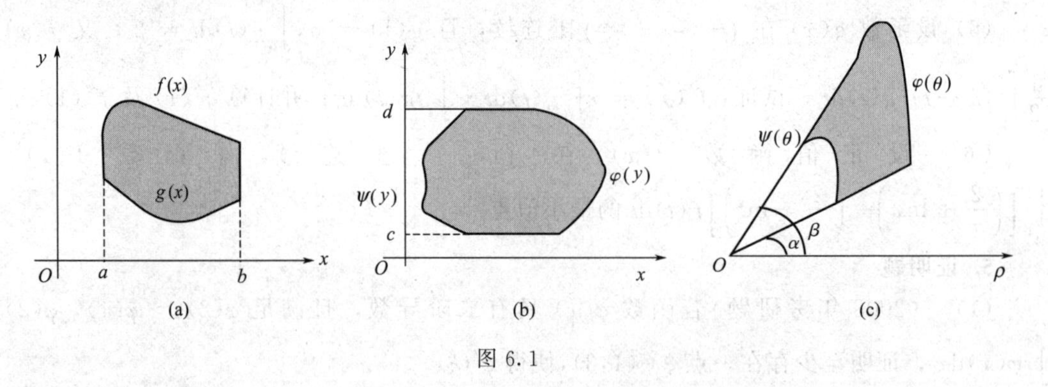

图 6.1

（1）直角坐标系情况

① 如图 6.1（a）区域 $a\leqslant x\leqslant b$，$g(x)\leqslant y\leqslant f(x)$ 的面积 $S=\int_a^b[f(x)-g(x)]\mathrm{d}x$.

② 如图 6.1（b）区域 $c\leqslant y\leqslant d$，$\psi(y)\leqslant x\leqslant \varphi(y)$ 的面积 $S=\int_c^d[\varphi(y)-\psi(y)]\mathrm{d}y$.

（2）参数方程情况. 若区域 $a\leqslant x\leqslant b$，$0\leqslant y\leqslant f(x)$ 的边界曲线 $y=f(x)$ 由参数方程 $\begin{cases}x=\varphi(t),\\ y=\psi(t)\end{cases}$ 表示，计算其面积时，可先在直角坐标系下表示出来，再根据参数方程换元，即

$$S=\int_a^b f(x)\mathrm{d}x \xlongequal{x=\varphi(t),\,y=\psi(t)} \int_\alpha^\beta \psi(t)\varphi'(t)\mathrm{d}t.$$

（3）极坐标方程情况

如图 6.1(c)扇形区域 $\alpha \leqslant \theta \leqslant \beta$，$\psi(\theta) \leqslant \gamma \leqslant \varphi(\theta)$ 的面积 $S = \frac{1}{2}\int_{\alpha}^{\beta}[\varphi^2(\theta) - \psi^2(\theta)]\mathrm{d}\theta$.

2. 立体体积

(1) 平面区域 $a \leqslant x \leqslant b$，$0 \leqslant y \leqslant f(x)$ 分别绕 x 轴和 y 轴旋转一周所得的旋转体体积分别为：

① $V = \pi\int_a^b f^2(x)\mathrm{d}x$　（圆片法）；② $V = 2\pi\int_a^b xf(x)\mathrm{d}x$　（柱壳法）.

(2) 平面区域 $c \leqslant y \leqslant \mathrm{d}$，$0 \leqslant x \leqslant g(y)$ 分别绕 x 轴和 y 轴旋转一周所得的旋转体体积分别为：

① $V = \pi\int_c^{\mathrm{d}} g^2(y)\mathrm{d}y$（圆片法）；　② $V = 2\pi\int_c^{\mathrm{d}} yg(y)\mathrm{d}y$　（柱壳法）.

(3) 若平面区域 $a \leqslant x \leqslant b$，$0 \leqslant y \leqslant f(x)$ 的边界曲线 $y = f(x)$ 由参数方程 $\begin{cases} x = \varphi(t), \\ y = \psi(t) \end{cases}$ 表示，计算旋转体体积，可先在直角坐标系下写出计算公式，再根据参数方程换元. 如绕 x 轴旋转

$$V = \pi\int_a^b f^2(x)\mathrm{d}x = \pi\int_a^b y^2\mathrm{d}x \xlongequal{x=\varphi(t),y=\psi(t)} \pi\int_{\alpha}^{\beta}\psi^2(t)\varphi'(t)\mathrm{d}t.$$

(4) 对 $a \leqslant x \leqslant b$，若某立体在 x 处截面面积为 $S(x)$，则体积为 $V = \int_a^b S(x)\mathrm{d}x$.

对 $c \leqslant y \leqslant d$，若某立体在 y 处截面面积为 $S(y)$，则体积为 $V = \int_c^d S(y)\mathrm{d}y$.

3. 平面曲线的弧长

(1) 当 $a \leqslant x \leqslant b$ 时，曲线弧 $y = f(x)$ 的弧长 $L = \int_a^b \sqrt{1 + f'^2(x)}\mathrm{d}x$.

(2) 当 $c \leqslant y \leqslant d$ 时，曲线弧 $x = g(y)$ 的弧长 $L = \int_c^d \sqrt{1 + g'^2(y)}\mathrm{d}y$.

(3) 当 $\alpha \leqslant t \leqslant \beta$ 时，曲线弧 $\begin{cases} x = \varphi(t), \\ y = \psi(t) \end{cases}$ 的弧长 $L = \int_{\alpha}^{\beta}\sqrt{\varphi'^2(t) + \psi'^2(t)}\mathrm{d}t$.

(4) 当 $\alpha \leqslant \theta \leqslant \beta$ 时，曲线弧 $\gamma = \gamma(\theta)$ 的弧长 $L = \int_{\alpha}^{\beta}\sqrt{\gamma^2(\theta) + \gamma'^2(\theta)}\mathrm{d}\theta$.

（三）物理学上的应用*

1. 变力做功

物体在变力 $F(x)$ 的作用下，沿直线由 $x = a$ 运动到 $x = b$ 所做的功 $W = \int_a^b F(x)\mathrm{d}x$.

2. 液体压力

当平板 $a \leqslant x \leqslant b$，$0 \leqslant y \leqslant f(x)$ 铅直的放置在某液体（设其比重为 μ）中时，其一侧所受液体的压力 $p = \mu\int_a^b xf(x)\mathrm{d}x$.

注意　利用定积分还可以计算平面图形及简单空间形体的重心、质心以及物体间的引力等.

二、精选题解析

1. 计算面积

【例 1】 求抛物线 $y^2 = 2px$ 及其在点 $\left(\frac{p}{2}, p\right)$ 处的法线所围成图形的面积.

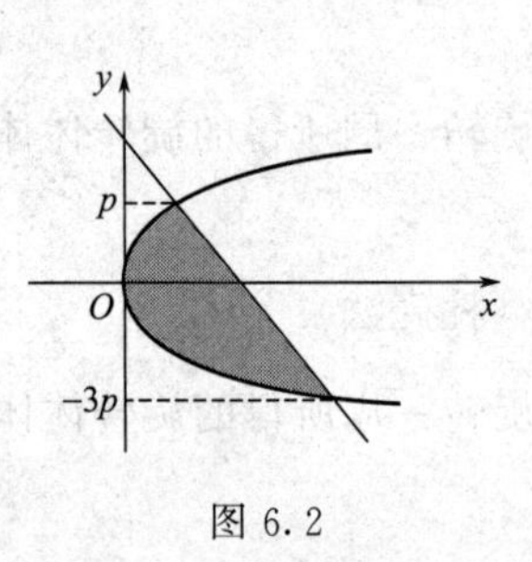

图 6.2

【解】 法线方程为 $y - p = -\left(x - \frac{p}{2}\right)$.

将其与抛物线方程联立 $\begin{cases} y^2 = 2px, \\ y - p = -\left(x - \frac{p}{2}\right), \end{cases}$

得 $y_1 = p$，$y_2 = -3p$（如图 6.2 所示），

所以 $S = \int_{-3p}^{p} \left[\left(\frac{3}{2}p - y\right) - \frac{y^2}{2p}\right] \mathrm{d}y = \frac{16}{3}p^2$.

【例 2】 求抛物线 $y = -x^2 + 4x - 3$ 及其在点 $(0, -3)$ 和 $(3, 0)$ 处的切线所围成的图形的面积.

【解】 两条切线方程分别为 $y = 4x - 3$ 和 $y = -2x + 6$，联立方程 $\begin{cases} y = 4x - 3, \\ y = -2x + 6, \end{cases}$ 得 $x = \frac{3}{2}$（如图 6.3 所示）.

所以
$$S = \int_0^{\frac{3}{2}} [(4x - 3) - (-x^2 + 4x - 3)] \mathrm{d}x + \int_{\frac{3}{2}}^{3} [(-2x + 6) - (-x^2 + 4x - 3)] \mathrm{d}x$$
$$= \frac{9}{8} + \frac{9}{8} = \frac{9}{4}.$$

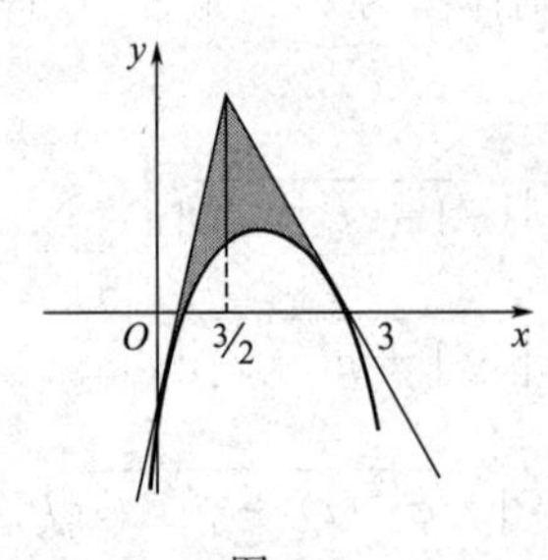

图 6.3

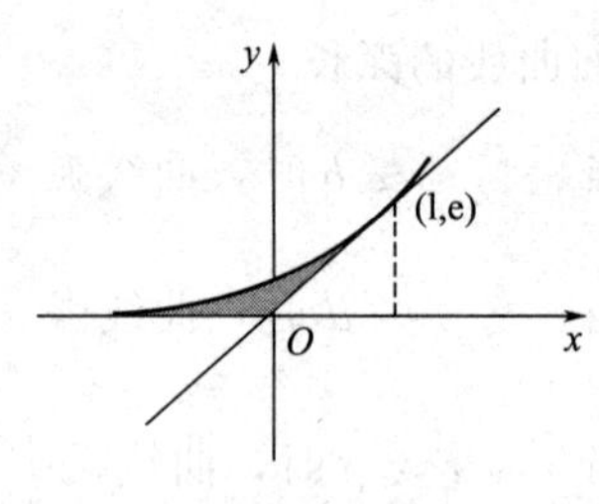

图 6.4

注意 参考教材第二章写出曲线的切线方程和法线方程是【例 1】和【例 2】的关键.

【例 3】 求位于曲线 $y = \mathrm{e}^x$ 下方，该曲线过原点的切线的左方以及 x 轴上方之间的图形面积.

【解】 (1) 求切线：设 (x_0, y_0) 为所求切线的切点，故切线方程为：$y - y_0 = \mathrm{e}^{x_0}(x - x_0)$. 欲求 (x_0, y_0)，列出两个方程

$$\begin{cases} y_0 = \mathrm{e}^{x_0} & \text{（过曲线）}, \\ x_0 \mathrm{e}^{x_0} = y_0 & \text{（切线过原点）}, \end{cases} \quad \text{得 } x_0 = 1, y_0 = \mathrm{e}.$$

从而，切线方程为：$(y - \mathrm{e}) = \mathrm{e}(x - 1)$，即 $y = \mathrm{e}x$（如图 6.4 所示）.

(2) 求面积：$S = \int_0^{\mathrm{e}} \left[\frac{1}{\mathrm{e}}y - \ln y\right] \mathrm{d}y = \frac{1}{2}\mathrm{e} - \int_0^{\mathrm{e}} \ln y \mathrm{d}y$.

因为 $\lim\limits_{y \to 0^-} \ln y = \infty$，所以 $\int_0^{\mathrm{e}} \ln y \mathrm{d}y$ 是瑕积分，瑕点是 $y = 0$.

所以
$$\int_0^{\mathrm{e}} \ln y \mathrm{d}y = \lim_{a \to 0^+} \int_a^{\mathrm{e}} \ln y \mathrm{d}y \xlongequal{\ln y = t} \lim_{a \to 0^+} \int_{\ln a}^{1} t \mathrm{e}^t \mathrm{d}t \xlongequal{\text{分部积分}} \lim_{a \to 0^+} (t - 1)\mathrm{e}^t \Big|_{\ln a}^{1}$$
$$= \lim_{a \to 0^+} a(1 - \ln a) = \lim_{a \to 0^+} \frac{1 - \ln a}{1/a} \xlongequal{\text{分部积分 } \infty/\infty} \lim_{a \to 0^+} \frac{-1/a}{-1/a^2}$$

$$= \lim_{a \to 0^+} a = 0 \ ,$$

所以

$$S = \frac{1}{2}\mathrm{e} \ .$$

注意　(1) 在求曲线的切线时要注意所给的点是否在曲线上；

(2) 在求定积分时要注意是否为广义积分.

【例 4】 求由摆线 $\begin{cases} x = a(t - \sin t), \\ y = a(1 - \cos t) \end{cases}$ 的一拱 $(0 \leqslant t \leqslant 2\pi)$ 与横轴所围成的图形的面积.

【解】 设摆线 $\begin{cases} x = a(t - \sin t), \\ y = a(1 - \cos t), \end{cases}$ $t \in [0,2\pi]$（如图 6.5 所示）的直角坐标系方程为

$$y = y(x) \ , x \in [0,2\pi a] \ .$$

所以

$$S = \int_0^{2\pi a} y(x)\,\mathrm{d}x = \int_0^{2\pi a} y\,\mathrm{d}x$$

$$\xlongequal{x = a(t - \sin t)\, y = a(1 - \cos t)} \int_0^{2\pi} a(1 - \cos t) \cdot a(1 - \cos t)\,\mathrm{d}t$$

$$= a^2 \int_0^{2\pi} (1 - \cos t)^2\,\mathrm{d}t = a^2 \int_0^{2\pi} \left(2\sin^2 \frac{t}{2}\right)^2 \mathrm{d}t = 4a^2 \int_0^{2\pi} \sin^4 \frac{t}{2}\,\mathrm{d}t$$

$$\xlongequal{\frac{t}{2} = u} 8a^2 \int_0^{\pi} \sin^4 u\,\mathrm{d}u = 16a^2 \int_0^{\frac{\pi}{2}} \sin^4 u\,\mathrm{d}u = 16a^2 \cdot \frac{3}{4} \cdot \frac{1}{2} \cdot \frac{\pi}{2} = 3\pi a^2 \ .$$

注意　最后两等号分别使用公式（参见教材第五章）

$$\int_0^{\pi} \sin^n x\,\mathrm{d}x = 2\int_0^{\frac{\pi}{2}} \sin^n x\,\mathrm{d}x \ \text{和} \ \int_0^{\frac{\pi}{2}} \sin^{2n} x\,\mathrm{d}x = \frac{2n-1}{2n} \cdot \frac{2n-2}{2n-1} \cdot \cdots \cdot \frac{1}{2} \cdot \frac{\pi}{2} \ .$$

【例 5】 求星形线 $\begin{cases} x = a\cos^3 t, \\ y = a\sin^3 t \end{cases}$ 所围平面图形的面积.

【解】 $\begin{cases} x = a\cos^3 t \\ y = a\sin^3 t \end{cases} \Leftrightarrow x^{\frac{2}{3}} + y^{\frac{2}{3}} = a^{\frac{2}{3}} \ ,$

注意　将 $-x, -y$ 代入方程时形式不变，故星形线关于坐标轴对称，由此可画出星形线的图形（如图 6.6 所示）.

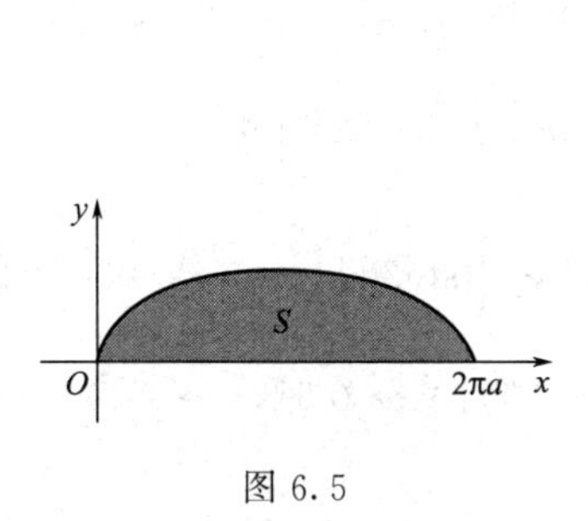

图 6.5

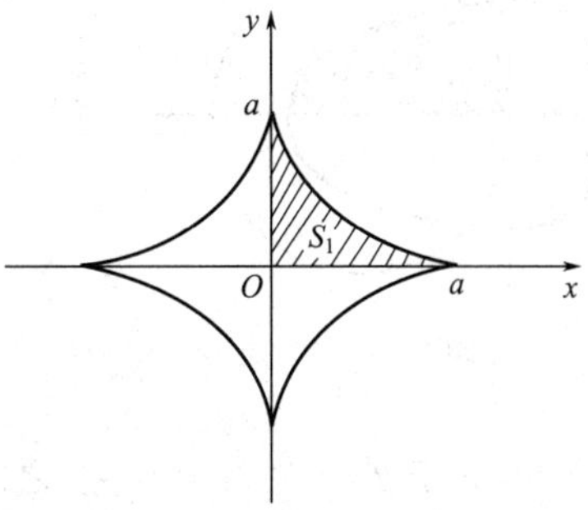

图 6.6

其中

$$S_1 = \int_0^{a} y\,\mathrm{d}x \xlongequal{x = a\cos^3 t\, y = a\sin^3 t} \int_{\frac{\pi}{2}}^{0} (a\sin^3 t)[3a\cos^2 t(-\sin t)]\,\mathrm{d}t$$

$$= 3a^2 \int_0^{\frac{\pi}{2}} \sin^4 t \cdot \cos^2 t\,\mathrm{d}t = 3a^2 \left[\int_0^{\frac{\pi}{2}} \sin^4 t\,\mathrm{d}t - \int_0^{\frac{\pi}{2}} \sin^6 t\,\mathrm{d}t\right]$$

$$= 3a^2\left(\frac{3}{4}\cdot\frac{1}{2}\cdot\frac{\pi}{2}-\frac{5}{6}\cdot\frac{3}{4}\cdot\frac{1}{2}\cdot\frac{\pi}{2}\right)=\frac{3}{32}\pi a^2\ ,$$

所以
$$S = 4S_1 = \frac{3}{8}\pi a^2\ .$$

【例 6】 求下列曲线所围成的公共部分的面积.

(1) $r = 3\cos\theta$ 及 $r = 1+\cos\theta$； (2) $r=\sqrt{2}\sin\theta$ 及 $r^2 = \cos 2\theta$.

【解】 分析以上四条曲线的图形：

① $r = 3\cos\theta \Leftrightarrow r^2 = 3r\cos\theta \Leftrightarrow x^2+y^2 = 3x \Leftrightarrow \left(x-\frac{3}{2}\right)^2 + y^2 = \left(\frac{3}{2}\right)^2$（圆）.

② $r=1+\cos\theta$，以 $-\theta$ 代入使方程形式不变，故 $r=1+\cos\theta$ 关于 x 轴对称，只需画出 x 轴上方的图形；注意到当 θ 从 0 增到 π 时，r 从 2 减到 0，从而做出心型线的图形[如图 6.7(a)].

③ $r=\sqrt{2}\sin\theta \Leftrightarrow r^2 = \sqrt{2}r\sin\theta \Leftrightarrow x^2+y^2=\sqrt{2}y \Leftrightarrow x^2+\left(y-\frac{\sqrt{2}}{2}\right)^2 = \left(\frac{\sqrt{2}}{2}\right)^2$（圆）.

④ $r^2 = \cos 2\theta$，$-\theta$，$-r$ 代入使方程形式不变，故 $r^2=\cos 2\theta$ 关于 x 轴对称和原点对称，只需画出第一象限内的图形；注意到当 θ 从 0 增至 $\frac{\pi}{4}$ 时，r 从 1 减至 0，故可做出纽线的图形[如图 6.7(b)].

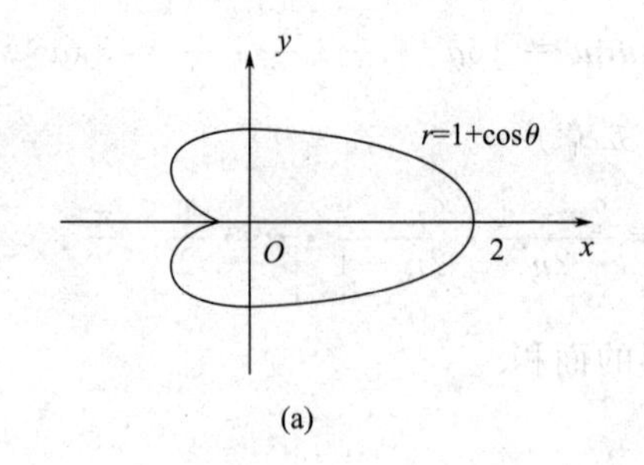

(a)

(b)

图 6.7

通过以上分析，可得：

(1) 画出草图（如图 6.8 所示）. 扇形 S_1（阴影部分）介于 $\theta=0$ 和 $\theta=\frac{\pi}{3}$ 之间，故

图 6.8

$$S_1 = \frac{1}{2}\int_0^{\frac{\pi}{3}}(1+\cos\theta)^2\mathrm{d}\theta = \frac{1}{2}\int_0^{\frac{\pi}{3}}(1+2\cos\theta+\cos^2\theta)\mathrm{d}\theta$$

$$= \frac{1}{2}\int_0^{\frac{\pi}{3}}\left(1+2\cos\theta+\frac{1+\cos 2\theta}{2}\right)\mathrm{d}\theta$$

$$= \frac{1}{2}\left(\frac{3}{2}\theta+2\sin\theta+\frac{1}{4}\sin 2\theta\right)\Big|_0^{\frac{\pi}{3}} = \frac{\pi}{4}+\frac{9}{16}\sqrt{3}\ ;$$

扇形 S_2 介于 $\theta=\frac{\pi}{3}$ 和 $\theta=\frac{\pi}{2}$ 之间（由 $r=3\cos\theta$ 可知：$r\to 0$ 时，$\theta\to\frac{\pi}{2}$），故

$$S_2 = \frac{1}{2}\int_{\frac{\pi}{3}}^{\frac{\pi}{2}}(3\cos\theta)^2\mathrm{d}\theta = \frac{9}{2}\int_{\frac{\pi}{3}}^{\frac{\pi}{2}}\frac{1+\cos 2\theta}{2}\mathrm{d}\theta = \frac{9}{2}\left(\frac{\pi}{12}+\frac{1}{2}\int_{\frac{\pi}{3}}^{\frac{\pi}{2}}\cos 2\theta\mathrm{d}\theta\right)$$

$$= \frac{9}{2}\left(\frac{\pi}{12}+\frac{1}{4}\sin 2\theta\Big|_{\frac{\pi}{3}}^{\frac{\pi}{2}}\right) = \frac{9}{2}\left(\frac{\pi}{12}-\frac{\sqrt{3}}{8}\right) = \frac{3\pi}{8}-\frac{9}{16}\sqrt{3}\ ;$$

所以 $$S = 2(S_1 + S_2) = \frac{5\pi}{4}.$$

（2）画出草图（如图 6.9 所示）

$$\begin{cases} r = \sqrt{2}\sin\theta, \\ r^2 = \cos 2\theta \end{cases} \Rightarrow 2\sin^2\theta = 1 - 2\sin^2\theta,$$

故 $\sin\theta = \frac{1}{2}$，所以 $\theta = \frac{\pi}{6}$.

扇形 S_1 介于 $\theta = 0$ 和 $\theta = \frac{\pi}{6}$ 之间，故

$$S_1 = \frac{1}{2}\int_0^{\frac{\pi}{6}} (\sqrt{2}\sin\theta)^2 d\theta = \frac{1}{2}\int_0^{\frac{\pi}{6}} (1 - \cos 2\theta) d\theta = \frac{1}{2}\left(\frac{\pi}{6} - \frac{1}{2}\sin 2\theta \Big|_0^{\frac{\pi}{6}}\right) = \frac{\pi}{12} - \frac{\sqrt{3}}{8};$$

扇形 S_2 介于 $\theta = \frac{\pi}{6}$ 和 $\theta = \frac{\pi}{4}$ 之间（由 $r^2 = \cos 2\theta$ 知，$r \to 0$ 时，$\theta \to \frac{\pi}{4}$），故

$$S_2 = \frac{1}{2}\int_{\frac{\pi}{6}}^{\frac{\pi}{4}} \cos 2\theta d\theta = \frac{1}{4}\sin 2\theta \Big|_{\frac{\pi}{6}}^{\frac{\pi}{4}} = \frac{1}{4} - \frac{\sqrt{3}}{8};$$

所以 $$S = 2(S_1 + S_2) = 2 \times \left(\frac{\pi}{12} + \frac{1}{4} - \frac{\sqrt{3}}{4}\right) = \frac{\pi}{6} + \frac{1-\sqrt{3}}{2}.$$

注意　通过本题要学会如何画出极坐标下平面图形的草图，以及如何确定扇形中 θ 的变化范围.

【例 7】 在抛物线 $y = -x^2 + 1 (x \geqslant 0)$ 上找一点 $P(x_1, y_1)$，其中 $x_1 \neq 0$，过点 P 作抛物线的切线，使此切线与抛物线及两坐标轴所围平面图形的面积最小.

分析　此题是一道综合应用题，应先求出所求面积的表达式，然后求此表达式函数的极值点.

【解】 由于 $y' = -2x$，因此过点 $P(x_1, y_1)$ 的切线方程为 $y - y_1 = -2x_1(x - x_1)$，该切线与 x, y 轴的交点分别是

$$A\left(\frac{x_1^2 + 1}{2x_1}, 0\right), B(0, 1 + x_1^2).$$

所求面积 $$S = \frac{1}{2}\left(\frac{x_1^2 + 1}{2x_1}\right)(1 + x_1^2) - \int_0^1 (-x^2 + 1) dx = \frac{1}{4}\left(x_1^3 + 2x_1 + \frac{1}{x_1}\right) - \frac{2}{3}.$$

令 $\frac{dS}{dx_1} = \frac{1}{4}\left(x_1^2 + 2 - \frac{1}{x_1^2}\right) = \frac{1}{4}\left(3x_1 - \frac{1}{x_1}\right)\left(x_1 + \frac{1}{x_1}\right) = 0$. $\left(由于 x_1 + \frac{1}{x_1} > 0\right)$ 得 $x_1 = \frac{1}{\sqrt{3}}$，

由于此问题的最小值存在，且在 $(0, +\infty)$ 内有唯一驻点，故 $x_1 = \frac{1}{\sqrt{3}}, y_1 = -\left(\frac{1}{\sqrt{3}}\right)^2 + 1 = \frac{2}{3}$ 就是所求的点 P，即：取切点为 $P\left(\frac{1}{\sqrt{3}}, \frac{2}{3}\right)$ 时，所求的图形面积最小.

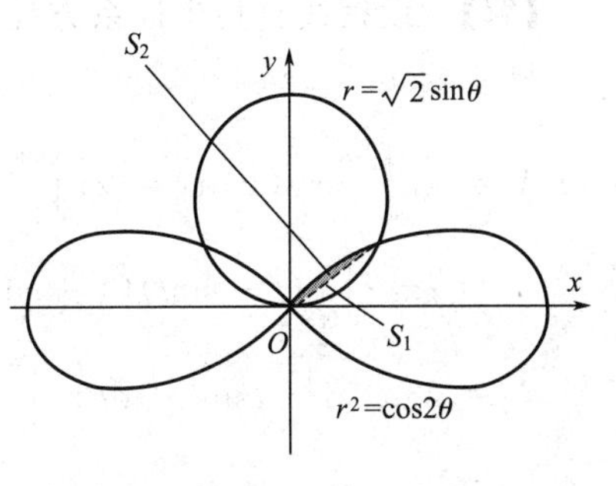

图 6.9

注意　计算平面图形面积时应注意

（1）要充分利用平面图形的对称性；

（2）要根据图形的边界曲线情况，选择适当的坐标系，一般地，曲边梯形宜采用直角坐标，曲边扇形宜采用极坐标；

（3）要注意选取适当的积分变量，以便简化计算.

2. 计算体积

【例 8】 求平面区域 $0 \leqslant x \leqslant \pi$，$0 \leqslant y \leqslant \sin x$ 分别绕 x，y 轴旋转一周所得旋转体的体积.

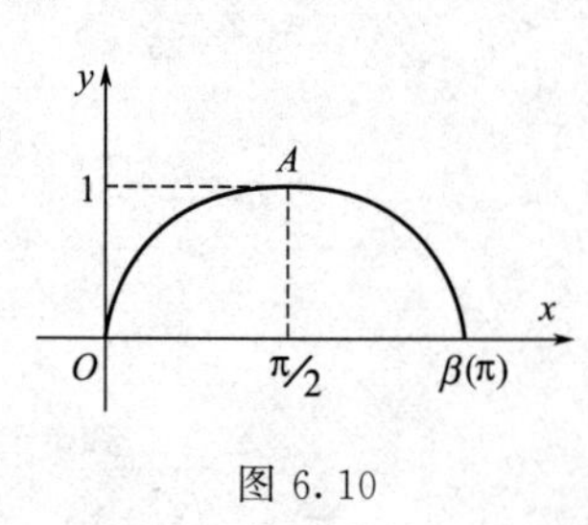

图 6.10

【解】 平面区域 $0 \leqslant x \leqslant \pi$，$0 \leqslant y \leqslant \sin x$（如图 6.10 所示）.

（1）绕 x 轴旋转（圆片法）.

$$V = \pi\int_0^{\pi} \sin^2 x \mathrm{d}x = 2\pi\int_0^{\frac{\pi}{2}} \sin^2 x \mathrm{d}x = 2\pi \cdot \frac{1}{2} \cdot \frac{\pi}{2} = \frac{\pi^2}{2}.$$

（2）绕 y 轴旋转.

方法一 （圆片法）$\overparen{OA}$，$y = \sin x\left(0 \leqslant x \leqslant \dfrac{\pi}{2}\right)$ 的反函数为 $x = \arcsin y$，平面区域 $0 \leqslant y \leqslant 1$，$0 \leqslant x \leqslant \arcsin y$ 绕 y 轴旋转一周时，

$$V_1 = \pi\int_0^1 (\arcsin y)^2 \mathrm{d}y \xlongequal{\arcsin y = t} \pi\int_0^{\frac{\pi}{2}} t^2 \cos t \mathrm{d}t$$

$$= \pi[t^2 \sin t - 2t(-\cos t) + 2(-\sin t)]\Big|_0^{\frac{\pi}{2}} = \left(\frac{\pi^2}{4} - 2\right)\pi.$$

$\overparen{AB}$：$y = \sin x, \dfrac{\pi}{2} \leqslant x \leqslant \pi$ 的反函数亦即是 $y = \sin(\pi - x)$，$\dfrac{\pi}{2} \leqslant x \leqslant \pi$ 的反函数.

$y = \sin(\pi - x)$，$0 \leqslant \pi - x \leqslant \dfrac{\pi}{2}$ 的反函数：$\pi - x = \arcsin y$，即 $x = \pi - \arcsin y$，则 $0 \leqslant y \leqslant 1$，$0 \leqslant x \leqslant \pi - \arcsin y$ 绕 y 轴旋转一周时，则有

$$V_2 = \pi\int_0^1 (\pi - \arcsin y)^2 \mathrm{d}y \xlongequal{\arcsin y = t} \pi\int_0^{\frac{\pi}{2}} (\pi - t)^2 \cos t \mathrm{d}t$$

$$= \pi\left\{(\pi - t)^2 \sin t - [-2(\pi - t)(-\cos t) + 2(-\sin t)]\right\}\Big|_0^{\frac{\pi}{2}} = \pi\left[\frac{\pi^2}{4} - 2 + 2\pi\right].$$

易知
$$V = V_2 - V_1 = 2\pi^2.$$

方法二 （柱壳法）$0 \leqslant x \leqslant \pi, 0 \leqslant y \leqslant \sin x$ 绕 y 轴旋转一周时，

$$V = 2\pi\int_0^{\pi} x\sin x \mathrm{d}x = 2\pi \cdot \frac{\pi}{2}\int_0^{\pi} \sin x \mathrm{d}x = 2\pi^2.$$

注意 本题使用柱壳法比圆片法要简便，故在解题时不要拘泥于一种方法.

【例 9】 求摆线 $\begin{cases} x = a(t - \sin t), \\ y = a(1 - \cos t) \end{cases}$ 的一拱（$0 \leqslant t \leqslant 2\pi$）与直线 $y = 0$ 所围成的图形绕 y 轴旋转所得的旋转体的体积.

【解】 设摆线直角坐标系方程为 $y = y(x)$（$0 \leqslant x \leqslant 2\pi a$），

则 $0 \leqslant x \leqslant 2\pi a$，$0 \leqslant y \leqslant y(x)$ 绕 y 轴旋转时（柱壳法），

$$V = 2\pi\int_0^{2\pi a} xy(x)\mathrm{d}x = 2\pi\int_0^{2\pi a} xy\mathrm{d}x \xlongequal{x = a(t - \sin t)} 2\pi\int_0^{2\pi} a(t - \sin t)a^2(1 - \cos t)^2 \mathrm{d}t$$

$$= 2\pi a^3\int_0^{2\pi} (t - \sin t)(1 - \cos t)^2 \mathrm{d}t = 2\pi a^3\left[\int_0^{2\pi} t(1 - \cos t)^2 \mathrm{d}t - \int_0^{2\pi} \sin t(1 - \cos t)^2 \mathrm{d}t\right]$$

$$= 2\pi a^3\left[4\int_0^{2\pi} t\sin^4 \frac{t}{2}\mathrm{d}t - \int_{-\pi}^{\pi} \sin t(1 - \cos t)^2 \mathrm{d}t\right].$$

（上式中：第一个积分使用公式 $\sin^2 \dfrac{t}{2} = \dfrac{1 - \cos t}{2}$；第二个积分利用“奇函数在对称区

间的积分为 0” 这个结论）

$$\xlongequal{\frac{t}{2}=u} 2\pi a^3 \cdot 4\int_0^{\pi} 2u\sin^4 u \cdot 2\mathrm{d}u = 32\pi a^3 \int_0^{\pi} u\sin^4 u\mathrm{d}u = 32\pi a^3 \cdot \frac{\pi}{2}\int_0^{\pi}\sin^4 u\mathrm{d}u$$

$$= 32\pi a^3 \cdot \frac{\pi}{2} \cdot 2\int_0^{\frac{\pi}{2}}\sin^4 u\mathrm{d}u = 32\pi a^3 \cdot \pi \cdot \frac{3}{4} \cdot \frac{1}{2} \cdot \frac{\pi}{2} = 6\pi^3 a^3 .$$

注意　本题与教材解法不同，使用的方法是柱壳法．最后的计算利用了教材中的一些结论，这些结论对于一些特殊类型积分的计算提供了很多方便，应该记住这些公式.

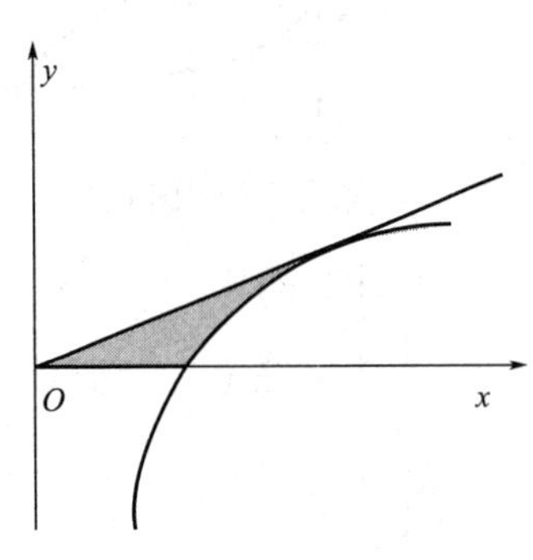

图 6.11

【例 10】（2003 年考研题）过坐标原点做曲线 $y=\ln x$ 的切线，该切线与曲线 $y=\ln x$ 及 x 轴围城平面图形 D（如图 6.11 所示）. 求（1）D 的面积 A；（2）求 D 绕直线 $x=\mathrm{e}$ 旋转一周所得旋转体体积 V.

【解】（1）设切点横坐标为 x_0，则曲线 $y=\ln x$ 在点 $(x_0, \ln x_0)$ 处的切线方程为

$$y_0 = \ln x_0 + \frac{1}{x_0}(x-x_0)$$

由该切线过原点，知 $\ln x_0 - 1 = 0$，所以 $x_0=\mathrm{e}$，即切线为 $y=\frac{1}{\mathrm{e}}x$. 平面图形 D 的面积为

$$A = \int_0^1 (\mathrm{e}^y - \mathrm{e}y)\mathrm{d}y = [\mathrm{e}^y - \frac{\mathrm{e}}{2}y^2]_0^1 = \frac{1}{2}\mathrm{e} - 1 .$$

（2）切线 $y=\frac{1}{\mathrm{e}}x$ 与 x 轴及直线 $x=\mathrm{e}$ 所围三角形绕直线 $x=\mathrm{e}$ 旋转所得的圆锥体体积为

$$V_1 = \frac{1}{3}\pi\mathrm{e}^2$$

曲线 $y=\frac{1}{\mathrm{e}}x$ 与 x 轴及直线 $x=\mathrm{e}$ 所围图形绕直线 $x=\mathrm{e}$ 旋转所得的体积为

$$V_2 = \int_0^1 \pi(\mathrm{e}-\mathrm{e}^y)^2\mathrm{d}y = \int_0^1 \pi(\mathrm{e}^2 - 2\mathrm{e}^{y+1} + \mathrm{e}^{2y})\mathrm{d}y = -\frac{\pi}{2}(\mathrm{e}^2+1) + 2\pi\,\mathrm{e} .$$

因此所求旋转体体积为

$$V = V_1 - V_2 = \frac{1}{3}\pi\mathrm{e}^2 + \frac{\pi}{2}(\mathrm{e}^2+1) - 2\pi\mathrm{e}.$$

3. 计算弧长

【例 11】 计算半立方抛物线 $y^2 = \frac{2}{3}(x-1)^3$ 被抛物线 $y^2=\frac{x}{3}$ 截得的一段弧的长度.

【解】（1）首先考察半立方抛物线 $y^2=\frac{2}{3}(x-1)^3$ 的图形.

考虑 $y=x^{\frac{3}{2}}\ (x>0)$：经过 (0,0) 及 (1,1) 点，且 $y'=\frac{3}{2}x^{\frac{1}{2}}>0$，$y''=\frac{3}{4}x^{-\frac{1}{2}}>0$，故当 $x>0$ 时，$y=x^{\frac{3}{2}}$ 单调增加且是凹曲线，又 $y^2=x^3$，所以关于 x 轴对称；另外，若将 $y^2=x^3$ 的图像向右移一个单位，即得 $y^2=(x-1)^3$ 的图像；而 $y^2=\frac{2}{3}(x-1)^3$ 与 $y^2=(x-1)^3$ 图像相似，故可做出立方抛物线图形（如图 6.12 所示）.

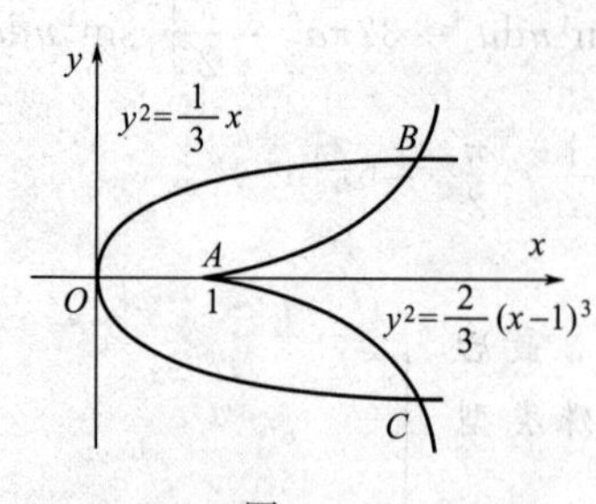

图 6.12

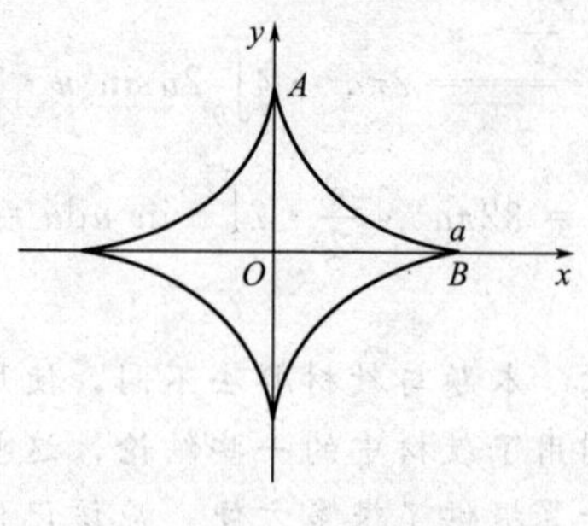

图 6.13

(2) 计算弧长.

由 $\begin{cases} y^2 = \dfrac{2}{3}(x-1)^3, \\ y^2 = \dfrac{1}{3}x, \end{cases}$ 得 $x = 2$.

所以 AB 的弧长为

$$L_1 = \int_1^2 \sqrt{1+\left(\frac{\mathrm{d}y}{\mathrm{d}x}\right)^2}\mathrm{d}x = \int_1^2 \sqrt{1+\frac{3}{2}(x-1)}\,\mathrm{d}x = \int_1^2 \sqrt{\frac{3}{2}x-\frac{1}{2}}\mathrm{d}x$$

$$= \frac{2}{3}\int_1^2 \sqrt{\frac{3}{2}x-\frac{1}{2}}\mathrm{d}\left(\frac{3}{2}x-\frac{1}{2}\right) = \frac{4}{9}\left(\frac{3}{2}x-\frac{1}{2}\right)^{\frac{3}{2}}\Bigg|_1^2 = \frac{4}{9}\left[\left(\frac{5}{2}\right)^{\frac{3}{2}}-1\right],$$

所以
$$L = 2L_1 = \frac{8}{9}\left[\left(\frac{5}{2}\right)^{\frac{3}{2}}-1\right].$$

【例 12】 计算星形线 $\begin{cases} x = a\cos^3 t, \\ y = a\sin^3 t \end{cases}$ 的全长.

【解】 星形线的图形（如图 6.13 所示）.

AB 的弧长为

$$L_1 = \int_0^{\frac{\pi}{2}} \sqrt{\left(\frac{\mathrm{d}x}{\mathrm{d}t}\right)^2+\left(\frac{\mathrm{d}y}{\mathrm{d}t}\right)^2}\mathrm{d}t = \int_0^{\frac{\pi}{2}} \sqrt{[3a\cos^2 t(-\sin t)]^2+[3a\sin^2 t\cos t]^2}\,\mathrm{d}t$$

$$= \int_0^{\frac{\pi}{2}} \sqrt{9a^2\cos^4 t\sin^2 t + 9a^2\sin^4 t\cos^2 t}\mathrm{d}t = \int_0^{\frac{\pi}{2}} \sqrt{9a^2\cos^2 t\sin^2 t}\mathrm{d}t$$

$$= 3a\int_0^{\frac{\pi}{2}} \cos t\sin t\mathrm{d}t = 3a\int_0^{\frac{\pi}{2}} \sin t\mathrm{d}(\sin t) = 3a\cdot\frac{1}{2}\sin^2 t\Big|_0^{\frac{\pi}{2}} = \frac{3}{2}a,$$

所以
$$L = 4L_1 = 6a.$$

【例 13】 在摆线 $\begin{cases} x = a(t-\sin t), \\ y = a(1-\cos t) \end{cases}$ $(0 \leqslant t \leqslant 2\pi)$ 上求分摆线第一拱成 1∶3 的点的坐标.

【解】 当 $t \in [0,\alpha]$ 时，所对应的弧长为

$$S(\alpha)=\int_0^\alpha\sqrt{\left(\frac{dx}{dt}\right)^2+\left(\frac{dy}{dt}\right)^2}dt=\int_0^\alpha\sqrt{a^2(1-\cos t)^2+a^2\sin^2 t}dt$$

$$=\sqrt{2}a\int_0^\alpha\sqrt{1-\cos t}dt=2a\int_0^\alpha\sin\frac{t}{2}dt=4a\left(1-\cos\frac{\alpha}{2}\right).$$

于是　　$S(2\pi)=4a\left(1-\cos\frac{\alpha}{2}\right)\Big|_{\alpha=2\pi}=8a$，

又 $S(\alpha)=S(2\pi)=1:4$；即

$$\frac{4a\left(1-\cos\frac{\alpha}{2}\right)}{8a}=\frac{1}{4},$$

得

$$\cos\frac{\alpha}{2}=\frac{1}{2}, \alpha=\frac{2\pi}{3}.$$

故所求坐标为

$$x_0=a(t-\sin t)\Big|_{t=\frac{2}{3}\pi}=\left(\frac{2}{3}\pi-\frac{\sqrt{3}}{2}\right)a, y_0=a(1-\cos t)\Big|_{t=\frac{2}{3}\pi}=\frac{3}{2}a.$$

【例 14】 求曲线 $r\theta=1$ 相应于自 $\theta=\frac{3}{4}$ 至 $\theta=\frac{4}{3}$ 的一段弧的弧长.

【解】 $L=\int_{\frac{3}{4}}^{\frac{4}{3}}\sqrt{r^2+r'_\theta{}^2}\,d\theta=\int_{\frac{3}{4}}^{\frac{4}{3}}\frac{\sqrt{1+\theta^2}}{\theta^2}d\theta=\int_{\frac{3}{4}}^{\frac{4}{3}}\sqrt{1+\theta^2}d\left(-\frac{1}{\theta}\right)$

$$=-\frac{\sqrt{1+\theta^2}}{\theta}\Big|_{\frac{3}{4}}^{\frac{4}{3}}+\int_{\frac{3}{4}}^{\frac{4}{3}}\frac{1}{\theta}d(\sqrt{1+\theta^2})=\frac{5}{12}+\int_{\frac{3}{4}}^{\frac{4}{3}}\frac{1}{\sqrt{1+\theta^2}}d\theta$$

$$=\frac{5}{12}+\ln(\theta+\sqrt{1+\theta^2})\Big|_{\frac{3}{4}}^{\frac{4}{3}}=\frac{5}{12}+\ln\frac{3}{2}.$$

注意　对于带有二次根式的积分，常用的方法是三角换元法，也可以利用分部积分法解之；其中：函数 $\frac{1}{\sqrt{1+\theta^2}}$ 的原函数是 $\ln(\theta+\sqrt{1+\theta^2})$，应熟记.

4. 物理应用*

【例 15】 用铁锤将一铁钉击入木板，设木板对铁钉的阻力与铁钉击入木板的深度成正比，在击第一次时，将铁钉击入木板 1cm，如果铁锤每次打击铁钉所做的功相等，向第二次锤击时，铁钉又击入多少？

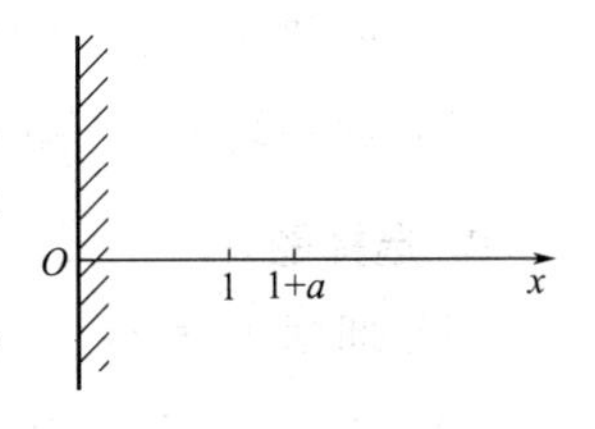

图 6.14

【解】 根据题意，建立坐标轴 Ox，作出图形（如图 6.14 所示）设阻力为 f，深度为 x，从而有 $f=-kx$（因阻力与 x 轴正向相反）；又设铁锤对铁钉的作用力为 F，第二次又击入 α cm，有 $F=-f=kx$，且由已知

$$\int_0^1 kx\,dx=\int_1^{1+\alpha}kx\,dx,$$

所以 $\frac{1}{2}=\frac{1}{2}[(1+\alpha)^2-1]$，得 $\alpha=\sqrt{2}-1$，即第二次又击入 $(\sqrt{2}-1)$cm.

注意　力函数 $F(x)$ 在 $[a,b]$ 上的定积分为质点在变力 $F(x)$ 作用下从 a 移到 b 所做的功，本题容易写出力函数 $F(x)$，故计算功就容易.

【例 16】 有一水池，由 $y=x^2-20$ 绕 y 轴旋转而成，水池的深度为 20cm，水的体积为 50π m^3，今欲将水吸出，问要做多少功？

【解】 根据题意做出图形（如图 6.15 所示）.

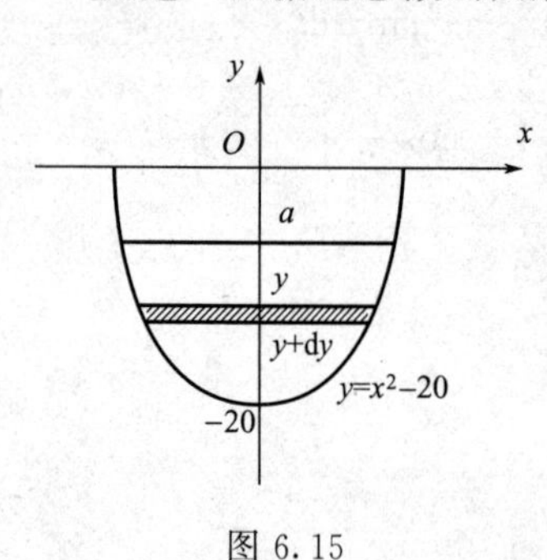

图 6.15

(1) 求水深. 设水面深度为 $\alpha(\alpha<0)$，则对 $(-20\leqslant y\leqslant\alpha)$，在 $[y,y+\mathrm{d}y]$ 上计算体积微元

$$\mathrm{d}v=\pi x^2\mathrm{d}y=\pi(y+20)\mathrm{d}y,$$

所以 $v=\pi\int_{-20}^{\alpha}(y+20)\mathrm{d}y=\pi\left[\frac{1}{2}(\alpha^2-400)+20(\alpha+20)\right]$，

由已知 $v=50\pi$，从而有 $\alpha^2+40\alpha+300=0$，得 $\alpha_1=-10$，$\alpha_2=-30$（不合题意），故水深为 $-10\mathrm{cm}$.

(2) 求水吸尽时所做功. 对 $-20\leqslant y\leqslant-10$，在 $[y,y+\mathrm{d}y]$ 上的做薄水片移到水池外所做的微功

$$\mathrm{d}w=\mathrm{d}v\cdot1\cdot g\cdot(0-g)=-\pi g(y^2+20y)\mathrm{d}y,$$

所以 $$W=-\pi g\int_{-20}^{-10}(y^2+20y)\mathrm{d}y=-\pi g\left[\frac{1}{3}y^3+10y^2\right]\Big|_{-20}^{-10}=\frac{2000}{3}\pi g\ (\mathrm{J}).$$

注意 本题通过体积的计算求出水面的深度，再利用微元法计算所做的功，其中功的计算公式是：体积×水密度×g×位移，选用“米（m）”做单位时，功的单位是焦（J）.

三、强化练习题

☆ A 题 ☆

1. 填空题

(1) 由曲线 $y=\ln x$ 与两直线 $y=(\mathrm{e}+1)-x$ 及 $y=0$ 所围成的平面图形的面积 $S=$________.

(2)（2002 年考研题）位于曲线 $y=x\mathrm{e}^{-x}$ $(0\leqslant x<+\infty)$ 下方，x 轴上方的无界图形的面积 $S=$________.

(3) 曲线 $y=\cos x$ $\left(-\frac{\pi}{2}\leqslant x\leqslant\frac{\pi}{2}\right)$ 与 x 轴围成的图形绕 x 轴旋转所成旋转体的体积 $V=$________.

(4) 曲线 $y^2=4(x+1)$ 及 $y^2=4(1-x)$ 所围图形的面积为________.

(5) 抛物线 $y=\frac{1}{2}x^2$ 被圆 $x^2+y^2=8$ 所截下部分的弧长为________.

2. 选择题

(1) 曲线 $y=x(x-1)(2-x)$ 与 x 轴所围成图形的面积可表为（ ）.

(A) $-\int_0^2 x(x-1)(2-x)\mathrm{d}x$

(B) $\int_0^1 x(x-1)(2-x)\mathrm{d}x-\int_1^2 x(x-1)(2-x)\mathrm{d}x$

(C) $-\int_0^1 x(x-1)(2-x)\mathrm{d}x+\int_1^2 x(x-1)(2-x)\mathrm{d}x$

(D) $\int_0^2 x(x-1)(2-x)\mathrm{d}x$

(2)（1993 年考研题）双纽线 $(x^2+y^2)^2=x^2-y^2$ 所围成的区域面积可用定积分表示为（ ）.

(A) $2\int_0^{\frac{\pi}{4}}\cos2\theta\mathrm{d}\theta$　　(B) $4\int_0^{\frac{\pi}{4}}\cos2\theta\mathrm{d}\theta$

(C) $2\int_0^{\frac{\pi}{4}}\sqrt{\cos 2\theta}\,d\theta$　　(D) $\frac{1}{2}\int_0^{\frac{\pi}{4}}(\cos 2\theta)^2\,d\theta$

(3) 曲线 $y=\sin^{\frac{3}{2}}x\quad(0\leqslant x\leqslant\pi)$ 与 x 轴围成的图形绕 x 轴旋转所成旋转体的体积为(　　).

(A) $\frac{4}{3}$　　(B) $\frac{4}{3}\pi$　　(C) $-\frac{4}{3}$　　(D) $-\frac{4}{3}\pi$

(4) 抛物线 $y^2=4x$ 及直线 $x=3$ 围城的图形绕 x 轴旋转一周形成的立体体积为(　　).

(A) 18　　(B) 18π　　(C) $\frac{243}{8}$　　(D) $\frac{243\pi}{8}$

(5) 椭圆域 $\frac{x^2}{a^2}+\frac{y^2}{b^2}\leqslant 1$ 绕 y 轴旋转一周所得立体的体积为(　　).

(A) $\frac{4}{3}\pi a^2 b$　　(B) $\frac{4}{3}\pi ab^2$　　(C) $\frac{2}{3}\pi a^2 b$　　(D) $\frac{2}{3}\pi ab^2$

(6) 曲线 $y=\ln(1-x^2)$ 在 $0\leqslant x\leqslant\frac{1}{2}$ 上的一段弧长为(　　).

(A) $\int_0^{\frac{1}{2}}\sqrt{1+\left(\frac{1}{1-x^2}\right)^2}\,dx$　　(B) $\int_0^{\frac{1}{2}}\frac{1+x^2}{1-x^2}\,dx$

(C) $\int_0^{\frac{1}{2}}\sqrt{1+\frac{-2x}{1-2x^2}}\,dx$　　(D) $\int_0^{\frac{1}{2}}\sqrt{1+[\ln(1-x^2)]^2}\,dx$

3. 计算题

(1) 计算曲线 $y=-x^3+x^2+2x$ 与 x 轴所围成的图形的面积 A.

(2) 求由 $xy\leqslant 1, x\geqslant 1, y\geqslant 0$ 所决定的平面图形绕 x 轴旋转一周所形成的立体体积.

(3)(2003 年考研题)设曲线极坐标方程为 $\rho=e^{a\theta}(a>0)$,求该曲线上相应于 θ 从 0 到 2π 的一段弧与极轴所围成的图形面积.

(4) 求二曲线 $r=\sin\theta$ 与 $r=\sqrt{3}\cos\theta$ 所围公共部分的面积.

(5) 计算曲线 $y=\ln(1-x^2)$ 上相应于 $0\leqslant x\leqslant\frac{1}{2}$ 的一段弧长的长度.

4. 综合题

(1) 求曲线 $y=\sqrt{x}$ 的一条切线 l,使该曲线与切线 l 及直线 $x=0$,$x=2$ 所围成的平面图形面积最小,并求此最小面积.

(2) 求两个椭圆 $x^2+\frac{y^2}{3}=1$ 和 $\frac{x^2}{3}+y^2=1$ 公共部分的面积 A.

(3) 设直线 $y=ax+b$ 与直线 $x=0$,$x=1$ 及 $y=0$ 所围成的梯形面积等于 A. 试求 a,b,使这块面积绕 x 轴旋转所得旋转体的体积最小 $(a\geqslant 0, b>0)$.

(4) 求由抛物线 $y^2=4ax$ 与其过焦点的弦所围成的图形面积的最小值.

☆ B　题 ☆

1. 填空题

(1) 由曲线 $\sqrt{\frac{x}{a}}+\sqrt{\frac{y}{b}}=1\ (a,b>0)$ 与坐标轴所围图形的面积为________.

(2) 曲线 $y=\int_0^x\sqrt{\sin t}\,dt$ 的全长为__________.

(3)* 质点以速度 $t\sin(t^2)$ (m/s) 作直线运动,则从时刻 $t_1=\sqrt{\frac{\pi}{2}}$ s 到 $t_2=\sqrt{\pi}$ s 内质点所

经过的路程等于__________ m.

2. 选择题

(1) 曲线 $y=e^x$ 与该曲线过原点的切线以及 y 轴所围的图形面积值为（　　）.

(A) $\int_0^1(e^x-ex)dx$　　(B) $\int_1^e(\ln y-y\ln y)dy$

(C) $\int_1^e(e^x-e^x x)dx$　　(D) $\int_0^1(\ln y-y\ln y)dy$

(2) 心形线 $r=a(\cos\theta+1)$ 的全长为（　　）.

(A) $8a$　　(B) $4a$　　(C) $12a$　　(D) $16a$

(3)* 半径为 R 的半球形水池已装满了水，要将水全部吸出水池需要做功为（　　）.

(A) $\int_0^R\pi(R^2-y^2)dy$　　(B) $\int_0^R\pi y^2dy$

(C) $\int_0^R\pi y(R^2-y^2)dy$　　(D) $\int_0^R\pi y^2dy$

(4) 设 $f(x)$，$g(x)$ 在区间 $[a,b]$ 上连续，并且 $g(x)<f(x)<m$（m 为常数），则曲线 $y=g(x)$，$y=f(x)$，$x=a$ 及 $x=b$ 所围成平面图形绕直线 $y=m$ 旋转而成的旋转体体积为（　　）.

(A) $\int_a^b\pi[2m-f(x)+g(x)][f(x)-g(x)]dx$

(B) $\int_a^b\pi[2m-f(x)-g(x)][f(x)-g(x)]dx$

(C) $\int_a^b\pi[m-f(x)+g(x)][f(x)-g(x)]dx$

(D) $\int_a^b\pi[m-f(x)-g(x)][f(x)-g(x)]dx$

3. 计算题

(1) 摆线 $\begin{cases}x=a(t-\sin t)\\y=a(1-\cos t)\end{cases}$ 的一拱（$0\leqslant t\leqslant 2\pi$），直线 $y=0$ 所围成的图形绕 $y=2a$ 旋转一周所成立体的体积.

(2) 设函数 $f(x)$ 在闭区间 $[0,1]$ 上连续，在开区间 $(0,1)$ 内大于零，并满足 $xf(x)=f(x)+\frac{3a}{2}x^2$（$a$ 为常数），又曲线 $y=f(x)$ 与 $x=1$，$y=0$ 所围的图形 S 的面积值为 2，求函数 $y=f(x)$ 并问 a 为何值时，图形 S 绕 x 旋转一周所得的旋转体的体积最小.

(3) 圆的渐开线方程为 $x=a(\cos t+t\sin t)$，$y=a(\sin t-t\cos t)$，曲线上相应于 t 从 0 变到 π 的一段弧记为弧 $\overset{\frown}{AB}$，在 $\overset{\frown}{AB}$ 弧上求一点 $M(x_0,y_0)$，使弧 $\overset{\frown}{AM}$ 的弧长为 $\overset{\frown}{AB}$ 弧长 $\frac{1}{4}$.

(4)（1989 年考研题）设抛物线 $y=ax^2+bx+c$ 过原点，当 $0\leqslant x\leqslant 1$ 时，$y\geqslant 0$. 又已知该抛物线与 x 轴及直线 $x=1$ 所围面积为 $\frac{1}{3}$，试确定常数 a,b,c，使此图形绕 x 轴旋转一周而成的旋转体的体积 V 最小.

(5) 求三叶形曲线 $r=a\sin 3\theta$（$a>0$）所围图形的面积.

(6) 求由曲线 $x=t-t^3$，$y=1-t^4$ 所围图形的面积.

(7) 半径为 R 的球沉入水中，球的上部与水面相切，球的比重为 γ，现将球从水中取出，需做多少功？(要求只列出算式)

(8)* 一底为 8cm，高为 6cm 的等腰三角形片，铅直的沉没在水中，顶在上，底在下且与水面平行，而顶点离水面 3cm，试求它每面的受压力.

第七章　常微分方程

本章基本要求

理解微分方程的概念；掌握变量可分离的、齐次和一阶线性微分方程的解法及简单应用，了解用变量代换求方程的基本思想；会用降阶法求解部分高阶微分方程；理解二阶线性微分方程解的结构，掌握二阶常系数齐次线性微分方程的解法；掌握二阶常系数非齐次线性微分方程的求解方法.

一、内容要点

1. 基本概念

（1）微分方程；　（2）微分方程的阶；（3）微分方程的解（通解、初始条件、特解）.

2. 一阶微分方程的形式

（1）一般形式：$F(x,y,y')=0$；　（2）标准形式：$y'=f(x,y)$.

3. 一阶微分方程的解法

（1）可分离变量的一阶方程. 形如

$$\frac{\mathrm{d}y}{\mathrm{d}x}=f(x)g(y)\quad [\text{或 } f_1(x)g_1(y)\mathrm{d}x+f_2(x)g_2(y)\mathrm{d}y=0]$$

的方程叫做可分离变量的方程.

解法：① 分离变量 $\frac{1}{g(y)}\mathrm{d}y=f(x)\mathrm{d}x$；② 两端积分 $\int\frac{1}{g(y)}\mathrm{d}y=\int f(x)\mathrm{d}x+c$.

（2）齐次方程. 形如 $y'=\varphi\left(\frac{y}{x}\right)$ 的方程叫做齐次方程.

解法：变量替换，令 $u=\frac{y}{x}(y'=u+xu')$，化为可分离变量的一阶方程 $u+xu'=\varphi(u)$.

（3）一阶线性微分方程. 形如

$$y'+P(x)y=Q(x)\tag{7-1}$$

的方程叫做一阶线性方程.

若 $Q(x)=0$，即

$$y'+P(x)y=0\tag{7-2}$$

叫做一阶齐次线性方程（可分离变量的微分方程）；若 $Q(x)\neq 0$，叫做一阶非齐次线性方程. 并称方程(7-2)为方程(7-1)对应的齐次线性方程.

解法：① 公式法 $y=\mathrm{e}^{-\int P(x)\mathrm{d}x}\left(\int Q(x)\mathrm{e}^{\int P(x)\mathrm{d}x}\mathrm{d}x+C\right)$.

② 常数变易法

a. 求对应齐次方程 $\frac{dy}{dx}+P(x)y=0$ 的通解，即 $y=ce^{-\int P(x)dx}$.

b. 令原方程解为 $y=c(x)e^{-\int P(x)dx}$.

c. 代入原方程整理得 $c'(x)e^{-\int P(x)dx}=Q(x)$, $c(x)=\int Q(x)e^{\int P(x)dx}dx+C$.

d. 原方程通解 $y=e^{-\int P(x)dx}\left(\int Q(x)e^{\int P(x)dx}dx+C\right)$.

（4）伯努利方程. 形如 $y'+P(x)y=y^{\alpha}Q(x)$ （$\alpha\neq 0,1$）的方程叫做伯努利方程.

解法：变量替换，令 $u=y^{1-\alpha}$ ，化为一阶线性方程

$$\frac{du}{dx}+(1-\alpha)P(x)u=(1-\alpha)Q(x).$$

其通解为 $$y^{1-\alpha}e^{(1-\alpha)\int P(x)dx}=(1-\alpha)\int Q(x)e^{(1-\alpha)\int p(x)dx}dx+C.$$

4. n 阶微分方程的形式

（1）一般形式：$F(x,y,y',\cdots,y^{(n)})=0$ ；（2）标准形式：$y^{(n)}=f(x,y,y',\cdots,y^{(n-1)})$.

5. 可降阶的高阶微分方程的解法

（1）$y^{(n)}=f(x)$ 型.

解法：积分 n 次，每次积分加一个任意常数.

（2）$y''=f(x,y')$ 型（方程中不显含 y）.

解法：变量替换，令 $p=y'$ ，所以 $y''=p'$ ，化为一阶微分方程 $p'=f(x,p)$.

（3）$y''=f(y,y')$ 型（方程中不显含 x）.

解法：变量替换，令 $p=y'$ ，则 $y''=p\frac{dP}{dy}$ 化为一阶微分方程 $p\frac{dp}{dy}=f(y,p)$.

6. 高阶线性微分方程的解法

（1）二阶线性微分方程：形如

$$y''+P(x)y'+Q(x)y=f(x) \tag{7-3}$$

的方程叫做二阶线性方程.

若 $f(x)=0$ ，即 $$y''+P(x)y'+Q(x)y=0 \tag{7-4}$$

叫做二阶齐次线性方程.

若 $f(x)\neq 0$ ，叫做二阶非齐次线性方程．并称方程(7-4)为方程(7-3)对应的齐次线性方程.

① 二阶齐次线性方程解的叠加性：设 y_1,y_2 为方程(7-4)的解，则 $y=C_1y_1+C_2y_2$ 也是方程(7-4)的解，（C_1,C_2 为任意常数).

② 二阶齐次线性方程通解结构：$\overline{y}=C_1y_1+C_2y_2$（$C_1,C_2$ 为任意常数），其中，y_1,y_2 是方程（7-4）的两个线性无关特解（$\frac{y_1}{y_2}\neq$ 常数).

③ 二阶非齐次线性方程的通解结构：$y=y^*+\overline{y}$ ，其中，y^* 是方程（7-3）的一个特解，$\overline{y}$ 是对应的齐次方程（7-4）的通解.

④ 二阶非齐次线性方程特解的广义叠加性：

设 ${y_1}^*$ 是 $y''+P(x)y'+Q(x)y=f_1(x)$ 的解，${y_2}^*$ 是 $y''+P(x)y'+Q(x)y=f_2(x)$

的解，则 $k_1y_1^*+k_2y_2^*$ 为 $y''+P(x)y'+Q(x)y=k_1f_1(x)+k_2f_2(x)$ 的解.

(2) 二阶常系数齐次线性方程：$y''+py'+qy=0$　(p,q 为任意常数).

特征方程为　$r^2+pr+q=0$，

通解：① 特征方程有不相等二实根 r_1,r_2；$y=C_1e^{r_1x}+C_2e^{r_2x}$.

② 特征方程有相等二实根 r：$y=(C_1+C_2x)e^{rx}$.

③ 特征方程有共轭复根 $\alpha\pm i\beta$：$y=e^{\alpha x}(C_1\cos\beta x+C_2\sin\beta x)$.

(3) 二阶常系数非齐次线性方程

① $y''+py'+qy=P_m(x)e^{\lambda x}$ 待定特解形式

$$y^*=x^kQ_m(x)e^{\lambda x}\begin{cases}k=0,\ \lambda \text{ 不是 } r^2+pr+q=0 \text{ 的根},\\ k=1,\ \lambda \text{ 是 } r^2+pr+q=0 \text{ 的单根},\\ k=2,\ \lambda \text{ 是 } r^2+pr+q=0 \text{ 的重根}.\end{cases}$$

其中，$Q_m(x)=b_0x^m+b_1x^{m-1}+\cdots+b_{m-1}x+b_m$　($b_0,b_1,\cdots,b_m$ 为待定系数).

② $y''+py'+qy=e^{\lambda x}[P_l(x)\cos\omega x+P_n(x)\sin\omega x]$，待定特解形式

$$y^*=x^ke^{\lambda x}[R_m^{(1)}(x)\cos\omega x+R_m^{(2)}(x)\sin\omega x]\begin{cases}k=0,\ \lambda+i\omega \text{ 不是 } r^2+pr+q=0 \text{ 的根},\\ k=1,\ \lambda+i\omega \text{ 是 } r^2+pr+q=0 \text{ 的根}.\end{cases}$$

其中，$R_m^{(1)}(x)$，$R_m^{(2)}(x)$ 是两个 m 次待定多项式，$m=\max[l,n]$.

(4) n 阶线性微分方程

① n 阶齐次线性方程

$$y^{(n)}+p_1(x)y^{(n-1)}+\cdots+p_{n-1}(x)y'+p_n(x)y=0 \tag{7-5}$$

通解为：$\overline{y}=C_1y_1+C_2y_2+\cdots+C_ny_n$，其中，$y_1,y_2,\cdots,y_n$ 是方程(7-5)的 n 个线性无关特解，$C_1,C_2,\cdots,C_n$ 为任意常数.

注意　n 个函数 $y_1,y_2,\cdots,y_n$ 线性无关 $\Leftrightarrow$ 当 $k_1,k_2,\cdots,k_n$ 全为 0 时，$k_1y_1+k_2y_2+\cdots+k_ny_n=0$ 才成立.

② n 阶非齐次线性方程

$$y^{(n)}+p_1(x)y^{(n-1)}+\cdots+p_{(n-1)}(x)y'+p_n(x)y=f(x) \tag{7-6}$$

通解为：$y=y^*+\overline{y}$，其中，y^* 是方程(7-6)的一个特解，$\overline{y}$ 是对应的齐次线性方程(7-5)的通解.

③ n 阶常系数齐次线性方程

$$y^{(n)}+p_1y^{(n-1)}+\cdots+p_{(n-1)}y'+p_ny=0\quad(p_1,p_2,\cdots,p_n \text{ 为常数}). \tag{7-7}$$

特征方程为　$r^{(n)}+p_1r^{(n-1)}+\cdots+p_{(n-1)}r+p_n=0$　(7-8)

根据特征方程(7-8)的根，可以写出其对应的微分方程(7-7)的通解如下：

特征方程的根	微分方程通解中的对应项
单实根 r	Ce^{rx} (一项)
k 重实根 r	$(C_1+C_2x+\cdots+C_kx^{k-1})e^{rx}$ (k 项)
一对单复根 $\alpha\pm i\beta$	$e^{\alpha x}(C_1\cos\beta x+C_2\sin\beta x)$ (两项)
一对 k 重复根 $\alpha\pm i\beta$	$e^{\alpha x}[(C_1+C_2x+\cdots+C_kx^{k-1})\cos\beta x+(D_1+D_2x+\cdots+D_kx^{k-1})\sin\beta x]$ ($2k$ 项)

注意　表中右端共有 n 项，将它们相加即得方程(7-7)的通解

$$\overline{y}=C_1y_1+C_2y_2+\cdots+C_ny_n.$$

(5) 欧拉方程：形如 $x^n y^{(n)} + a_1 x^{n-1} y^{(n-1)} + \cdots + a_{(n-1)} xy' + a_n y = f(x)$ 的方程称为欧拉方程．其中 $a_i (i = 1,2,\cdots,n)$ 为常数．

解法：作自变量 x 的变量替换，化为常系数方程．

令 $x = e^t$，即 $t = \ln x$，把 y 看作 t 的函数，则

$$xy' = \frac{dy}{dt} = Dy,\ x^2 y'' = \frac{d^2 y}{dt^2} - \frac{dy}{dt} = D(D-1)y,\ \cdots,\ x^n y^{(n)} = D(D-1)\cdots(D-n+1)y.$$

于是，欧拉方程化为 $P_n(D)y = f(e^t)$．解出 $y = y(t)$，则 $y = y(\ln x)$ 就是欧拉方程的解．

7. 微分方程的应用

(1) 在几何中的应用．解题程序：①根据所给的某几何特性画一草图；②利用 y' 表示曲线 $y = f(x)$ 上 (x,y) 点处的切线斜率或 $-\frac{dx}{dy}$ 表示曲线 $y = f(x)$ 上 (x,y) 点的法线斜率以及 $\int_a^x f(t)dt$ 表示由曲线 $y = f(x)$ $[f(x) \geqslant 0]$，直线 $x = x, x = a$，x 轴所围图形的面积等方面的意义，列方程；③解方程．

(2) 在力学中的应用．解题程序：①建立坐标系，对所研究物体进行受力分析；②根据牛顿第二定律，$F = ma$，列方程；③解方程．

二、精选题解析

1. 填空题

【例 1】 下列曲线族所满足的微分方程是__________．

(1) $y = \cos(x + c)$；　　　(2) $y^2 = c_1 x + c_2$

【解】 (1) $y^2 + (y')^2 = 1$．

由已知得 $y' = -\sin(x + c)$，因为 $\sin^2(x + c) + \cos^2(x + c) = 1$ 所以，所求微分方程为

$$y^2 + (y')^2 = 1.$$

(2) $yy'' + (y')^2 = 0$．

$y^2 = c_1 x + c_2$ 等式两边对 x 求导，有 $2yy' = c_1$ 再对上式对 x 求导并简化得 $yy'' + (y')^2 = 0$ 即为所求的微分方程．

【例 2】 微分方程 $x^2 y''' + y'' + x^2 (y')^4 = 8$ 的阶数是__________．

【解】 由于方程中含有函数 y 的最高阶导数是 y'''，所以此微分方程是三阶微分方程．

【例 3】 方程 $y dx = \cos^2 x dy$ 满足 $y\Big|_{x=\frac{\pi}{4}} = 2e$ 的特解 $y =$__________．

【解】 $2e^{\tan x}$．

分离变量，得 $\frac{1}{\cos^2 x dx} = \frac{1}{y} dy$ 两边积分，得

$$\tan x = \ln|y| + c,$$

即 $cy = e^{\tan x}$，又 $y\Big|_{x=\frac{\pi}{4}} = 2e$，即

$$c \cdot 2e = e^{\tan\frac{\pi}{4}},\quad c = \frac{1}{2},\ 故\ y = 2e^{\tan x}.$$

【例 4】 方程 $y dx + (x^2 - 4x) dy = 0$ 的通解为__________．

【解】 $(x - 4)y^4 = cx$．

方程化为 $\frac{1}{y} dy = \frac{1}{4x - x^2} dx$，两边积分得通解．

【例 5】 设 $f(x)$ 是连续可导的函数，且 $f(0)=1$，则满足方程 $\int_0^x f(x)\mathrm{d}x = xf(x)-x^2$ 的函数 $f(x)=$ ________.

【解】 $2x+1$.

两边求导，得 $f(x)=f(x)+xf'(x)-2x$，即 $xf'(x)=2x$，解得

$$f(x)=2x+c\text{，又 } f(0)=1=c \quad \text{故 } f(x)=2x+1.$$

【例 6】 方程 $y''+y'=x$ 的一个特解应设为 $y^*=$ ________.

【解】 特征方程 $r^2+r=0$，解得 $r_1=0$，$r_2=-1$，因此可设特解 $y^*=x(ax+b)$.

【例 7】 $y''-4y=\mathrm{e}^{2x}$ 的通解为 $y=$________.

【解】 原方程对应的齐次方程为 $y''-4y=0$，特征方程为 $r^2-4=0$，解得 $r=\pm 2$，故齐次方程通解为

$$Y=C_1\mathrm{e}^{-2x}+C_2\mathrm{e}^{2x} \quad (C_1, C_2 \text{ 为任意常数}).$$

非齐次方程的特解可设为 $y^*=ax\mathrm{e}^{2x}$，代入原方程可解得 $a=\frac{1}{4}$，故原方程通解为

$$y=Y+y^*=C_1\mathrm{e}^{-2x}+(C_2+\frac{1}{4}x)\mathrm{e}^{2x}.$$

【例 8】 设 $y=\mathrm{e}^x(C_1\sin x+C_2\cos x)$（$C_1, C_2$ 为任意常数）为某二阶常系数线性齐次微分方程的通解，则该方程为________.

【解】 易知 $1\pm \mathrm{i}$ 为所求微分方程的特征方程根，从而特征方程为 $r^2-2r+2=0$，故所求方程为

$$y''-2y'+2y=0.$$

注意 本题也可由通解消去常数 C_1, C_2 得到所求方程．由 $y=\mathrm{e}^x(C_1\sin x+C_2\cos x)$，两边对 x 求一阶及二阶导数，得

$$y'=\mathrm{e}^x(C_1\sin x+C_2\cos x)+\mathrm{e}^x(C_1\cos x-C_2\sin x),$$

$$y''=2\mathrm{e}^x(C_1\cos x-C_2\sin x),$$

由上述三式消去 C_1, C_2，得 $y''-2y'+2y=0$.

2. 选择题

【例 9】 微分方程 $x\mathrm{d}y-y\mathrm{d}x=y^2\mathrm{e}^y\mathrm{d}y$ 是（ ）.

（A）可分离变量方程 （B）齐次方程 （C）一阶线性方程 （D）全微分方程

【解】 选（C）．因为原方程可化为 $\frac{\mathrm{d}x}{\mathrm{d}y}-\frac{x}{y}=-y\mathrm{e}^y$，该方程为一阶线性微分方程.

【例 10】 方程 $xy(\mathrm{d}x-\mathrm{d}y)=y^2\mathrm{d}x+x^2\mathrm{d}y$ 是（ ）.

（A）可分离变量方程 （B）齐次方程 （C）一阶线性方程 （D）全微分方程

【解】 选（B）．因为原方程可化为

$$(xy-y^2)\mathrm{d}x=(xy+x^2)\mathrm{d}y, \quad \frac{\mathrm{d}y}{\mathrm{d}x}=\frac{xy-y^2}{xy+x^2}=\frac{\frac{y}{x}-\left(\frac{y}{x}\right)^2}{\frac{y}{x}+1},$$

故该方程为一阶齐次微分方程.

【例 11】 方程 $x^2y\mathrm{d}x-\mathrm{d}y=x^2\mathrm{d}x+y\mathrm{d}y$ 是（ ）.

（A）可分离变量方程 （B）齐次方程 （C）一阶线性方程 （D）全微分方程

【解】 选（A）．因为原方程可化为 $x^2(y-1)\mathrm{d}x=(y+1)\mathrm{d}y$，分离变量 $x^2\mathrm{d}x=\frac{y+1}{y-1}\mathrm{d}y$，故所给方程为可分离变量方程.

【例 12】 设线性无关的函数 y_1, y_2, y_3 都是二阶非齐次线性微分方程 $y''+py'+qy=f(x)$ 的解，C_1, C_2 是任意常数，则该非齐次方程的通解是（　　）.

(A) $C_1y_1+C_2y_2+y_3$　　(B) $C_1y_2+C_2y_2-(C_1+C_2)y_3$

(C) $C_1y_1+C_2y_2-(1-C_1-C_2)y_3$　　(D) $C_1y_1+C_2y_2+(1-C_1-C_2)y_3$

【解】 选 (D).

【例 13】 设 $y=f(x)$ 是方程 $y''-2y'+4y=0$ 的一个解，若 $f(x_0)>0$，且 $f'(x_0)=0$，则函数 $f(x)$ 在点 x_0（　　）.

(A) 取得极大值　　(B) 取得极小值

(C) 某个邻域内单调增加　　(D) 某个邻域内单调减少

【解】 选 (A). $f'(x_0)=0$，$x=x_0$ 为 $f(x)$ 的驻点. 又

$$f''(x_0)-2f'(x_0)+4f(x_0)=0,\quad f(x_0)>0,$$

所以 $f''(x_0)=-4f(x_0)<0$，故 $x=x_0$ 是 $f(x)$ 的极大值点.

【例 14】 方程 $y''+y=x\cos x$ 的特解可设为 $y^*=$（　　）.

(A) $ax\cos x$　　(B) $(ax+b)\cos x$

(C) $(ax+b)\cos x+(cx+d)\sin x$　　(D) $x[(ax+b)\cos x+(cx+d)\sin x]$

【解】 选 (D). 因为特征方程 $r^2+1=0$ 的根 $r=\pm\mathrm{i}$，故所给方程的特解可以设为

$$y^*=x[(ax+b)\cos x+(cx+\mathrm{d})\sin x].$$

【例 15】 $y'''-y''-2y'=0$ 的通解为 $y=$（　　）.

(A) $C_1+C_2\mathrm{e}^{x}+C_3\mathrm{e}^{-2x}$　　(B) $C_1+C_2\mathrm{e}^{-x}+C_3\mathrm{e}^{-2x}$

(C) $C_1+C_2\mathrm{e}^{x}+C_3\mathrm{e}^{2x}$　　(D) $C_1+C_2\mathrm{e}^{-x}+C_3\mathrm{e}^{2x}$

【解】 选 (D). 因为特征方程为 $r^3-r^2-2r=0$，解为 $r_1=0, r_2=-1, r_3=2$，所以该方程的通解为

$$y=C_1+C_2\mathrm{e}^{-x}+C_3\mathrm{e}^{2x}.$$

【例 16】（2000 年考研题）具有特解 $y_1=\mathrm{e}^{-x}$，$y_2=2x\mathrm{e}^{-x}$，$y_3=3\mathrm{e}^{x}$ 的三阶常系数齐次线性微分方程是（　　）.

(A) $y'''-y''-y'+y=0$　　(B) $y'''+y''-y'-y=0$

(C) $y'''-6y''+11y'-6y=0$　　(D) $y'''-2y''-y'+2y=0$

【解】 选 (B). 由题设知 $r=-1,-1,1$ 为所求齐次线性微分方程对应特征方程的 3 个根，而

$$(r+1)^2(r-1)=r^3+r^2-r-1.$$

3. 计算题

【例 17】 求解初值问题 $(1+y^2)\mathrm{d}x-x(1+x)y\mathrm{d}y=0$，$y|_{x=1}=0$ 的解.

【解】 这是可分离变量方程，分离变量后有 $\dfrac{\mathrm{d}x}{x(1+x)}=\dfrac{y\mathrm{d}y}{1+y^2}$，两边积分有

$$\ln\frac{x}{1+x}=\frac{1}{2}\ln(1+y^2)+\frac{1}{2}\ln c，即 \left(\frac{x}{1+x}\right)^2=c(1+y^2),$$

由初值条件　　$y|_{x=1}=0$，得 $c=\dfrac{1}{4}$.

故所求特解为　　$\left(\dfrac{x}{1+x}\right)^2=\dfrac{1}{4}(1+y^2)$.

【例 18】 求方程 $y'=\sin^2(x-y+1)$ 的通解.

【解】 令 $u=x-y+1$，则 $\dfrac{\mathrm{d}u}{\mathrm{d}x}=1-\dfrac{\mathrm{d}y}{\mathrm{d}x}$. 于是原方程化为 $1-\dfrac{\mathrm{d}u}{\mathrm{d}x}=\sin^2 u$，即

$$\frac{\mathrm{d}u}{\mathrm{d}x}=\cos^2 u\ ,\ \frac{\mathrm{d}u}{\cos^2 u}=\mathrm{d}x\ .$$

积分得 $\tan u=x+c$，即 $\tan(x-y+1)=x+c$ 为原方程通解.

注意　将 $\frac{\mathrm{d}y}{\mathrm{d}x}=\varphi(x)\psi(y)$ 变成 $\frac{\mathrm{d}y}{\psi(y)}=\varphi(x)\mathrm{d}x$ 时，$\psi(y)$ 是不能为零的，若 $\psi(y)$ 有根 $y=k$，则 $y=k$ 必是原方程的解，但在求解 $\frac{\mathrm{d}y}{\psi(y)}=\varphi(x)\mathrm{d}x$ 时必然会失去这个解，若要求全部解，必须把它补上．总之，判断方程类型，为可分离变量的微分方程，分离变量的同时，会丢掉一部分解，可在最后求解中补上，作适当变换把原方程化为分离变量方程求解后，必须要还原为原变量.

【例 19】 设有联结点 $O(0,0)$ 和 $A(1,1)$ 的一段向上凸的曲线弧 $\overset{\frown}{OA}$，对于 $\overset{\frown}{OA}$ 上任一点 $P(x,y)$，曲线弧 $\overset{\frown}{OP}$ 与直线段 $\overline{OP}$ 所围成的图形的面积为 x^2，求曲线弧 $\overset{\frown}{OA}$ 的方程.

【解】 设曲线弧 $\overset{\frown}{OA}$ 的方程是 $y=f(x)$，依题意应有

$$\int_0^x f(t)\mathrm{d}t-\frac{1}{2}xf(x)=x^2\ ,$$

两边对 x 求导得 $\begin{cases} f'(x)-\dfrac{1}{x}f(x)=-4\ , \\ f(1)=1, \end{cases}$ 解之得 $f(x)=x(1-4\ln x)$，值得注意的是在以上计算中假定了 $x>0$，因此这个解不应包含 $O(0,0)$．又

$$\lim_{x\to 0}x(1-4\ln x)=\lim_{x\to 0}\frac{1-4\ln x}{1/x}=\lim_{x\to 0}\frac{-4/x}{-1/x^2}=0\ ,$$

最后得到满足条件的解为

$$y=f(x)=\begin{cases} x(1-4\ln x), & x>0 \\ 0, & x=0 \end{cases}.$$

【例 20】 求方程 $\frac{\mathrm{d}y}{\mathrm{d}x}-\frac{y}{x}=\frac{1}{\ln(x^2+y^2)-2\ln x}$ 的通解.

【解】 原方程是齐次方程，因为

$$\frac{\mathrm{d}y}{\mathrm{d}x}-\frac{y}{x}=\frac{1}{\ln\frac{x^2+y^2}{x^2}}=\frac{1}{\ln\left(1+\frac{y^2}{x^2}\right)}\ ,$$

令 $u=\frac{y}{x}$，方程就成可分离变量

$$\ln(1+u^2)\mathrm{d}u=\frac{1}{x}\mathrm{d}x\ ,$$

积分
$$\int\ln(1+u^2)\mathrm{d}u=\int\frac{1}{x}\mathrm{d}x\ ,$$

得
$$u\ln(1+u^2)-2u+2\arctan u=\ln x+C\ ,$$

代入 $u=\frac{y}{x}$，得原方程的通解

$$\frac{y}{x}[\ln(x^2+y^2)-2\ln x-2]+2\arctan\frac{y}{x}-\ln x=C\ .$$

【例 21】 求方程 $x(x+2y)\frac{\mathrm{d}y}{\mathrm{d}x}=y^2$，满足初始条件 $y|_{x=2}=2$ 的特解.

【解】 原方程可化为$\dfrac{dx}{dy}=\left(\dfrac{x}{y}\right)^2+\dfrac{2x}{y}$. 令$u=\dfrac{x}{y}$，$x=uy$，则

$$\frac{dx}{dy}=u+y\frac{du}{dy}.$$

于是得
$$u+y\frac{du}{dy}=u^2+2u,\qquad \frac{du}{u(u+1)}=\frac{dy}{y}.$$

积分
$$\ln u-\ln(u+1)=\ln y+\ln C,$$

即
$$\frac{u}{u+1}=Cy.$$

原方程通解为$x=Cy(x+y)$. 由条件$y|_{x=2}=2$，得$C=\dfrac{1}{4}$，故所求特解为

$$y^2+xy-4x=0.$$

注意　本节常用解题方法及技巧.

(1) 齐次方程解题的关键是利用变量代换或换元将原方程化为可分离变量的微分方程来求解；

(2) 分离变量时，若$f(u)-u=0$，则$\dfrac{du}{dx}=0$，$u=c$，于是原方程的通解为$y=cx$，若$f(u)-u=0$有根，$u=a$，则$\dfrac{y}{x}=a$，$y=ax$是原方程的一个解，此解一般不包含在通解中.

【例 22】 设$\rho=\rho(\theta)$为非负函数，$\rho(0)=1$，且对任一$\theta>0$，曲线$\rho=\rho(\theta)$在区间$[0,\theta]$上所对应的一段弧长等于该区间所对应的圆扇形面积的两倍. 试问，$\rho=\rho(\theta)$是什么曲线的方程？

【解】 区间$[0,\theta]$上所对应的一段弧长为$\int_0^\theta\sqrt{\rho^2+\rho'^2}\,d\theta$，对应的圆扇形面积为$\int_0^\theta\dfrac{1}{2}\rho^2\,d\theta$. 按题意，有$\int_0^\theta\sqrt{\rho^2+\rho'^2}\,d\theta=2\int_0^\theta\dfrac{1}{2}\rho^2\,d\theta$，即方程

$$\int_0^\theta\sqrt{\rho^2+\rho'^2}\,d\theta=\int_0^\theta\rho^2\,d\theta,$$

并有初始条件$\theta=0,\rho=1$. 方程两端关于θ求导，得

$$\sqrt{\rho^2+\rho'^2}=\rho^2，即\quad \rho'=\pm\rho\sqrt{\rho^2-1}\quad(\rho\geqslant1),$$

分离变量得$\dfrac{d\rho}{\rho\sqrt{\rho^2-1}}=\pm\,d\theta$，并由初始条件“$\theta=0,\rho=1$”积分

$$\int_1^\rho\frac{d\rho}{\rho\sqrt{\rho^2-1}}=\pm\int_0^\theta d\theta,$$

得$\arccos\dfrac{1}{\rho}=\pm\theta$，即$\rho=\sec\theta$. 又验证$\rho\equiv1$也满足

$$\int_0^\theta\sqrt{\rho^2+\rho'^2}\,d\theta=\int_0^\theta\rho^2\,d\theta，且\ \rho(0)=1.$$

因此所求曲线的方程为$\rho=\sec\theta$或$\rho\equiv1$. 在xOy面上，它们分别表示直线$x=1$和中心在原点的单位圆.

【例 23】 已知连续函数$f(x)$满足条件$f(x)=\int_0^{3x}f\left(\dfrac{t}{3}\right)dt+e^{2x}$，求$f(x)$.

【解】 两端同时对 x 求导数，得一阶线性微分方程

$$f'(x)=3f(x)+2e^{2x},$$

即 $f'(x)-3f(x)=2e^{2x}$．解此方程，有

$$f(x)=e^{-\int p(x)dx}\left[\int Q(x)e^{\int p(x)dx}dx+C\right]=e^{3x}\left[\int 2e^{2x}e^{-3x}dx+C\right]$$
$$=e^{3x}\left(2\int e^{-x}dx+C\right)=e^{3x}(C-2e^{-x})=Ce^{3x}-2e^{2x},$$

由 $f(0)=1$，可得 $C=3$．于是 $f(x)=3e^{3x}-2e^{2x}$．

【例 24】 求微分方程 $x^2y'+xy=y^2$，$y|_{x=1}=1$．

【解】 将方程化为 $y'+\frac{1}{x}=x^{-2}y^2$，是伯努利方程，令

$$z=y^{-1},$$

原方程化为 $z'-\frac{1}{x}z=-\frac{1}{x^2}$，解之有

$$z=e^{\int\frac{1}{x}dx}\left[c+\int\left(-\frac{1}{x^2}\right)e^{-\int\frac{1}{x}dx}dx\right]=x\left[c+\int\left(-\frac{1}{x^3}\right)dx\right]$$
$$=x\left(c+\frac{1}{2x^2}\right)=\frac{1+2cx^2}{2x}.$$

即 $y=\frac{2x}{1+2cx^2}$，由于 $y|_{x=1}=1$，得 $c=\frac{1}{2}$，特解为 $y=\frac{2x}{1+x^2}$．

注意 对于一阶齐次线性微分方程利用可分离变量的方法求解，对于一阶非齐次线性微分方程利用常数变易法或公式法求解，一阶非齐次线性微分方程的通解就应等于齐次方程的通解与非齐次方程的一个特解之和.

【例 25】 判别下列一阶微分方程的类型，并求其解.

(1) $\frac{dy}{dx}=-\frac{y}{x}$；　　　(2) $(y\sin x-1)dx-\cos x dy=0$；

(3) $y^2dx+(xy-1)dy=0$.

分析 识别方程的类型，并根据类型确定其解法，对同一问题可用不同的方法求解.

【解】 (1) 方法一 可分离变量 $\frac{dy}{y}=-\frac{dx}{x}$，积分得 $xy=c$．

方法二 齐次型，令 $u=\frac{y}{x}$，化为可分离变量的方程 $\frac{du}{u}=-\frac{dx}{x}$，积分得 $x^2u=c$，即 $xy=c$．

方法三 一阶线性齐次 $y'+P(x)y=0$，即 $y'+\frac{1}{x}y=0$，$P(x)=\frac{1}{x}$ 代入公式 $y=ce^{-\int\frac{1}{x}dx}=c\frac{1}{x}$，也即 $xy=c$．

(2) 一阶线性非齐次 $y'+P(x)y=Q(x)$，$y'-(\tan x)y=-\sec x$，$P(x)=-\tan x$，$Q(x)=-\sec x$，直接代入公式

$$y=e^{\int\tan x dx}\left(\int-\sec x e^{-\int\tan x dx}dx+c\right)=\frac{1}{\cos x}(-x+c).$$

(3) 将 y 作未知函数时不是线性方程，但把 x 作为未知函数时是线性的，将方程变形为 $\frac{dx}{dy}+\frac{1}{y}x=\frac{1}{y^2}$，代公式得通解

$$x=e^{-\int\frac{1}{y}dy}\left(\int\frac{1}{y^2}e^{\int\frac{1}{y}dy}+c\right)=\frac{1}{y}(\ln y+c).$$

注意　一阶微分方程解题程序：

(1) 审视方程，识别方程类型；

(2) 根据不同类型确定解题方案. 在识别一个一阶微分方程的类型时，一般是 y 视为函数，x 视为自变量，按可分离变量、一阶线性、齐次、伯努利的顺序判断，若此时方程均不属于四类一阶微分方程，可将 x 视为函数，y 视为自变量再去判断，并根据类型确定解法.

【例 26】 解下列微分方程：

(1) $y''=1+(y')^2$；　　(2) $(1-x^2)y''-xy'=0,y(0)=0,y'(0)=1$.

分析　对可降阶的二阶微分方程 $y''=f(x,y')$ 及 $y''=f(y,y')$，其解法虽然降阶时都是令 $y'=p$，但在原方程化为一阶微分方程时是有区别的，要注意其解法的不同点.

【解】 (1) 属于 $y''=f(x,y')$ 型，令 $y'=p$，由 $y''=p$，原方程变为 $p'=1+p^2$，用分离变量法求得，$\arctan p=x+C$，即 $p=\tan(x+C_1)$，也即

$$dy=\tan(x+1)dx.$$

通解为 $y=-\ln\cos(x+C_1)+C_2$，此题也可视为 $y''=f(y,y')$ 型进行求解.

(2) 属于 $y''=f(x,y')$ 型，设 $y'=p$，则 $y''=p$，原方程变为

$$(1-x^2)p'-xp=0,$$

分离变量后积分得 $p=\frac{C_1}{\sqrt{1-x^2}}$，由条件 $y'(0)=1$，得 $C_1=1$，所以

$$p\frac{dy}{dx}=\frac{1}{\sqrt{1-x^2}},$$

从而

$$y=\int\frac{1}{\sqrt{1-x^2}}dx=\arcsin x+C_2.$$

又由 $y(0)=0$，得 $C_2=0$. 所以所求特解为 $y=\arcsin x$.

注意　(1) 解可降阶的高阶微分方程，首先判断类型，属于三种类型的哪一类. 对于 $y^{(n)}=f(x)$，作 n 次积分即得，每次积分加一个任意常数；对于 $y''=f(y')$ 既可视为 $y''=f(x,y')$ 型求解，又可视为 $y''=f(y,y')$ 型求解，应灵活掌握.

(2) 求高阶微分方程的初值问题时，既可求出通解后再定任意常数，也可边解边定任意常数，一般后者比前者用起来方便.

【例 27】 解微分方程：

(1) $y''+4y'+4y=0$；　　(2) $y^{(4)}+y'''+y'+y=0$.

分析　应用特征根法求解常系数齐次线性微分方程时，应注意两点：第一点是正确写出特征方程. 第二点是正确进行因式分解，求出特征根.

【解】 (1) 特征方程为：$r^2+4r+4=0$，即 $(r+2)^2=0$，特征根为 $r_1=r_2=-2$，所以方程的通解为

$$y=(C_1+C_2x)e^{-2x}.$$

(2) 特征方程为：$r^4+r^3+r+1=0$，即 $(r+1)^2(r^2-r+1)=0$，所以特征根为

$$r_{1,2}=\frac{1}{2}\pm\frac{\sqrt{3}}{2}i,\quad r_{3,4}=-1.$$

因此，所求方程通解为

$$y=(C_1+C_2x)e^{-2x}+e^{\frac{1}{2}x}\left(C_3\cos x\frac{\sqrt{3}}{2}x+C_4\sin\frac{\sqrt{3}}{2}x\right).$$

注意　对于高阶常系数齐次方程，主要是能熟练写出对应的特征方程，并能根据特征根的情形，正确写出其通解.

【例 28】 求一个以下列四函数 $y_1 = e^t$，$y_2 = 2te^t$，$y_3 = \cos 2t$，$y_4 = 3\sin 2t$ 为解的线性微分方程，并求出它的通解.

【解】 若使一齐次线性微分方程有特解

$$y_1^* = e^t,\ y_2^* = te^t,\ y_3^* = \cos 2t,\ y_4^* = \sin 2t,$$

其特征方程应为 $(r-1)^2(r^2+4)=0$，

则得微分方程为 $y^{(4)} - 2y''' + 5y'' - 8y' + 4y = 0$.

由 $y = te^t$，$y = \sin 2t$ 是上式的解，知 $y = 2te^t$，$y = 3\sin 2t$ 也是其解，说明上式方程以题中所给四函数为解，又由于所给四个特解线性无关，因此方程的通解为

$$y = C_1 e^t + C_2 te^t + C_3 \cos 2t + C_4 \sin 2t.$$

【例 29】 求微分方程 $y'' + 4y' + 4y = e^{-2x}$ 的通解.

【解】 特征方程 $r^2 + 4r + 4 = 0$ 的根为 $r_1 = r_2 = -2$，对应齐次方程的通解为

$$y = (C_1 + C_2 x)e^{-2x}.$$

原方程的特解为 $y^* = Ax^2 e^{-2x}$，代入原方程得 $A = \frac{1}{2}$. 因此，原方程的通解为

$$y = y + y^* = (C_1 + C_2 x)e^{-2x} + \frac{1}{2}x^2 e^{-2x}.$$

【例 30】 求微分方程 $y'' + y = x + \cos x$ 的通解.

【解】 原方程所对应的齐次方程的通解为

$$C_1 \cos x + C_2 \sin x.$$

设非齐次方程 $y'' + y = x$ 的特解为 $y_1 = Ax + B$，代入方程得，$A = 1, B = 0$. 所以 $y_1 = x$，设非齐次方程 $y'' + y = \cos x$ 的特解为 $y_2 = Ex\cos x + Dx\sin x$，则

$$y_2'' = -2E\sin x + 2D\cos x - Ex\cos x - Dx\sin x,$$

代入原方程，得 $E = 0, D = \frac{1}{2}$. 所以 $y_2 = \frac{1}{2}x\sin x$. 原方程的通解为

$$y = C_1 \cos x + C_2 \sin x + x + \frac{1}{2}x\sin x.$$

【例 31】 设曲线 L 位于 xOy 平面的第一象限，L 上任意一点 $M(x,y)$ 处的切线与 y 轴相交，交点记为 A. 已知 $|MA| = |OA|$，且 L 过点 $\left(\frac{3}{2},\frac{3}{2}\right)$，求 L 的方程.

【解】 设 L 的方程 $y = \varphi(x)$，则 L 在点 M 处的切线方程为 $Y - y = y'(X - x)$，取 $X = 0$，得点 A 的坐标 $(0, y - xy')$. 由 $|MA| = |OA|$，得

$$|y - xy'| = \sqrt{x^2 + (y - y + xy')^2},$$

化简后得 $2yy' - \frac{1}{x}y^2 = -x$，令 $y^2 = z$，得一阶线性方程

$$z' - \frac{z}{x} = -x,$$

解得 $z = e^{\int \frac{dx}{x}}\left(-\int x e^{-\int \frac{dx}{x}} dx + C\right) = x(-x + C)$，即 $y^2 = -x^2 + Cx$，

代入初始条件“$x = \frac{3}{2}$ 时 $y = \frac{3}{2}$”得 $C = 3$，由于曲线 L 在第一象限，故 L 的方程为

$$y=\sqrt{3x-x^2}\quad(0<x<3).$$

注意　(1) 二阶常系数非齐次线性方程通解的求法

① 用特征根法求出对应齐此微分方程的通解 $\overline{y}$；

② 根据自由项的形式及对应齐次方程特征根的情形设出特解 y^*；

③ 用待定系数法求出 y^*；

④ 原方程通解，$y=\overline{y}+y^*$.

(2) 待定系数法. 对特殊类型的 $f(x)$，可把 $y^*(x)$ 特解的待定表达式及相应的各阶导数代入原方程，然后比较同类项系数，就可定出 $y^*(x)$ 的待定表达式中的系数 $R_m^{(1)}(x)$ 和 $R_m^{(2)}(x)$，最后定出方程的特解.

【例 32】 设 $f(x)=\sin x-\int_0^x(x-t)f(t)\mathrm{d}t$，其中 $f(x)$ 为连续函数，求 $f(x)$.

分析：本题所给方程是积分方程，故需对方程两边求导数，使之转化为微分方程，同时应注意确定初始条件.

【解】 $f(x)=\sin x-x\int_0^x f(t)\mathrm{d}t+\int_0^x tf(t)\mathrm{d}t$，

$$f'(x)=\cos x-\int_0^x f(t)\mathrm{d}t,\quad f''(x)=-\sin x-f(x),$$

即
$$f''(x)+f(x)=-\sin x.$$

这是二阶常系数非齐次线性微分方程，初始条件

$$y|_{x=0}=f(0)=0,\ y'|_{x=0}=f'(0)=1.$$

对应齐次方程的通解为
$$\overline{y}=C_1\sin x+C_2\cos x.$$

非齐次方程的特解可设为 $y^*=x(a\sin x+b\cos x)$，用待定系数法求得 $a=0,b=\frac{1}{2}$. 于是 $y^*=\frac{1}{2}x\cos x$，非齐次方程的通解为

$$y=\overline{y}+y^*=C_1\sin x+C_2\cos x+\frac{1}{2}x\cos x,$$

由初始条件定出 $C_1=\frac{1}{2},C_2=0$，从而

$$f(x)=\frac{1}{2}\sin x+\frac{1}{2}x\cos x.$$

【例 33】 求微分方程 $x^2y''-xy'+y=x\ln x$ 的通解.

【解】 所给方程的二阶欧拉方程，令 $x=\mathrm{e}^t$，或 $t=\ln x$，则原方程化为

$$D(D-1)y-Dy+y=t\mathrm{e}^t,\ \text{即}\quad D^2y-2Dy+y=t\mathrm{e}^t,$$

也即
$$\frac{\mathrm{d}^2y}{\mathrm{d}t^2}-2\frac{\mathrm{d}y}{\mathrm{d}t}+y=t\mathrm{e}^t.$$

对应齐次方程的特征方程为 $r^2-2r+1=0$. 特征根为 $r_1=r_2=1$，故对应齐次方程的通解为

$$\overline{y}=(C_1+C_2t)\mathrm{e}^t.$$

因 $a=1$ 为特征重根，故令 $y^*=t^2(at+b)\mathrm{e}^t$，用待定系数法求得 $a=\frac{1}{6},b=0$，于是 $y^*=\frac{1}{6}t^3\mathrm{e}^t$. 非齐次方程的通解为

$$y=\overline{y}+y^*=(C_1+C_2t)\mathrm{e}^t+\frac{1}{6}t^3\mathrm{e}^t.$$

因此，原方程通解为

$$y=(C_1+C_2\ln x)x+\frac{1}{6}x\ln^3 x.$$

【例 34】 设 $y_1=\varphi(x)$ 是微分方程 $y''+P(x)y'+Q(x)y=0$ 的一个解，试令 $y_2(x)=\varphi(x)u(x)$，求出此微分方程另一个与 y_1 线性无关的解，并写出通解.

【解】 $y'_2=\varphi'(x)u(x)+\varphi(x)u'(x)$，　$y''_2=\varphi''(x)u(x)+2\varphi'(x)u'(x)+\varphi(x)u''(x)$，代入方程整理得

$$[\varphi''(x)+P(x)\varphi'(x)+Q(x)\varphi(x)]u(x)+\varphi(x)u''(x)+[P(x)\varphi(x)+2\varphi'(x)]u'(x)=0$$

由于 $y_1=\varphi(x)$ 是解，故

$$\varphi''(x)+P(x)\varphi'(x)+Q(x)\varphi(x)=0,$$

进而有　$\varphi(x)u''(x)+[P(x)\varphi(x)+2\varphi'(x)]u'(x)=0$，　$\dfrac{\mathrm{d}u'(x)}{u'(x)}=-\left[P(x)+\dfrac{2\varphi'(x)}{\varphi(x)}\right]\mathrm{d}x$

$$u'(x)=\mathrm{e}^{-\int\left[P(x)+\frac{2\varphi'(x)}{\varphi(x)}\right]\mathrm{d}x}=\frac{\mathrm{e}^{-\int P(x)\mathrm{d}x}}{\varphi^2(x)},\quad u(x)=\int\frac{\mathrm{e}^{-\int P(x)\mathrm{d}x}}{\varphi^2(x)}\mathrm{d}x,$$

由于 $\dfrac{y_2(x)}{y_1(x)}=u(x)$ 不是常数，故 $y_1(x),y_2(x)$ 线性无关．从而得方程的通解为

$$y=\varphi(x)\left[C_1+C_2\int\frac{\mathrm{e}^{-\int P(x)\mathrm{d}x}}{\varphi^2(x)}\mathrm{d}x\right].$$

三、强化练习题

☆ A　题 ☆

1. 填空题

(1) 微分方程 $y^{(4)}-xy^6=\cos 2x$ 的阶数是__________.

(2) 微分方程 $y'''-y=x^2+1$ 的通解中，应含独立常数的个数为__________.

(3) 方程 $y'=\mathrm{e}^{x-y}$ 的通解是__________.

(4) 微分方程 $y'+y\tan x=\cos x$ 的通解为 y __________.

(5) 微分方程 $\dfrac{\mathrm{d}^2y}{\mathrm{d}x^2}+4\dfrac{\mathrm{d}y}{\mathrm{d}x}+29y=0$ 的通解是__________.

(6) 以 $y=C_1x\mathrm{e}^x+C_2\mathrm{e}^x$ 通解的二阶常系数齐次线性微分方程为__________.

2. 选择题

(1) 下列方程为变量可分离方程的是（　　）.

(A) $(x+y)\mathrm{d}x=y^2\mathrm{d}y$　　(B) $x(y\mathrm{d}x-\mathrm{d}y)=y\mathrm{d}x$

(C) $x^2\mathrm{d}y+y\mathrm{d}x=(1+x)\mathrm{d}x$　　(D) $x(\mathrm{d}x+\mathrm{d}y)=y(\mathrm{d}x-\mathrm{d}y)$

(2) 微分方程 $\sin x\cos y\mathrm{d}x+\cos x\sin y\mathrm{d}y=0$ 的通解为（　　）.

(A) $\sin x\cos y=C$　　(B) $\tan x\sin y=C$

(C) $\sin x\sin y=C$　　(D) $\cos x\cos y=C$

(3) 方程 $y'+\dfrac{2}{x}y+x=0$ 满足条件 $y|_{x=2}=0$ 的解是（　　）.

(A) $\dfrac{1}{x^2}(\ln 2-\ln x)$　　(B) $\dfrac{4}{x^2}-\dfrac{x^2}{4}$

(C) $\dfrac{x^2}{4}-\dfrac{4}{x^2}$　　(D) $x^2(\ln x-\ln 2)$

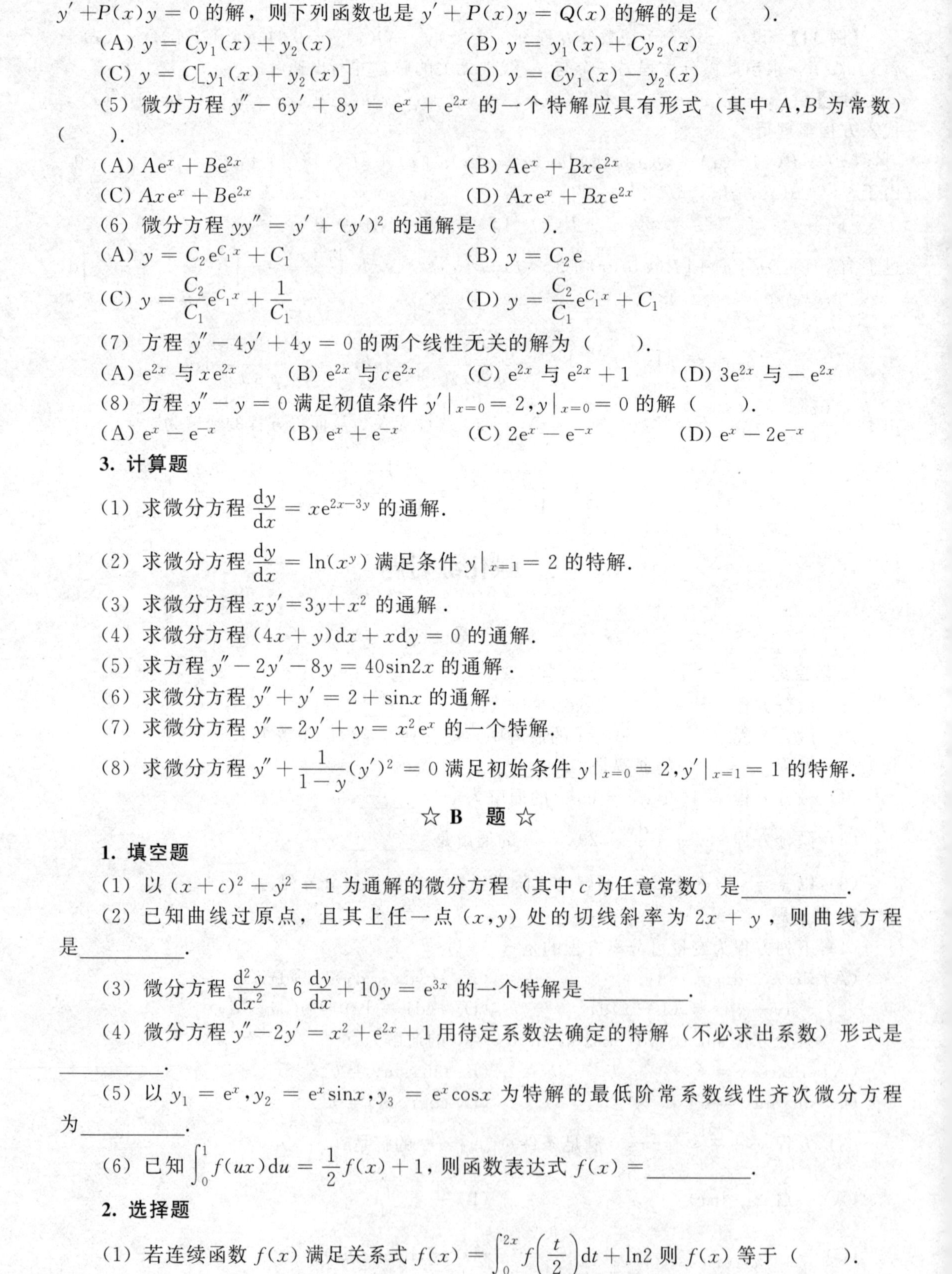

（4）若 $y_2(x)$ 是线性非齐次方程 $y'+P(x)y=Q(x)$ 的解，$y_1(x)$ 是对应的齐次方程 $y'+P(x)y=0$ 的解，则下列函数也是 $y'+P(x)y=Q(x)$ 的解的是（　　）.

（A）$y=Cy_1(x)+y_2(x)$　　（B）$y=y_1(x)+Cy_2(x)$

（C）$y=C[y_1(x)+y_2(x)]$　　（D）$y=Cy_1(x)-y_2(x)$

（5）微分方程 $y''-6y'+8y=\mathrm{e}^x+\mathrm{e}^{2x}$ 的一个特解应具有形式（其中 A,B 为常数）（　　）.

（A）$A\mathrm{e}^x+B\mathrm{e}^{2x}$　　（B）$A\mathrm{e}^x+Bx\mathrm{e}^{2x}$

（C）$Ax\mathrm{e}^x+B\mathrm{e}^{2x}$　　（D）$Ax\mathrm{e}^x+Bx\mathrm{e}^{2x}$

（6）微分方程 $yy''=y'+(y')^2$ 的通解是（　　）.

（A）$y=C_2\mathrm{e}^{C_1x}+C_1$　　（B）$y=C_2\mathrm{e}$

（C）$y=\dfrac{C_2}{C_1}\mathrm{e}^{C_1x}+\dfrac{1}{C_1}$　　（D）$y=\dfrac{C_2}{C_1}\mathrm{e}^{C_1x}+C_1$

（7）方程 $y''-4y'+4y=0$ 的两个线性无关的解为（　　）.

（A）e^{2x} 与 $x\mathrm{e}^{2x}$　　（B）e^{2x} 与 $c\mathrm{e}^{2x}$　　（C）e^{2x} 与 $\mathrm{e}^{2x}+1$　　（D）$3\mathrm{e}^{2x}$ 与 $-\mathrm{e}^{2x}$

（8）方程 $y''-y=0$ 满足初值条件 $y'|_{x=0}=2,y|_{x=0}=0$ 的解（　　）.

（A）$\mathrm{e}^x-\mathrm{e}^{-x}$　　（B）$\mathrm{e}^x+\mathrm{e}^{-x}$　　（C）$2\mathrm{e}^x-\mathrm{e}^{-x}$　　（D）$\mathrm{e}^x-2\mathrm{e}^{-x}$

3. 计算题

（1）求微分方程 $\dfrac{\mathrm{d}y}{\mathrm{d}x}=x\mathrm{e}^{2x-3y}$ 的通解.

（2）求微分方程 $\dfrac{\mathrm{d}y}{\mathrm{d}x}=\ln(x^y)$ 满足条件 $y|_{x=1}=2$ 的特解.

（3）求微分方程 $xy'=3y+x^2$ 的通解.

（4）求微分方程 $(4x+y)\mathrm{d}x+x\mathrm{d}y=0$ 的通解.

（5）求方程 $y''-2y'-8y=40\sin2x$ 的通解.

（6）求微分方程 $y''+y'=2+\sin x$ 的通解.

（7）求微分方程 $y''-2y'+y=x^2\mathrm{e}^x$ 的一个特解.

（8）求微分方程 $y''+\dfrac{1}{1-y}(y')^2=0$ 满足初始条件 $y|_{x=0}=2,y'|_{x=1}=1$ 的特解.

☆ B　题 ☆

1. 填空题

（1）以 $(x+c)^2+y^2=1$ 为通解的微分方程（其中 c 为任意常数）是________.

（2）已知曲线过原点，且其上任一点 (x,y) 处的切线斜率为 $2x+y$，则曲线方程是________.

（3）微分方程 $\dfrac{\mathrm{d}^2y}{\mathrm{d}x^2}-6\dfrac{\mathrm{d}y}{\mathrm{d}x}+10y=\mathrm{e}^{3x}$ 的一个特解是________.

（4）微分方程 $y''-2y'=x^2+\mathrm{e}^{2x}+1$ 用待定系数法确定的特解（不必求出系数）形式是________.

（5）以 $y_1=\mathrm{e}^x,y_2=\mathrm{e}^x\sin x,y_3=\mathrm{e}^x\cos x$ 为特解的最低阶常系数线性齐次微分方程为________.

（6）已知 $\int_0^1 f(ux)\mathrm{d}u=\dfrac{1}{2}f(x)+1$，则函数表达式 $f(x)=$________.

2. 选择题

（1）若连续函数 $f(x)$ 满足关系式 $f(x)=\int_0^{2x} f\left(\dfrac{t}{2}\right)\mathrm{d}t+\ln2$ 则 $f(x)$ 等于（　　）.

(A) $e^{x}\ln 2$　　(B) $e^{2x}\ln 2$　　(C) $e^{x+\ln 2}$　　(D) $e^{2x}+\ln 2$

(2)（1998 年考研题）已知函数 $y=y(x)$ 在任意点 x 处的增量 $\Delta y=\dfrac{y\Delta x}{1+x^{2}}+\alpha$，且当 $\Delta x\to 0$ 时，α 是 Δx 的高阶无穷小，$y(0)=\pi$，则 $y(1)$ 等于（　　）.

(A) 2π　　(B) π　　(C) $e^{\frac{\pi}{4}}$　　(D) $\pi e^{\frac{\pi}{4}}$

(3) 设 $f(x)$，$f'(x)$ 为已知的连续函数，则微分方程 $y'+f'(x)y=f(x)f'(x)$ 的通解是（　　）.

(A) $y=f(x)+Ce^{-f(x)}$　　(B) $y=f(x)e^{f(x)}-e^{f(x)}+C$

(C) $y=f(x)-1+Ce^{-f(x)}$　　(D) $y=f(x)-1+Ce^{f(x)}$

(4) $f_1(x)$ 和 $f_2(x)$ 为二阶常系数线性齐次微分方程 $y''+py'+q=0$ 的两个特解，若由 $f_1(x)$ 和 $f_2(x)$ 能构成该方程的通解，其充分条件是（　　）.

(A) $f_1(x)f_2'(x)-f_2(x)f_1'(x)=0$　　(B) $f_1(x)f_2'(x)-f_2(x)f_1'(x)\neq 0$

(C) $f_1(x)f_2'(x)+f_2(x)f_1'(x)=0$　　(D) $f_1(x)f_2'(x)+f_2(x)f_1'(x)\neq 0$

(5) 具有特定特解形式为 $y=A_1x+A_2+B_1e^{x}$ 的微分方程是（　　）.

(A) $y''+y'-2y=2x+e^{x}$　　(B) $y''-y'-2y=4x-2e^{x}$

(C) $y''-2y'+y=x+e^{x}$　　(D) $y''-2y'=4+2e^{x}$

(6)（2003 年考研题）已知 $y=\dfrac{x}{\ln x}$ 是微分方程 $y'=\dfrac{y}{x}+\varphi\left(\dfrac{x}{y}\right)$ 的解，则 $\varphi\left(\dfrac{x}{y}\right)$ 的表达式为（　　）.

(A) $-\dfrac{y^{2}}{x^{2}}$　　(B) $\dfrac{y^{2}}{x^{2}}$　　(C) $-\dfrac{x^{2}}{y^{2}}$　　(D) $\dfrac{x^{2}}{y^{2}}$

(7)（2006 年考研题）函数 $y=C_1e^{x}+C_2e^{-2x}+xe^{x}$ 满足的一个微分方程是（　　）.

(A) $y''-y'-2y=3xe^{x}$　　(B) $y''-y'-2y=3e^{x}$

(C) $y''+y'-2y=3xe^{x}$　　(D) $y''+y'-2y=3e^{x}$

(8)（2008 年考研题）在下列微分方程中，以 $y=C_1e^{x}+C_2\cos 2x+C_3\sin 2x$（$C_1,C_2,C_3$ 为任意常数）为通解的是（　　）.

(A) $y'''+y''-4y'-4y=0$　　(B) $y'''+y''+4y'+4y=0$

(C) $y'''-y''-4y'+4y=0$　　(D) $y'''-y''+4y'-4y=0$

(9) 设 $y=f(x)$ 是微分方程 $y''-2y'+4y=0$ 的一个解，若 $f(x_0)>0,f'(x)=0$，则 $f(x)$ 在 $x=x_0$ 处（　　）.

(A) 某邻域内单调减少　　(B) 取极小值

(C) 某邻域内单调增加　　(D) 取极大值

(10) 设 $y_1,y_2,\cdots,y_n$ 是 $y^{(n)}+P_1(x)y^{(n-1)}+\cdots+P_n(x)y=0$ 的 n 个特解，$C_1,C_2,\cdots,C_n$ 为任意常数，则 $y=C_1y_1+C_2y_2+\cdots+C_ny_n$（　　）.

(A) 不是方程通解　　(B) 当 $y_1,y_2,\cdots,y_n$ 线性无关时，是通解

(C) 是方程通解　　(D) 当 $y_1,y_2,\cdots,y_n$ 线性相关时，是通解

3. 计算题

(1) 求微分方程 $(x+1)y'=xe^{-x}-y$ 的通解.

(2)（2007 年考研题）求微分方程 $y''(x+y'^{2})=y'$ 满足初始条件 $y(1)=y'(1)=1$ 的特解.

(3) 求方程 $y''=y'^{2}$ 的通解.

(4) 求微分方程 $y''+y'=x^{2}+e^{-x}$ 的一个特解.

(5)（2002 年考研题）求微分方程 $x\mathrm{d}y+(x-2y)\mathrm{d}x=0$ 的一个解 $y=y(x)$，使得由曲线 $y=y(x)$ 与直线 $x=1$，$x=2$ 以及 x 轴所围成的平面图形绕 x 轴旋转一周的旋转体体积最小.

(6)（2003 年考研题）设函数 $y=y(x)$ 在 $(-\infty,+\infty)$ 内具有二阶导数，且 $y'\neq 0$，$x=x(y)$ 是 $y=y(x)$ 的反函数. ①试将 $x=x(y)$ 所满足的微分方程 $\frac{\mathrm{d}^2 x}{\mathrm{d}y^2}+(y+\sin x)\left(\frac{\mathrm{d}x}{\mathrm{d}y}\right)^3=0$ 变换为满足 $y=y(x)$ 的微分方程；②求变换后的微分方程满足初始条件 $y(0)=0$，$y'(0)=\frac{3}{2}$ 的解.

(7)（2004 年考研题）某种飞机在机场降落时，为了减少滑行距离，在触地的瞬间，飞机尾部张开减速伞，以增大阻力，使飞机迅速减速并停下. 现有一质量为 9000 kg 的飞机，着陆时的水平速度为 700 km/h. 经测试，减速伞打开后，飞机所受的总阻力与飞机的速度成正比（比例系数为 $k=6.0\times 10^6$）. 问：从着陆点算起，飞机滑行的最长距离是多少?（注：kg 表示千克，km/h 表示千米/小时）

(8)（2009 年考研题）设 $y=y(x)$ 在区间 $(-\pi,\pi)$ 内过点 $\left(-\frac{\pi}{\sqrt{2}},\frac{\pi}{\sqrt{2}}\right)$ 的光滑曲线，当 $-\pi<x<0$ 时，曲线上任一点处的法线都过原点；当 $0\leqslant x<\pi$ 时，函数 $y(x)$ 满足 $y''+y+x=0$. 求函数 $y(x)$ 的表达式.

(9) 设 $\varphi(x)$ 连续，且 $\varphi(x)+\int_0^x (x-u)\varphi(u)\mathrm{d}u=\mathrm{e}^x+2x\int_0^1 \varphi(xu)\mathrm{d}u$，试求 $\varphi(x)$.

(10) 如果对任意 $x>0$，曲线 $y=\varphi(x)$ 上的点 (x,y) 处的切线在 y 轴上的截距等于 $\frac{1}{x}\int_0^x \varphi(t)\mathrm{d}t$，求函数 $y=\varphi(x)$ 的表达式.

第八章　空间解析几何与向量代数

本章基本要求

理解空间直角坐标系，向量的概念及其表示；掌握向量的运算（线性运算、数量积和向量积），掌握两个向量垂直、平行的条件；理解单位向量、方向数与方向余弦、向量的坐标表达式，熟练掌握用坐标表达式进行向量运算的方法；掌握平面方程和直线方程及其求法；会求平面与平面、平面与直线、直线与直线之间的夹角，并会利用平面、直线的相互关系（平行、垂直、相交等）解决有关问题；会求点到直线以及点到平面的距离；理解曲面方程的概念，了解常用二次曲面的方程及其图形，会求以坐标轴为旋转轴的旋转曲面及母线平行于坐标轴的柱面方程；了解空间曲线的参数方程和一般方程；了解空间曲线在坐标平面上的投影，并会求其方程.

一、内容要点

（一）空间直角坐标系

1. 空间点的坐标

（1）坐标系（右手系、卦限）；（2）点的坐标.

2. 空间两点间距离公式

空间两点 $M_1(x_1,y_1,z_1)$， $M_2(x_2,y_2,z_2)$ 的距离

$$|M_1M_2|=\sqrt{(x_2-x_1)^2+(y_2-y_1)^2+(z_2-z_1)^2}.$$

（二）向量代数

定义 1　既有大小，又有方向的量称为向量（或矢量）.

定义 2　向量坐标表示：$\boldsymbol{a}=a_x\boldsymbol{i}+a_y\boldsymbol{j}+a_z\boldsymbol{k}=(a_x,a_y,a_z)$.

定义 3　向量的大小（或长度）称为向量的模，记作 $|\boldsymbol{a}|$，或 $|\overrightarrow{AB}|$，其中 $|\boldsymbol{a}|=\sqrt{a_x^2+a_y^2+a_z^2}$.

定义 4　非零向量 $\boldsymbol{a}=(a_x,a_y,a_z)$ 的方向余弦

$$\cos\alpha=\frac{a_x}{\sqrt{a_x^2+a_y^2+a_z^2}}=\frac{a_x}{|\boldsymbol{a}|},\quad \cos\beta=\frac{a_y}{\sqrt{a_x^2+a_y^2+a_z^2}}=\frac{a_y}{|\boldsymbol{a}|},$$

$$\cos\gamma=\frac{a_z}{\sqrt{a_x^2+a_y^2+a_z^2}}=\frac{a_z}{|\boldsymbol{a}|}.$$

定义 5　模等于 1 的向量称为单位向量. $\boldsymbol{a}$ 的单位向量记为 $\boldsymbol{e}_a$（或 $\boldsymbol{a}^0$）

$$\boldsymbol{a}^0=\frac{\boldsymbol{a}}{|\boldsymbol{a}|}=\frac{1}{|\boldsymbol{a}|}(a_x,a_y,a_z)=(\cos\alpha,\cos\beta,\cos\gamma)$$

定义 6　模等于零的向量称为零向量，记作 $\mathbf{0}$，它的方向是任意的.

定义 7　不考虑起点位置的向量称为自由向量.

定义 8 大小相等且方向相同的向量称为相等向量.

定义 9 与向量 $\boldsymbol{a}$ 大小相等但方向相反的向量称为 $\boldsymbol{a}$ 的负向量，记作 $-\boldsymbol{a}$.

定义 10 给定坐标原点 O，设点 M 为空间中任意一点，则称向量 $\overrightarrow{OM}$ 为点 M 相对于原点 O 的向径. 任一向量都可以看做是空间中某一点相对于原点 O 的向径.

定义 11 两个非零向量如果它们的方向相同或相反，称这两个向量平行. 零向量与任何向量都平行.

1. 向量在轴上的投影

定义 12 设点 O 及单位向量 $\boldsymbol{e}$ 确定 u 轴. 任给向量 $\boldsymbol{r}$，作 $\overrightarrow{OM}=\boldsymbol{r}$，再过点 M 作与 u 轴垂直的平面交 u 轴于点 M'（即点 M 于 u 轴上的投影），设 $\overrightarrow{OM'}=\lambda\boldsymbol{e}$，则数 λ 称为向量 $\boldsymbol{r}$ 在 u 轴上的投影，记为 $\mathrm{Prj}_u\boldsymbol{r}$ 或 $(\boldsymbol{r})_u$.

性质：(1) $\mathrm{Prj}_u\boldsymbol{a}=|\boldsymbol{a}|\cos\varphi$，$\varphi$ 为 $\boldsymbol{a}$ 与 u 轴夹角；

(2) $\mathrm{Prj}_u(\boldsymbol{a}+\boldsymbol{b})=\mathrm{Prj}_u\boldsymbol{a}+\mathrm{Prj}_u\boldsymbol{b}$；

(3) $\mathrm{Prj}_u(\lambda\boldsymbol{a})=\lambda\mathrm{Prj}_u\boldsymbol{a}$.

2. 向量的运算及性质

设 $\boldsymbol{a}=(a_x,a_y,a_z)$，$\boldsymbol{b}=(b_x,b_y,b_z)$，$\boldsymbol{c}=(c_x,c_y,c_z)$，$\lambda,\mu$ 是实数.

(1) 加减运算：$\boldsymbol{a}\pm\boldsymbol{b}=(a_x\pm b_x,a_y\pm b_y,a_z\pm b_z)$.

① 交换律 $\boldsymbol{a}+\boldsymbol{b}=\boldsymbol{b}+\boldsymbol{a}$；② 结合律 $(\boldsymbol{a}+\boldsymbol{b})+\boldsymbol{c}=\boldsymbol{a}+(\boldsymbol{b}+\boldsymbol{c})$；

(2) 数乘运算：$\lambda\boldsymbol{a}=(\lambda a_x,\lambda a_y,\lambda a_z)$.

① 结合律 $\lambda(\mu\boldsymbol{a})=(\lambda\mu)\boldsymbol{a}=\mu(\lambda\boldsymbol{a})$；

② 分配律 $(\lambda+\mu)\boldsymbol{a}=\lambda\boldsymbol{a}+\mu\boldsymbol{a}$，$\lambda(\boldsymbol{a}+\boldsymbol{b})=\lambda\boldsymbol{a}+\lambda\boldsymbol{b}$.

(3) 数量积（点积、内积）：$\boldsymbol{a}\cdot\boldsymbol{b}=|\boldsymbol{a}||\boldsymbol{b}|\cos(\widehat{\boldsymbol{a},\boldsymbol{b}})=a_xb_x+a_yb_y+a_zb_z$.

① 交换律 $\boldsymbol{a}\cdot\boldsymbol{b}=\boldsymbol{b}\cdot\boldsymbol{a}$；② 分配律 $(\boldsymbol{a}+\boldsymbol{b})\cdot\boldsymbol{c}=\boldsymbol{a}\cdot\boldsymbol{c}+\boldsymbol{b}\cdot\boldsymbol{c}$；

③ 与数相乘的结合律 $(\lambda\boldsymbol{a})\cdot\boldsymbol{b}=\lambda(\boldsymbol{a}\cdot\boldsymbol{b})=\boldsymbol{a}\cdot(\lambda\boldsymbol{b})$.

(4) 向量积（叉积、外积）：设向量 $\boldsymbol{c}$ 是由 $\boldsymbol{a}$ 与 $\boldsymbol{b}$ 按下列方式定出.

定义 13 若向量 $\boldsymbol{c}$ 满足① $|\boldsymbol{c}|=|\boldsymbol{a}||\boldsymbol{b}|\sin(\widehat{\boldsymbol{a},\boldsymbol{b}})$；

② $\boldsymbol{c}\perp\boldsymbol{a}$，$\boldsymbol{c}\perp\boldsymbol{b}$，即 $\boldsymbol{c}$ 垂直 $\boldsymbol{a},\boldsymbol{b}$ 所确定的平面；

③ $\boldsymbol{c}$ 的指向按右手规则从 $\boldsymbol{a}$ 转向 $\boldsymbol{b}$ 来确定.

那么向量 $\boldsymbol{c}$ 叫做向量 $\boldsymbol{a}$ 与 $\boldsymbol{b}$ 的向量积.

$$\text{记 }\boldsymbol{c}=\boldsymbol{a}\times\boldsymbol{b}=\begin{vmatrix}\boldsymbol{i}&\boldsymbol{j}&\boldsymbol{k}\\a_x&a_y&a_z\\b_x&b_y&b_z\end{vmatrix}=\begin{vmatrix}a_y&a_z\\b_y&b_z\end{vmatrix}\boldsymbol{i}-\begin{vmatrix}a_x&a_z\\b_x&b_z\end{vmatrix}\boldsymbol{j}+\begin{vmatrix}a_x&a_y\\b_x&b_y\end{vmatrix}\boldsymbol{k}.$$

运算律：① 反交换律 $\boldsymbol{a}\times\boldsymbol{b}=-\boldsymbol{b}\times\boldsymbol{a}$；② 分配律 $\boldsymbol{a}\times(\boldsymbol{b}+\boldsymbol{c})=\boldsymbol{a}\times\boldsymbol{b}+\boldsymbol{a}\times\boldsymbol{c}$；③ 与数相乘的结合律 $\lambda(\boldsymbol{a}\times\boldsymbol{b})=(\lambda\boldsymbol{a})\times\boldsymbol{b}=\boldsymbol{a}\times(\lambda\boldsymbol{b})$.

注意 $|\boldsymbol{a}\times\boldsymbol{b}|$ 表示以 $\boldsymbol{a}$ 和 $\boldsymbol{b}$ 为邻边的平行四边形的面积.

3. 向量之间的关系

(1) $\boldsymbol{a}\perp\boldsymbol{b}\Leftrightarrow\boldsymbol{a}\cdot\boldsymbol{b}=0\Leftrightarrow a_xb_x+a_yb_y+a_zb_z=0$.

(2) $\boldsymbol{a}\parallel\boldsymbol{b}\Leftrightarrow\boldsymbol{a}\times\boldsymbol{b}=\boldsymbol{0}\Leftrightarrow\dfrac{a_x}{b_x}=\dfrac{a_y}{b_y}=\dfrac{a_z}{b_z}$.

注意 当 b_x,b_y,b_z 中有一个为零，例如，$b_x=0$，理解为 $a_x=0$.

(3) $\boldsymbol{a},\boldsymbol{b}$ 共线 $\Leftrightarrow$ 存在不全为零的数 λ,μ，使 $\lambda\boldsymbol{a}+\mu\boldsymbol{b}=\boldsymbol{0}$（或 $\boldsymbol{a}\neq\boldsymbol{0}$，$\boldsymbol{b}//\boldsymbol{a}\Leftrightarrow\exists\lambda\neq0$，$\boldsymbol{b}=$

$\lambda \boldsymbol{a}$).

(4) 非零向量 $\boldsymbol{a}$ 与 $\boldsymbol{b}$ 的夹角规定为：任取空间一点 O，作 $\overrightarrow{OA}=\boldsymbol{a}, \overrightarrow{OB}=\boldsymbol{b}$，规定不超过 π 的 $\angle AOB(0 \leqslant \angle AOB \leqslant \pi)$，称为向量 $\boldsymbol{a}$ 与 $\boldsymbol{b}$ 的夹角，记为 $(\widehat{\boldsymbol{a}, \boldsymbol{b}})$ 或 $(\widehat{\boldsymbol{b}, \boldsymbol{a}})$，且

$$\cos(\widehat{\boldsymbol{a}, \boldsymbol{b}})=\frac{a_x b_x+a_y b_y+a_z b_z}{\sqrt{a_x^2+a_y^2+a_z^2}\sqrt{b_x^2+b_y^2+b_z^2}}.$$

(三) 平面方程

1. 平面方程的各种形式（表 8-1）

表 8-1

名称	方程	常数(参数)的几何意义	备　注
点法式	$A(x-x_0)+B(y-y_0)+C(z-z_0)=0$	(A,B,C) 是平面的法向量 (x_0,y_0,z_0) 为平面已知点	A,B,C 不全为零
一般式	$Ax+By+Cz+D=0$	(A,B,C) 是平面的法向量	A,B,C 不全为零
截距式	$\frac{x}{a}+\frac{y}{b}+\frac{z}{c}=1$	a,b,c 分别为平面在 x,y,z 轴上的截距	平面不过原点且不平行于坐标轴
三点式	$\begin{vmatrix} x-x_1 & y-y_1 & z-z_1 \\ x_2-x_1 & y_2-y_1 & z_2-z_1 \\ x_3-x_1 & y_3-y_1 & z_3-z_1 \end{vmatrix}=0$	(x_1,y_1,z_1)，(x_2,y_2,z_2)，(x_3,y_3,z_3) 为平面上三个已知点	三点不共线

2. 平面方程 $Ax+By+Cz+D=0$ 中的某些系数或常数项为零时，平面图形的特点（表 8-2）

表 8-2

平面：$Ax+By+Cz+D=0$					
条件			方程		平面图形特点
$D\neq 0$	A,B,C 中有一个为零	$C=0$	$Ax+By+D=0$	平行于 z 轴	平面平行于坐标轴
		$B=0$	$Ax+Cz+D=0$	平行于 y 轴	
		$A=0$	$By+Cz+D=0$	平行于 x 轴	
	A,B,C 中有两个为零	$B=C=0$	$Ax+D=0$	平行于 yOz 面	平面平行于坐标面
		$C=A=0$	$By+D=0$	平行于 zOx 面	
		$A=B=0$	$Cz+D=0$	平行于 xOy 面	
$D=0$	$A\cdot B\cdot C\neq 0$		$Ax+By+Cz=0$	平面过原点	
	A,B,C 中有一个为零	$C=0$	$Ax+By=0$	过 z 轴	平面过坐标轴
		$B=0$	$Ax+Cz=0$	过 y 轴	
		$A=0$	$By+Cz=0$	过 x 轴	
	A,B,C 中有两个为零	$B=C=0$	$x=0$	过 yOz 面	平面即坐标平面
		$C=A=0$	$y=0$	过 zOx 面	
		$A=B=0$	$z=0$	过 xOy 面	

3. 两平面的位置关系（表 8-3）

4. 点 $P_0(x_0,y_0,z_0)$ 到平面 $Ax+By+Cz+D=0$ 的距离公式

$$d=\frac{|Ax_0+By_0+Cz_0+D|}{\sqrt{A^2+B^2+C^2}}.$$

(四) 空间直线

1. 空间直线方程的各种形式（表 8-4）

表 8-3

平面 $\pi_1: A_1x+B_1y+C_1z+D_1=0$， $\boldsymbol{n}_1=(A_1,B_1,C_1)$

平面 $\pi_2: A_2x+B_2y+C_2z+D_2=0$， $\boldsymbol{n}_2=(A_2,B_2,C_2)$

位置关系	成立条件	
相交	$\boldsymbol{n}_1$ 与 $\boldsymbol{n}_2$ 不平行	夹角公式 $\cos\theta=\dfrac{\lvert A_1A_2+B_1B_2+C_1C_2\rvert}{\sqrt{A_1^2+B_1^2+C_1^2}\sqrt{A_2^2+B_2^2+C_2^2}}$ 垂直条件 $A_1A_2+B_1B_2+C_1C_2=0$（$\pi_1\perp\pi_2$）
平行	$\dfrac{A_1}{A_2}=\dfrac{B_1}{B_2}=\dfrac{C_1}{C_2}\neq\dfrac{D_1}{D_2}$ （$\boldsymbol{n}_1 /\!/ \boldsymbol{n}_2$）	
重合	$\dfrac{A_1}{A_2}=\dfrac{B_1}{B_2}=\dfrac{C_1}{C_2}=\dfrac{D_1}{D_2}$ （$\boldsymbol{n}_1 /\!/ \boldsymbol{n}_2$）	

表 8-4

名称	方程	常数(参数)的几何意义	备　注
一般式	$\begin{cases}A_1x+B_1y+C_1z+D_1=0\\A_2x+B_2y+C_2z+D_2=0\end{cases}$	$(A_1,B_1,C_1)\times(A_2,B_2,C_2)$ 为直线的方向向量	把直线看做两平面的交线
对称式（标准式）	$\dfrac{x-x_0}{l}=\dfrac{y-y_0}{m}=\dfrac{z-z_0}{n}$	(x_0,y_0,z_0) 为直线上已知点 (l,m,n) 为直线的方向向量	l,m,n 不全为零，$t\in\mathrm{R}$
参数式	$\begin{cases}x=x_0+lt\\y=y_0+mt\ (t\text{ 为参数})\\z=z_0+nt\end{cases}$		
两点式	$\dfrac{x-x_1}{x_2-x_1}=\dfrac{y-y_1}{y_2-y_1}=\dfrac{z-z_1}{z_2-z_1}$	(x_1,y_1,z_1)，(x_2,y_2,z_2) 为直线上两个已知点	x_2-x_1 y_2-y_1 z_2-z_1 不全为零

2. 空间两直线的相互关系（表 8-5）

表 8-5

直线 $L_1: \dfrac{x-x_1}{l_1}=\dfrac{y-y_1}{m_1}=\dfrac{z-z_1}{n_1}$，$\boldsymbol{s}_1=(l_1,m_1,n_1)$，$M_1(x_1,y_1,z_1)$

直线 $L_2: \dfrac{x-x_2}{l_2}=\dfrac{y-y_2}{m_2}=\dfrac{z-z_2}{n_2}$，$\boldsymbol{s}_2=(l_2,m_2,n_2)$，$M_2(x_2,y_2,z_2)$

位置关系	成立条件
相交	夹角公式 $\cos\theta=\dfrac{\lvert l_1l_2+m_1m_2+n_1n_2\rvert}{\sqrt{l_1^2+m_1^2+n_1^2}\sqrt{l_2^2+m_2^2+n_2^2}}$ 垂直条件 $l_1l_2+m_1m_2+n_1n_2=0$ （$\boldsymbol{s}_1\perp\boldsymbol{s}_2$）
平行或重合	$\dfrac{l_1}{l_2}=\dfrac{m_1}{m_2}=\dfrac{n_1}{n_2}$ （$\boldsymbol{s}_1 /\!/ \boldsymbol{s}_2$）

3. 直线与平面的相互关系（表 8-6）

4. 点 $M_0(x_0,y_0,z_0)$ 到直线 $L: \dfrac{x-x_1}{l}=\dfrac{y-y_1}{m}=\dfrac{z-z_1}{n}$ 的距离

$$d=\frac{\lvert\overrightarrow{M_0M_1}\times\boldsymbol{s}\rvert}{\lvert\boldsymbol{s}\rvert}.\ \text{其中 } M_1(x_1,y_1,z_1),\quad \boldsymbol{s}=(l,m,n).$$

5. 平面束方程

过直线 $\begin{cases}A_1x+B_1y+C_1z+D_1=0,\\A_2x+B_2y+C_2z+D_2=0\end{cases}$ 的平面束方程为

$$\lambda(A_1x+B_1y+C_1z+D_1)+\mu(A_2x+B_2y+C_2z+D_2)=0$$

[或 $A_1x+B_1y+C_1z+D_1+\lambda(A_2x+B_2y+C_2z+D_2)=0$，此时缺少第二个平面，或 $\lambda(A_1x+B_1y+C_1z+D_1)+A_2x+B_2y+C_2z+D_2=0$，此时缺少第一个平面].

表 8-6

直线 L：$\dfrac{x-x_0}{l}=\dfrac{y-y_0}{m}=\dfrac{z-z_0}{n}$，$\boldsymbol{s}=(l,m,n)$；$M(x_0,y_0,z_0)$

平面 π：$Ax+By+Cz+D=0$，$\boldsymbol{n}=(A,B,C)$

位置关系	成立条件	
相交	$Al+Bm+Cn\neq0$ $\boldsymbol{n}$ 与 $\boldsymbol{s}$ 不垂直	垂直条件： $\dfrac{A}{l}=\dfrac{B}{m}=\dfrac{C}{n}$　（$\boldsymbol{n}\parallel\boldsymbol{s}$） 求交点： 把直线方程改写成参数式，代入平面方程解出，即可求得交点坐标 夹角公式 $\sin\varphi=\dfrac{\lvert Al+Bm+Cn\rvert}{\sqrt{A^2+B^2+C^2}\sqrt{l^2+m^2+n^2}}$
平行	$Al+Bm+Cn=0$ 但 $Ax_0+By_0+Cz_0+D\neq0$（$\boldsymbol{n}\perp\boldsymbol{s}$，$M\notin\pi$）	
在平面上	$Al+Bm+Cn=0$ 且 $Ax_0+By_0+Cz_0+D=0$（$\boldsymbol{n}\perp\boldsymbol{s}$，$M\in\pi$）	

(五) 曲面方程

空间曲面的方程为　　$F(x,y,z)=0$.

定义 14　平行于定直线并沿定曲线 C 移动的直线 L 形成的轨迹叫做柱面，定曲线 C 叫做柱面的准线，动直线 L 叫做柱面的母线.

母线平行于 z 轴的柱面方程为 $F(x,y)=0$；

母线平行于 x 轴的柱面方程为 $F(z,y)=0$；

母线平行于 y 轴的柱面方程为 $F(x,z)=0$.

定义 15　以一条平面曲线绕其平面上的一条直线旋转一周所成的曲面叫做旋转曲面，这条定直线叫做旋转曲面的轴.

例：设平面曲线 C：$\begin{cases}f(y,z)=0,\\x=0.\end{cases}$

曲线 C 绕 z 轴旋转所成的旋转曲面方程为：$f(\pm\sqrt{x^2+y^2},z)=0$.

曲线 C 绕 y 轴旋转所成的旋转曲面方程为：$f(y,\pm\sqrt{x^2+z^2})=0$.

定义 16　常用二次曲面方程

① 椭圆锥面方程：$\dfrac{x^2}{a^2}+\dfrac{y^2}{b^2}=z^2$；

② 椭球面方程：$\dfrac{x^2}{a^2}+\dfrac{y^2}{b^2}+\dfrac{z^2}{c^2}=1$；

③ 椭圆抛物面方程：$\dfrac{x^2}{a^2}+\dfrac{y^2}{b^2}=z$；

④ 双曲抛物面方程：$\dfrac{x^2}{a^2}-\dfrac{y^2}{b^2}=z$；

⑤ 单叶双曲面方程：$\dfrac{x^2}{a^2}+\dfrac{y^2}{b^2}-\dfrac{z^2}{c^2}=1$　（a,b,c 均为正数）；

⑥ 双叶双曲面方程：$\frac{x^2}{a^2}-\frac{y^2}{b^2}-\frac{z^2}{c^2}=1$　（a,b,c 均为正数）.

（六）空间曲线方程

1. 一般式方程

$$\begin{cases}F(x,y,z)=0,\\G(x,y,z)=0.\end{cases}$$

2. 参数式方程

$$\begin{cases}x=x(t),\\y=y(t),\\z=z(t).\end{cases}$$

3. 空间曲线在坐标面的投影

设 C 为一条空间曲线，Π 是一张平面，C 的每一点在平面 Π 上均有一个垂足，由这些垂足构成的曲线就称为 C 在平面 Π 上的投影．经过 C 的每一点均有平面 Π 的一条垂线，这些垂线，构成一个柱面，称为曲线 C 到平面 Π 的投影柱面．或以曲线 C 为准线，母线垂直于平面 Π 的柱面叫做曲线 C 关于平面 Π 的投影柱面．投影柱面与平面 Π 的交线为投影曲线（或投影）.

例： 空间曲线 $C\begin{cases}F(x,y,z)=0,\\G(x,y,z)=0,\end{cases}$ 消去 z，得 $\begin{cases}H(x,y)=0,\\z=0.\end{cases}$ 即为空间曲线 C 在 xOy 面上的投影．同理可得曲线 C 在 xOz 面、yOz 面上的投影曲线.

二、精选题解析

1. 向量的运算

【例 1】 已知向量 $\boldsymbol{a}=(1,-1,3),\boldsymbol{b}=(2,-1,2)$，则向量 $\boldsymbol{c}=3\boldsymbol{a}-2\boldsymbol{b}$ 在 y 轴上的分量是________.

【解】 因为 $\boldsymbol{c}=3\boldsymbol{a}-2\boldsymbol{b}=3(1,-1,3)-2(2,-1,2)=(-1,-1,5)$，所以在 y 轴上的分量为 $-\boldsymbol{j}$.

【例 2】 设 $|\boldsymbol{a}|=3,|\boldsymbol{b}|=4$，且 $\boldsymbol{a}\perp\boldsymbol{b}$，则 $|(\boldsymbol{a}+\boldsymbol{b})\times(\boldsymbol{a}-\boldsymbol{b})|=$________.

【解】 $(\boldsymbol{a}+\boldsymbol{b})\times(\boldsymbol{a}-\boldsymbol{b})=\boldsymbol{a}\times\boldsymbol{a}+\boldsymbol{b}\times\boldsymbol{a}-\boldsymbol{a}\times\boldsymbol{b}-\boldsymbol{b}\times\boldsymbol{b}=\boldsymbol{b}\times\boldsymbol{a}-\boldsymbol{a}\times\boldsymbol{b}=2\boldsymbol{b}\times\boldsymbol{a}$

因为 $\boldsymbol{a}\perp\boldsymbol{b}$，所以 $\sin(\boldsymbol{a},\boldsymbol{b})=\sin\frac{\pi}{2}=1$，故

$$|(\boldsymbol{a}+\boldsymbol{b})\times(\boldsymbol{a}-\boldsymbol{b})|=2|\boldsymbol{b}\times\boldsymbol{a}|=2|\boldsymbol{a}||\boldsymbol{b}|\sin(\widehat{\boldsymbol{a},\boldsymbol{b}})=24\,.$$

【例 3】 已知 $|\boldsymbol{a}|=5,|\boldsymbol{b}|=8,(\widehat{\boldsymbol{a},\boldsymbol{b}})=\frac{\pi}{3}$，则 $|\boldsymbol{a}-\boldsymbol{b}|=$________.

【解】 因为
$$\begin{aligned}|\boldsymbol{a}-\boldsymbol{b}|^2&=(\boldsymbol{a}-\boldsymbol{b})\cdot(\boldsymbol{a}-\boldsymbol{b})=|\boldsymbol{a}|^2-2\boldsymbol{a}\cdot\boldsymbol{b}+|\boldsymbol{b}|^2\\&=25-2|\boldsymbol{a}||\boldsymbol{b}|\cos(\widehat{\boldsymbol{a},\boldsymbol{b}})+64\\&=25-2\times5\times8\times\frac{1}{2}+64=49,\end{aligned}$$

所以
$$|\boldsymbol{a}-\boldsymbol{b}|=7\,.$$

【例 4】 设 $\boldsymbol{a}=(2,-3,1),\boldsymbol{b}=(1,-2,5),\boldsymbol{c}\perp\boldsymbol{a},\boldsymbol{c}\perp\boldsymbol{b}$ 且 $\boldsymbol{c}\cdot(\boldsymbol{i}+2\boldsymbol{j}-7\boldsymbol{k})=10$，则 $\boldsymbol{c}=$________.

【解】 设 $\boldsymbol{c}=(x,y,z)$，由 $\boldsymbol{c}\perp\boldsymbol{a},\boldsymbol{c}\perp\boldsymbol{b}$，及已知条件有

$$\begin{cases} 2x-3y+z=0, \\ x-2y+5z=0, \\ x+2y-7z=10, \end{cases}$$

解三元一次方程组，得 $x=\frac{65}{12}, y=\frac{15}{4}, z=\frac{5}{12}$．故 $\boldsymbol{c}=\left(\frac{65}{12},\frac{15}{4},\frac{5}{12}\right)$．

【例 5】 设 $\boldsymbol{a},\boldsymbol{b}$ 为非零向量 $\mathrm{Prj}_{\boldsymbol{a}}\boldsymbol{b}=\mathrm{Prj}_{\boldsymbol{b}}\boldsymbol{a}$，则 $\boldsymbol{a}$ 与 $\boldsymbol{b}$ 的关系是____________．

【解】 $\mathrm{Prj}_{\boldsymbol{a}}\boldsymbol{b}=|\boldsymbol{b}|\cos\theta$，$\mathrm{Prj}_{\boldsymbol{b}}\boldsymbol{a}=|\boldsymbol{a}|\cos\theta$，$\theta=(\widehat{\boldsymbol{a},\boldsymbol{b}})$，按题意则有 $|\boldsymbol{b}|\cos\theta=|\boldsymbol{a}|\cos\theta$，故 $|\boldsymbol{a}|=|\boldsymbol{b}|$ 或 $\boldsymbol{a}\perp\boldsymbol{b}$．

【例 6】 一向量与 x 轴、y 轴成等角，与 z 轴所构成的角是它们的 2 倍，试确定该向量的方向．

【解】 设该向量与 x 轴、y 轴的夹角为 α，则与 z 轴的夹角为 2α，又由于方向余弦的平方和等于 1，所以

$$\begin{aligned} \cos^2\alpha+\cos^2\alpha+\cos^2 2\alpha=1 &\Rightarrow 2\cos^2\alpha+(2\cos^2\alpha-1)^2=1 \\ &\Rightarrow 2\cos^2\alpha\cdot(2\cos^2\alpha-1)=0 \\ &\Rightarrow \cos\alpha=0,\ \cos\alpha=\pm\frac{1}{\sqrt{2}}\ (\text{“}-\text{”舍去}) \\ &\Rightarrow \alpha=\frac{\pi}{2} \text{ 或 } \alpha=\frac{\pi}{4}. \end{aligned}$$

该向量的方向角分别为：$\alpha=\beta=\frac{\pi}{2}$，$\gamma=\pi$ 或 $\alpha=\beta=\frac{\pi}{4}$，$\gamma=\frac{\pi}{2}$，

故该向量的方向为 $(0,0,-1)$，$\left(\frac{\sqrt{2}}{2},\frac{\sqrt{2}}{2},0\right)$．

2. 点的坐标

【例 7】 已知点 $A(-3,1,6)$ 及点 $B(1,5,-2)$，在 yOz 面上有点 P，使 $|AP|=|BP|$，且点 P 到 Oy,Oz 轴等距离，则点 P 的坐标为____________．

【解】 设点 P 为 $(0,y,z)$，由条件知

$$\begin{cases} 9+(y-1)^2+(z-6)^2=1+(y-5)^2+(z+2)^2, \\ |y|=|z|, \end{cases}$$

解得 $y_1=z_1=2$，$-y_2=z_2=\frac{2}{3}$，故所求点为 $P_1(0,2,2)$ 或 $P_2=\left(0,-\frac{2}{3},\frac{2}{3}\right)$．

【例 8】 试求点 $P(3,7,5)$ 关于平面 Π: $2x-6y+3z+42=0$ 对称的点 P' 的坐标．

【解】 过已知点 P 做平面 Π 的垂线，有 $\frac{x-3}{2}=\frac{y-7}{-6}=\frac{z-5}{3}$，其参数方程为

$$x=3+2t,\quad y=7-6t,\quad z=5+3t$$

代入平面 Π 的方程有　$6+4t-42+36t+15+9t+42=0$，

得 $t_0=-\frac{3}{7}$．而 P 点对应 $t_1=0$，由参数方程，故对称点对应 $t_2-t_1=2(t_0-t_1)$，即

$$t_2=2t_0.$$

于是 $x=3+2\times(-\frac{3}{7}\times 2)=\frac{9}{7}$，$y=7-6\times(-\frac{3}{7}\times 2)=\frac{85}{7}$，$z=5+3\times(-\frac{3}{7}\times 2)=\frac{17}{7}$，

对称点 P' 的坐标为 $(\frac{9}{7},\frac{85}{7},\frac{17}{7})$．

【例 9】 若点 M 与点 $N(2,5,0)$ 关于直线 l ：$\begin{cases} x-y-4z+12=0, \\ 2x+y-2z+3=0 \end{cases}$ 对称，求 M 的坐标.

【解】 l 的方向向量为 $\boldsymbol{s}=\begin{vmatrix} \boldsymbol{i} & \boldsymbol{j} & \boldsymbol{k} \\ 1 & -1 & -4 \\ 2 & 1 & -2 \end{vmatrix}=6\boldsymbol{i}-6\boldsymbol{j}-3\boldsymbol{k}$，$l$ 的参数方程为

$$\begin{cases} x=-5+2t, \\ y=7-2t, \\ z=t. \end{cases}$$

过 N 垂直 l 的平面为 Π：$2x-2y+z+6=0$，l 与 Π 的交点为 $(-1,3,2)$，即为 MN 中点，设 $M(x_0,y_0,z_0)$，则 $\dfrac{x_0+2}{1}=-1$，$\dfrac{y_0+5}{2}=3$，$\dfrac{z_0}{2}=2$，解得 M 为 $(-4,1,4)$.

3. 平面方程

【例 10】 与两直线 $\begin{cases} x=1 \\ y=-1+t \\ z=2+t \end{cases}$ 及 $\dfrac{x+1}{1}=\dfrac{y+2}{2}=\dfrac{z-1}{1}$ 都平行，且过原点的平面方程是__________.

【解】 设 $\boldsymbol{s}_1=(0,1,1)$，$\boldsymbol{s}_2=(1,2,1)$，由题意平面 Π 平行于两直线，则平面的法向量 $\boldsymbol{n}$ 与该两直线的方向向量垂直，于是有

$$\boldsymbol{n}=\boldsymbol{s}_1\times\boldsymbol{s}_2=\begin{vmatrix} \boldsymbol{i} & \boldsymbol{j} & \boldsymbol{k} \\ 0 & 1 & 1 \\ 1 & 2 & 1 \end{vmatrix}=-\boldsymbol{i}+\boldsymbol{j}-\boldsymbol{k},$$

平面又过原点，故所求平面方程为 $x-y+z=0$.

【例 11】 过点 $M(1,2,-1)$ 且与直线 $\begin{cases} x=-t+2, \\ y=3t-4, \\ z=t-1. \end{cases}$ 垂直的平面方程是__________.

【解】 直线的方向向量为 $\boldsymbol{s}=(-1,3,1)$，因为直线垂直所求平面，于是可知平面的法向量 $\boldsymbol{n}$ 平行于 $\boldsymbol{s}$，取 $\boldsymbol{s}=(-1,3,1)$ 为平面的法向量，故所求的平面为

$$-(x-1)+3(y-2)+(z+1)=0,$$

即

$$x-3y-z+4=0.$$

【例 12】 已知两直线方程是 L_1：$\dfrac{x-1}{1}=\dfrac{y-2}{0}=\dfrac{z-3}{-1}$ 和 L_2：$\dfrac{x+2}{2}=\dfrac{y-1}{1}=\dfrac{z}{1}$，则过 L_1 且平行于 L_2 的平面方程是__________.

【解】 方法一 直线 L_1，L_2 的方向向量分别为 $\boldsymbol{s}_1=(1,0,-1)$，$\boldsymbol{s}_2=(2,1,1)$，因为平面过 L_1 且平行于 L_2，所以平面的法向量 $\boldsymbol{n}=(A,B,C)$ 就为

$$\boldsymbol{n}=\boldsymbol{s}_1\times\boldsymbol{s}_2=\begin{vmatrix} \boldsymbol{i} & \boldsymbol{j} & \boldsymbol{k} \\ 1 & 0 & -1 \\ 2 & 1 & 1 \end{vmatrix}=\boldsymbol{i}-3\boldsymbol{j}+\boldsymbol{k},$$

由于平面过 L_1，所以点 $M(1,2,3)$ 在平面上，故平面方程为 $(x-1)-3(y-2)+(z-3)=0$，即

$$x-3y+z+2=0.$$

方法二 过 L_1 的平面束为 $x+z-4+\lambda(y-2)=0$，方向向量为：$\boldsymbol{n}=(1,\lambda,1)$，因为

$\boldsymbol{n} \cdot \boldsymbol{s}_2 = 0$，所以 $1 \times 2 + \lambda \times 1 + 1 \times 1 = 0, \lambda = -3$，故平面方程为

$$x - 3y + z + 2 = 0.$$

【例 13】 求通过下列两平面 $\Pi_1: 2x + y - z - 2 = 0$ 和 $\Pi_2: 3x - 2y - 2z + 1 = 0$ 的交线且与平面 $\Pi_3: 3x + 2y + 3z - 6 = 0$ 垂直的平面方程.

【解】 设所求平面为

$$\lambda(2x + y - z - 2) + \mu(3x - 2y - 2z + 1) = 0 \tag{8-1}$$

即

$$(2\lambda + 3\mu)x + (\lambda - 2\mu)y + (-\lambda - 2\mu)z + (-2\lambda + \mu) = 0.$$

由于该平面垂直于平面 Π_3，所以它们的法向量一定互相垂直，于是

$$3(2\lambda + 3\mu) + 2(\lambda - 2\mu) + 3(-\lambda - 2\mu) = 0 \Rightarrow 5\lambda - \mu = 0,$$

将 $\mu = 5\lambda$ 代入式(8-1)即得所求的平面为 $17x - 9y - 11z + 3 = 0$.

【例 14】 在平面 $2x + y - 3z + 2 = 0$ 和平面 $5x + 5y - 4z + 3 = 0$ 所决定的平面束内，求两个相互垂直的平面，其中的一个经过点 $(4, -3, 1)$.

【解】 由已知两平面决定的平面束方程为

$$2x + y - 3z + 2 + \lambda(5x + 5y - 4z + 3) = 0$$

经过点 $(4, -3, 1)$ 之平面应满足条件

$$2 \times 4 + 1 \times (-3) + (-3) \times 1 + 2 + \lambda[5 \times 4 + 5 \times (-3) - 4 \times 1 + 3] = 0,$$

即 $\lambda = -1$. 故过点 $(4, -3, 1)$ 之所求平面为

$$2x + y - 3z + 2 - (5x + 5y - 4z + 3) = 0,$$

即

$$3x + 4y - z + 1 = 0.$$

另一平面也在平面束内，故

$$(2 + 5\lambda)x + (1 + 5\lambda)y - (3 + 4\lambda)z + (2 + 3\lambda) = 0,$$

应满足条件 $(2 + 5\lambda) \times 3 + (1 + 5\lambda) \times 4 + (-3 - 4\lambda) \times (-1) = 0$，即

$$\lambda = -\frac{1}{3},$$

故所求的另一个平面方程为

$$2x + y - 3z + 2 - \frac{1}{3}(5x + 5y - 4z + 3) = 0,$$

即

$$x - 2y - 5z + 3 = 0.$$

【例 15】 一平面通过两直线 $L_1: \frac{x-1}{1} = \frac{y+2}{2} = \frac{z-5}{1}$ 和直线 $L_2: \frac{x}{1} = \frac{y+3}{3} = \frac{z+1}{2}$ 的公垂线 L，且平行于向量 $\boldsymbol{s} = (1, 0, -1)$，求此平面方程.

【解】 已知两直线的方向向量为 $\boldsymbol{s}_1 = (1, 2, 1), \boldsymbol{s}_2 = (1, 3, 2)$，令 $\boldsymbol{s}_3 = \boldsymbol{s}_1 \times \boldsymbol{s}_2$，则

$$\boldsymbol{s}_3 = (1, -1, 1).$$

设所求平面的法向量为 $\boldsymbol{n}$，则应有 $\boldsymbol{n} = \boldsymbol{s}_3 \times \boldsymbol{s}$，计算可得 $\boldsymbol{n} = (1, 2, 1)$.

下面求公垂线 L 上的一个点.

设此公垂线与 L_1 和 L_2 分别交于 $A(t+1, 2t-2, t+5)$ 和 $B(\lambda, 3\lambda - 3, 2\lambda - 1)$，则 $\overrightarrow{AB} \parallel \boldsymbol{s}_3$，从而

$$\frac{\lambda - t - 1}{1} = \frac{3\lambda - 2t - 1}{-1} = \frac{2\lambda - t - 6}{1},$$

解出 $t = 6, \lambda = 5$. 故点 A 为 $(7, 10, 11)$. 所求平面方程为

$$(x - 7) + 2(y - 10) + (z - 11) = 0, \text{ 即 } x + 2y + z - 38 = 0.$$

【例 16】 求通过直线 $L: \begin{cases} 2x + y = 0, \\ 4x + 2y + 3z = 6 \end{cases}$ 且切于球面 $x^2 + y^2 + z^2 = 4$ 的平面方程.

【解】 通过已知直线的平面束方程是

$$(4+2\lambda)x+(2+\lambda)y+3z-6=0.$$

此平面切于已知球面，故球心到平面的距离等于球的半径，即

$$\frac{|0+0+0-6|}{\sqrt{(4+2\lambda)^2+(2+\lambda)^2+3^2}}=2,$$

解得 $\lambda=-2$. 所求平面为 $[4+2\times(-2)]x+(2-2)y+3z-6=0$，即 $z=2$.

4. 直线方程

【例 17】 已知两直线 $\frac{x-1}{k}=\frac{y+4}{5}=\frac{z-3}{-3}$，$\frac{x+3}{3}=\frac{y-9}{-4}=\frac{z+14}{17}$ 相交，则 $k=$________.

【解】 第二条直线的参数方程为

$$\begin{cases}x=3t-3,\\ y=-4t+9,\\ z=7t-14,\end{cases}$$

代入第一条直线方程，有解即 $\frac{3t-4}{k}=\frac{-4t+13}{5}=\frac{7t-17}{-3}$，解得 $k=2$.

【例 18】 设一直线平行于平面 $3x-2y+z+5=0$，与直线 $\frac{x-1}{2}=\frac{y}{-1}=\frac{z+2}{1}$ 相交，且过点 $M_0(2,-1,2)$，求该直线方程.

【解】 设交点为 $M(2t+1,-t,t-2)$，则所求直线方向向量为

$$\boldsymbol{s}=\overrightarrow{M_0M}=(2t-1,1-t,t-4),$$

又因为直线平行于平面，故有 $3\times(2t-1)-2\times(1-t)+1\times(t-4)=0$，$t=1$. 故有 $\boldsymbol{s}=(1,0,-3)$，由对称式方程得 $\frac{x-2}{1}=\frac{y+1}{0}=\frac{z-2}{-3}$.

【例 19】 一直线过点 $(-3,5,-9)$，且与直线 L_1：$\begin{cases}3x-y+5=0,\\ 2x-z-3=0\end{cases}$ 和 L_2：$\begin{cases}4x-y-7=0,\\ 5x-z+10=0\end{cases}$ 相交，求该直线方程.

【解】 过直线 L_1 的平面束为 $(2+3\lambda)x-\lambda y-z-3+5\lambda=0$ 将点 $(-3,5,-9)$ 代入，求得 $\lambda=0$，故过 L_1 及点 $(-3,5,-9)$ 的平面方程为 $2x-z-3=0$，同样可求出过 L_2 及点 $(-3,5,-9)$ 的平面方程为 $34x-y-6z+53=0$，则所求直线即为两平面的交线

$$\begin{cases}2x-z-3=0,\\ 34x-y-6z+53=0.\end{cases}$$

【例 20】 试证曲线 $\begin{cases}4x-5y-10z-20=0,\\ \frac{x^2}{25}+\frac{y^2}{16}-\frac{z^2}{4}=1\end{cases}$ 是两相交直线，并求其对称式方程.

【证明】 在原曲线方程中消去 z 得 $(x-5)(y+4)=0$. 于是得两直线方程

$$L_1:\begin{cases}x-5=0,\\ 4x-5y-10z-20=0,\end{cases}\quad L_2:\begin{cases}y+4=0,\\ 4x-5y-10z-20=0.\end{cases}$$

容易求得其方向向量分别为 $\boldsymbol{s}_1=(0,2,-1)$，$\boldsymbol{s}_2=(5,0,2)$，说明 L_1 与 L_2 共面不平行. 因此，L_1 与 L_2 是两条相交直线，进一步可写出其对称式方程为

$$L_1: \frac{x-5}{0} = \frac{y}{2} = \frac{z}{-1}, \quad L_2: \frac{x}{5} = \frac{y+4}{0} = \frac{z}{2}.$$

【例 21】 求过点 $(-1,-4,3)$ 并与两直线 $L_1: \begin{cases} 2x-4y+z=1, \\ x+3y=-5 \end{cases}$ 和 $L_2: \begin{cases} x=2+4t, \\ y=-1-t, \\ z=-3+2t \end{cases}$ 都垂直的直线方程.

【解】 设所求直线方程的方向向量为 $\boldsymbol{s}=(l,m,n)$，直线 L_1 与 L_2 的方向向量分别为 $\boldsymbol{s}_1=(-3,1,10)$，$\boldsymbol{s}_2=(4,-1,2)$. 由题意有 $\boldsymbol{s} \perp \boldsymbol{s}_1$，$\boldsymbol{s} \perp \boldsymbol{s}_2$，故

$$\begin{cases} -3l+m+10n=0, \\ 4l-m+2n=0 \end{cases} \Rightarrow \begin{cases} l=-12n, \\ m=-46n, \end{cases}$$

令 $n=1$，则所求直线方程为 $\dfrac{x+1}{-12} = \dfrac{y+4}{-46} = \dfrac{z-3}{1}$.

【例 22】 一条直线通过坐标原点，且和连接原点与点 $M(1,1,1)$ 的直线成 $\dfrac{\pi}{4}$ 角，求此直线上点的坐标满足的关系式.

【解】 设此直线上的点为 $A(x,y,z)$，由于 $\angle AOM = \dfrac{\pi}{4}$，故

$$\overrightarrow{OA} = x\boldsymbol{i}+y\boldsymbol{j}+z\boldsymbol{k}, \quad \overrightarrow{OM} = \boldsymbol{i}+\boldsymbol{j}+\boldsymbol{k}, \quad \cos\frac{\pi}{4} = \frac{1\cdot x+1\cdot y+1\cdot z}{\sqrt{1^2+1^2+1^2}\cdot\sqrt{x^2+y^2+z^2}},$$

两边平方整理得 $x^2+y^2+z^2-4yz-4zx-4xy=0$.

注意　这实际上是半顶角为 $\dfrac{\pi}{4}$，以 OM 为对称轴的正圆锥面.

【例 23】 求在平面 $\pi: x+y+z=1$ 上，且与直线 $L: \begin{cases} y=1, \\ z=-1 \end{cases}$ 垂直相交的直线方程.

【解】 平面与已知直线的交点为 $(1,1,-1)$，所求直线在过交点 $(1,1,-1)$ 且垂直于已知直线的平面上，平面方程为 $x-1=0$，又所求直线在已知平面上，故所求直线方程为

$$\begin{cases} x-1=0, \\ x+y+z=1. \end{cases}$$

5. 点到平面、直线的距离与直线与直线、平面与平面的夹角

【例 24】 过点 $M(-5,16,12)$ 作两平面，一个包含 x 轴，另一个包含 y 轴，计算这两个平面间的夹角.

【解】 设过 x 轴的平面为 $\Pi_1: y+C_1z=0$，过 y 轴的平面为 $\Pi_2: x+C_2z=0$. 过点 M，解得 $C_1=-\dfrac{4}{3}$，$C_2=\dfrac{5}{12}$，故方程为 $\Pi_1: 3y-4z=0$，$\Pi_2: 12x+5z=0$，Π_1，Π_2 的法向量分别为 $\boldsymbol{n}_1=(0,3,-4)$，$\boldsymbol{n}_1=(12,0,5)$，$\cos\theta = |\cos(\widehat{\boldsymbol{n}_1,\boldsymbol{n}_2})| = \dfrac{|\boldsymbol{n}_1\cdot\boldsymbol{n}_2|}{|\boldsymbol{n}_1||\boldsymbol{n}_2|} = \dfrac{4}{13}$，故夹角为 $\arccos\dfrac{4}{13}$.

【例 25】 空间中的一点 $M(4,3,5)$ 到 x 轴的距离为（　　）.

(A) $\sqrt{4^2+(-3)^2+5^2}$　　(B) $\sqrt{(-3)^2+5^2}$　　(C) $\sqrt{4^2+(-3)^2}$　　(D) $\sqrt{4^2+5^2}$

【解】 在 x 轴上取一点 $O(0,0,0)$，取 x 轴上的单位向量 $\boldsymbol{e}=(1,0,0)$，

$$d=\frac{|\overrightarrow{OM}\times e|}{|e|}=\begin{vmatrix} i & j & k \\ 4 & 3 & 5 \\ 1 & 0 & 0 \end{vmatrix}=|5j-3k|=\sqrt{5^2+(-3)^2},$$

故答案为(B).

【例 26】 求点 (1,2,3) 到直线 $\frac{x}{1}=\frac{y-4}{-3}=\frac{z-3}{-2}$ 的距离.

【解】 方法一 先求已知点在该直线上的投影. 为此先以 $\boldsymbol{n}=\boldsymbol{i}-3\boldsymbol{j}-2\boldsymbol{k}$ 为法向量，过点 (1,2,3) 作平面

$$(x-1)-3(y-2)-2(z-3)=0,\text{即}\quad x-3y-2z+11=0.$$

将已知直线写成参数式 $x=t,y=-3t+4,z=-2t+3$. 代入平面方程得 $t=\frac{1}{2}$. 故 $x=\frac{1}{2},y=\frac{5}{2},z=2$. 所求距离就是点 (1,2,3) 与点 $(\frac{1}{2},\frac{5}{2},2)$ 间距离

$$d=\sqrt{(1-\frac{1}{2})^2+(2-\frac{5}{2})^2+(3-2)^2}=\frac{1}{2}\sqrt{6}.$$

方法二 记 $M_0(1,2,3),M(0,4,3),\boldsymbol{s}=(1,-3,-2)$，则所求点到直线的距离为

$$d=\frac{|\overrightarrow{MM_0}\times \boldsymbol{s}|}{|\boldsymbol{s}|}=\frac{\begin{vmatrix} i & j & k \\ -1 & 2 & 0 \\ 1 & -3 & -2 \end{vmatrix}}{\sqrt{1^2+(-3)^2+(-2)^2}}=\frac{\sqrt{6}}{2}.$$

6. 空间曲面方程

【例 27】 旋转曲面 $x^2-y^2-z^2=1$ 是（ ）.

(A) xOy 平面上的双曲线 $x^2-y^2=1$ 绕 y 轴旋转所得

(B) xOz 平面上的双曲线 $x^2-z^2=1$ 绕 z 轴旋转所得

(C) xOy 平面上的双曲线 $x^2-y^2=1$ 绕 x 轴旋转所得

(D) xOy 平面上的圆 $x^2+y^2=1$ 绕 x 轴旋转所得

【解】 由旋转曲面公式可得本题答案为 (C).

【例 28】 与 xOy 面的交线为 $\begin{cases}x^2+3y^2=3,\\ z=0\end{cases}$ 且围成的立体体积为 4π 的椭球面方程为________.

【解】 椭球面围成的立体体积为 $\frac{4}{3}\pi abc$，故 $abc=3$. 由于与 xOy 平面交线为

$$\begin{cases}x^2+3y^2=3,\\ z=0,\end{cases}$$

故 $a=\sqrt{3}$，$b=1$ 从而 $c=\sqrt{3}$. 于是椭球面为

$$\frac{x^2}{3}+y^2+\frac{z^2}{3}=1.$$

【例 29】 （2009 年考研题）求过点 (4,0) 且与椭圆 $\frac{x^2}{4}+\frac{y^2}{3}=1$ 相切的直线绕 x 轴旋转而成的圆锥面方程.

【解】 过点 (4,0) 且与 $\frac{x^2}{4}+\frac{y^2}{3}=1$ 相切的直线为 $y=\pm\left(\frac{1}{2}x-2\right)$，所求圆锥面方程为

$$y^2+z^2=\left(\frac{1}{2}x-2\right)^2.$$

【例 30】 求半径为 3，且与平面 $x+2y+2z+3=0$ 相切于点 $(1,1,-3)$ 的球面方程.

【解】 设球心坐标为 (x,y,z)，它到点 $(1,1,-3)$ 的距离为 3，且在过点 $(1,1,-3)$ 并垂直于平面 $x+2y+2z+3=0$ 的直线上，即有

$$\begin{cases}(x-1)^2+(y-1)^2+(z+3)^2=9,\\ \dfrac{x-1}{1}=\dfrac{y-1}{2}=\dfrac{z+3}{2},\end{cases}$$

解方程得球心坐标为 $(2,3,-1)$ 或 $(0,-1,-5)$，故所求球面方程为

$$(x-2)^2+(y-3)^2+(z+1)^2=9 \quad 或 \quad x^2+(y+1)^2+(z+5)^2=9.$$

三、强化练习题

☆ A　题 ☆

1. 填空题

(1) 设 $\boldsymbol{m}=3\boldsymbol{i}+5\boldsymbol{j}+8\boldsymbol{k}$，$\boldsymbol{n}=2\boldsymbol{i}-4\boldsymbol{j}-7\boldsymbol{k}$，$\boldsymbol{p}=5\boldsymbol{i}+\boldsymbol{j}-4\boldsymbol{k}$，则向量 $\boldsymbol{a}=4\boldsymbol{m}+3\boldsymbol{n}-\boldsymbol{p}$ 在 x 轴上的投影为__________，在 y 轴上的分向量为__________.

(2) 对向量 $\boldsymbol{a}$，$\boldsymbol{b}$，若 $|\boldsymbol{a}|=3$，$|\boldsymbol{b}|=5$，且 $\boldsymbol{a}+k\boldsymbol{b}$ 垂直于 $\boldsymbol{a}-k\boldsymbol{b}$，则 $k=$__________.

(3) 与向量 $\boldsymbol{a}=(2,-1,2)$ 共线且满足 $\boldsymbol{a}\cdot\boldsymbol{x}=-18$ 的向量 $\boldsymbol{x}=$__________.

(4) 同时垂直于向量 $\boldsymbol{a}=(2,2,1)$ 与 x 轴的单位向量__________.

(5) 向量 $\boldsymbol{a}=(1,1,-4)$ 在向量 $\boldsymbol{b}=(2,-2,1)$ 上的投影为__________.

(6) 平行于 x 轴，且过点 $P(3,-1,2)$ 及 $Q(0,1,0)$ 的平面方程是__________.

(7) 过直线 $\dfrac{x-1}{2}=\dfrac{y+2}{-3}=\dfrac{z-2}{2}$ 且垂直于平面 $3x+2y-z-5=0$ 的平面方程是__________.

(8) 直线 l：$\dfrac{x-1}{1}=\dfrac{y}{1}=\dfrac{z-1}{-1}$ 在平面 Π：$x-y+2z-1=0$ 上的投影直线方程是__________.

(9) 点 $M(2,3,-1)$ 到直线 $\begin{cases}2x-2y+z+3=0,\\ 3x-2y+2z+17=0\end{cases}$ 的距离为__________.

(10) xOy 面上的直线 $\dfrac{z}{2}=\dfrac{y-3}{3}$ 绕 y 轴旋转所成的曲面方程是______；此曲面的名称是______.

2. 选择题

(1) 已知 $\boldsymbol{a}$,$\boldsymbol{b}$ 都是非零向量，且满足 $|\boldsymbol{a}-\boldsymbol{b}|=|\boldsymbol{a}|+|\boldsymbol{b}|$，则必有（　　）.

(A) $\boldsymbol{a}-\boldsymbol{b}=\boldsymbol{0}$　　(B) $\boldsymbol{a}+\boldsymbol{b}=\boldsymbol{0}$　　(C) $\boldsymbol{a}\cdot\boldsymbol{b}=0$　　(D) $\boldsymbol{a}\times\boldsymbol{b}=\boldsymbol{0}$

(2) 平面 $2x+3y-z=\lambda$ 是曲面 $z=2x^2+3y^2$ 在点 $\left(\dfrac{1}{2},\dfrac{1}{2},\dfrac{5}{4}\right)$ 处的切平面，则 λ 的值为（　　）.

(A) $\dfrac{4}{5}$　　(B) 2　　(C) $\dfrac{1}{2}$　　(D) $\dfrac{5}{4}$

(3) 若平面 $(2a+5)x+(a-2)y+4=0$ 与平面 $(2-a)x+(a+3)y+2az-1=0$ 垂直，则 a 的值为（　　）.

(A) $a=2$　　(B) $a=2$ 或 $a=-2$　　(C) $a=-2$　　(D) $a=\pm 2$ 或 $a=0$

(4) 设有直线 $l:\begin{cases}x+3y+2z+1=0\\2x-y-10z+3=0\end{cases}$，且有平面 $\Pi:4x-2y+z=0$，则直线 l 与平面 Π 的关系（　　）.

(A) 平行平面 Π　(B) 垂直平面 Π　(C) 在平面 Π 上　(D) 与平面 Π 斜交

(5) 坐标原点关于平面 $6x+2y-9z+121=0$ 的对称点所对应的参数方程中的 $t=$（　　）.

(A) -1　(B) 1　(C) 2　(D) -2

(6) 两平面 $x-2y-z=3$，$2x-4y-2z=5$ 各自与平面 $x+y-3z=0$ 的交线是（　　）.

(A) 相交的　(B) 平行的　(C) 异面的　(D) 重合的

(7) 已知直线 $\begin{cases}A_1x+B_1y+C_1z+D_1=0,\\A_2x+B_2y+C_2z+D_2=0,\end{cases}$ 其中系数均非零，若 $\dfrac{A_1}{D_1}=\dfrac{A_2}{D_2}$，则该直线（　　）.

(A) 平行于 Ox 轴　(B) 与 Ox 轴相交

(C) 过原点　(D) 与 Ox 轴重合

(8) 直线 $\begin{cases}x+y+3z=0,\\x-y-z=0\end{cases}$ 与平面 $x-y-z+1=0$ 的夹角为（　　）.

(A) 2π　(B) $\dfrac{\pi}{3}$　(C) 0　(D) $\dfrac{\pi}{2}$

(9) 方程 $x^2-\dfrac{y^2}{4}+z^2=1$ 表示的曲面是（　　）.

(A) 单叶双曲面　(B) 双叶双曲面　(C) 双曲柱面　(D) 锥面

(10) 空间曲线 $\begin{cases}z=x^2+y^2-2,\\z=5\end{cases}$ 在 xOy 平面上投影曲线方程是（　　）.

(A) $x^2+y^2=7$　(B) $\begin{cases}x^2+y^2=7\\z=5\end{cases}$　(C) $\begin{cases}x^2+y^2=7\\z=0\end{cases}$　(D) $\begin{cases}z=x^2+y^2-2\\z=0\end{cases}$

3. 计算题

(1) 已知 $\boldsymbol{a}\cdot\boldsymbol{b}=3$，$\boldsymbol{a}\times\boldsymbol{b}=(1,1,1)$，求 $(\widehat{\boldsymbol{a},\boldsymbol{b}})$.

(2) 设向量 $\boldsymbol{a},\boldsymbol{b}$ 非零，$|\boldsymbol{b}|=2$，$(\widehat{\boldsymbol{a},\boldsymbol{b}})=\dfrac{\pi}{3}$，求 $\lim\limits_{x\to0}\dfrac{|\boldsymbol{a}+x\boldsymbol{b}|-|\boldsymbol{a}|}{x}$.

(3) 设 $\boldsymbol{A}=2\boldsymbol{a}+\boldsymbol{b}$，$\boldsymbol{B}=k\boldsymbol{a}+\boldsymbol{b}$，其中 $|\boldsymbol{a}|=1$，$|\boldsymbol{b}|=2$，且 $\boldsymbol{a}\perp\boldsymbol{b}$. 问：① k 为何值时，$\boldsymbol{A}\perp\boldsymbol{B}$；② k 为何值时，$\boldsymbol{A}$ 与 $\boldsymbol{B}$ 为邻边的平行四边形面积为 6.

(4) 一平面过点 $M(3,-2,1)$ 和 $N(0,3,5)$，且在 x 轴和 y 轴上的截距相等，求这平面方程.

(5) 一平面与原点的距离为 6，且在三坐标轴上的截距之比 $a:b:c=1:3:2$，求该平面方程.

(6) 求平行于平面 $6x+y+6z+5=0$，且与三坐标面所构成的四面体体积为一个单位的平面.

(7) 在直线方程 $\begin{cases}3x-y+2z-6=0,\\x+4y-z+D=0\end{cases}$ 中，取 D 为何值方能使直线与 z 轴相交？

(8) 在平面 $x+y+z+1=0$ 内，求一直线，使它通过直线 $L:\begin{cases}y+z+1=0,\\x+2z=0\end{cases}$ 与平面

的交点，且与 L 垂直.

(9) 设有直线 $L_1: \frac{x+2}{1}=\frac{y-3}{-1}=\frac{z+1}{1}$ 及 $L_2: \frac{x+4}{2}=\frac{y}{1}=\frac{z-4}{3}$，试求与直线 L_1, L_2 都垂直相交的直线方程.

(10) 求曲线 $\begin{cases}-9y^2+6xy-2zx+24x-9y+3z-63=0,\\ 2x-3y+z=9\end{cases}$ 平行于 z 轴的投影柱面.

4. 证明题

(1) 已知 $\boldsymbol{a}$ 和 $\boldsymbol{b}$ 为两非零向量，问 t 取何值时，向量模 $|\boldsymbol{a}+t\boldsymbol{b}|$ 最小? 并证明此时 $\boldsymbol{b}\perp(\boldsymbol{a}+t\boldsymbol{b})$.

(2) 设点 (x_0, y_0, z_0) 到平面的距离为 p，且平面的法向量为 (A,B,C)，试证明：平面方程是

$$A(x-x_0)+B(y-y_0)+C(z-z_0)\pm p\sqrt{A^2+B^2+C^2}=0.$$

☆ B　题 ☆

1. 填空题

(1) 已知 $|\boldsymbol{a}|=2$，$|\boldsymbol{b}|=5$，$(\widehat{\boldsymbol{a},\boldsymbol{b}})=\frac{2\pi}{3}$，且 $(\lambda\boldsymbol{a}+17\boldsymbol{b})\perp(3\boldsymbol{a}-\boldsymbol{b})$，则 $\lambda=$____________.

(2) 设 $\boldsymbol{a},\boldsymbol{b},\boldsymbol{c}$ 均为非零向量，且 $\boldsymbol{a}=\boldsymbol{b}\times\boldsymbol{c}$，$\boldsymbol{b}=\boldsymbol{c}\times\boldsymbol{a}$，$\boldsymbol{c}=\boldsymbol{a}\times\boldsymbol{b}$，则 $|\boldsymbol{a}|+|\boldsymbol{b}|+|\boldsymbol{c}|=$____________.

(3) 设向量 $\boldsymbol{a},\boldsymbol{b}$ 不平行，$\boldsymbol{c}=\boldsymbol{a}+\boldsymbol{b}$，则 $(\widehat{\boldsymbol{a},\boldsymbol{c}})=(\widehat{\boldsymbol{b},\boldsymbol{c}})$ 的充分必要条件为____________.

(4) 设一平面过原点及 $(6,-3,2)$，且与平面 $4x-y+2z=8$ 垂直，则此平面方程为____________.

(5) 与 Oz 轴平行的空间直线的一般式方程为____________.

(6) 直线 $\begin{cases}x+y+z=a\\ x+cy=b\end{cases}$ 在 yOz 平面上投影是____________.

(7) 两直线 $L_1: \frac{x-1}{2}=\frac{y-2}{3}=\frac{z-2}{4}$ 和 $L_2: \frac{x-2}{3}=\frac{y-4}{4}=\frac{z-5}{5}$ 的公垂线方程为____________.

(8) 直线 $\begin{cases}x=1,\\ y=0\end{cases}$ 绕 z 轴旋转一周所形成的旋转曲面的方程为____________.

2. 选择题

(1) 设向量 $\boldsymbol{a},\boldsymbol{b},\boldsymbol{c}$ 两两夹角都为 $\frac{\pi}{3}$，且 $|\boldsymbol{a}|=4, |\boldsymbol{b}|=2, |\boldsymbol{c}|=6$, 则 $|\boldsymbol{a}+\boldsymbol{b}+\boldsymbol{c}|=$(　　).

(A) 8　　(B) 10　　(C) 6　　(D) 12

(2) 设向量 $\boldsymbol{a},\boldsymbol{b}$ 为非零向量，$\boldsymbol{a}\perp\boldsymbol{b}$，$x$ 为实数，那么 $|\boldsymbol{a}+x\boldsymbol{b}|$ 与 $|\boldsymbol{a}|$ 的大小关系是(　　).

(A) $|\boldsymbol{a}+x\boldsymbol{b}|>|\boldsymbol{a}|$　　(B) $|\boldsymbol{a}+x\boldsymbol{b}|<|\boldsymbol{a}|$

(C) $|\boldsymbol{a}+x\boldsymbol{b}|\geqslant|\boldsymbol{a}|$　　(D) $|\boldsymbol{a}+x\boldsymbol{b}|\leqslant|\boldsymbol{a}|$

(3) 点 $P(2,-1,-1)$ 关于平面 π 的对称点为 $P'(-2,3,11)$，则平面 π 方程为(　　).

(A) $x+y-3z+16=0$　　(B) $2x-y+z+2=0$

(C) $x-2y+3z+1=0$　　(D) $x-y-3z+16=0$

(4) 在直线方程 $\begin{cases} x-2y+z-9=0 \\ 3x+By+z+D=0 \end{cases}$ 中，B 和 D 为何值时，直线在 xOy 面上(　　).

(A) $B=-6$, $C=-27$　　(B) $B=-3$, $C=-27$

(C) $B=-3$, $C=6$　　(D) $B=6$, $C=27$

(5) 直线过 $M_0(1,1,1)$ 且与 $L_1: x=\dfrac{y}{2}=\dfrac{z}{3}$ 相交，与直线 $L_2: \dfrac{x-1}{2}=\dfrac{y-2}{1}=\dfrac{z-3}{4}$ 垂直，则该直线的方向向量为 $\boldsymbol{s}=($　　$)$.

(A) $(9,2,5)$　　(B) $(-9,2,5)$　　(C) $(-9,-2,5)$　　(D) $(9,-2,-5)$

(6) 设有直线 $l_1: \dfrac{x-1}{1}=\dfrac{y-5}{-2}=\dfrac{z+8}{1}$ 与 $l_2: \begin{cases} x-y=6, \\ 2y+z=3, \end{cases}$ 则 l_1 与 l_2 的夹角为(　　).

(A) $\dfrac{\pi}{6}$　　(B) $\dfrac{\pi}{4}$　　(C) $\dfrac{\pi}{3}$　　(D) $\dfrac{\pi}{2}$

(7) 方程 $x^2=1$ 在空间表示(　　).

(A) 两点　　(B) 母线平行于 x 轴的柱面

(C) 母线平行于 y 轴的柱面　　(D) 旋转曲面

(8) 曲线 $\begin{cases} x=a\cos^2 t, \\ y=a\sin^2 t, \\ z=\sqrt{2}a\sin t\cos t \end{cases}$ $(0\leqslant t<\pi)$ 的一般方程为(　　).

(A) $x+y=a$　　(B) $\begin{cases} x+y=a \\ x^2+y^2+z^2=a^2 \end{cases}$

(C) $\begin{cases} x+y=a \\ x^2+z^2=a^2 \end{cases}$　　(D) $\begin{cases} x+y=a \\ x^2+y^2+(z-a)^2=a^2 \end{cases}$

3. 计算题

(1) 设 $\boldsymbol{a}=(1,-4,8)$，$\boldsymbol{b}=(2,-11,10)$，向量 $\boldsymbol{c}$ 与 $\boldsymbol{a}, \boldsymbol{b}$ 共面，且 $\mathrm{Prj}_{\boldsymbol{a}}\boldsymbol{c}=20$，$\mathrm{Prj}_{\boldsymbol{b}}\boldsymbol{c}=9$，求 $\boldsymbol{c}$.

(2) 一平面通过直线 $\begin{cases} 4x-y+3z=1, \\ x+5y-z=2 \end{cases}$ 且垂直于平面 $2x-y+5z-3=0$，求此平面的方程.

(3) 已知直线 $l_1: \dfrac{x-1}{2}=\dfrac{y+4}{m}=\dfrac{z-3}{-3}$，$l_2: \dfrac{x+3}{3}=\dfrac{y-9}{-4}=\dfrac{z+14}{7}$ 相交，求 m 及由 l_1，l_2 所确定的平面方程.

(4) 求过点 $P(2,1,2)$ 且与直线 $l: \dfrac{x+1}{3}=\dfrac{y-1}{2}=\dfrac{z}{-1}$ 相交且垂直的直线方程.

(5) 讨论平面 $x+2y-2z+m=0$ 与球面 $x^2+y^2+z^2-8x+2z-6z+22=0$ 间的位置关系.

(6) 求直线 $l: \dfrac{x-1}{1}=\dfrac{y}{1}=\dfrac{z-1}{-1}$ 在平面 $\Pi: x-y+2z-1=0$ 上的投影直线 l_0 的方程，并确定 l_0 绕 y 轴旋转一周的旋转曲面方程.

4. 证明题

(1) 设向量 $\boldsymbol{a}, \boldsymbol{b}, \boldsymbol{c}$ 有相同起点，且 $\alpha\boldsymbol{a}+\beta\boldsymbol{b}+\gamma\boldsymbol{c}=\boldsymbol{0}$，其中 $\alpha+\beta+\gamma=0$，α, β, γ 不全为零. 证明：$\boldsymbol{a}, \boldsymbol{b}, \boldsymbol{c}$ 终点共线.

(2) 如果直线与 3 个坐标面的夹角为 α, β, γ，证明 $\cos^2\alpha+\cos^2\beta+\cos^2\gamma=2$.

第九章　多元函数微分法及其应用

本章基本要求

了解平面点集的相关知识及有界闭区域上连续函数的性质；理解多元函数、多元函数极限与连续、偏导数、全微分、方向导数与梯度的概念；掌握全微分存在的必要条件和充分条件；会计算多元函数、多元复合函数及多元隐函数（包括一个方程和方程组的情形）的偏导数；掌握方向导数与梯度的计算方法、多元函数微分学的几何应用及多元函数的极值的求法.

一、内容要点

（一）多元函数的基本概念

1. 多元函数

定义 1　设 D 是 R^n 的一个非空子集，称映射 $f: D \to R$ 为定义在 D 上的 n 元函数，通常记为 $u=f(x_1,x_2,\cdots,x_n)$，$(x_1,x_2,\cdots,x_n)\in D$，或简记为 $u=f(\boldsymbol{x})$，$\boldsymbol{x}=(x_1,x_2,\cdots,x_n)\in D$，也可记为 $u=f(P)$，$P(x_1,x_2,\cdots,x_n)\in D$.

若 D 是一维点集，则 $u=f(P)=f(x)$ 为一元函数.

若 D 是二维点集，则 $u=f(P)=f(x,y)$ 为二元函数.

若 D 是三维点集，则 $u=f(P)=f(x,y,z)$ 为三元函数.

若 D 是 n 维点集，则 $u=f(P)=f(x_1,x_2,\cdots,x_n)$ 为 n 元函数.

二元及以上的函数称为多元函数.

二元函数几何意义：二元函数 $z=f(x,y)$ 在几何上一般表示空间直角坐标系中的空间曲面.

2. 多元函数的极限

定义 2　设函数 $u=f(P)$ 在点 P_0 附近（P_0 可除外）有定义，A 为一常数，$\forall \varepsilon>0$，$\exists \delta>0$，当 $0<|P_0P|<\delta$ 时，有 $|f(P)-A|<\varepsilon$，则说当 $P\to P_0$ 时，$f(P)$ 以 A 为极限，记为 $\lim\limits_{P\to P_0} f(P)=A$.

注意　这里 $P\to P_0$ 的方式是任意的.

定义 3　设二元函数 $f(P)=f(x,y)$ 的定义域为 D，$P_0(x_0,y_0)$ 是 D 的聚点. 如果存在常数 A，对于任意给定的正数 ε，总存在正数 δ，使得当点 $P(x,y)\in D\cap \mathring{U}(P_0,\delta)$ 时，都有 $|f(P)-A|=|f(x,y)-A|<\varepsilon$ 成立，那么就称常数 A 为函数 $f(x,y)$ 当 $(x,y)\to(x_0,y_0)$ 时的极限，记作

$$\lim_{(x,y)\to(x_0,y_0)} f(x,y)=A \quad 或 \quad \lim_{P\to P_0} f(P)=A. \tag{9-1}$$

3. 多元函数的连续性

定义 4　若 $\lim\limits_{P\to P_0} f(P)=f(P_0)$，则 $f(P)$ 在 P_0 处连续.

定义 5 设二元函数 $f(P)=f(x,y)$ 的定义域为 D，$P_0(x_0,y_0)$ 是 D 的聚点，且 $P_0\in D$．如果 $\lim\limits_{(x,y)\to(x_0,y_0)} f(x,y)=f(x_0,y_0)$，则称函数 $f(x,y)$ 在点 $P_0(x_0,y_0)$ 连续.

定义 6 设函数 $f(P)$ 在 D 上有定义，D 上每一点都是函数定义域的聚点．如果函数 $f(P)$ 在 D 的每一点都连续，那么称函数 $f(P)$ 在 D 上连续.

4. 闭区间上连续函数的性质

(1) 多元初等函数在其定义区域内都是连续的.

(2) 有界闭区域 D 上的连续函数在 D 上是有界的，即有最大值和最小值，并可取到介于最小值与最大值之间的任何值.

(二) 偏导数、高阶偏导数

函数 $z=f(x,y)$ 在 (x,y) 处关于 x 和 y 的偏导数分别定义为：

定义 7 $z_x=\dfrac{\partial f}{\partial x}=\dfrac{\partial z}{\partial x}=\lim\limits_{\Delta x\to 0}\dfrac{f(x+\Delta x,y)-f(x,y)}{\Delta x}$ （存在时），

$$z_y=\frac{\partial f}{\partial y}=\frac{\partial z}{\partial y}=\lim_{\Delta y\to 0}\frac{f(x,y+\Delta y)-f(x,y)}{\Delta y}\quad\text{（存在时）;}\tag{9-2}$$

定义 8 若 $z=f(x,y)$ 的偏导数 $\dfrac{\partial z}{\partial x}$ 和 $\dfrac{\partial z}{\partial y}$ 仍然可导，则它们的偏导数称为 $z=f(x,y)$ 的二阶偏导数．共有四种形式，记为 $\dfrac{\partial^2 z}{\partial x^2},\dfrac{\partial^2 z}{\partial y^2},\dfrac{\partial^2 z}{\partial x\partial y},\dfrac{\partial^2 z}{\partial y\partial x}$.

注意 如果函数 $z=f(x,y)$ 的两个二阶混合偏导数 $\dfrac{\partial^2 z}{\partial x\partial y}$ 及 $\dfrac{\partial^2 z}{\partial y\partial x}$ 在区域 D 内连续，那么在该区域内这两个二阶混合偏导数必相等.

类似地，可定义三阶、四阶以及 n 阶偏导数．二阶及二阶以上的偏导数统称为高阶偏导数.

(三) 多元函数的全微分

定义 9 若函数 $z=f(x,y)$ 在点 (x,y) 处的全增量 $\Delta z=f(x+\Delta x,y+\Delta y)-f(x,y)$ 能表示为 $\Delta z=A\Delta x+B\Delta y+o(\rho)$，其中 A，B 与 Δx，Δy 无关，而仅与 x,y 有关，$\rho=\sqrt{(\Delta x)^2+(\Delta y)^2}$，则称 $z=f(x,y)$ 在点 (x,y) 处可微，称 $A\Delta x+B\Delta y$ 为 $z=f(x,y)$ 在点 (x,y) 处的全微分，记为 $\mathrm{d}z$．即

$$\mathrm{d}z=A\Delta x+B\Delta y.$$

注意 (1) 若 $z=f(x,y)$ 可微，则全微分 $\mathrm{d}z=\dfrac{\partial z}{\partial x}\mathrm{d}x+\dfrac{\partial z}{\partial y}\mathrm{d}y$.

(2) 一阶全微分形式具有不变性，即无论 x，y 是自变量还是中间变量均有

$$\mathrm{d}z=\frac{\partial z}{\partial x}\mathrm{d}x+\frac{\partial z}{\partial y}\mathrm{d}y.$$

(3) 函数连续，可偏导与可微的关系

$$\text{偏导数连续}\Rightarrow\text{可微}\Rightarrow\begin{cases}\text{连续}\Rightarrow\text{极限存在，}\\\text{可偏导.}\end{cases}$$

(四) 多元函数微分法

1. 多元复合函数微分法（链锁法则）

设 $z=f(u,v)$ 可微，$u=u(x,y)$ 及 $v=v(x,y)$ 可偏导，则复合函数 $z=f[u(x,y),v(x,y)]$ 对 x，y 的偏导数存在，且有公式

$$\frac{\partial z}{\partial x}=\frac{\partial f}{\partial u}\frac{\partial u}{\partial x}+\frac{\partial f}{\partial v}\frac{\partial v}{\partial x};\qquad\frac{\partial z}{\partial y}=\frac{\partial f}{\partial u}\frac{\partial u}{\partial y}+\frac{\partial f}{\partial v}\frac{\partial v}{\partial y}.\tag{9-3}$$

2. 隐函数微分法

假设以下各函数都满足隐函数存在定理的条件.

(1) 设 $z=z(x,y)$ 由方程 $F(x,y,z)=0$ 所确定，则 $\frac{\partial z}{\partial x}=-\frac{F_x}{F_z}$，$\frac{\partial z}{\partial y}=-\frac{F_y}{F_z}$.

(2) 设 $\begin{cases}u=u(x,y),\\ v=v(x,y)\end{cases}$ 由方程组 $\begin{cases}F(x,y,u,v)=0,\\ G(x,y,u,v)=0\end{cases}$ 所确定，对所给方程组关于 x 求偏导，得

$$\begin{cases}\frac{\partial F}{\partial x}+\frac{\partial F}{\partial u}\frac{\partial u}{\partial x}+\frac{\partial F}{\partial v}\frac{\partial v}{\partial x}=0,\\ \frac{\partial G}{\partial x}+\frac{\partial G}{\partial u}\frac{\partial u}{\partial x}+\frac{\partial G}{\partial v}\frac{\partial v}{\partial x}=0,\end{cases} \tag{9-4}$$

由此解出 $\frac{\partial u}{\partial x}$，$\frac{\partial v}{\partial x}$. 同理对 y 求偏导，解出 $\frac{\partial u}{\partial y}$，$\frac{\partial v}{\partial y}$.

(五) 多元函数微分学的几何应用

1. 空间曲线的切线和法平面

(1) 参数式表示的曲线 $\begin{cases}x=\varphi(t),\\ y=\psi(t),\\ z=\omega(t)\end{cases}$ 在 $M_0(x_0,y_0,z_0)$ 处的切向量为

$$\boldsymbol{t}=\{\varphi'(t_0),\psi'(t_0),\omega'(t_0)\}.$$

切线方程
$$\frac{x-x_0}{\varphi'(t_0)}=\frac{y-y_0}{\psi'(t_0)}=\frac{z-z_0}{\omega'(t_0)}. \tag{9-5}$$

法平面方程
$$\varphi'(t_0)(x-x_0)+\psi'(t_0)(y-y_0)+\omega'(t_0)(z-z_0)=0. \tag{9-6}$$

(2) 一般式表示的曲线 $\begin{cases}F(x,y,z)=0,\\ G(x,y,z)=0\end{cases}$ 在 $M_0(x_0,y_0,z_0)$ 处的切向量为

$$\boldsymbol{t}=|\boldsymbol{n}_F\times\boldsymbol{n}_G|_{M_0}=\begin{vmatrix}\boldsymbol{i} & \boldsymbol{j} & \boldsymbol{k}\\ F'_x & F'_y & F'_z\\ G'_x & G'_y & G'_z\end{vmatrix}. \tag{9-7}$$

即可写出切线方程与法平面方程.

2. 空间曲面的切平面与法线方程

(1) 参数式表示的曲面 $z=f(x,y)$ 在 $M_0(x_0,y_0,z_0)$ 处的法向量分别如下.

向上，$\boldsymbol{n}=\{-f'_x(x_0,y_0),-f'_y(x_0,y_0),1\}$；

向下，$\boldsymbol{n}=\{f'_x(x_0,y_0),f'_y(x_0,y_0),-1\}$.

切平面方程
$$z-z_0=f'_x(x_0,y_0)(x-x_0)+f'_y(x_0,y_0)(y-y_0). \tag{9-8}$$

法线方程
$$\frac{x-x_0}{f'_x(x_0,y_0)}=\frac{y-y_0}{f'_y(x_0,y_0)}=\frac{z-z_0}{-1}. \tag{9-9}$$

(2) 一般式表示的曲面 $F(x,y,z)=0$ 在 $M_0(x_0,y_0,z_0)$ 处的法向量为

$$\boldsymbol{n}=\{F'_x,F'_y,F'_z\}_{M_0}.$$

切平面方程
$$F'_x(M_0)(x-x_0)+F'_y(M_0)(y-y_0)+F'_z(M_0)(z-z_0)=0 \tag{9-10}$$

法线方程
$$\frac{x-x_0}{F'_x(x_0,y_0,z_0)}=\frac{y-y_0}{F'_y(x_0,y_0,z_0)}=\frac{z-z_0}{F'_z(x_0,y_0,z_0)} \tag{9-11}$$

3. 极值

(1) 无条件极值. 求二元函数 $z=f(x,y)$ 极值的步骤如下.

第一步：由 $\begin{cases}\dfrac{\partial z}{\partial x}=0,\\ \dfrac{\partial z}{\partial y}=0\end{cases}$ 解得 (x_0,y_0) 为可能极值点（极值点的必要条件).

第二步：记 $A=f_{xx}(x_0,y_0)$, $B=f_{xy}(x_0,y_0)$, $C=f_{yy}(x_0,y_0)$.

则当 $AC-B^2>0$ 时，(x_0,y_0) 为极值点. 且当 $A>0$ 时，(x_0,y_0) 为极小值点，当 $A<0$ 时，(x_0,y_0) 为极大值点（极值点的充分条件)；

当 $AC-B^2<0$ 时，(x_0,y_0) 不是极值点；

当 $AC-B^2=0$ 时，需另作讨论.

(2) 条件极值——拉格朗日乘数法.

步骤 1：构造拉格朗日函数；

步骤 2：令拉格朗日函数对各个自变量的一阶偏导数为零，构造联立方程组求出可能极值点；

步骤 3：根据问题本身的性质判断所求得的点是否为极值点。

(3) 最值.

情况 1：若函数在 D 内仅有唯一驻点，又由实际问题知函数的最大（小）值在 D 内达到，则此驻点即为所求的最大（小）值点；

情况 2：如果函数在闭区域 D 上连续，则必可取得最大值与最小值. 此时应先在 D 的内部求得无条件极值，再在 D 的边界上应用拉格朗日乘数法求条件极值，两者比较即可求得最大值与最小值.

(六) 方向导数与梯度

1. 方向导数和梯度的定义

定义 10 若点 $P_0\in D$, l 为过 P_0 的一条射线，则当点 P 沿 l 趋于 P_0 时，称

$$\left.\frac{\partial u}{\partial l}\right|_{P_0}=\left.\frac{\partial f}{\partial l}\right|_{P_0}=\lim_{P\to P_0}\frac{f(P)-f(P_0)}{|P_0P|}\quad（存在时）$$

为函数 $u=f(P)$ 在 P_0 处沿方向 $\boldsymbol{l}$ 的方向导数.

定义 11 函数 $u=f(x,y,z)$ 在点 $P(x,y,z)$ 处的梯度 $\mathbf{grad}u$ 是一个向量，其方向是函数在 P 处增加最快的方向，其大小是函数在 P 处的最大增长率. 在直角坐标系中梯度的表达式为

$$\mathbf{grad}u=\left\{\frac{\partial u}{\partial x},\frac{\partial u}{\partial y},\frac{\partial u}{\partial z}\right\}. \tag{9-12}$$

特别地，二元函数 $f(x,y)$ 在点 $P_0(x_0,y_0)$ 的梯度为

$$\mathbf{grad}f(x_0,y_0)=f_x(x_0,y_0)\boldsymbol{i}+f_y(x_0,y_0)\boldsymbol{j}. \tag{9-13}$$

2. 方向导数的计算方法

(1) 可微函数 $u=f(x,y)$ 在 (x_0,y_0) 处沿 $\boldsymbol{l}^0=\{\cos\alpha,\cos\beta\}$ 的方向导数为

$$\left.\frac{\partial f}{\partial l^0}\right|_{P_0}=f'_x(x_0,y_0)\cos\alpha+f'_y(x_0,y_0)\cos\beta. \tag{9-14}$$

(2) 可微函数 $u=f(x,y,z)$ 在 (x,y,z) 处沿 $\boldsymbol{l}^0=\{\cos\alpha,\cos\beta,\cos\gamma\}$ 的方向导数为

$$\frac{\partial f}{\partial l^0}=\frac{\partial u}{\partial x}\cos\alpha+\frac{\partial u}{\partial y}\cos\beta+\frac{\partial u}{\partial z}\cos\gamma. \tag{9-15}$$

二、精选题解析

1. 基本概念题

【例 1】 求函数 $z=\ln(1-x^2)+\sqrt{y-x^2}+\sqrt[3]{x+y+1}$ 的定义域.

【解】 $\begin{cases}1-x^2>0,\\ y-x^2\geqslant 0\end{cases}\Rightarrow D=\{(x,y)\mid -1<x<1, y\geqslant x^2\}$.

【例 2】 已知 $f(x+y,e^{x-y})=4xye^{x-y}$，求 $f(x,y)$.

【解】 令 $x+y=u$，$e^{x-y}=v$，解得

$$x=\frac{u+\ln v}{2},\quad y=\frac{u-\ln v}{2}.$$

代入 $f(x+y,e^{x-y})=4xye^{x-y}$，得 $f(u,v)=(u^2-\ln^2 v)v$，则 $f(x,y)=y(x^2-\ln^2 y)$.

【例 3】 研究函数 $f(x,y)=\begin{cases}\dfrac{2xy}{x^2+y^2}, & x^2+y^2\neq 0,\\ 0, & x^2+y^2=0\end{cases}$ 在 $(0,0)$ 处的连续性，可偏导性及可微性.

【解】 $\lim\limits_{\substack{x\to 0\\ y\to 0}}\dfrac{2xy}{x^2+y^2}\overset{沿 y=kx}{=}\lim\limits_{x\to 0}\dfrac{2kx^2}{x^2+k^2x^2}=\dfrac{2k}{1+k^2}$

随 k 而异，所以极限不存在，从而由连续定义知函数于 $(0,0)$ 处不连续，因此函数于 $(0,0)$ 处也不可微.

又
$$f_x(0,0)=\lim_{x\to 0}\frac{f(x,0)-f(0,0)}{x}=\lim_{x\to 0}\frac{0-0}{x}=0,$$

同理，$f_y(0,0)=0$，故函数于 $(0,0)$ 处可偏导.

【例 4】 求证 $f(x,y)=\begin{cases}(x^2+y^2)\sin\dfrac{1}{x^2+y^2}, & x^2+y^2\neq 0,\\ 0, & x^2+y^2=0\end{cases}$ 在 $(0,0)$ 处可微，但偏导数不连续.

【证明】 $f_x(0,0)=\lim\limits_{x\to 0}\dfrac{f(x,0)-f(0,0)}{x}=\lim\limits_{x\to 0}x\sin\dfrac{1}{x^2}=0$，$f_y(0,0)=\lim\limits_{y\to 0}y\sin\dfrac{1}{y^2}=0$；

$$\lim_{\substack{\Delta x\to 0\\ \Delta y\to 0}}\frac{\Delta z-f_x(0,0)\Delta x-f_y(0,0)\Delta y}{\sqrt{(\Delta x)^2+(\Delta y)^2}}=\lim_{\substack{\Delta x\to 0\\ \Delta y\to 0}}\frac{[(\Delta x)^2+(\Delta y)^2]\sin\dfrac{1}{(\Delta x)^2+(\Delta y)^2}}{\sqrt{(\Delta x)^2+(\Delta y)^2}}=0,$$

由可微定义知，$f(x,y)$ 在 $(0,0)$ 处可微.

又 $(x,y)\neq(0,0)$ 时，$f_x(x,y)=2x\sin\dfrac{1}{x^2+y^2}-\dfrac{2x}{x^2+y^2}\cos\dfrac{1}{x^2+y^2}$，

因为 $\lim\limits_{\substack{x\to 0\\ y\to 0}}f_x(x,y)\overset{y=0}{=\!=}\lim\limits_{x\to 0}\left(2x\sin\dfrac{1}{x^2}-\dfrac{2}{x}\cos\dfrac{1}{x^2}\right)$ 不存在．故 $\lim\limits_{(x,y)\to(0,0)}f_x(x,y)=f_x(0,0)$ 不成立．所以 $\dfrac{\partial f}{\partial x}$ 在 $(0,0)$ 处不连续．同理，$\dfrac{\partial f}{\partial y}$ 在 $(0,0)$ 处也不连续.

2. 多元函数的极限

【例 5】 求极限 $\lim\limits_{\substack{x\to 0\\ y\to 0}}\dfrac{x^2y}{x^2+y^2}$.

【解】 方法一　可用定义或夹逼定理来求极限.

因为 $0 \leqslant \left|\frac{x^2 y}{x^2+y^2}\right| = \left|\frac{x^2}{x^2+y^2}\right| \cdot |y| \leqslant |y|$，由夹逼定理知，$\lim\limits_{\substack{x \to 0 \\ y \to 0}} \frac{x^2 y}{x^2+y^2} = 0$.

方法二　也可以用一些已知结论来求极限.

因为 $\left|\frac{x^2}{x^2+y^2}\right| \leqslant 1$，而 $y \to 0$. 由"有界量与无穷小量之积仍为无穷小量"知

$$\lim_{\substack{x \to 0 \\ y \to 0}} \frac{x^2 y}{x^2+y^2} = 0.$$

【例 6】 求下列极限.

(1) $\lim\limits_{\substack{x \to 0 \\ y \to 0}} \frac{1-\cos(x^2+y^2)}{(x^2+y^2)x^2 y^2}$；　　(2) $\lim\limits_{\substack{x \to 0 \\ y \to 0}} (x^2+y^2)^{x^2 y^2}$.

【解】 (1) 原式 $= \lim\limits_{\substack{x \to 0 \\ y \to 0}} \frac{1-\cos(x^2+y^2)}{(x^2+y^2)^2} \cdot \frac{x^2+y^2}{x^2 y^2} = +\infty$.

因为 $\lim\limits_{\substack{x \to 0 \\ y \to 0}} \frac{1-\cos(x^2+y^2)}{(x^2+y^2)^2} \xlongequal{x^2+y^2=u} \lim\limits_{u \to 0} \frac{1-\cos u}{u^2} = \frac{1}{2}$，　$\lim\limits_{\substack{x \to 0 \\ y \to 0}} \frac{x^2+y^2}{x^2 y^2} = \lim\limits_{\substack{x \to 0 \\ y \to 0}} \left(\frac{1}{y^2}+\frac{1}{x^2}\right) = +\infty$.

(2) 原式 $= \lim\limits_{\substack{x \to 0 \\ y \to 0}} (x^2+y^2)^{(x^2+y^2) \cdot \frac{x^2 y^2}{(x^2+y^2)}} = 1^0 = 1$.

因为

$$\lim_{\substack{x \to 0 \\ y \to 0}} (x^2+y^2)^{(x^2+y^2)} \xlongequal{x^2+y^2=t} \lim_{t \to 0} t^t \xlongequal{0^0} e^{\lim\limits_{t \to 0} t \ln t} = e^0 = 1,$$

$$\lim_{\substack{x \to 0 \\ y \to 0}} \frac{x^2 y^2}{(x^2+y^2)} \xlongequal[y = r\sin\theta]{x = r\cos\theta} \lim_{\substack{r \to 0 \\ \forall \theta}} \frac{r^4 \cos^2\theta \sin^2\theta}{r^2} = \lim_{\substack{r \to 0 \\ \forall \theta}} r^2 \cos^2\theta \sin^2\theta = 0.$$

【例 7】 证明极限 $\lim\limits_{\substack{x \to 0 \\ y \to 0}} \frac{x^2 y}{x^4+y^2}$ 不存在.

【证明】 原式 $\xlongequal{沿\ y=kx} \lim\limits_{x \to 0} \frac{kx^3}{x^4+k^2 x^2} = \lim\limits_{x \to 0} \frac{kx}{x^2+k^2} = 0$，可见沿所有射线极限相同.

但原式 $\xlongequal{沿\ y=x^2} \lim\limits_{x \to 0} \frac{x^4}{x^4+x^4} = \frac{1}{2}$. 依极限定义，极限 $\lim\limits_{\substack{x \to 0 \\ y \to 0}} \frac{x^2 y}{x^4+y^2}$ 不存在.

3. 多元函数的偏导数和全微分

【例 8】 计算下列各题.

(1) 设 $z = y^2 \sin x + x e^{2y}$，求一阶、二阶偏导数；

(2) 求 $u = x^{y^z}$ 的偏导数、全微分 du 及 $du|_{(2,2,2)}$.

【解】 (1) $\frac{\partial z}{\partial x} = y^2 \cos x + e^{2y}$，$\frac{\partial z}{\partial y} = 2y \sin x + 2x e^{2y}$，

$$\frac{\partial^2 z}{\partial x^2} = -y^2 \sin x, \quad \frac{\partial^2 z}{\partial x \partial y} = 2y\cos x + 2e^{2y} = \frac{\partial^2 z}{\partial y \partial x}, \quad \frac{\partial^2 z}{\partial y^2} = 2\sin x + 4x e^{2y}.$$

(2) 由 $\frac{\partial u}{\partial x} = y^z x^{y^z - 1}$，$\frac{\partial u}{\partial y} = x^{y^z} \ln x \cdot z y^{z-1}$，$\frac{\partial u}{\partial z} = x^{y^z} \ln x \cdot y^z \ln y$ 可得

$$\left.\frac{\partial u}{\partial x}\right|_{(2,2,2)} = 32, \quad \left.\frac{\partial u}{\partial y}\right|_{(2,2,2)} = 64\ln 2, \quad \left.\frac{\partial u}{\partial z}\right|_{(2,2,2)} = 64(\ln 2)^2,$$

所以　$du = \frac{\partial u}{\partial x}dx + \frac{\partial u}{\partial y}dy + \frac{\partial u}{\partial z}dz = y^z x^{y^z-1} dx + x^{y^z} \ln x \cdot z y^{z-1} dy + x^{y^z} \ln x \cdot y^z \ln y dz$，

故　$$du|_{(2,2,2)} = 32dx + 64\ln 2 dy + 64(\ln 2)^2 dz.$$

【例 9】 设下列函数均可导或有连续一阶偏导数，求偏导数或导数.

(1) $u=f(x+xy+xyz)$；　　(2) $u=f(x,xy,xyz)$.

【解】 (1) $\dfrac{\partial u}{\partial x}=f'(x+xy+xyz)\cdot(1+y+yz)$；　$\dfrac{\partial u}{\partial y}=f'(x+xy+xyz)\cdot(x+xz)$；

$\dfrac{\partial u}{\partial z}=f'(x+xy+xyz)\cdot xy$.

(2) $\dfrac{\partial u}{\partial x}=f'_1+f'_2\cdot y+f'_3\cdot yz$；　$\dfrac{\partial u}{\partial y}=f'_2\cdot x+f'_3\cdot xz$；　$\dfrac{\partial u}{\partial z}=f'_3\cdot xy$.

【例 10】 求下列复合函数指定的偏导数及二阶偏导数.

(1) 设 $z=f(xy^2,x^2+2y)$，$f(u,v)$ 有二阶连续偏导数，求 $\dfrac{\partial^2 z}{\partial x\partial y}$.

(2) $z=xf\left(x,\dfrac{y}{x}\right)$，其中 f 具有连续的二阶偏导数，求 $\dfrac{\partial^2 z}{\partial x\partial y}$.

【解】 (1) $\dfrac{\partial z}{\partial x}=f'_1\cdot y^2+f'_2\cdot 2x$；

$$\begin{aligned}\frac{\partial^2 z}{\partial x\partial y}&=2yf'_1+y^2(f''_{11}\cdot 2xy+f''_{12}\cdot 2)+2x(f''_{21}\cdot 2xy+f''_{22}\cdot 2)\\&=2yf'_1+2xy^3f''_{11}+2y(y+2x^2)f''_{12}+4xf''_{22}.\end{aligned}$$

(2) $\dfrac{\partial z}{\partial x}=f\left(x,\dfrac{y}{x}\right)+x\left[f'_1+f'_2\cdot\left(-\dfrac{y}{x^2}\right)\right]=f\left(x,\dfrac{y}{x}\right)+xf'_1-\dfrac{y}{x}f'_2$；

$$\frac{\partial^2 z}{\partial x\partial y}=f'_2\cdot\frac{1}{x}+xf''_{12}\cdot\frac{1}{x}-\frac{1}{x}f'_2-\frac{y}{x}f''_{22}\cdot\frac{1}{x}=f''_{12}-\frac{y}{x^2}f''_{22}.$$

注意　(1) 当四则运算和复合运算同时出现时，应先做四则运算再做复合运算.

(2) 在求二阶偏导数时务必注意 f'_1，f'_2 仍旧和 f 的函数关系一样.

【例 11】 下列方程确定隐函数，求指定的偏导数或二阶偏导数.

(1) 函数 $z=z(x,y)$ 由方程 $e^z-xyz=0$ 确定，求 $\dfrac{\partial^2 z}{\partial x^2}$.

(2) 设 $z=z(x,y)$ 是由方程 $F(x-z,y-z)=0$ 所确定的隐函数，$F(u,v)$ 具有连续一阶偏导数且 $F'_1+F'_2\neq 0$，求 $\dfrac{\partial z}{\partial x}+\dfrac{\partial z}{\partial y}$.

【解】 (1) 对所给方程关于 x 求偏导，这里 $z=z(x,y)$，则 $e^z\dfrac{\partial z}{\partial x}-yz-xy\dfrac{\partial z}{\partial x}=0$，得 $\dfrac{\partial z}{\partial x}=\dfrac{yz}{e^z-xy}$，所以

$$\frac{\partial^2 z}{\partial x^2}=\frac{(e^z-xy)y\dfrac{\partial z}{\partial x}-yz\left(e^z\dfrac{\partial z}{\partial x}-y\right)}{(e^z-xy)^2}=\frac{2y^2z(e^z-xy)-y^2z^2e^z}{(e^z-xy)^3}.$$

(2) 方程 $F(x-z,y-z)=0$ 两边分别对 x 和 y 求偏导，这里 $z=z(x,y)$，得

$$F'_1\left(1-\frac{\partial z}{\partial x}\right)+F'_2\left(-\frac{\partial z}{\partial x}\right)=0,$$

所以 $$\frac{\partial z}{\partial x}=\frac{F'_1}{F'_1+F'_2};\quad F'_1\left(-\frac{\partial z}{\partial y}\right)+F'_2\left(1-\frac{\partial z}{\partial y}\right)=0,$$

所以 $$\frac{\partial z}{\partial y}=\frac{F'_2}{F'_1+F'_2}.$$

所以 $$\frac{\partial z}{\partial x}+\frac{\partial z}{\partial y}=1.$$

4. 多元函数微分学的几何应用

【例 12】 求曲线 $\begin{cases}2x^2+3y^2+z^2=47,\\ x^2+2y^2=z\end{cases}$ 上点 $(-2,1,6)$ 处的切线和法平面方程.

【解】 切线向量$\boldsymbol{s}$同时垂直于$\boldsymbol{n}_1=(-4,3,6)$和$\boldsymbol{n}_2=\{-4,4,-1\}$,

$$\boldsymbol{s}=\boldsymbol{n}_1\times\boldsymbol{n}_2=(-27,-28,-4).$$

切线方程为
$$\frac{x+2}{27}=\frac{y-1}{28}=\frac{z-6}{4}.$$

法平面方程为：$27(x+2)+28(y-1)+4(z-6)=0$，即 $27x+28y+4z+2=0$.

【例 13】 求曲面 $5z^2+4x^2y-6xz^2=3$ 上点 $P(1,1,1)$处的切平面方程和法线方程.

【解】 设 $F(x,y,z)=5z^2+4x^2y-6xz^2-3$

曲面的法向量 $\boldsymbol{n}=(F_x,F_y,F_z)|_P=(8xy-6z^2,4x^2,10z-12xz)|_P=(2,4,-2)$.

所求曲面的切平面方程为：$2(x-1)+4(y-1)-2(z-1)=0$，即 $x+2y-z=2$.

法线方程为
$$\frac{x-1}{2}=\frac{y-1}{4}=\frac{z-1}{-2}.$$

5. 多元函数的方向导数与梯度

【例 14】 设 $\boldsymbol{n}$ 是曲面 $2x^2+3y^3+z^2=6$ 在点 $P(1,1,1)$处的指向外侧的法向量，求函数 $u=\dfrac{\sqrt{6x^2+8y^2}}{z}$在点 P 处沿方向 $\boldsymbol{n}$ 的方向导数.

【解】 $\boldsymbol{n}=(4,6,2)$, $\cos\alpha=\dfrac{2}{\sqrt{14}}$, $\cos\beta=\dfrac{3}{\sqrt{14}}$, $\cos\gamma=\dfrac{1}{\sqrt{14}}$,

而
$$\left.\frac{\partial u}{\partial x}\right|_P=\frac{6}{\sqrt{14}},\quad \left.\frac{\partial u}{\partial y}\right|_P=\frac{8}{\sqrt{14}},\quad \left.\frac{\partial u}{\partial z}\right|_P=-\sqrt{14},$$

故
$$\left.\frac{\partial u}{\partial \boldsymbol{n}}\right|_P=\left.\left[\frac{\partial u}{\partial x}\cos\alpha+\frac{\partial u}{\partial y}\cos\beta+\frac{\partial u}{\partial \gamma}\cos\gamma\right]\right|_P=\frac{11}{7}.$$

【例 15】 设 $\gamma=\sqrt{x^2+y^2+z^2}$，求 $\mathbf{grad}\gamma$.

【解】 $\mathbf{grad}\gamma=\left(\dfrac{\partial\gamma}{\partial x},\dfrac{\partial\gamma}{\partial y},\dfrac{\partial\gamma}{\partial z}\right)=\left(\dfrac{x}{\gamma},\dfrac{y}{\gamma},\dfrac{z}{\gamma}\right)$.

6. 多元函数的极值与最值

【例 16】 （2009 年考研题）求二元函数 $f(x,y)=x^2(2+y^2)+y\ln y$ 的极值.

【解】 由$\begin{cases}f'_x=2x(2+y^2)=0,\\ f'_y=2x^2y+\ln y+1=0\end{cases}$ 解得 $x=0,y=\dfrac{1}{\mathrm{e}}$,

又 $f''_{xx}=2(2+y^2),f''_{yy}=2x^2+\dfrac{1}{y},f''_{xy}=4xy$，代入$\left(0,\dfrac{1}{\mathrm{e}}\right)$求得 $A=2\left(2+\dfrac{1}{\mathrm{e}^2}\right)>0,C=\mathrm{e}$，$B=0$ 且 $AC-B^2>0$，所以函数存在极小值为 $f\left(0,\dfrac{1}{\mathrm{e}}\right)=-\dfrac{1}{\mathrm{e}}$.

【例 17】 求函数 $M=xy+2yz$ 在约束条件 $x^2+y^2+z^2=10$ 下的最大值和最小值.

【解】 令 $F(x,y,z,\lambda)=xy+2yz+\lambda(x^2+y^2+z^2-10)$,

由$\begin{cases}F_x=y+2\lambda x=0,\\ F_y=x+2z+2\lambda y=0,\\ F_z=2y+2\lambda z=0,\\ x^2+y^2+z^2=10\end{cases}$ 解得$\begin{cases}x=1,\quad y=\pm\sqrt{5},\quad z=2,\\ x=-1,\quad y=\pm\sqrt{5},\quad z=-2\end{cases}$ 为对应的最值点坐标,

所以 最大值为 $M(1,\sqrt{5},2)=M(-1,-\sqrt{5},-2)=5\sqrt{5}$;

最小值为 $M(1,-\sqrt{5},2)=M(-1,\sqrt{5},-2)=-5\sqrt{5}$.

【例 18】 （2008 年考研题）已知曲线 C：$\begin{cases}x^2+y^2-2z^2=0,\\ x+y+3z=5,\end{cases}$ 求 C 上距离 xOy 面的最远和最近的点.

【解】 距离 $d=|z|$，令 $H=z^2$，则由拉格朗日乘数法设 $F=z^2+\lambda(x^2+y^2-2z^2)+\mu(x+y+3z-5)$，由

$$\begin{cases}F'_x=2\lambda x+\mu=0,\\ F'_y=2\lambda y+\mu=0,\\ F'_z=2z-4\lambda z+3\mu=0,\\ x^2+y^2-2z^2=0,\\ x+y+3z=5\end{cases}$$

解得 $(-5,-5,5)$ 或 $(1,1,1)$，$H(-5,-5,5)=25$，$H(1,1,1)=1$，故由几何意义可知：距离最远的点为 $(-5,-5,5)$，距离最近的点为 $(1,1,1)$.

【例 19】 （2007 年考研题）求函数 $f(x,y)=x^2+2y^2-x^2y^2$ 在区域 $D=\{(x,y)|x^2+y^2\leqslant 4,y\geqslant 0\}$ 上的最大值和最小值.

【解】 由于 D 是闭区域，在开区域内按无条件极值分析，而在边界上按条件极值分析即可.

解方程 $\begin{cases}f'_x=2x-2xy^2=0,\\ f'_y=4y-2x^2y=0\end{cases}$ 得可能极值点 $(\pm\sqrt{2},1)$，函数值为 $f(\pm\sqrt{2},1)=2$；

当 $y=0$ 时，$f(x,y)=x^2$ 在 $-2\leqslant x\leqslant 2$ 上的最大值为 4，最小值为 0；

当 $x^2+y^2=4,y>0,-2<x<2$ 时，构造拉格朗日函数

$$F=x^2+2y^2-x^2y^2+\lambda(x^2+y^2-4),$$

$$\begin{cases}F'_x=2x-2xy^2+2\lambda x=0,\\ F'_y=4y-2x^2y+2\lambda y=0,\\ x^2+y^2=4\end{cases}$$

得可能极值点 $(0,2)$，$\left(\pm\sqrt{\frac{5}{2}},\sqrt{\frac{3}{2}}\right)$，对应的函数值为 $f(0,2)=8$，$f\left(\pm\sqrt{\frac{5}{2}},\sqrt{\frac{3}{2}}\right)=\frac{7}{4}$. 比较以上各函数值可得最大值为 8，最小值为 0.

三、强化练习题

☆ A　题 ☆

1. 填空题

（1）函数 $z=\dfrac{1}{\sin\pi x}+\dfrac{1}{\sin\pi y}$ 的间断点为____________.

（2）曲线 $\begin{cases}3x^2yz=1,\\ y=1\end{cases}$ 在点 $\left(1,1,\frac{1}{3}\right)$ 处的切线与 z 轴正向所成的倾角为____________.

（3）设 $u=\ln(x^3+y^3+z^3-3xyz)$，则 $\mathrm{d}u=$____________.

（4）设 $z=z(x,y)$ 是由方程 $\mathrm{e}^{2yz}+x^2+y^2+z=2$ 确立的函数，则 $\mathrm{d}z|_{(0,0)}=$________.

（5）设 $z=xy+xF\left(\frac{y}{x}\right)$，其中 F 为可导函数，则 $x\dfrac{\partial z}{\partial x}+y\dfrac{\partial z}{\partial y}=$____________.

（6）已知 $z=\left(\frac{y}{x}\right)^{\frac{x}{y}}$，则 $\left.\dfrac{\partial z}{\partial x}\right|_{(1,2)}=$____________.

(7) 设函数 $f(x,y)$ 在点 (a,b) 处的偏导数存在，则 $\lim\limits_{x\to 0}\dfrac{f(a+x,b)-f(a-x,b)}{x}=$ __________.

(8) 设 f,g 为连续可微函数 $u=f(x,xy)$，$v=g(x+xy)$，则 $\dfrac{\partial u}{\partial x}\cdot\dfrac{\partial v}{\partial x}=$ __________.

(9)（2013 年考研题）函数 $z=(y+\dfrac{x^3}{3})e^{x+y}$ 的极值为__________.

(10) 设 $F(u,v,w)$是可微函数，且 $F_u(2,2,2)=F_w(2,2,2)=3$，$F_v(2,2,2)=-6$，又可知曲面 $F(x+y,y+z,z+x)=0$ 通过$(1,1,1)$点，则该曲面过这点的法线方程是________.

2. 选择题

(1) 对于二元函数 $z=f(x,y)$，在点(x_0,y_0)处连续是它在该点处偏导数存在的（　　）.

(A) 必要条件而非充分条件　　(B) 充分条件而非必要条件

(C) 充分必要条件　　(D) 既非充分又非必要条件

(2)（2013 年考研题）设 $z=\dfrac{y}{x}f(xy)$，函数 f 可微，则 $\dfrac{x}{y}\cdot\dfrac{\partial z}{\partial x}+\dfrac{\partial z}{\partial y}=$（　　）.

(A) $2yf'(xy)$　　(B) $-2yf'(xy)$　　(C) $\dfrac{2}{x}f(xy)$　　(D) $-\dfrac{2}{x}f(xy)$

(3)（2014 年考研题）设函数 $u(x,y)$ 在有界闭区域 D 上连续，在 D 的内部具有二阶连续偏导数，且满足 $\dfrac{\partial u^2}{\partial x\partial y}\neq 0$，$\dfrac{\partial^2 u}{\partial x^2}+\dfrac{\partial^2 u}{\partial y^2}=0$，则（　　）.

(A) $u(x,y)$ 的最大值和最小值都在 D 的边界上取得

(B) $u(x,y)$ 的最大值和最小值都在 D 的内部取得

(C) $u(x,y)$ 的最大值在 D 的内部取得，最小值在 D 的边界上取得

(D) $u(x,y)$ 的最小值在 D 的内部取得，最大值在 D 的边界上取得

(4) 函数 $u=x^2+3xy-y^2$ 在点$(1,1)$沿$\boldsymbol{l}=\{1,-5\}$方向的变化率为（　　）.

(A) 1　　(B) -1　　(C) 0　　(D) $2\sqrt{26}$

(5) 设 $z=f(x,y)$的全微分为 $dz=xdx+ydy$，则点$(0,0)$（　　）.

(A) 不是 $f(x,y)$的连续点　　(B) 不是 $f(x,y)$的极值点

(C) 是 $f(x,y)$的极大值点　　(D) 是 $f(x,y)$的极小值点

(6) 已知 $f(x,y)$ 在点$(0,0)$连续，且 $\lim\limits_{(x,y)\to(0,0)}\dfrac{f(x,y)-(x^2+y^2)}{\sqrt{x^2+y^2}}=1$，则（　　）.

(A) $f'_x(0,0)=f'_y(0,0)=0$　　(B) $f'_x(0,0)=f'_y(0,0)=1$

(C) $f'_x(0,0)$ 和 $f'_y(0,0)$ 都不存在　　(D) $f(x,y)$ 在点$(0,0)$可微

(7) 设 $u=f(\sin z,xy)$，而 $z=\varphi(x)$，$y=e^x$，其中 f，φ 为可微函数，则$\dfrac{du}{dx}$等于（　　）.

(A) $(\sin z-xy)\cdot f'+[\cos z\cdot\varphi'(x)-y-xe^x]\cdot f$

(B) $\cos z\cdot\varphi'(x)\cdot f'_1+(y+xe^x)\cdot f'_2$

(C) $\varphi'(x)\cdot\cos z-(e^x+y)\cdot f_x$

(D) $[\varphi'(x)\cdot\cos\varphi(x)-e^x(x+1)]\cdot f'$

(8) 设函数 $f(x,y)$在点$(0,0)$附近有定义，且 $f'_x(0,0)=3$，$f'_y(0,0)=1$，则（　　）.

(A) $dz|_{(0,0)}=3dx+dy$

(B) 曲面 $z=f(x,y)$在点$(0,0,f(0,0))$的法向量为 $\{3,1,1\}$

(C) 曲线$\begin{cases} z=f(x,y) \\ y=0 \end{cases}$在点$(0,0,f(0,0))$的切向量为 $\{1,0,3\}$

(D) 曲线$\begin{cases} z=f(x,y) \\ y=0 \end{cases}$在点$(0,0,f(0,0))$的切向量为 $\{3,0,1\}$

3. 计算题

(1) 求函数的定义域：$z=\arcsin\dfrac{2}{\sqrt{x^2+y^2}}$.

(2) 求下列极限：① $\lim\limits_{\substack{x\to 0\\ y\to 1}}\dfrac{1-xy}{x^2+y^2}$；② $\lim\limits_{\substack{x\to 0\\ y\to 0}}\dfrac{2-\sqrt{xy+4}}{xy}$；③ $\lim\limits_{\substack{x\to 0\\ y\to a}}\dfrac{\sin 2xy}{x}$.

(3) 设 $z=\arctan\dfrac{x+y}{x-y}$，求$\dfrac{\partial z}{\partial x}$和$\dfrac{\partial z}{\partial y}$.

(4) 设 $z=\mathrm{e}^{3x+2y}$，而 $x=\cos t$，$y=t^2$，求$\dfrac{\mathrm{d}z}{\mathrm{d}t}$.

(5) 设 $z=f(\mathrm{e}^x\sin y,x^2+y^2)$，其中 f 具有二阶连续偏导数，求$\dfrac{\partial^2 z}{\partial x\partial y}$.

(6) 设函数 $z=z(x,y)$由方程 $z^3-2xz+y=0$ 所确定，求$\dfrac{\partial^2 z}{\partial x^2}$.

(7) 求函数 $u=\ln(x^2+y^2+z^2)$在点 $M(1,2,-2)$处的梯度 $\mathbf{grad}u|_M$.

(8) 设 $z=\arcsin(y\sqrt{x})$，求$\dfrac{\partial z}{\partial x}$和$\dfrac{\partial z}{\partial y}$.

(9) 设 $u=\mathrm{e}^{x^2+y^2+z^2}$，而 $z=x^2\sin y$，求$\dfrac{\partial u}{\partial x}$.

(10) 设函数 $z=F[x+\varphi(x-y),y]$，其中 F，φ 具有连续的二阶偏导数，求$\dfrac{\partial^2 z}{\partial x\partial y}$.

(11) 设 $u=f(x,y,z)$，$\varphi(x^2,\mathrm{e}^y,z)=0,y=\sin x$，其中 f,φ 都具有一阶连续偏导数，且$\dfrac{\partial\varphi}{\partial z}\neq 0$，求$\dfrac{\mathrm{d}u}{\mathrm{d}x}$.

(12) 设 $z=f(x+y,x-y,xy)$，其中 f 具有二阶连续偏导数，求 $\mathrm{d}z$ 与$\dfrac{\partial^2 z}{\partial x\partial y}$.

4. 应用题

(1) 求函数 $z=x^2-xy+y^2-2x+y$ 的极值点.

(2) 求曲线$\begin{cases} x^2+y^2+z^2=3x, \\ 2x-3y+5z=4 \end{cases}$在点$(1,1,1)$处的切线和法平面方程.

(3) (2013 年考研题) 曲面 $x^2+\cos(xy)+yz+x=0$ 上点$(0,1,-1)$处的切平面方程.

(4) 求函数 $u=x^2+y^2+z^2$在约束条件 $z=x^2+y^2$和 $x+y+z=4$ 下的最大值和最小值.

(5) 设一矩形的周长为 2，现让它绕其一边旋转，求所得圆柱体体积为最大时矩形的面积及圆柱体的体积.

5. 证明题

(1) 函数 $z=z(x,y)$由方程 $F\left(x+\dfrac{z}{y},y+\dfrac{z}{x}\right)=0$ 所确定，其中 F 具有连续的一阶偏导数，试证

$$x\frac{\partial z}{\partial x}+y\frac{\partial z}{\partial y}=z-xy.$$

(2) 试证：函数 $f(x,y)=\begin{cases}\dfrac{x^2y^2}{(x^2+y^2)^{\frac{3}{2}}}, & (x,y)\neq(0,0),\\ 0, & (x,y)=(0,0)\end{cases}$ 在点$(0,0)$处连续，存在一阶偏导数，但不可微分.

☆ B 题 ☆

1. 填空题

(1) $\lim\limits_{\substack{x\to0\\y\to0}}\dfrac{1-\cos(x^2+y^2)}{(x^2+y^2)e^{x^2y^2}}=$________.

(2) 由方程 $xyz+\sqrt{x^2+y^2+z^2}=\sqrt{2}$所确定的函数 $z=z(x,y)$在点$(1,0,-1)$处的全微分 $dz=$________.

(3) 设 $z=\dfrac{1}{x}f(xy)+y\varphi(x+y)$，$f,\varphi$ 具有二阶连续导数，则$\dfrac{\partial^2 z}{\partial x\partial y}=$________.

(4) 曲面 $z=x^2+y^2$与平面 $2x+4y-z=0$ 平行的切平面的方程是________.

(5) 由曲线$\begin{cases}3x^2+2y^2=12,\\ z=0\end{cases}$绕 y 轴旋转一周得到的旋转面在点$(0,\sqrt{3},\sqrt{2})$处的指向外侧的单位法向量为________.

(6)（2007 年考研题）设 $f(u,v)$为二元可微函数，$z=f(x^y,y^x)$，则$\dfrac{\partial z}{\partial x}=$________.

(7) 设函数 $z=f(x,y)$在点$(0,1)$处的某邻域内可微，且在该邻域内有 $f(x,y+1)=1+2x+3y+o(\rho)$，其中 $\rho=\sqrt{x^2+y^2}$，a,b 是不为零的常数，则极限$\lim\limits_{n\to\infty}[f(0,e^{\frac{1}{n}})]^n=$________.

(8) 设 $f(x,y)=\begin{cases}x^2\arctan\dfrac{y}{x}-y^2\arctan\dfrac{x}{y}, & xy\neq0,\\ 0, & xy=0,\end{cases}$ 则$\left.\dfrac{\partial f}{\partial x}\right|_{(0,y)}=$________.

2. 选择题

(1) 已知函数 $f(x,y)$在点 $(0,0)$ 的某个邻域内连续，且 $\lim\limits_{(x,y)\to(0,0)}\dfrac{f(x,y)-xy}{(x^2+y^2)^2}=1$，则(　　).

(A) 点$(0,0)$不是 $f(x,y)$的极值点　　(B) 点$(0,0)$是 $f(x,y)$的极大值点

(C) 点$(0,0)$是 $f(x,y)$的极小值点　　(D) 无法判断

(2) 函数 $z=2x-y$ 在 $D=\{(x,y)\,|\,|x|+|y|\leqslant1,y\geqslant0\}$上的最小值是（　　）.

(A) 0　　(B) -1　　(C) 2　　(D) -2

(3) 若 $u=u(x,y)$为可微分函数，且满足$u(x,y)|_{y=x^2}=1$，$\left.\dfrac{\partial u}{\partial x}\right|_{y=x^2}=x$，则此时必有(　　).

(A) $\dfrac{\partial u}{\partial y}=0$　　(B) $\dfrac{\partial u}{\partial y}=1$　　(C) $\dfrac{\partial u}{\partial y}=-\dfrac{1}{2}$　　(D) $\dfrac{\partial u}{\partial y}=\dfrac{1}{2}$

(4) 设 $f(x,y)=\begin{cases}xy\sin\dfrac{1}{x^2+y^2}, & x^2+y^2\neq0,\\ 0, & x^2+y^2=0,\end{cases}$ 则在原点$(0,0)$处 $f(x,y)$（　　）.

(A) 偏导数不存在　(B) 不可微　(C) 偏导数存在且连续　(D) 可微

(5) 设 $f(x,y)$，$\varphi(x,y)$均为可微函数，且 $\varphi'_y(x,y)\neq0$. 已知(x_0,y_0)是 $f(x,y)$在约束条件 $\varphi(x,y)=0$ 下的一个极值点，下列选项正确的是（　　）.

(A) 若 $f_x'(x_0,y_0)=0$，则 $f_y'(x_0,y_0)=0$　　(B) 若 $f_x'(x_0,y_0)=0$，则 $f_y'(x_0,y_0)\neq0$

(C) 若 $f_x'(x_0,y_0)\neq0$，则 $f_y'(x_0,y_0)=0$　　(D) 若 $f_x'(x_0,y_0)\neq0$，则 $f_y'(x_0,y_0)\neq0$

(6) 设函数 $u(x,y)=\varphi(x+y)+\varphi(x-y)+\int_{x-y}^{x+y}\psi(t)\mathrm{d}t$，其中函数 φ 具有二阶导数，ψ 具有一阶导数，则必有（　　）.

(A) $\frac{\partial^2 u}{\partial x^2}=-\frac{\partial^2 u}{\partial y^2}$　　(B) $\frac{\partial^2 u}{\partial x^2}=\frac{\partial^2 u}{\partial y^2}$　　(C) $\frac{\partial^2 u}{\partial x\partial y}=\frac{\partial^2 u}{\partial y^2}$　　(D) $\frac{\partial^2 u}{\partial x^2}=\frac{\partial^2 u}{\partial x\partial y}$

3. 计算题

(1) 设 $u=f(t),t=\varphi(xy,x^2+y^2)$，其中 f,φ 具有连续的二阶导数及偏导数，求$\frac{\partial^2 u}{\partial x^2}$.

(2) (2001 年考研题) 设函数 $z=f(x,y)$在点$(1,1)$处可微，且 $f(1,1)=1$，$\left.\frac{\partial f}{\partial x}\right|_{(1,1)}=2$，$\left.\frac{\partial f}{\partial y}\right|_{(1,1)}=3$，$\varphi(x)=f(x,f(x,x))$. 求$\left.\frac{\mathrm{d}}{\mathrm{d}x}\varphi^3(x)\right|_{x=1}$.

(3) 设直线 $l:\begin{cases}x+y+b=0,\\x+ay-z-3=0\end{cases}$在平面 Π 上，且平面 Π 与曲面 $z=x^2+y^2$ 相切于点$(1,-2,5)$，求 a,b 的值.

(4) 设 $y=f(x,z)$，而 z 是由方程 $f(x-z,xy)=0$ 所确定的函数，求$\frac{\mathrm{d}z}{\mathrm{d}x}$.

(5) 设 $f(x,y)=\begin{cases}xy\cdot\frac{x^2-y^2}{x^2+y^2},xy\neq0,\\0,\qquad xy=0,\end{cases}$ 求 $f_{xy}(0,0)$和 $f_{yx}(0,0)$.

4. 应用题

(1) 求函数 $z=xy(4-x-y)$在由直线 $x=1,y=0,x+y=6$ 所围成的闭区域 D 上的最大值和最小值.

(2) 求曲线$\begin{cases}x^2+y^2+z^2=4a^2,\\x^2+y^2=2ay\end{cases}$ $(a>0)$在 $M_0(a,a,\sqrt{2}a)$处切线方程及法平面方程.

5. 证明题

(1) 证明曲面 $f\left(\frac{x-a}{z-c},\frac{y-b}{z-c}\right)=0$ 的切平面通过一定点.

(2) (2006 年考研题) 设函数 $f(u)$在$(0,+\infty)$内具有二阶导数，且 $z=f(\sqrt{x^2+y^2})$满足等式$\frac{\partial^2 z}{\partial x^2}+\frac{\partial^2 z}{\partial y^2}=0$.

①证明：$f''(u)+\frac{f'(u)}{u}=0$.　　　②若 $f(1)=0,f'(1)=1$，求函数 $f(u)$的表达式.

第十章　重积分

本章基本要求

理解重积分的概念和积分思想的推广；重点掌握重积分的计算（包括直角坐标和极坐标计算二重积分，直角坐标、柱坐标和球坐标计算三重积分）；掌握利用重积分求解一些几何量（如曲面面积、立体体积）的方法.

一、内容要点

（一）二重积分

1. 定义
$$\iint_D f(x,y)\mathrm{d}\sigma=\lim_{\lambda\to 0}\sum_{i=1}^{n}f(\xi_i,\eta_i)\Delta\sigma_i .$$

注意　（1）二重积分是一个数，它的值取决于被积函数 $f(x,y)$ 和积分区域 D，与积分变量的字母的选取无关；

（2）如果 $f(x,y)$ 在 D 上连续，则 $\iint\limits_D f(x,y)\mathrm{d}\delta$ 存在.

2. 性质

二重积分具有与定积分类似的 7 个性质，其中主要的 4 个性质阐述如下：

（1）对区域具有可加性. 若区域 D 被一条曲线分为两个部分区域 D_1,D_2，则
$$\iint_D f(x,y)\mathrm{d}\sigma=\iint_{D_1}f(x,y)\mathrm{d}\sigma+\iint_{D_2}f(x,y)\mathrm{d}\sigma .$$

（2）保向性. 若在 D 上，$f(x,y)\leqslant\varphi(x,y)$，则有不等式
$$\iint_D f(x,y)\mathrm{d}\sigma\leqslant\iint_D\varphi(x,y)\mathrm{d}\sigma .$$

（3）估值不等式. 设 M 与 m 分别是 $f(x,y)$ 在闭区域 D 上最大值和最小值，σ 是区域 D 的面积，则
$$m\sigma\leqslant\iint_D f(x,y)\mathrm{d}\sigma\leqslant M\sigma .$$

（4）二重积分的中值定理. 设函数 $f(x,y)$ 在闭区域 D 上连续，σ 是 D 的面积，则在 D 上至少存在一点 (ξ,η)，使得
$$\iint_D f(x,y)\mathrm{d}\sigma=f(\xi,\eta)\sigma .$$

3. 几何意义

$\iint\limits_D f(x,y)\mathrm{d}\delta$ 在几何上表示以 D 为底，以曲面 $z=f(x,y)$ 为顶的曲顶柱体的体积的代数和.

注意 规定 xOy 平面上方的体积冠以“+”号，xOy 平面下方的体积冠以“−”号.

4. 二重积分的计算法——二次积分法

(1) 直角坐标系下二重积分的计算

① 若积分区域 D 为 X -型区域 即 D 可由不等式

$$\begin{cases} a \leqslant x \leqslant b, \\ \varphi_1(x) \leqslant y \leqslant \varphi_2(x) \end{cases}$$

来表示，其中 $\varphi_1(x)$，$\varphi_2(x)$ 在区间 $[a,b]$ 上连续，则

$$\iint_D f(x,y)\mathrm{d}\delta = \int_a^b \mathrm{d}x \int_{\varphi_1(x)}^{\varphi_2(x)} f(x,y)\mathrm{d}y .$$

上式右端是把二重积分化为先对 y、后对 x 的二次积分的公式.

② 若积分区域 D 为 Y -型区域 即 D 可由不等式

$$\begin{cases} c \leqslant y \leqslant d, \\ \psi_1(y) \leqslant x \leqslant \psi_2(y) \end{cases}$$

来表示，其中 $\psi_1(x)$，$\psi_2(x)$ 在区间 $[c,d]$ 上连续，则

$$\iint_D f(x,y)\mathrm{d}\delta = \int_c^{\mathrm{d}} \mathrm{d}y \int_{\psi_1(y)}^{\psi_2(y)} f(x,y)\mathrm{d}x .$$

上式右端是把二重积分化为先对 x，后对 y 的二次积分的公式.

(2) 极坐标系下二重积分的计算. 在极坐标系下，通常先对 r 积分，后对 θ 积分.

设 D 可由不等式

$$\begin{cases} \alpha \leqslant \theta \leqslant \beta, \\ r_1(\theta) \leqslant r \leqslant r_2(\theta) \end{cases}$$

来表示，其中 $r_1(x)$，$r_2(x)$ 在区间 $[\alpha,\beta]$ 上连续，由直角坐标与极坐标之间的关系，有 $\begin{cases} x = r\cos\theta, \\ y = r\sin\theta, \end{cases}$ 极坐标系下的面积元素 $\mathrm{d}\sigma = r\mathrm{d}r\mathrm{d}\theta$，则

$$\iint_D f(x,y)\mathrm{d}\sigma = \iint_D f(r\cos\theta, r\sin\theta) r\mathrm{d}r\mathrm{d}\theta = \int_\alpha^\beta \mathrm{d}\theta \int_{r_1(\theta)}^{r_2(\theta)} f(r\cos\theta, r\sin\theta) r\mathrm{d}r .$$

其中，第一个等号表示将直角坐标系下的二重积分转化为极坐标系下的二重积分，第二个等号表示将极坐标系下二重积分转化为二次积分.

5. 二重积分的应用

(1) 几何应用

① 平面图形的面积：设 D 为平面区域，则其在直角坐标、极坐标下的面积分别为

$$\sigma_{\text{直}} = \iint_D \mathrm{d}\sigma , \quad \sigma_{\text{极}} = \iint_D r\mathrm{d}r\mathrm{d}\theta .$$

② 曲面面积：设空间有界曲面 Σ 的方程为 $z = f(x,y)$，D_{xy} 为曲面 Σ 在 xOy 平面上的投影域，函数 $f(x,y)$ 在 D_{xy} 上具有连续偏导数 $f_x(x,y)$，$f_y(x,y)$，则曲面 Σ 的面积为

$$S = \iint_D \sqrt{1 + f_x^2(x,y) + f_y^2(x,y)}\mathrm{d}\delta .$$

(2) 物理应用. 设平面薄片占有 xOy 面上的闭区域 D，在点 (x,y) 处，它的面密度为 $\rho(x,y)$，这里，$\rho(x,y) > 0$，且在 D 上连续，则

① 平面薄片的质量 M 为

$$M = \iint_D \rho(x,y)\mathrm{d}\delta .$$

② 平面薄片 D 对 x 轴、y 轴的静力矩 M_x，M_y 分别为

$$M_x = \iint_D y\rho(x,y)\mathrm{d}\delta, \quad M_y = \iint_D x\rho(x,y)\mathrm{d}\delta.$$

③ 平面薄片 D 的质心坐标 $(\overline{x},\overline{y})$ 为

$$\overline{x} = \frac{M_y}{M} = \frac{\iint\limits_D x\rho(x,y)\mathrm{d}\delta}{\iint\limits_D \rho(x,y)\mathrm{d}\delta}, \quad \overline{y} = \frac{M_x}{M} = \frac{\iint\limits_D y\rho(x,y)\mathrm{d}\delta}{\iint\limits_D \rho(x,y)\mathrm{d}\delta}.$$

④ 平面薄片 D 对 x 轴、y 轴及原点 O 的转动惯量 I_x, I_y 及 I_O 分别为

$$I_x = \iint_D y^2\rho(x,y)\mathrm{d}\sigma, \quad I_y = \iint_D x^2\rho(x,y)\mathrm{d}\sigma, \quad I_O = \iint_D (x^2+y^2)\rho(x,y)\mathrm{d}\sigma.$$

⑤ 平面薄片 D 对位于 z 轴上点 $M_0(0,0,a)(a>0)$ 处的单位质量的质点（质量为 1 的质点）的引力 $\boldsymbol{F} = F_x\boldsymbol{i} + F_y\boldsymbol{j} + F_z\boldsymbol{k}$ 为

$$F_x = G\iint_D \frac{x}{r^3}\rho(x,y)\mathrm{d}\sigma, \quad F_y = G\iint_D \frac{y}{r^3}\rho(x,y)\mathrm{d}\sigma, \quad F_z = -Ga\iint_D \frac{1}{r^3}\rho(x,y)\mathrm{d}\sigma.$$

其中 $r = \sqrt{x^2+y^2+a^2}$，G 为引力常数.

6. 对称区域上奇偶函数积分的性质

（1）若被积函数 $f(x,y)$ 在积分区域 D 上连续，且积分区域 D 关于 x 轴对称，则

$$\iint_D f(x,y)\mathrm{d}x\mathrm{d}y = \begin{cases} 0, & f(x,-y) = -f(x,y), \\ 2\iint\limits_{D_1} f(x,y)\mathrm{d}x\mathrm{d}y, & f(x,-y) = f(x,y), \end{cases}$$

其中 $D_1 = \{(x,y) \mid (x,y) \in D, y \geqslant 0\}$ 为 D 位于 x 轴上方的那一部分区域.

（2）若积分区域 D 关于 y 轴对称，则

$$\iint_D f(x,y)\mathrm{d}x\mathrm{d}y = \begin{cases} 0, & f(-x,y) = -f(x,y), \\ 2\iint\limits_{D_1} f(x,y)\mathrm{d}x\mathrm{d}y, & f(-x,y) = f(x,y), \end{cases}$$

其中 $D_1 = \{(x,y) \mid (x,y) \in D, x \geqslant 0\}$ 为 D 位于 y 轴右侧的那一部分区域.

（3）若 D 关于 x 轴、y 轴对称，D_1 为 D 中对应于 $x \geqslant 0, y \geqslant 0$（或 $x \leqslant 0, y \leqslant 0$）的部分区域，则

$$\iint_D f(x,y)\mathrm{d}x\mathrm{d}y = \begin{cases} 4\iint\limits_{D_1} f(x,y)\mathrm{d}x\mathrm{d}y, & f(-x,y) = f(x,-y) = f(x,y), \\ 0, & f(-x,y) \text{ 或 } f(x,-y) = -f(x,y). \end{cases}$$

（4）设积分区域 D 对称于原点，对称于原点的两部分记为 D_1 和 D_2.

① 若 $f(-x,-y) = f(x,y)$，则 $\iint\limits_D f(x,y)\mathrm{d}\sigma = 2\iint\limits_{D_1} f(x,y)\mathrm{d}\sigma$；

② 若 $f(-x,-y) = -f(x,y)$，则 $\iint\limits_D f(x,y)\mathrm{d}\sigma = 0$.

（5）积分区域 D 关于 x，y 具有轮换对称性（x,y 互换，D 保持不变），则

$$\iint_D f(x,y)\mathrm{d}\sigma = \iint_D f(y,x)\mathrm{d}\sigma = \frac{1}{2}\iint_D [f(x,y) + f(y,x)]\mathrm{d}\sigma,$$

记 D 位于直线 $y = x$ 上半部分区域为 D_1，则

$$\iint_D f(x,y)\mathrm{d}x\mathrm{d}y = \begin{cases} 2\iint_{D_1} f(x,y)\mathrm{d}x\mathrm{d}y, & f(y,x)=f(x,y), \\ 0, & f(y,x)=-f(x,y). \end{cases}$$

注意　(1) 若积分区域 D 的某块具有对称性，在此块上被积函数或其一部分具有奇偶性，则在此块上用上述结论.

(2) 有时可将区域平移，使其关于某坐标轴对称，然后再利用上述结论.

(3) 计算被积函数分区域给出的二重积分. 在二重积分中，如果被积函数含有绝对值符号、最值符号 max 或 min、符号函数 sgn(·) 以及取整函数 [·]，此时，被积函数实际上是分区域给出的函数，计算其二重积分都需分块计算.

(二) 三重积分

1. 定义 $$\iiint_\Omega f(x,y,z)\mathrm{d}v = \lim_{\lambda\to 0}\sum_{i=1}^{n} f(\xi_i,\eta_i,\zeta_i)\Delta v_i .$$

注意　三重积分具有与二重积分类似的性质.

2. 三重积分的计算法——化为三次积分来计算

(1) 直角坐标系下三重积分的计算. 在直角坐标系下，随着积分区域 Ω 的表示法不同，可将三重积分 $\iiint_\Omega f(x,y,z)\mathrm{d}v$ 化为先积 z，或先积 x，或先积 y 的三次积分.

若积分区域 Ω 可表示为

$$\Omega = \{(x,y,z)\,|\,z_1(x,y)\leqslant z\leqslant z_2(x,y),(x,y)\in D_{xy}\},$$

其中，D_{xy} 为 Ω 在 xOy 面上的投影区域，$z_1(x,y)$ 与 $z_2(x,y)$ 都是 D_{xy} 上的连续函数，则

$$\iiint_\Omega f(x,y,z)\mathrm{d}v = \iint_{D_{xy}}\mathrm{d}\sigma\int_{z_1(x,y)}^{z_2(x,y)} f(x,y,z)\mathrm{d}z .$$

若闭区域 D_{xy} 是 X 型区域，即 D_{xy} 可由不等式

$$D_{xy} = \{(x,y)\,|\,y_1(x)\leqslant y\leqslant y_2(x),a\leqslant x\leqslant b\}$$

表示，则有

$$\iint_{D_{xy}}\mathrm{d}\sigma\int_{z_1(x,y)}^{z_2(x,y)} f(x,y,z)\mathrm{d}z = \int_a^b\mathrm{d}x\int_{y_1(x)}^{y_2(x)}\mathrm{d}y\int_{z_1(x,y)}^{z_2(x,y)} f(x,y,z)\mathrm{d}z$$

如图 10.1 所示.

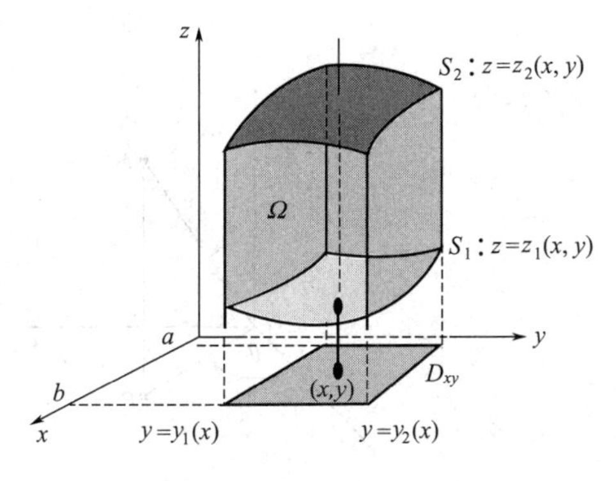

图 10.1

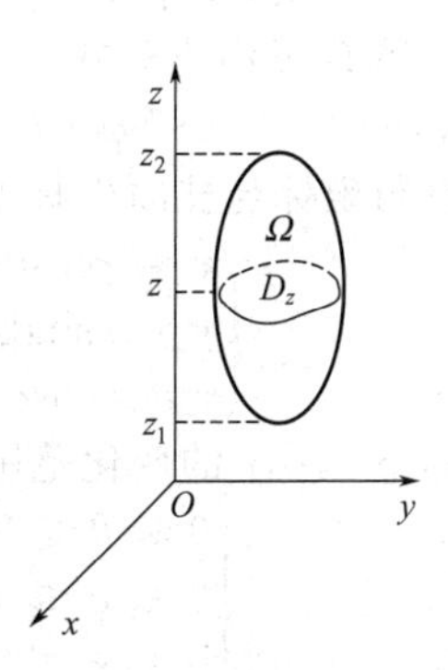

图 10.2

注意　（1）类似地，还有另外 5 种顺序的积分.

（2）有时采用下面的计算方法会很方便.

首先将积分区域 Ω 向 z 轴投影：$z_1 \leqslant z \leqslant z_2$，然后任取 $z \in [z_1, z_2]$，过 $(0,0,z)$ 点作垂直 z 轴的平面，该平面截 Ω 所得的截面为 D_z（如图 10.2 与 z 有关），则有

$$\iiint\limits_{\Omega} f(x,y,z)\mathrm{d}v = \int_{z_1}^{z_2}\mathrm{d}z \iint\limits_{D_z} f(x,y,z)\mathrm{d}x\mathrm{d}y.$$

（2）柱面坐标系下三重积分的计算. 在柱面坐标系（如图 10.3）下计算三重积分一般采用的积分次序为先积 z，再积 r，最后积 θ.

若积分区域 Ω 由不等式

$$\alpha \leqslant \theta \leqslant \beta,\ r_1(\theta) \leqslant r \leqslant r_2(\theta),\ z_1(r,\theta) \leqslant z \leqslant z_2(r,\theta)$$

所确定. 由直角坐标与柱面坐标的关系，有

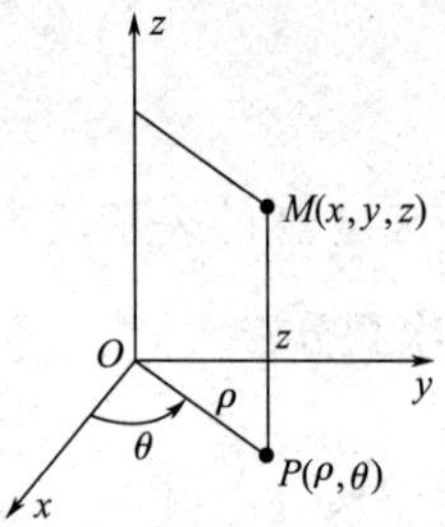

$$\begin{cases} x = r\cos\theta, \\ y = r\sin\theta, \\ z = z, \end{cases}$$

其中柱面坐标下 θ, r, z 的变化范围为

$$\begin{cases} 0 \leqslant \theta \leqslant 2\pi, \\ 0 \leqslant r < +\infty, \\ -\infty < z < +\infty, \end{cases}$$

柱面坐标系下的体积元素 $\mathrm{d}v = r\mathrm{d}r\mathrm{d}\theta\mathrm{d}z$，则

图 10.3

$$\begin{aligned} \iiint\limits_{\Omega} f(x,y,z)\mathrm{d}v &= \iiint\limits_{\Omega} f(r\cos\theta, r\sin\theta, z) r\mathrm{d}r\mathrm{d}\theta\mathrm{d}z \\ &= \iint\limits_{D_{xy}} r\mathrm{d}r\mathrm{d}\theta \int_{z_1(r,\theta)}^{z_2(r,\theta)} f(r\cos\theta, r\sin\theta, z)\mathrm{d}z \\ &= \int_{\alpha}^{\beta}\mathrm{d}\theta \int_{r_1(\theta)}^{r_2(\theta)} r\mathrm{d}r \int_{z_1(r,\theta)}^{z_2(r,\theta)} f(r\cos\theta, r\sin\theta, z)\mathrm{d}z. \end{aligned}$$

其中，上式的第一个等号表示将直角坐标系下的三重积分转化为柱面坐标系下的三重积分，第三个等号表示将柱面坐标系下的三重积分转化为三次积分.

注意　如果积分区域 Ω 为圆柱形域，或 Ω 在 xOy 平面上的投影 D_{xy} 是圆域、圆扇形域或圆环域，而被积函数为 $f(x^2+y^2, z)$ 时，用柱面坐标计算三重积分比较方便.

（3）球面坐标系下三重积分的计算*. 在球面坐标系（如图 10.4）下计算三重积分一般采用的积分次序为先积 r，再积 φ，最后积 θ.

若积分区域 Ω 可由不等式

$$\alpha \leqslant \theta \leqslant \beta,\ \varphi_1(\theta) \leqslant \varphi \leqslant \varphi_2(\theta),\ r_1(\varphi,\theta) \leqslant r \leqslant r_2(\varphi,\theta)$$

所确定. 由直角坐标与柱面坐标的关系，有

$$\begin{cases} x = r\cos\theta\sin\varphi, \\ y = r\sin\theta\sin\varphi, \\ z = r\cos\varphi, \end{cases}$$

其中球面坐标下 θ, φ, r 的变化范围为

$$\begin{cases} 0 \leqslant \theta \leqslant 2\pi, \\ 0 \leqslant \varphi \leqslant \pi, \\ 0 \leqslant r < +\infty. \end{cases}$$

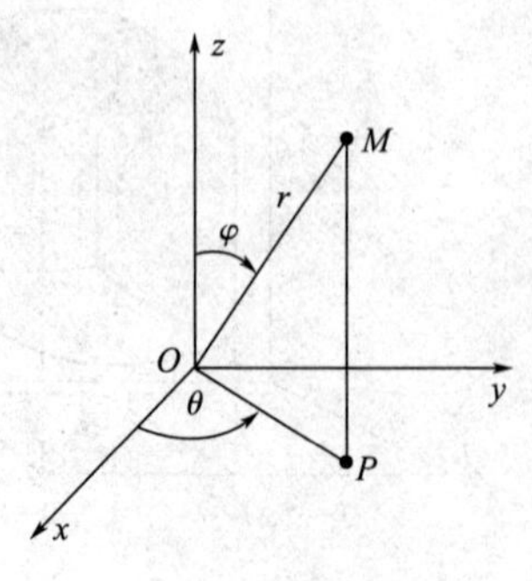

图 10.4

球面坐标系下的体积元素 $\mathrm{d}v = r^2\sin\varphi\mathrm{d}r\mathrm{d}\varphi\mathrm{d}\theta$. 则

$$\iiint\limits_{\Omega} f(x,y,z)\mathrm{d}v = \iiint\limits_{\Omega} f(r\sin\varphi\cos\theta,\ r\sin\varphi\sin\theta,\ r\cos\varphi) r^2 \sin\varphi \mathrm{d}r\mathrm{d}\varphi\mathrm{d}\theta$$
$$= \int_{\alpha}^{\beta}\mathrm{d}\theta\int_{\varphi_1(\theta)}^{\varphi_2(\theta)}\mathrm{d}\varphi\int_{r_1(\varphi,\theta)}^{r_2(\varphi,\theta)} f(r\cos\theta\sin\varphi, r\sin\theta\sin\varphi, r\cos\varphi) r^2 \sin\varphi \mathrm{d}r .$$

其中，第一个等号表示将直角坐标系下的三重积分转化为球面坐标系下的三重积分，第二个等号表示将球面坐标系下的三重积分转化为三次积分.

如果积分区域Ω的边界曲面是一个包含原点的封闭曲面，其球面坐标方程为$r=r(\varphi,\theta)$，则三重积分可化为

$$\iiint\limits_{\Omega} f(x,y,z)\mathrm{d}v = \int_0^{2\pi}\mathrm{d}\theta\int_0^{\pi}\mathrm{d}\varphi\int_0^{r(\varphi,\theta)} f(r\sin\varphi\cos\theta, r\sin\varphi\sin\theta, r\cos\varphi) r^2 \sin\varphi \mathrm{d}r .$$

注意　如果积分区域Ω为球形域，或由圆锥面与球面所围成的区域，而被积函数为$f(x^2+y^2+z^2)$时，用球面坐标计算三重积分比较方便.

特别提示：计算三重积分时，选择坐标系的次序应先考虑球面坐标，再考虑柱面坐标，不适合用球面、柱面坐标系的，都用直角坐标系.

3. 三重积分的应用

(1) 几何应用. 在直角坐标、柱面坐标、球面坐标下的立体Ω的体积分别为

$$V_{直} = \iiint\limits_{\Omega}\mathrm{d}v ,\quad V_{柱} = \iiint\limits_{\Omega} r\mathrm{d}r\mathrm{d}\theta\mathrm{d}z ,\quad V_{球} = \iiint\limits_{\Omega} r^2 \sin\varphi\mathrm{d}r\mathrm{d}\varphi\mathrm{d}\theta .$$

(2) 物理应用.

设空间立体所围成的区域为Ω，在点(x,y,z)处的体密度为$\rho=\rho(x,y,z)$.

① 空间立体Ω的质量M为

$$M = \iiint\limits_{\Omega}\rho(x,y,z)\mathrm{d}v .$$

② 空间立体Ω对三个坐标平面(xOy, yOz, xOz)的静力矩M_{xy}, M_{yz}, M_{zx}分别为

$$M_{xy} = \iiint\limits_{\Omega} z\rho(x,y,z)\mathrm{d}v ,\quad M_{yz} = \iiint\limits_{\Omega} x\rho(x,y,z)\mathrm{d}v ,\quad M_{zx} = \iiint\limits_{\Omega} y\rho(x,y,z)\mathrm{d}v .$$

③ 空间立体Ω的质心坐标$(\bar{x},\bar{y},\bar{z})$为

$$\bar{x} = \frac{M_{yz}}{M} ,\quad \bar{y} = \frac{M_{zx}}{M} ,\quad \bar{z} = \frac{M_{xy}}{M} .$$

④ 空间立体Ω绕三个坐标轴（x轴、y轴、z轴）的转动惯量I_x, I_y, I_z分别为

$$I_x = \iiint\limits_{\Omega}(y^2+z^2)\rho(x,y,z)\mathrm{d}v ,\quad I_y = \iiint\limits_{\Omega}(z^2+x^2)\rho(x,y,z)\mathrm{d}v ,$$
$$I_z = \iiint\limits_{\Omega}(x^2+y^2)\rho(x,y,z)\mathrm{d}v .$$

4. 对称区域上奇偶函数积分的性质

计算积分区域具有对称性，被积函数具有奇偶性的三重积分，有如下结论.

(1) 若Ω关于xOy面对称，而Ω_1是区域Ω中对应于$z\geqslant 0$的部分，则

$$\iiint\limits_{\Omega} f(x,y,z)\mathrm{d}v = \begin{cases} 0, & f(x,y,-z)=-f(x,y,z), \forall (x,y,z)\in\Omega, \\ 2\iiint\limits_{\Omega_1} f(x,y,z)\mathrm{d}v, & f(x,y,-z)=f(x,y,z), \forall (x,y,z)\in\Omega, \end{cases}$$

若 Ω 关于 yOz 面（或 zOx 面）对称，f 关于 x(或 y)为奇函数或偶函数也有类似结论.

(2) 若 Ω 关于 xOy 面和 xOz 面均对称（即关于 x 轴对称），而 Ω_1 为区域 Ω 中对应于 $z\geqslant 0$，$y\geqslant 0$ 的部分，则

$$\iiint_{\Omega} f(x,y,z)\mathrm{d}v=\begin{cases}4\iiint_{\Omega_1} f(x,y,z)\mathrm{d}v, & \text{当 } f \text{ 关于 } y,z \text{ 为偶函数},\\ 0, & \text{当 } f \text{ 关于 } y \text{ 或 } z \text{ 为奇函数};\end{cases}$$

若 Ω 关于 xOz 面和 yOz 面均对称（即关于 z 轴对称），或者关于 xOy 面和 yOz 面均对称（即关于 y 轴对称），那么也有类似结论.

(3) 若积分区域 Ω 关于三个坐标平面对称，而 Ω_1 是 Ω 位于第一象限的部分，则

$$\iiint_{\Omega} f(x,y,z)\mathrm{d}v=\begin{cases}8\iiint_{\Omega_1} f(x,y,z)\mathrm{d}v, & \text{当 } f \text{ 关于 } x,y,z \text{ 均为偶函数},\\ 0, & \text{当 } f \text{ 关于 } x \text{ 或 } y \text{ 或 } z \text{ 为奇函数};\end{cases}$$

(4) 若积分区域 Ω 关于原点对称，且被积函数关于 x,y,z 为奇函数，即

$$f(x,y,z)=-f(-x,-y,-z)\text{，则 }\iiint_{\Omega} f(x,y,z)\mathrm{d}v=0.$$

(5) 若积分区域关于变量 x,y,z 具有轮换对称性(即 x 换成 y，y 换成 z，z 换成 x，其表达式不变)，则

$$\begin{aligned}\iiint_{\Omega} f(x,y,z)\mathrm{d}v&=\iiint_{\Omega} f(y,z,x)\mathrm{d}v=\iiint_{\Omega} f(z,x,y)\mathrm{d}v\\&=\frac{1}{3}\iiint_{\Omega}[f(x,y,z)+f(y,z,x)+f(z,x,y)]\mathrm{d}v.\end{aligned}$$

二、精选题解析

1. 二重积分计算

【例 1】 计算二重积分 $I=\iint_{D} x\mathrm{d}x\mathrm{d}y$，其中

$$D=\{(x,y)\mid 0\leqslant x\leqslant 1,0\leqslant y\leqslant x\}.$$

【解】 区域 D 如图 10.5 所示，

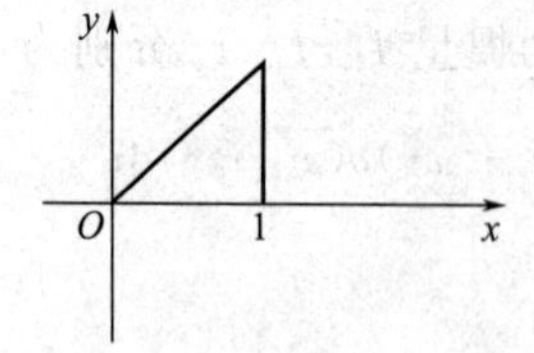

图 10.5

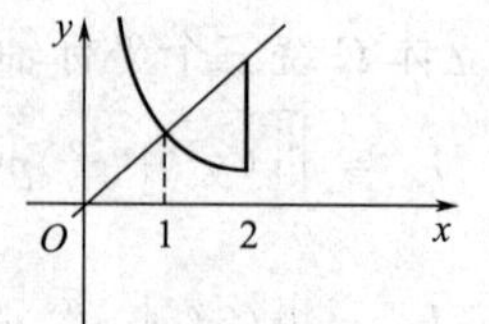

图 10.6

于是
$$I=\int_0^1\mathrm{d}x\int_0^x x\mathrm{d}y=\int_0^1 x^2\mathrm{d}x=\frac{1}{3}.$$

【例 2】 计算 $I=\iint_{D}\frac{x^2}{y^2}\mathrm{d}x\mathrm{d}y$，其中 D 由 $x=2$，$y=x$，$xy=1$ 所围成.

【解】 区域 D 如图 10.6 所示，

于是
$$I=\int_1^2 x^2\mathrm{d}x\int_{\frac{1}{x}}^{x}\frac{1}{y^2}\mathrm{d}y=\int_1^2(x^3-x)\mathrm{d}x=\frac{9}{4}.$$

【例 3】 计算 $I=\iint\limits_D (x^2+y^2)\mathrm{d}\sigma$，其中 $D: x^2+y^2 \leqslant 2x$.

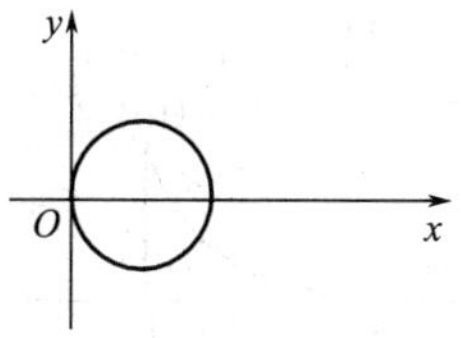

【解】 由于 D 是由圆所围成(如图 10.7)，被积函数为 x^2+y^2，故选用极坐标系，则

$$I=\int_{-\frac{\pi}{2}}^{\frac{\pi}{2}}\mathrm{d}\theta\int_0^{2\cos\theta} r^2 \cdot r\mathrm{d}r=\frac{3\pi}{2}.$$

图 10.7

【例 4】 比较 $\iint\limits_D (x+y)^2\mathrm{d}\sigma$ 与 $\iint\limits_D (x+y)^3\mathrm{d}\sigma$ 的大小，其中 D 由圆周 $(x-2)^2+(y-1)^2=2$ 所围成.

【解】 因为圆心 $(2,1)$ 到直线 $x+y=1$ 的距离 $d=\dfrac{|2+1-1|}{\sqrt{2}}=\sqrt{2}$，所以 $x+y=1$ 是圆周的切线．故在 D 上，$x+y\geqslant 1 \Rightarrow (x+y)^2\leqslant (x+y)^3$，所以

$$\iint\limits_D (x+y)^2\mathrm{d}\sigma \leqslant \iint\limits_D (x+y)^3\mathrm{d}\sigma.$$

【例 5】 设 $f(x,y)$ 是连续函数，改变二次积分 $\int_0^2\mathrm{d}x\int_0^x f(x,y)\mathrm{d}y+\int_2^4\mathrm{d}x\int_0^{4-x} f(x,y)\mathrm{d}y$ 的积分次序.

【解】 由原式的 X-型区域转化为 Y-型区域，原式 $=\int_0^2\mathrm{d}y\int_y^{4-y} f(x,y)\mathrm{d}x$.

【例 6】 计算下列累次积分.

(1) $\int_0^1\mathrm{d}x\int_0^{\sqrt{x}} \mathrm{e}^{-\frac{y^2}{2}}\mathrm{d}y$；　　(2) $\int_{\frac{1}{4}}^{\frac{1}{2}}\mathrm{d}y\int_{\frac{1}{2}}^{\sqrt{y}} \mathrm{e}^{\frac{y}{x}}\mathrm{d}x+\int_{\frac{1}{2}}^{1}\mathrm{d}y\int_y^{\sqrt{y}} \mathrm{e}^{\frac{y}{x}}\mathrm{d}x$.

【解】 (1) 注意到 $\int \mathrm{e}^{-\frac{y^2}{2}}\mathrm{d}y$ 积不出，而 $\int \mathrm{e}^{-\frac{y^2}{2}}\mathrm{d}x$ 可积，故考虑先交换积分次序，然后再积分，

$$\begin{aligned}\int_0^1\mathrm{d}x\int_0^{\sqrt{x}} \mathrm{e}^{-\frac{y^2}{2}}\mathrm{d}y&=\int_0^1\mathrm{d}y\int_{y^2}^1 \mathrm{e}^{-\frac{y^2}{2}}\mathrm{d}x=\int_0^1 \mathrm{e}^{-\frac{y^2}{2}}(1-y^2)\mathrm{d}y=\int_0^1 \mathrm{e}^{-\frac{y^2}{2}}\mathrm{d}y+\int_0^1 y\mathrm{d}\mathrm{e}^{-\frac{y^2}{2}}\\&=\int_0^1 \mathrm{e}^{-\frac{y^2}{2}}\mathrm{d}y+y\mathrm{e}^{-\frac{y^2}{2}}\Big|_0^1-\int_0^1 \mathrm{e}^{-\frac{y^2}{2}}\mathrm{d}y=\mathrm{e}^{-\frac{1}{2}}.\end{aligned}$$

(2) $\int \mathrm{e}^{\frac{y}{x}}\mathrm{d}x$ 积不出，故考虑先交换积分次序，然后再积分，

$$原式=\iint\limits_D \mathrm{e}^{\frac{y}{x}}\mathrm{d}x\mathrm{d}y=\int_{\frac{1}{2}}^1\mathrm{d}x\int_{x^2}^x \mathrm{e}^{\frac{y}{x}}\mathrm{d}y=\int_{\frac{1}{2}}^1 x(\mathrm{e}-\mathrm{e}^x)\mathrm{d}x=\frac{3}{8}\mathrm{e}-\frac{1}{2}\sqrt{\mathrm{e}}.$$

【例 7】 将 $I=\int_0^{\frac{R}{2}}\mathrm{d}x\int_0^{\sqrt{3}x} f(x,y)\mathrm{d}y+\int_{\frac{R}{2}}^R\mathrm{d}x\int_0^{\sqrt{R^2-x^2}} f(x,y)\mathrm{d}y$ 化为极坐标系中先对 r 后对 θ 的二次积分.

【解】 $I=\int_0^{\frac{\pi}{3}}\mathrm{d}\theta\int_0^R f(r\cos\theta,r\sin\theta)r\mathrm{d}r$.

【例 8】 化二重积分为极坐标系中的累次积分：$\iint\limits_D f(x,y)\mathrm{d}x\mathrm{d}y$，$D: 0\leqslant x\leqslant 1$，$0\leqslant y\leqslant x^2$.

【解】 由图 10.8 可知：$0\leqslant\theta\leqslant\dfrac{\pi}{4}$，而 r 由 $y=x^2$ 到 $x=1$，

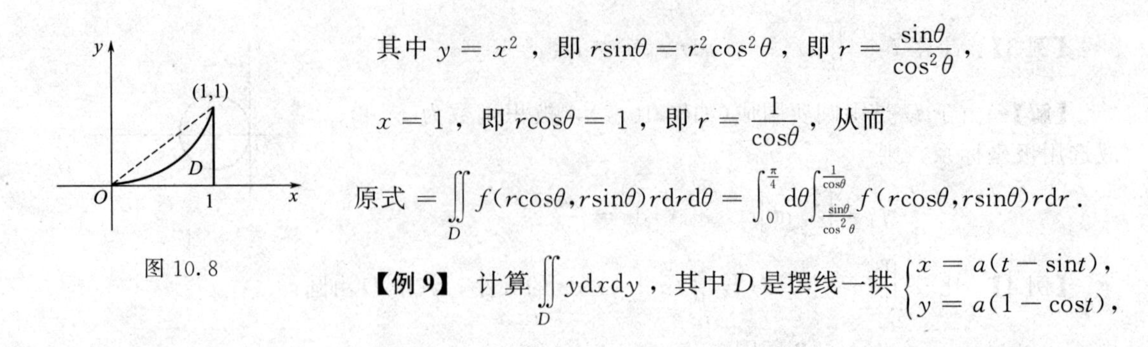

图 10.8

其中 $y=x^2$，即 $r\sin\theta=r^2\cos^2\theta$，即 $r=\dfrac{\sin\theta}{\cos^2\theta}$，

$x=1$，即 $r\cos\theta=1$，即 $r=\dfrac{1}{\cos\theta}$，从而

$$\text{原式}=\iint\limits_D f(r\cos\theta,r\sin\theta)r\mathrm{d}r\mathrm{d}\theta=\int_0^{\frac{\pi}{4}}\mathrm{d}\theta\int_{\frac{\sin\theta}{\cos^2\theta}}^{\frac{1}{\cos\theta}}f(r\cos\theta,r\sin\theta)r\mathrm{d}r.$$

【例 9】 计算 $\iint\limits_D y\mathrm{d}x\mathrm{d}y$，其中 D 是摆线一拱 $\begin{cases}x=a(t-\sin t),\\y=a(1-\cos t),\end{cases}$ $0\leqslant t\leqslant 2\pi$ 与 x 轴所围成的区域(图 10.9).

【解】 $D:\begin{cases}0\leqslant x\leqslant 2\pi a,\\0\leqslant y\leqslant y(x),\end{cases}$ 其中 $y=y(x)$ 是摆线，由参数方程给出

$$\iint\limits_D y\mathrm{d}x\mathrm{d}y=\int_0^{2\pi a}\mathrm{d}x\int_0^{y(x)}y\mathrm{d}y=\int_0^{2\pi a}\frac{y^2(x)}{2}\mathrm{d}x,$$

令 $x=a(t-\sin t)$，$y=a(1-\cos t)$ 得

$$\text{原式}=\frac{1}{2}\int_0^{2\pi}a^3(1-\cos t)^3\mathrm{d}t=\frac{5\pi a^3}{2}.$$

【例 10】 计算二重积分 $\iint\limits_D|x^2+y^2-1|\mathrm{d}\sigma$，其中

$$D=\{(x,y)\mid 0\leqslant x\leqslant 1,0\leqslant y\leqslant 1\}.$$

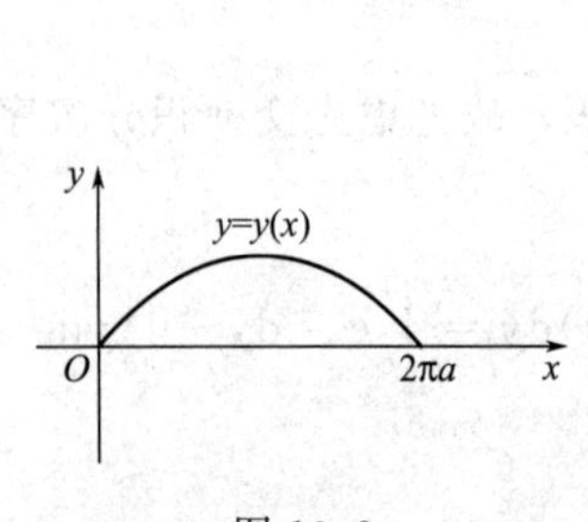

图 10.9

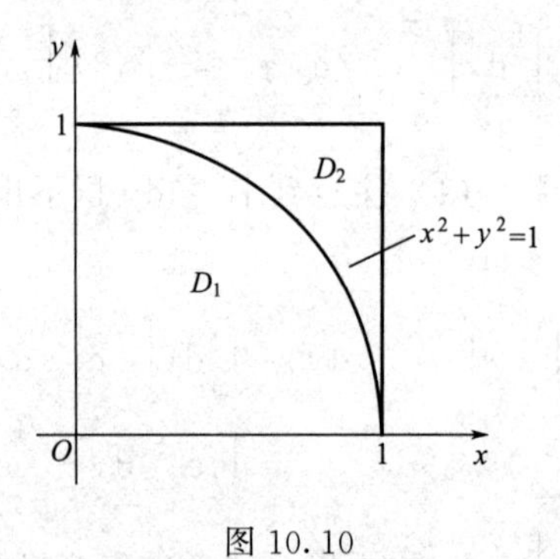

图 10.10

【解】 如图 10.10，将 D 分成 D_1，D_2 两部分，从而

$$\iint\limits_D|x^2+y^2-1|\mathrm{d}\sigma=\iint\limits_{D_1}|x^2+y^2-1|\mathrm{d}\sigma+\iint\limits_{D_2}|x^2+y^2-1|\mathrm{d}\sigma.$$

其中 $$\iint\limits_{D_1}|x^2+y^2-1|\mathrm{d}\sigma=\int_0^{\frac{\pi}{2}}\mathrm{d}\theta\int_0^1(1-r^2)r\mathrm{d}r=\frac{\pi}{8},$$

$$\iint\limits_{D_2}|x^2+y^2-1|\mathrm{d}\sigma=\int_0^1\mathrm{d}x\int_{\sqrt{1-x^2}}^1(x^2+y^2-1)\mathrm{d}y=\int_0^1\left(x^2y+\frac{y^3}{3}-y\right)\Bigg|_{\sqrt{1-x^2}}^1\mathrm{d}x$$

$$=\int_0^1\left[x^2-\frac{2}{3}+\frac{2}{3}(1-x^2)^{\frac{3}{2}}\right]\mathrm{d}x=-\frac{1}{3}+\frac{2}{3}I,$$

$$I=\int_0^1(1-x^2)^{\frac{3}{2}}\mathrm{d}x\xlongequal{x=\sin t}\int_0^{\frac{\pi}{2}}\cos^4t\mathrm{d}t=\frac{3}{4}\times\frac{1}{2}\times\frac{\pi}{2}=\frac{3\pi}{16},$$

即
$$\iint\limits_{D_2}|x^2+y^2-1|\,\mathrm{d}\sigma=-\frac{1}{3}+\frac{2}{3}\times\frac{3\pi}{16}=\frac{\pi}{8}-\frac{1}{3}.$$

于是
$$\iint\limits_{D}|x^2+y^2-1|\,\mathrm{d}\sigma=\frac{\pi}{8}+\frac{\pi}{8}-\frac{1}{3}=\frac{\pi}{4}-\frac{1}{3}.$$

【例 11】 设二元函数 $f(x,y)=\begin{cases}x^2, & |x|+|y|\leqslant 1,\\ \dfrac{1}{\sqrt{x^2+y^2}}, & 1<|x|+|y|\leqslant 2,\end{cases}$ 计算二重积分 $\iint\limits_{D}f(x,y)\mathrm{d}\sigma$，其中 $D=\{(x,y)\,|\,|x|+|y|\leqslant 2\}$．

【解】 如图 10.11，$D_1=\{(x,y)\,|\,|x|+|y|\leqslant 1\}$，$D_2=D-D_1$，

则
$$\iint\limits_{D}f(x,y)\mathrm{d}\sigma=\iint\limits_{D_1}f(x,y)\mathrm{d}\sigma+\iint\limits_{D_2}f(x,y)\mathrm{d}\sigma=\iint\limits_{D_1}x^2\mathrm{d}\sigma+\iint\limits_{D_2}\frac{1}{\sqrt{x^2+y^2}}\mathrm{d}\sigma$$
$$=4\int_0^1x^2\mathrm{d}x\int_0^{1-x}\mathrm{d}y+4\left(\int_0^2\mathrm{d}x\int_0^{2-x}\frac{1}{\sqrt{x^2+y^2}}\mathrm{d}y-\int_0^1\mathrm{d}x\int_0^{1-x}\frac{1}{\sqrt{x^2+y^2}}\mathrm{d}y\right)$$
$$=\frac{1}{3}+4\sqrt{2}\ln(\sqrt{2}+1).$$

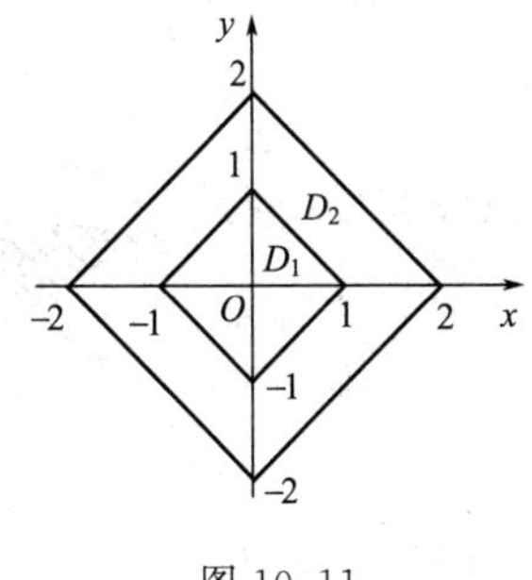

图 10.11

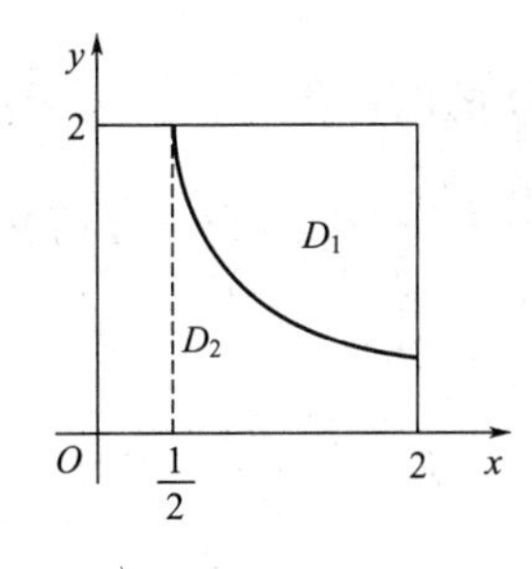

图 10.12

【例 12】 计算 $\iint\limits_{D}\max\{xy,1\}\mathrm{d}x\mathrm{d}y$，其中 $D=\{(x,y)\,|\,0\leqslant x\leqslant 2,0\leqslant y\leqslant 2\}$．

【解】 如图 10.12，记 $D_1=\{(x,y)\,|\,xy\geqslant 1,(x,y)\in D\}$，
$$D_2=\{(x,y)\,|\,xy<1,(x,y)\in D\},$$

则
$$\iint\limits_{D}\max\{xy,1\}\mathrm{d}x\mathrm{d}y=\iint\limits_{D_1}xy\,\mathrm{d}x\mathrm{d}y+\iint\limits_{D_2}\mathrm{d}x\mathrm{d}y=\int_{\frac{1}{2}}^{2}\mathrm{d}x\int_{\frac{1}{x}}^{2}xy\,\mathrm{d}y+\int_0^{\frac{1}{2}}\mathrm{d}x\int_0^2\mathrm{d}y+\int_{\frac{1}{2}}^{2}\mathrm{d}x\int_0^{\frac{1}{x}}\mathrm{d}y$$
$$=\frac{15}{4}-\ln 2+1+2\ln 2=\frac{19}{4}+\ln 2.$$

【例 13】 计算 $\iint\limits_{D}x[1+yf(x^2+y^2)]\mathrm{d}\sigma$，其中 D 是由 $y=x^3$，$y=1$ 及 $x=-1$ 所围成的区域，$f(u)$ 为连续函数．

【解】 为了消去 $f(x^2+y^2)$（积不出），作辅助线 $y=-x^3$，将积分区域 D 分成 D_1 和 D_2（如图 10.13 所示）．注意到积分区域 D_2 关于 y 轴对称，被积函数 $x[1+yf(x^2+y^2)]$ 关于 x 是奇函数，所以

$$\iint\limits_{D_2} x[1+yf(x^2+y^2)]\mathrm{d}\sigma = 0 .$$

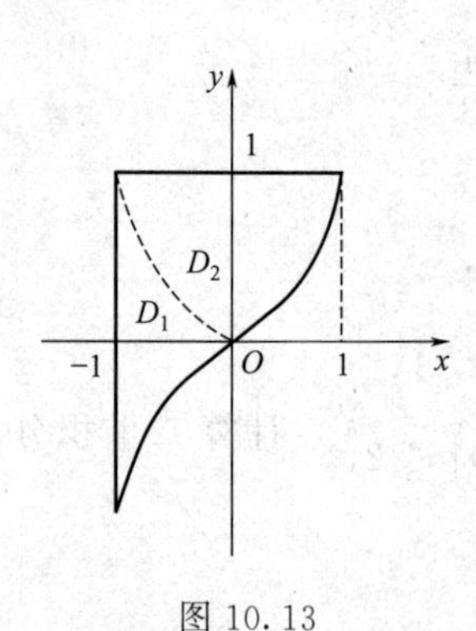

图 10.13

而积分区域 D_1 关于 x 轴对称，被积函数 $xyf(x^2+y^2)$ 关于 y 为奇函数，所以

$$\iint\limits_{D_1} xyf(x^2+y^2)\mathrm{d}\sigma = 0 .$$

因此 原式 $= \iint\limits_{D_1} x\mathrm{d}\sigma = 2\int_{-1}^{0}\mathrm{d}x\int_{0}^{-x^3} x\mathrm{d}y = -\frac{2}{5}$.

【例 14】 计算 $\iint\limits_{D}\left(\frac{x^2}{a^2}+\frac{y^2}{b^2}\right)\mathrm{d}x\mathrm{d}y$，其中 $D: x^2+y^2 \leqslant R^2$.

【解】 圆域 D 关于直线 $y=x$ 对称，由轮换性知

$$\iint\limits_{D} x^2\mathrm{d}x\mathrm{d}y = \iint\limits_{D} y^2\mathrm{d}x\mathrm{d}y = \frac{1}{2}\iint\limits_{D}(x^2+y^2)\mathrm{d}x\mathrm{d}y = \frac{1}{2}\int_{0}^{2\pi}\mathrm{d}\theta\int_{0}^{R} r^3\mathrm{d}r = \frac{\pi R^4}{4},$$

故 原式 $= \frac{1}{a^2}\iint\limits_{D} x^2\mathrm{d}x\mathrm{d}y + \frac{1}{b^2}\iint\limits_{D} y^2\mathrm{d}x\mathrm{d}y = \frac{1}{a^2}\cdot\frac{\pi R^4}{4} + \frac{1}{b^2}\cdot\frac{\pi R^4}{4} = \frac{\pi R^4}{4}\left(\frac{1}{a^2}+\frac{1}{b^2}\right)$.

【例 15】 计算 $\iint\limits_{D}\frac{\sqrt[3]{x-y}}{x^2+y^2}\mathrm{d}\sigma$，其中 $D: x^2+y^2 \leqslant R^2, x+y \geqslant R$.

【解】 D 的图形如图 10.14 所示.

记 $I = \iint\limits_{D}\frac{\sqrt[3]{x-y}}{x^2+y^2}\mathrm{d}x\mathrm{d}y$. 由轮换对称性，将积分中的积分变量 x 与 y 互换，得

$$I = \iint\limits_{D}\frac{\sqrt[3]{x-y}}{x^2+y^2}\mathrm{d}x\mathrm{d}y = \iint\limits_{D'}\frac{\sqrt[3]{y-x}}{y^2+x^2}\mathrm{d}x\mathrm{d}y .$$

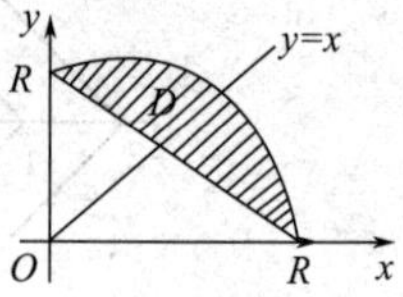

图 10.14

由于 D 关于分角线 $y=x$ 对称，将 x,y 互换后所成的区域 D' 与 D 相同，即 $D'=D$，所以有

$$I = \iint\limits_{D}\frac{\sqrt[3]{y-x}}{y^2+x^2}\mathrm{d}x\mathrm{d}y = -\iint\limits_{D}\frac{\sqrt[3]{x-y}}{x^2+y^2}\mathrm{d}x\mathrm{d}y = -I ,$$

即 $2I=0$，由此计算得 $I = \iint\limits_{D}\frac{\sqrt[3]{x-y}}{x^2+y^2}\mathrm{d}x\mathrm{d}y = 0$.

注意 本题中若将二重积分直接化为二次积分计算，积分太复杂. 由于 D 关于各坐标轴不对称，但我们注意到 D 关于 x,y 具有轮换对称性，利用二重积分轮换对称性求解使问题得到简化.

【例 16】 求 $\iint\limits_{D}\mathrm{sgn}(xy-1)\mathrm{d}x\mathrm{d}y$，其中 $D=\{(x,y)\,|\,0\leqslant x\leqslant 2, 0\leqslant y\leqslant 2\}$.

【解】 设

$D_1 = \{(x,y)\,|\,0\leqslant x\leqslant \frac{1}{2}, 0\leqslant y\leqslant 2\}$， $D_2 = \{(x,y)\,|\,\frac{1}{2}\leqslant x\leqslant 2, 0\leqslant y\leqslant \frac{1}{x}\}$，

$D_3 = \{(x,y)\,|\,\frac{1}{2}\leqslant x\leqslant 2, \frac{1}{x}\leqslant y\leqslant 2\}$.

$$\iint\limits_{D_1\cup D_2} \mathrm{d}x\mathrm{d}y = 1+\int_{\frac{1}{2}}^{2}\frac{\mathrm{d}x}{x} = 1+2\ln 2 \text{，} \iint\limits_{D_3}\mathrm{d}x\mathrm{d}y = 3-2\ln 2 \text{．}$$

$$\iint\limits_{D}\mathrm{sgn}(xy-1)\mathrm{d}x\mathrm{d}y = \iint\limits_{D_3}\mathrm{d}x\mathrm{d}y - \iint\limits_{D_1\cup D_2}\mathrm{d}x\mathrm{d}y = 2-4\ln 2 \text{．}$$

注意　被积函数中含有符号函数 sgn(·) 的积分，在求解时应按照被积函数特点将积分区域分块处理，其中应注意 $\mathrm{sgn}(\cdot)=\begin{cases}1, & x>0,\\ 0, & x=0,\\ -1, & x<0.\end{cases}$

2. 三重积分计算

【例 17】　计算 $I=\iiint\limits_{\Omega}\frac{y\sin x}{x}\mathrm{d}x\mathrm{d}y\mathrm{d}z$，其中积分区域 Ω 是由 $x=\frac{\pi}{4}$，$y=0$，$z=0$，$y=\sqrt{x}$，$x+z=\frac{\pi}{2}$ 所围成的介于 $x=\frac{\pi}{4}$ 及 $x=\frac{\pi}{2}$ 之间的部分.

【解】　$I=\int_{\frac{\pi}{4}}^{\frac{\pi}{2}}\mathrm{d}x\int_0^{\sqrt{x}}\mathrm{d}y\int_0^{\frac{\pi}{2}-x}\frac{y\sin x}{x}\mathrm{d}z=\int_{\frac{\pi}{4}}^{\frac{\pi}{2}}\left(\frac{\pi}{2}-x\right)\frac{\sin x}{x}\mathrm{d}x\int_0^{\sqrt{x}}y\mathrm{d}y$

$=\frac{1}{2}\int_{\frac{\pi}{4}}^{\frac{\pi}{2}}\left(\frac{\pi}{2}-x\right)\sin x\mathrm{d}x=\frac{\sqrt{2}}{16}\pi-\frac{1}{2}+\frac{\sqrt{2}}{4}$．

【例 18】　计算 $I=\iiint\limits_{\Omega}y\mathrm{d}v$，其中 Ω 是由 $z=0$，$y+z=1$ 及 $y=x^2$ 所围成.

【解】　$I=\int_{-1}^{1}\mathrm{d}x\int_{x^2}^{1}\mathrm{d}y\int_0^{1-y}y\mathrm{d}z=\int_{-1}^{1}\mathrm{d}x\int_{x^2}^{1}y(1-y)\mathrm{d}y=\frac{8}{35}$．

【例 19】　计算 $I=\iiint\limits_{\Omega}(z-\sqrt{x^2+y^2})\mathrm{d}x\mathrm{d}y\mathrm{d}z$，其中 Ω 为 $x^2+y^2\leqslant 1$，$0\leqslant z\leqslant 1$.

【解】　选用柱面坐标，投影区域为 D：$x^2+y^2\leqslant 1$（$z=0$），则

$$I=\int_0^{2\pi}\mathrm{d}\theta\int_0^1 r\mathrm{d}r\int_0^1(z-r)\mathrm{d}z=2\pi\int_0^1 r\left(\frac{1}{2}-r\right)\mathrm{d}r=-\frac{\pi}{6}\text{．}$$

【例 20】　计算 $I=\iiint\limits_{\Omega}xyz\mathrm{d}v$，$\Omega$ 为由抛物面 $z=6-x^2-y^2$ 及锥面 $z=\sqrt{x^2+y^2}$ 所围区域的第一卦限部分.

【解】　由 $\begin{cases}z=6-x^2-y^2,\\ z=\sqrt{x^2+y^2}\end{cases}$ 消 $z\Rightarrow$ 投影域 D：$x^2+y^2\leqslant 4$，$x\geqslant 0$，$y\geqslant 0$，则

$$I=\iiint\limits_{\Omega}r^2\cos\theta\sin\theta zr\mathrm{d}r\mathrm{d}\theta\mathrm{d}z=\int_0^{\frac{\pi}{2}}\mathrm{d}\theta\int_0^2\mathrm{d}r\int_r^{6-r^2}r^3\sin\theta\cos\theta z\mathrm{d}z$$

$$=\frac{1}{2}\int_0^{\frac{\pi}{2}}\sin 2\theta\mathrm{d}\theta\int_0^2 r^3\,\frac{(6-r^2)^2-r^2}{2}\mathrm{d}r=\frac{1}{4}\int_0^2(36r^3-13r^5+r^7)\mathrm{d}r=\frac{28}{3}\text{．}$$

【例 21】　计算 $I=\iiint\limits_{\Omega}\frac{\cos\sqrt{x^2+y^2+z^2}}{\sqrt{x^2+y^2+z^2}}\mathrm{d}v$，其中 Ω 为由 $\pi^2\leqslant x^2+y^2+z^2\leqslant 16\pi^2$ 所确定.

【解】　选用球面坐标：$I=\int_0^{2\pi}\mathrm{d}\theta\int_0^{\pi}\sin\varphi\mathrm{d}\varphi\int_{\pi}^{4\pi}\frac{\cos r}{r}r^2\mathrm{d}r=2\pi\int_0^{\pi}2\sin\varphi\mathrm{d}\varphi=8\pi$．

【例 22】　计算 $I=\iiint\limits_{\Omega}\mathrm{d}x\mathrm{d}y\mathrm{d}z$，积分区域 Ω 是由 $x^2+y^2+z^2\leqslant 2az$（$a>0$），$x^2+y^2\leqslant$

z^2 所确定.

【解】 选用球面坐标：$I=\int_0^{2\pi}\mathrm{d}\theta\int_0^{\frac{\pi}{4}}\mathrm{d}\varphi\int_0^{2a\cos\varphi}r^2\sin\varphi\mathrm{d}r=\pi a^3$.

【例 23】 将积分 $\int_0^{\frac{\pi}{2}}\mathrm{d}\theta\int_0^1\mathrm{d}r\int_0^{\sqrt{1-r^2}}f(r\cos\theta,r\sin\theta,z)rz\,\mathrm{d}z$ 化为球面坐标系下的三次积分，其中 $f(x,y,z)$ 是连续函数.

【解】 积分区域 Ω 为球面 $x^2+y^2+z^2=1$ 与三个坐标面所围成的在第一卦限的部分，

选用球面坐标得 $$I=\int_0^{\frac{\pi}{2}}\mathrm{d}\theta\int_0^{\frac{\pi}{2}}\mathrm{d}\varphi\int_0^1 f(r\sin\varphi\cos\theta,r\sin\varphi\sin\theta,r\cos\varphi)r^3\sin\varphi\cos\varphi\mathrm{d}r\,.$$

【例 24】 化三重积分 $\iiint\limits_{\Omega}(x-y)^6f(y)\mathrm{d}v$ 为定积分，其中 Ω 由 $x=0$, $y=x$, $y=1$, $z=y$, $z=x$ 所围成.

【解】 由于没有具体给出 $f(y)$ ，故关于 y 的积分积不出，而关于 z 及 x 的积分均可积出，因此化为累次积分时可先对 z 积分，再对 x 积分，最后对 y 积分，则可将三重积分化为定积分.

Ω 是以平面 $z=y$ 为顶，以平面 $z=x$ 为底，投影域为 D:$\begin{cases}0\leqslant y\leqslant 1,\\0\leqslant x\leqslant y\end{cases}$ 的柱体. 所以

$$\begin{aligned}\iiint\limits_{\Omega}(x-y)^6f(y)\mathrm{d}v&=\int_0^1\mathrm{d}y\int_0^y\mathrm{d}x\int_x^y(x-y)^6f(y)\mathrm{d}z\\&=\int_0^1\mathrm{d}y\int_y^0 f(y)(x-y)^7\mathrm{d}x=\int_0^1\frac{y^8}{8}f(y)\mathrm{d}y\,.\end{aligned}$$

【例 25】 计算 $\iiint\limits_{\Omega}(x+y+z)^2\mathrm{d}v$ ，其中 Ω:$\frac{x^2}{a^2}+\frac{y^2}{b^2}+\frac{z^2}{c^2}\leqslant 1$.

【解】 $$\begin{aligned}\text{原式}&=\iiint\limits_{\Omega}(x^2+y^2+z^2+2xy+2yz+2zx)\mathrm{d}v\\&=\iiint\limits_{\Omega}x^2\mathrm{d}v+\iiint\limits_{\Omega}y^2\mathrm{d}v+\iiint\limits_{\Omega}z^2\mathrm{d}v+0+0+0\quad(\text{奇、偶对称性}).\end{aligned}$$

由于 $$\iiint\limits_{\Omega}z^2\mathrm{d}v=\int_{-c}^c\mathrm{d}z\iint\limits_{D_z}z^2\mathrm{d}x\mathrm{d}y=\int_{-c}^c z^2\left[\pi ab\left(1-\frac{z^2}{c^2}\right)\right]\mathrm{d}z=\frac{4}{15}\pi abc^3\,,$$

由轮换性可知 $\iiint\limits_{\Omega}x^2\mathrm{d}v=\frac{4}{15}\pi a^3bc$, $\iiint\limits_{\Omega}y^2\mathrm{d}v=\frac{4}{15}\pi ab^3c$. 故原式 $=\frac{4}{15}\pi abc(a^2+b^2+c^2)$.

【例 26】 计算 $\iiint\limits_{\Omega}(x^2+y^2)\mathrm{d}v$, Ω 由曲线 $\begin{cases}y^2=2z,\\x=0\end{cases}$ 绕 z 轴旋转一周生成的曲面与平面 $z=2$, $z=8$ 所围成.

【解】 方法一 $$\iiint\limits_{\Omega}(x^2+y^2)\mathrm{d}v=\int_2^8\mathrm{d}z\iint\limits_{D_z}(x^2+y^2)\mathrm{d}x\mathrm{d}y=\int_2^8\mathrm{d}z\int_0^{2\pi}\mathrm{d}\theta\int_0^{\sqrt{2z}}r^3\mathrm{d}r=336\pi\,.$$

方法二 因为 Ω 的边界面为抛物面且投影域为圆，故选用柱面坐标，此时抛物面

$x^2+y^2=2z$ 为 $z=\frac{r^2}{2}$, $\Omega=\Omega_1+\Omega_2$ ，其中 Ω_1:$\begin{cases}0\leqslant r\leqslant 2,\\0\leqslant\theta\leqslant 2\pi,\\2\leqslant z\leqslant 8,\end{cases}$ Ω_2:$\begin{cases}2\leqslant r\leqslant 4,\\0\leqslant\theta\leqslant 2\pi,\\\frac{r^2}{2}\leqslant z\leqslant 8,\end{cases}$

则 $\iiint\limits_{\Omega}(x^2+y^2)\mathrm{d}v=\iiint\limits_{\Omega_1}r^3\mathrm{d}r\mathrm{d}\theta\mathrm{d}z+\iiint\limits_{\Omega_2}r^3\mathrm{d}r\mathrm{d}\theta\mathrm{d}z=\int_0^{2\pi}\mathrm{d}\theta\int_0^2\mathrm{d}r\int_2^8 r^3\mathrm{d}z+\int_0^{2\pi}\mathrm{d}\theta\int_2^4\mathrm{d}r\int_{\frac{r^2}{2}}^8 r^3\mathrm{d}z$

$$=48\pi+288\pi=336\pi .$$

【例 27】 计算 $\iiint\limits_{\Omega}(x+y+z)\mathrm{d}v$，$\Omega$：$\sqrt{x^2+y^2}\leqslant z$，$x^2+y^2+z^2\leqslant 2az\ (a>0)$．

【解】 积分区域 Ω 如图 10.15 所示.

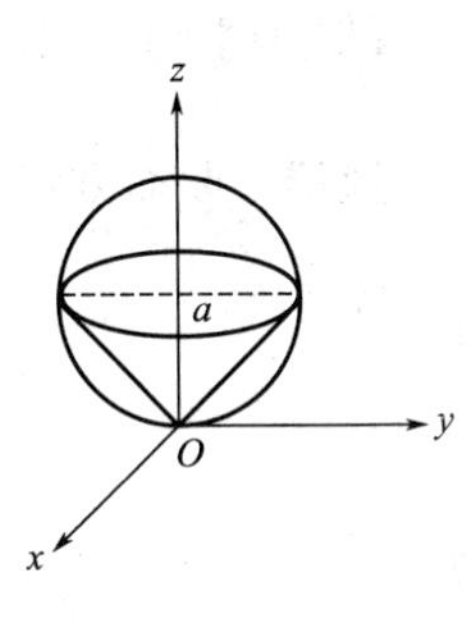

图 10.15

由于 Ω 关于 yOz 平面对称，x 为奇函数，故 $\iiint\limits_{\Omega}x\mathrm{d}v=0$．

由于 Ω 关于 xOz 平面对称，y 为奇函数，故 $\iiint\limits_{\Omega}y\mathrm{d}v=0$．

由于 Ω 是由锥面与球面所围，选用球面坐标系，则

原式 $=\iiint\limits_{\Omega}x\mathrm{d}v+\iiint\limits_{\Omega}y\mathrm{d}v+\iiint\limits_{\Omega}z\mathrm{d}v=\iiint\limits_{\Omega}z\mathrm{d}v$

$=\int_0^{2\pi}\mathrm{d}\theta\int_0^{\frac{\pi}{4}}\mathrm{d}\varphi\int_0^{2a\cos\varphi}r\cos\varphi r^2\sin\varphi\mathrm{d}r=8\pi a^4\int_0^{\frac{\pi}{4}}\cos^5\varphi\sin\varphi\mathrm{d}\varphi=\frac{7}{6}\pi a^4$.

3．重积分应用

【例 28】 $f(x,y)$ 为连续函数，有 $f(x,y)=xy+2\iint\limits_{D}f(x,y)\mathrm{d}\sigma$，其中 D 由 $y=0$，$y=x^2$ 及 $x=1$ 所围成，求 $f(x,y)$．

【解】 设 $\iint\limits_{D}f(x,y)\mathrm{d}\sigma=A$　（因为二重积分是一个数），

则 $A=\iint\limits_{D}f(x,y)\mathrm{d}\sigma=\iint\limits_{D}(xy+2A)\mathrm{d}\sigma=\int_0^1\mathrm{d}x\int_0^{x^2}xy\mathrm{d}y+2A\int_0^1\mathrm{d}x\int_0^{x^2}\mathrm{d}y=\frac{1}{12}+\frac{2A}{3}$，

得 $A=\frac{1}{4}$，故 $f(x,y)=xy+\frac{1}{2}$．

【例 29】 利用中值定理，求 $\lim\limits_{\rho\to 0}\frac{1}{\pi\rho^2}\iint\limits_{x^2+y^2\leqslant\rho^2}f(x,y)\mathrm{d}x\mathrm{d}y$，其中 f 连续.

【解】 因为 $f(x,y)$ 在 D：$x^2+y^2\leqslant\rho^2$ 上连续，由积分中值定理知，至少存在一点 $(\xi,\eta)\in D$，使 $\iint\limits_{D}f(x,y)\mathrm{d}\sigma=f(\xi,\eta)\cdot\pi\rho^2$．所以

$$\lim_{\rho\to 0}\frac{1}{\pi\rho^2}\iint\limits_{D}f(x,y)\mathrm{d}\sigma=\lim_{\rho\to 0}f(\xi,\eta)=f(0,0)．$$

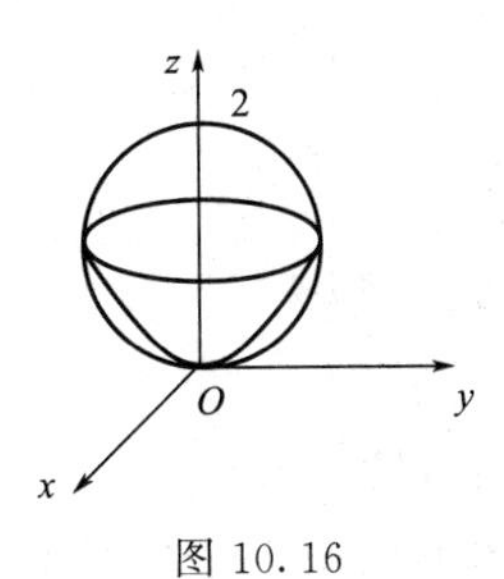

图 10.16

【例 30】 计算立体 Ω：$x^2+y^2\leqslant z$，$x^2+y^2+z^2\leqslant 2z$ 的体积.

【解】 Ω 是抛物面和球面所围(如图 10.16 所示).

方法一　用三重积分，选用柱面坐标系，

由 $\begin{cases}z=x^2+y^2,\\x^2+y^2+z^2=2z\end{cases}$ 消去 $z\Rightarrow D$：$x^2+y^2\leqslant 1$ 得

$$V=\iiint\limits_{\Omega}\mathrm{d}v=\iiint\limits_{\Omega}r\mathrm{d}r\mathrm{d}\theta\mathrm{d}z=\int_0^{2\pi}\mathrm{d}\theta\int_0^1\mathrm{d}r\int_{r^2}^{1+\sqrt{1-r^2}}r\mathrm{d}z=\frac{7\pi}{6}．$$

方法二　用二重积分，立体以 $z=1+\sqrt{1-x^2-y^2}$ 为顶，以 $z=x^2+y^2$ 为底，$(x,y)\in D$，选用极坐标

$$V=\iint_D[(1+\sqrt{1-x^2-y^2})-(x^2+y^2)]\mathrm{d}x\mathrm{d}y=\int_0^{2\pi}\mathrm{d}\theta\int_0^1(1+\sqrt{1-r^2}-r^2)r\mathrm{d}r=\frac{7\pi}{6}.$$

【例 31】 试求曲面 $z=\frac{1}{a}xy$ 上被圆柱面 $x^2+y^2=a^2$ 所截下部分的面积 $(a>0)$.

【解】 曲面方程为 Σ：$z=\frac{1}{a}xy$，D：$x^2+y^2\leqslant a^2$，

$$\mathrm{d}S=\sqrt{1+z_x^2+z_y^2}\mathrm{d}x\mathrm{d}y=\frac{1}{a}\sqrt{a^2+x^2+y^2}\mathrm{d}x\mathrm{d}y,$$

则 $$S=\iint_\Sigma\mathrm{d}S=\frac{1}{a}\iint_{x^2+y^2\leqslant a^2}\sqrt{a^2+x^2+y^2}\mathrm{d}x\mathrm{d}y=\frac{1}{a}\int_0^{2\pi}\mathrm{d}\theta\int_0^a r\sqrt{a^2+r^2}\mathrm{d}r=\frac{2\pi}{3}(2\sqrt{2}-1)a^2.$$

【例 32】 薄片由直线 $x+y=2$，$y=x$，$y=0$ 所围成，它的面密度 $\rho(x,y)=x^2+y^2$，求该薄片的质量及重心坐标.

【解】 质量 $m=\iint_D(x^2+y^2)\mathrm{d}x\mathrm{d}y=\int_0^1\mathrm{d}y\int_y^{2-y}(x^2+y^2)\mathrm{d}x=\frac{4}{3}$.

由 $$\bar{x}=\frac{\iint_D x(x^2+y^2)\mathrm{d}x\mathrm{d}y}{m}=\frac{3}{4}\int_0^1\mathrm{d}y\int_y^{2-y}(x^3+y^2x)\mathrm{d}x=\frac{5}{4},$$

$$\bar{y}=\frac{\iint_D y(x^2+y^2)\mathrm{d}x\mathrm{d}y}{m}=\frac{3}{4}\int_0^1\mathrm{d}y\int_y^{2-y}(yx^2+y^3)\mathrm{d}x=\frac{13}{40},$$

得重心为 $\left(\frac{5}{4},\frac{13}{40}\right)$.

【例 33】 设物体占区域由抛物面 $z=x^2+y^2$ 及平面 $z=1$ 围成，密度 $\rho(x,y)=|x|+|y|$，求其质量.

【解】 所求物体的质量为 $$m=\iiint_\Omega(|x|+|y|)\mathrm{d}v.$$

因为 $|x|+|y|$ 关于 x 与 y 均是偶函数，且 Ω 关于 xOz 面对称，也关于 zOy 面对称，所以 $m=4\iiint_{\Omega_1}(|x|+|y|)\mathrm{d}v$，其中 Ω_1 为 Ω 在第一卦限的部分. Ω_1 在平面 xOy 上的投影区域为 $D_1=\{(x,y)|x^2+y^2\leqslant 1\}$，故

$$m=4\int_0^{\frac{\pi}{2}}\mathrm{d}\theta\int_0^1\mathrm{d}r\int_{r^2}^1 r^2(\cos\theta+\sin\theta)\mathrm{d}z=4\int_0^{\frac{\pi}{2}}(\cos\theta+\sin\theta)\mathrm{d}\theta\int_0^1 r^2(1-r^2)\mathrm{d}r=\frac{16}{15}.$$

【例 34】 求半径为 R，高为 h 的均匀圆锥体关于其对称轴的转动惯量.

【解】 如果将圆锥体 Ω 的对称轴选为 z 轴，建立坐标系，Ω 的图形如图 10.17 所示. Ω

的边界曲面圆锥面的方程为 $z=\frac{h}{R}\sqrt{x^2+y^2}$，其在圆柱坐标系下的表达式 $z=\frac{h}{R}\rho$. Ω 在 xOy 面上的投影区域 D：$x^2+y^2\leqslant R^2$.

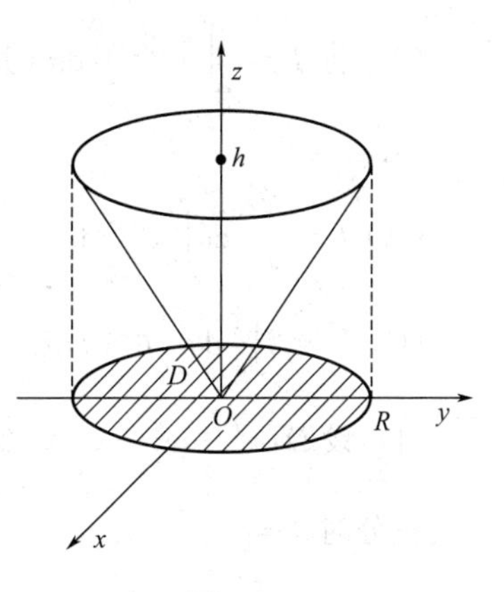

图 10.17

其圆柱坐标系下的表达式：$0\leqslant\theta\leqslant 2\pi$, $0\leqslant\rho\leqslant R(z\neq 0)$. 运用圆柱坐标系下的三重积分方法，得 Ω 绕 z 轴的转动惯量（设 Ω 的密度为 μ）.

$$I_z=\iiint\limits_{\Omega}(x^2+y^2)\mu\mathrm{d}v=\mu\int_0^{2\pi}\mathrm{d}\theta\int_0^R\mathrm{d}\rho\int_{\frac{h}{R}\rho}^{h}\rho^2\cdot\rho\mathrm{d}z$$

$$=2\pi\mu\int_0^R\rho^3\left(h-\frac{h}{R}\rho\right)\mathrm{d}\rho=2\pi\mu h\int_0^R\left(\rho^3-\frac{1}{R}\rho^4\right)\mathrm{d}\rho$$

$$=2\pi\mu h\left(\frac{1}{4}\rho^4-\frac{1}{5R}\rho^5\right)\Big|_0^R=\frac{1}{10}\pi\mu hR^4 .$$

三、强化练习题

☆ A　题 ☆

1. 填空题

(1) 设 D 域为 $0\leqslant x\leqslant y$, $0\leqslant y\leqslant 1$ ，则 $\iint\limits_D\mathrm{d}x\mathrm{d}y$ 的值等于____________.

(2) 若 D 是以 $(0,0)$, $(1,0)$, $(0,1)$ 为顶点的三角形区域，则由二重积分的几何意义知，$\iint\limits_D(1-x-y)\mathrm{d}\sigma$ 的值等于____________.

(3) 改变积分次序 $\int_0^2\mathrm{d}y\int_{y^2}^{2y}f(x,y)\mathrm{d}x=$ ____________.

(4) 化三重积分 $I=\iiint\limits_{\Omega}f(x,y,z)\mathrm{d}v$ 为直角坐标下的三次积分，已知 Ω：曲面 $z=xy$ ，平面 $x+y-1=0$, $z=0$ 围成，则 $I=$ ____________.

(5) 设 D：$|x|\leqslant 2$, $|y|\leqslant 1$ ，则 $\iint\limits_D\frac{1}{1+y^2}\mathrm{d}\sigma=$____________.

(6) 平面 $\frac{x}{a}+\frac{y}{b}+\frac{z}{c}=1$ 被三坐标面所割出的有限部分的面积 $S=$ ____________.

2. 选择题

(1) $z=f(x,y)$ 在有界闭区域 D 上连续是二重积分 $\iint\limits_D f(x,y)\mathrm{d}\sigma$ 存在的（　　）.

(A) 充分条件而非必要条件　　(B) 必要条件而非充分条件
(C) 充分必要条件　　(D) 既非充分又非必要条件

(2) 设 D：$(x-2)^2+(y-1)^2\leqslant 1$ ，比较 $I_1=\iint\limits_D(x+y)^2\mathrm{d}\sigma$ 与 $I_2=\iint\limits_D(x+y)^3\mathrm{d}\sigma$ 的大小（　　）.

(A) $I_1=I_2$　　(B) $I_1>I_2$　　(C) $I_1<I_2$　　(D) $I_1\geqslant I_2$

（3）将 $I=\iint\limits_{D}\mathrm{e}^{-x^2-y^2}\mathrm{d}\sigma$（其中 $D:x^2+y^2\leqslant 1$）化为极坐标系下的二次积分，其形式为（　　）.

（A）$I=\int_0^{2\pi}\mathrm{d}\theta\int_0^1\mathrm{e}^{-r^2}\mathrm{d}r$　　（B）$I=4\int_0^{\frac{\pi}{2}}\mathrm{d}\theta\int_0^1\mathrm{e}^{-r^2}\mathrm{d}r$

（C）$I=2\int_0^{\frac{\pi}{2}}\mathrm{d}\theta\int_0^1\mathrm{e}^{-r^2}r\mathrm{d}r$　　（D）$I=\int_0^{2\pi}\mathrm{d}\theta\int_0^1\mathrm{e}^{-r^2}r\mathrm{d}r$

（4）设 $\Omega:x^2+y^2+z^2\leqslant 2az\ (a>0)$，则三重积分 $\iiint\limits_{\Omega}(x^2+y^2)\mathrm{d}v$ 化为球面坐标系下的三次积分时 $I=$（　　）.

（A）$\int_0^{2\pi}\mathrm{d}\theta\int_0^{\frac{\pi}{2}}\mathrm{d}\varphi\int_0^{2a\cos\varphi}r^2\cdot r^2\sin\varphi\mathrm{d}r$　　（B）$\int_0^{2\pi}\mathrm{d}\theta\int_0^{\frac{\pi}{2}}\mathrm{d}\varphi\int_0^{2a}r^2\cdot r^2\sin\varphi\mathrm{d}r$

（C）$\int_0^{2\pi}\mathrm{d}\theta\int_0^{\frac{\pi}{2}}\mathrm{d}\varphi\int_0^{2a\cos\varphi}r^4\sin^3\varphi\mathrm{d}r$　　（D）$\int_0^{2\pi}\mathrm{d}\theta\int_0^{\pi}\mathrm{d}\varphi\int_0^{2a\cos\varphi}r^4\sin^3\varphi\mathrm{d}r$

（5）$I=\int_1^{\mathrm{e}}\mathrm{d}x\int_0^{\ln x}f(x,y)\mathrm{d}y$，其中 $f(x,y)$ 是连续函数，则交换积分次序得（　　）.

（A）$I=\int_1^{\mathrm{e}}\mathrm{d}y\int_0^{\ln x}f(x,y)\mathrm{d}x$　　（B）$I=\int_{\mathrm{e}^y}^{\mathrm{e}}\mathrm{d}y\int_0^1 f(x,y)\mathrm{d}x$

（C）$I=\int_0^{\ln x}\mathrm{d}y\int_1^{\mathrm{e}}f(x,y)\mathrm{d}x$　　（D）$I=\int_0^1\mathrm{d}y\int_{\mathrm{e}^y}^{\mathrm{e}}f(x,y)\mathrm{d}x$

（6）两个圆柱体 $x^2+y^2\leqslant R^2$，$x^2+z^2\leqslant R^2$ 公共部分的体积 V 为（　　）.

（A）$2\int_0^R\mathrm{d}x\int_0^{\sqrt{R^2-x^2}}\sqrt{R^2-x^2}\mathrm{d}y$　　（B）$8\int_0^R\mathrm{d}x\int_0^{\sqrt{R^2-x^2}}\sqrt{R^2-x^2}\mathrm{d}y$

（C）$\int_{-R}^R\mathrm{d}x\int_{-\sqrt{R^2-x^2}}^{\sqrt{R^2-x^2}}\sqrt{R^2-x^2}\mathrm{d}y$　　（D）$4\int_{-R}^R\mathrm{d}x\int_{-\sqrt{R^2-x^2}}^{\sqrt{R^2-x^2}}\sqrt{R^2-x^2}\mathrm{d}y$

（7）设 Ω 是由 $x^2+y^2+z^2\leqslant 2z$ 及 $z\leqslant x^2+y^2$ 所确定的立体区域，则 Ω 的体积等于（　　）.

（A）$\int_0^{2\pi}\mathrm{d}\theta\int_0^1 r\mathrm{d}r\int_{r^2}^{\sqrt{1-r^2}}\mathrm{d}z$　　（B）$\int_0^{2\pi}\mathrm{d}\theta\int_0^r r\mathrm{d}r\int_1^{1-\sqrt{1-r^2}}\mathrm{d}z$

（C）$\int_0^{2\pi}\mathrm{d}\theta\int_0^1 r\mathrm{d}r\int_{r^2}^{1-r^2}\mathrm{d}z$　　（D）$\int_0^{2\pi}\mathrm{d}\theta\int_0^1 r\mathrm{d}r\int_{1-\sqrt{1-r^2}}^{r^2}\mathrm{d}z$

3. 计算题

（1）计算二重积分 $\iint\limits_{D}\cos\sqrt{x^2+y^2}\mathrm{d}x\mathrm{d}y$，其中 D 为圆环线 $\pi^2\leqslant x^2+y^2\leqslant 4\pi^2$.

（2）计算二重积分 $\iint\limits_{D}\arctan\frac{y}{x}\mathrm{d}x\mathrm{d}y$，其中 D 为圆 $x^2+y^2=1$，$x^2+y^2=4$ 及直线 $y=0$，$y=x$ 所围成的区域在第一象限内的部分.

（3）计算三重积分 $\iiint\limits_{\Omega}\sqrt{x^2+y^2+z^2}\mathrm{d}x\mathrm{d}y\mathrm{d}z$，其中积分区域 Ω 是由曲面 $x^2+y^2+z^2=z$ 所围成的立体.

（4）计算二重积分 $I=\iint\limits_{D}y\mathrm{d}x\mathrm{d}y$，其中 $D=\{(x,y)\mid 0\leqslant x\leqslant 1,0\leqslant y\leqslant 1\}$.

（5）计算 $I=\int_0^1\mathrm{d}x\int_x^1\mathrm{e}^{-y^2}\mathrm{d}y$.

（6）计算 $\iint\limits_D (x+y)^2 \mathrm{d}\sigma$ ，$D: x^2+y^2 \leqslant a^2$.

（7）计算 $I=\iiint\limits_{\Omega} y \mathrm{d}x \mathrm{d}y \mathrm{d}z$ ，其中 Ω 为两个曲面 $z=3-x^2-y^2$ ，$z=x^2+y^2-5$ 所围成立体在 $x \geqslant 0$ 及 $y \geqslant 0$ 的部分.

（8）计算 $I=\iint\limits_D \sqrt{4x^2-y^2} \mathrm{d}x \mathrm{d}y$ ，其中 D 由 $y=0$ ，$x=1$ ，$y=x$ 围成.

（9）设 $f(x,y)$ 是连续函数，改变二次积分 $\int_0^{2a} \mathrm{d}x \int_{\sqrt{2ax-x^2}}^{\sqrt{2ax}} f(x,y) \mathrm{d}y\ (a>0)$ 的积分次序.

（10）计算 $I=\iiint\limits_{\Omega} \mathrm{d}x \mathrm{d}y \mathrm{d}z$ ，积分区域 Ω 是由 $x^2+y^2+z^2 \leqslant 2az\ (a>0)$ ，$x^2+y^2 \leqslant z^2$ 确定.

4. 综合题

（1）求由曲线 $y=\mathrm{e}^x$ ，$y=\mathrm{e}^{2x}$ 及直线 $x=1$ 所围成的平面图形的面积.

（2）求锥面 $z=\sqrt{x^2+y^2}$ 被柱面 $z^2=2x$ 所割下部分的曲面面积.

（3）求第一卦限中由曲面 $z=1-x^2-y^2$ ，$y=x$ ，$y=\sqrt{3}x$ ，$z=0$ 所围成的立体的体积.

（4）求由椭圆抛物面 $z=x^2+2y^2$ 和抛物柱面 $z=2-x^2$ 所围成的立体的体积.

（5）求球面 $x^2+y^2+z^2=4a^2$ 含在圆柱面 $x^2+y^2=2ax\ (a>0)$ 内部的那部分面积.

5. 证明题

设 $f(x)$ 连续，试证：$\int_0^a \mathrm{d}y \int_0^y \mathrm{e}^{m(a-x)} f(x) \mathrm{d}x=\int_0^a (a-x) \mathrm{e}^{m(a-x)} f(x) \mathrm{d}x$（$a,m$ 为常数且 $a>0$）.

☆ B　题 ☆

1. 填空题

（1）设 $\Omega: 0 \leqslant z \leqslant 1$ ，$x^2+y^2 \leqslant 1$ ，则 $\iiint\limits_{\Omega} [\mathrm{e}^{z^2} \tan(x^2 y^3)+3] \mathrm{d}v=$ ____________.

（2）设 $f(t)$ 为连续函数，则由平面 $z=0$ ，柱面 $x^2+y^2=1$ 和曲面 $z=[f(xy)]^2$ 所围立体的体积，可用二重积分表示为____________.

（3）设 $\Omega: -1 \leqslant x \leqslant 1$ ，$0 \leqslant y \leqslant 1$ ，$0 \leqslant z \leqslant 1$ ，则 $\iiint\limits_{\Omega} (\mathrm{e}^{y^2} \sin x^3+2) \mathrm{d}v=$ ____________.

（4）设 $\Omega: x^2+y^2+z^2 \leqslant 1$ ，由于 $0<x^4+y^4+z^4 \leqslant 1$ ，则有不等式：$\frac{2}{3}\pi<\iiint\limits_{\Omega} \frac{1}{1+x^4+y^4+z^4} \mathrm{d}v<$ ____________.

（5）交换二次积分的积分次序：$\int_{-1}^0 \mathrm{d}y \int_2^{1-y} f(x,y) \mathrm{d}x=$ ____________.

2. 选择题

（1）已知 Ω 由 $3x^2+y^2=z$ ，$z=1-x^2$ 所围成，则 $\iiint\limits_{\Omega} f(x,y,z) \mathrm{d}v$ 等于（　　）.

（A）$2\int_0^{\frac{1}{2}} \mathrm{d}x \int_0^{\sqrt{1-4x^2}} \mathrm{d}y \int_{3x^2+y^2}^{1-x^2} f(x,y,z) \mathrm{d}z$　　（B）$\int_0^{\frac{1}{2}} \mathrm{d}x \int_0^{\sqrt{1-4x^2}} \mathrm{d}y \int_{3x^2+y^2}^{1-x^2} f(x,y,z) \mathrm{d}z$

（C）$\int_{-\frac{1}{2}}^{\frac{1}{2}} \mathrm{d}x \int_{-\sqrt{1-4x^2}}^{\sqrt{1-4x^2}} \mathrm{d}y \int_{3x^2+y^2}^{1-x^2} f(x,y,z) \mathrm{d}z$　　（D）$\int_{-\frac{1}{2}}^{\frac{1}{2}} \mathrm{d}x \int_{-\sqrt{1-4x^2}}^{\sqrt{1-4x^2}} \mathrm{d}y \int_{1-x^2}^{3x^2+y^2} f(x,y,z) \mathrm{d}z$

(2) 设 D 由直线 $x=0$，$y=0$，$x+y=\frac{1}{2}$，$x+y=1$ 所围成，$I_1=\iint\limits_D[\ln(x+y)]^7\mathrm{d}\sigma$，$I_2=\iint\limits_D(x+y)^7\mathrm{d}\sigma$，$I_3=\iint\limits_D[\sin(x+y)]^7\mathrm{d}\sigma$，则它们的关系是（　）.

(A) $I_1<I_2<I_3$　(B) $I_3<I_2<I_1$　(C) $I_1<I_3<I_2$　(D) $I_3<I_1<I_2$

(3) 二重积分 $\iint\limits_{x^2+y^2\leqslant 1}\sqrt{\frac{1-x^2-y^2}{1+x^2+y^2}}\mathrm{d}x\mathrm{d}y$ 的值是（　）.

(A) $\pi(\pi-1)$　(B) $\frac{\pi}{2}(\pi-1)$　(C) $\pi\left(\frac{\pi}{2}-1\right)$　(D) $\frac{\pi}{2}\left(\frac{\pi}{2}-1\right)$

(4) 设 D 是由曲线 $y=\sqrt{1+x^2}-\frac{1}{2}$，$x=\sqrt{1+y^2}-\frac{1}{2}$ 与直线 $y=-x$ 所围成的区域，D_1 是 D 在第二象限的部分，则 $\iint\limits_D(x\sin y+y\cos x)\mathrm{d}x\mathrm{d}y=$（　）.

(A) $2\iint\limits_{D_1}x\sin y\mathrm{d}x\mathrm{d}y$　(B) $2\iint\limits_{D_1}y\cos x\mathrm{d}x\mathrm{d}y$

(C) $4\iint\limits_{D_1}(x\sin y+y\cos x)\mathrm{d}x\mathrm{d}y$　(D) 0

(5) 设 $f(x)$ 为连续函数，$F(t)=\int_1^t\mathrm{d}y\int_y^t f(x)\mathrm{d}x$，则 $F'(2)$ 等于（　）.

(A) $2f(2)$　(B) $f(2)$　(C) $-f(2)$　(D) 0

3. 计算题

(1) 计算 $I=\iiint\limits_{\Omega}(z-\sqrt{x^2+y^2})\mathrm{d}x\mathrm{d}y\mathrm{d}z$，其中 Ω 为 $x^2+y^2\leqslant 1$，$0\leqslant z\leqslant 1$.

(2) 计算 $\iint\limits_D(|x|-3y)\mathrm{d}\sigma$，$D$：$|x|+|y|\leqslant 1$.

(3) 计算 $I=\iiint\limits_{\Omega}\frac{\cos\sqrt{x^2+y^2+z^2}}{\sqrt{x^2+y^2+z^2}}\mathrm{d}v$，其中 Ω 为由 $\pi^2\leqslant x^2+y^2+z^2\leqslant 16\pi^2$ 所确定.

(4) 设区域 $D=\{(x,y)\mid x^2+y^2\leqslant 1,x\geqslant 0\}$，计算二重积分 $\iint\limits_D\frac{1+xy}{1+x^2+y^2}\mathrm{d}x\mathrm{d}y$.

(5) 计算 $\iint\limits_D\sqrt{|y-x^2|}\mathrm{d}x\mathrm{d}y$，其中 $D=\{(x,y)\mid -1\leqslant x\leqslant 1,0\leqslant y\leqslant 2\}$.

4. 综合题

(1) 求由曲面 $z=x^2+y^2$ 及平面 $x=0$，$y=0$，$z=0$，$x+y=1$ 所围成的立体的体积.

(2) 求由 $x^2+y^2\leqslant a^2$，$y\geqslant 0$ 所确定的均匀平面薄片对于 x 轴和 y 轴的转动惯量 $(a>0)$.

(3) 设 $f(u)$ 可导，$f(0)=0$，求 $\lim\limits_{t\to 0}\frac{1}{\pi t^4}\iiint\limits_{x^2+y^2+z^2\leqslant t^2}f(\sqrt{x^2+y^2+z^2})\mathrm{d}v$.

5. 证明题

(1) 设 $f(x)$ 在 $[0,1]$ 上连续，试证：$\int_0^1\mathrm{e}^{f(x)}\mathrm{d}x\int_0^1\mathrm{e}^{-f(y)}\mathrm{d}y\geqslant 1$.

(2) 设 $f(x)$ 在 $[0,1]$ 上连续，证明：$\int_0^1 f(x)\mathrm{d}x\int_x^1 f(y)\mathrm{d}y=\frac{1}{2}\left[\int_0^1 f(x)\mathrm{d}x\right]^2$.

第十一章　曲线积分与曲面积分

本章基本要求

理解两类曲线积分的概念并掌握它们的性质，会计算两类曲线积分，理解两类曲线积分的关系；重点掌握格林公式及其应用，掌握曲线积分与路径无关的条件．理解两类曲面积分的概念并掌握它们的性质，会计算两类曲面积分，理解两类曲线积分的关系；重点掌握高斯公式及其应用．掌握斯托克斯公式及其应用，了解散度和旋度的计算．掌握曲线积分和曲面积分的简单应用．

一、内容要点

（一）曲线积分

1．第一类曲线积分（对弧长的曲线积分）

（1）**定义 1**　设 $f(x,y)$ 是 xOy 面内光滑曲线弧 L 上的有界函数．将 L 任意分成 n 个小段，设第 i 段的弧长为 Δs_i（并记 $\lambda=\max\{\Delta s_i\}$），在其上任取一点 (ξ_i,η_i)，做乘积 $f(\xi_i,\eta_i)\Delta s_i(i=1,2,\cdots,n)$，并作和 $\sum\limits_{i=1}^{n}f(\xi_i,\eta_i)\Delta s_i$．若当 $\lambda\to 0$ 时，此和式的极限总存在，则称此极限为函数 $f(x,y)$ 在曲线弧 L 上对弧长的曲线积分（或第一类曲线积分），记作 $\int_L f(x,y)\mathrm{d}s$，即

$$\int_L f(x,y)\mathrm{d}s=\lim_{\lambda\to 0}\sum_{i=1}^{n}f(\xi_i,\eta_i)\Delta s_i .$$

（2）几何意义与物理意义．

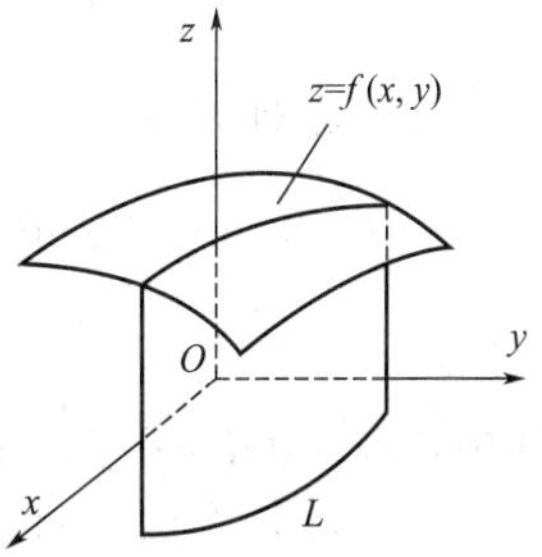

对弧长的曲线积分 $\int_L f(x,y)\mathrm{d}s$ 的几何意义是以 L 为准线、其母线平行于 z 轴、介于平面 $z=0$ 和曲面 $z=f(x,y)$ 之间的柱面面积（如图 11.1）．物理意义是线密度为 $f(x,y)$ 的物质曲线 L 的质量．

图 11.1

（3）计算方法．即“一定限、二代入、三替换”三步法．

第一步（定限）　写出曲线弧 L 的方程及自变量的变化范围（用不等式表示）．例如：设 L 的参数方程为

$$\begin{cases}x=\varphi(t),\\ y=\psi(t),\end{cases}\qquad \alpha\leqslant t\leqslant\beta，并且一定有\ \alpha<\beta;$$

第二步（代入）　将曲线 L 的方程代入第一类曲线积分的被积函数中．例如：$f[\varphi(t),\ \psi(t)]$．

第三步（替换）　计算出弧长的微分式 $\mathrm{d}s=\sqrt{[\varphi'(t)]^2+[\psi'(t)]^2}\,\mathrm{d}t$，并用其替换曲线积分中的 $\mathrm{d}s$，则第一类曲线积分即转变为定积分

$$\int_L f(x,y)\mathrm{d}s=\int_\alpha^\beta f[\varphi(t),\psi(t)]\sqrt{[\varphi'(t)]^2+[\psi'(t)]^2}\mathrm{d}t.$$

注意　(1) 直角坐标系．设曲线弧 L 的方程为：$y=g(x)$ $(a\leqslant x\leqslant b)$，则可以将其看作：$\begin{cases}x=x,\\y=g(x),\end{cases}$ $a\leqslant x\leqslant b$，$\mathrm{d}s=\sqrt{1+[g'(x)]^2}$，从而

$$\int_L f(x,y)\mathrm{d}s=\int_a^b f[x,g(x)]\sqrt{1+[g'(x)]^2}\mathrm{d}x.$$

(2) 极坐标系．设曲线弧 L 的方程为：$\rho=\rho(\theta)$ $(\alpha\leqslant\theta\leqslant\beta)$，则

$$\begin{cases}x=\rho(\theta)\cos\theta,\\y=\rho(\theta)\sin\theta,\end{cases}\alpha\leqslant\theta\leqslant\beta,\ \mathrm{d}s=\sqrt{\rho^2(\theta)+(\rho'(\theta))^2}\mathrm{d}\theta,$$

从而 $$\int_L f(x,y)\mathrm{d}s=\int_\alpha^\beta f[\rho(\theta)\cos\theta,\rho(\theta)\sin\theta]\sqrt{\rho^2(\theta)+[\rho'(\theta)]^2}\mathrm{d}\theta.$$

2. 第二类曲线积分（对坐标的曲线积分）

(1) **定义 2**　设 $P(x,y)$ 和 $Q(x,y)$ 是 xOy 面内有向光滑曲线弧 L 上的有界函数．将 L 任意分成 n 个有向小弧段 $M_{i-1}M_i$ $(i=1,2,\cdots,n;\ M_0=A,\ M_n=B)$，并在其上任取一点 (ξ_i,η_i)，设 $\Delta x_i=x_i-x_{i-1}$，$\Delta y_i=y_i-y_{i-1}$，若当各小弧段长度的最大值 $\lambda\to0$ 时，$\sum\limits_{i=1}^n P(\xi_i,\eta_i)\Delta x_i$ 的极限总存在，则称此极限为函数 $P(x,y)$ 在有向曲线 L 上对坐标 x 的曲线积分，记作 $\int_L P(x,y)\mathrm{d}x$．即

$$\int_L P(x,y)\mathrm{d}x=\lim_{\lambda\to0}\sum_{i=1}^n P(\xi_i,\eta_i)\Delta x_i.$$

类似地，可以定义函数 $Q(x,y)$ 在有向曲线 L 上对坐标 y 的曲线积分为

$$\int_L Q(x,y)\mathrm{d}y=\lim_{\lambda\to0}\sum_{i=1}^n Q(\xi_i,\eta_i)\Delta y_i.$$

在应用上，对坐标的曲线积分（或第二类曲线积分）往往表现为两者之和，即

$$\int_L P(x,y)\mathrm{d}x+\int_L Q(x,y)\mathrm{d}y\xlongequal{\text{(记作)}}\int_L P(x,y)\mathrm{d}x+Q(x,y)\mathrm{d}y.$$

注意　若 L^- 是 L 的反向曲线弧，则

$$\int_{L^-}P(x,y)\mathrm{d}x+Q(x,y)\mathrm{d}y=-\int_L P(x,y)\mathrm{d}x+Q(x,y)\mathrm{d}y.$$

(2) 物理意义．第二类曲线积分 $\int_L P(x,y)\mathrm{d}x+Q(x,y)\mathrm{d}y$ 的物理意义是变力 $\boldsymbol{F}=P(x,y)\boldsymbol{i}+Q(x,y)\boldsymbol{j}$ 沿有向曲线 L 移动所做的功，即

$$W=\int_L \boldsymbol{F}\mathrm{d}\boldsymbol{r}=\int_L P(x,y)\mathrm{d}x+Q(x,y)\mathrm{d}y$$

其中：$\mathrm{d}\boldsymbol{r}=\mathrm{d}x\boldsymbol{i}+\mathrm{d}y\boldsymbol{j}$，由微分三角形知 $|\mathrm{d}\boldsymbol{r}|=\sqrt{(\mathrm{d}x)^2+(\mathrm{d}y)^2}=\mathrm{d}s$，向量 $\mathrm{d}\boldsymbol{r}$ 在切线上．

(3) 计算方法．直接计算，即“一定向、二代入”两步法．

第一步（定向）　写出有向曲线弧 L 的方程及自变量的变化范围，α 和 β 分别对应 L 的起点（下限）和终点（上限），即变量“t 由 α 向 β”积分．与第一类曲线积分不同，在这里可能出现 $\alpha>\beta$ 的情况．例如：设 L 的参数方程为 $\begin{cases}x=\varphi(t),\\y=\psi(t),\end{cases}$ 确定参数 t 由 α 向 β．

第二步（代入）　将 L 的方程及变量的微分 $\mathrm{d}x$，$\mathrm{d}y$ 代入第二类曲线积分的被积式中，即转变为定积分．例如

$$\int_L P(x,y)\mathrm{d}x+Q(x,y)\mathrm{d}y=\int_\alpha^\beta\{P[\varphi(t),\psi(t)]\varphi'(t)+Q[\varphi(t),\psi(t)]\psi'(t)\}\mathrm{d}t.$$

其中，α 和 β 分别为定积分的下限和上限．

间接计算　对于第二类曲线积分，如果不宜直接进行计算或直接计算比较繁琐，那么就需要计算出 $\frac{\partial Q}{\partial x}$ 和 $\frac{\partial P}{\partial y}$，从而根据不同情况，使用格林公式或通过改变积分路径进行间接计算．

3．格林公式

（1）格林定理．设：①区域 D 是由分段光滑曲线 L 围成（L 的方向是 D 的取正向的方向）；②函数 $P(x,y)$ 和 $Q(x,y)$ 在 D 上具有一阶连续偏导数，则

$$\oint_L P\mathrm{d}x+Q\mathrm{d}y=\iint_D\left(\frac{\partial Q}{\partial x}-\frac{\partial P}{\partial y}\right)\mathrm{d}x\mathrm{d}y=\iint_D\begin{vmatrix}\frac{\partial}{\partial x} & \frac{\partial}{\partial y}\\ P & Q\end{vmatrix}\mathrm{d}x\mathrm{d}y.$$

注意　①此公式称为格林公式；

② 定理中的条件①和②缺一不可：其中条件②最容易被忽视；

③ 在条件①中，如果 D 是单连通域，则 L 的逆时针方向为正；如果 D 是复连通域，则 L 的外周界逆时针方向为正，而内周界顺时针方向为正；如果 L 的方向为负，那么在使用格林公式时一定要补加一个负号．

（2）曲线积分与路径无关的条件．设：①区域 D 是单连通域，有向曲线 $L\subset D$；②函数 $P(x,y)$ 和 $Q(x,y)$ 在 D 中具有一阶连续偏导数，则

曲线积分 $\oint_L P\mathrm{d}x+Q\mathrm{d}y$ 与路径无关（或 $\oint_L P\mathrm{d}x+Q\mathrm{d}y=0$）$\Leftrightarrow \frac{\partial Q}{\partial x}=\frac{\partial P}{\partial y}$．

4．两类曲线积分之间的关系

设曲线 L：$\begin{cases}x=\varphi(t),\\ y=\psi(t),\end{cases}$ $\alpha\leqslant t\leqslant\beta$. 在曲线 L 上任一点的切向量是 $\boldsymbol{t}=\{\varphi'(t),\psi'(t)\}$，容易求出单位切向量 $\boldsymbol{t}^0=\{\cos\alpha,\sin\alpha\}$，由微分三角形知 $\mathrm{d}x=\mathrm{d}s\cos\alpha$，$\mathrm{d}y=\mathrm{d}s\sin\alpha$. 将这两式代入第二类曲线积分中得

$$\int_L P\mathrm{d}x+Q\mathrm{d}y=\int_L[P\cos\alpha+Q\sin\alpha]\mathrm{d}s,$$

若用向量表示，记 $\boldsymbol{A}=\{P,Q\}$，$\boldsymbol{r}=\{x,y\}$，$\mathrm{d}\boldsymbol{r}=\{\mathrm{d}x,\mathrm{d}y\}=\{\mathrm{d}s\cos\alpha,\mathrm{d}s\sin\alpha\}=\boldsymbol{t}^0\mathrm{d}s$，则

$$\int_L\boldsymbol{A}\cdot\mathrm{d}\boldsymbol{r}=\int_L\boldsymbol{A}\cdot\boldsymbol{t}^0\mathrm{d}s$$　（注：此式在三维空间也正确）．

5．曲线积分与全微分的关系

设区域 D 是单连通区域，函数 $P(x,y)$ 和 $Q(x,y)$ 在 D 内具有一阶连续偏导数，且 $\frac{\partial Q}{\partial x}=\frac{\partial P}{\partial y}$. 则在 D 中存在一个二元函数 $u(x,y)$，使得 $\mathrm{d}u=P\mathrm{d}x+Q\mathrm{d}y$，其计算公式为

$$u(x,y)=\int_{(x_0,y_0)}^{(x,y)}P(x,y)\mathrm{d}x+Q(x,y)\mathrm{d}y=\int_{x_0}^{x}P(x,y_0)\mathrm{d}x+\int_{y_0}^{y}Q(x,y)\mathrm{d}y$$
$$=\int_{y_0}^{y}Q(x_0,y)\mathrm{d}y+\int_{x_0}^{x}P(x,y)\mathrm{d}x.$$

（二）曲面积分

1．第一类曲面积分（对面积的曲面积分）

（1）**定义 3**　设 $f(x,y,z)$ 是光滑曲面 Σ 上的有界函数，将 Σ 任意分成 n 个小块曲面 $\Delta S_i(i=1,2,\cdots,n)$，同时用 ΔS_i 表示第 i 块曲面的面积（并记各小块曲面的直径的最大值为 λ），在其上任取一点 (ξ_i,η_i,ζ_i)，并作和 $\sum_{i=1}^{n}f(\xi_i,\eta_i,\zeta_i)\Delta S_i$. 若当 $\lambda\to 0$ 时，此和式的极限总存

在，则称此极限为函数 $f(x,y,z)$ 在曲面 Σ 上对面积的曲面积分（或第一类曲面积分），记作 $\iint\limits_{\Sigma} f(x,y,z)\mathrm{d}S$，即

$$\iint\limits_{\Sigma} f(x,y,z)\mathrm{d}S=\lim_{\lambda\to 0}\sum_{i=1}^{n} f(\xi_i,\eta_i,\zeta_i)\Delta S_i .$$

（2）物理意义.

第一类曲面积分的物理意义是面密度为 $f(x,y,z)$ 的理想物质曲面 Σ 的质量.

（3）计算方法. 即“一投影、二代入、三替换”三步法.

第一步（投影） 写出曲面 Σ 的显式方程 $z=z(x,y)$，并将 Σ 向 xOy 面上的投影得区域 D_{xy}；

第二步（代入） 将曲面 Σ 的方程 $z=z(x,y)$ 代入被积函数中，即 $f[x,y,z(x,y)]$；

第三步（替换） 计算出 $\mathrm{d}S=\sqrt{1+z_x^2+z_y^2}\mathrm{d}x\mathrm{d}y$，并用其替换曲面积分中的 $\mathrm{d}S$，则第一类曲面积分转化为二重积分

$$\iint\limits_{\Sigma} f(x,y,z)\mathrm{d}S=\iint\limits_{D_{xy}} f[x,y,z(x,y)]\sqrt{1+z_x^2+z_y^2}\mathrm{d}x\mathrm{d}y .$$

注意 ①若曲面 Σ 由方程 $x=x(y,z)$ 或 $y=y(z,x)$ 给出，也可类似地通过向 yOz 面或 zOx 面投影，将第一类曲面积分化为二重积分；

② 将曲面 Σ 向哪个坐标面上投影是由计算者选定的. 但是有一点必须遵守，就是 Σ 上的任何一片在该坐标面上的投影区域面积不能等于零.

2. 第二类曲面积分（对坐标的曲面积分）

（1）**定义 4** 设 $R(x,y,z)$ 是有向光滑曲面 Σ 上的有界函数，将 Σ 任意分成 n 个小块曲面 $\Delta S_i\ (i=1,2,\cdots,n)$，同时用 ΔS_i 表示第 i 块曲面的面积；将第 i 个有向小块曲面 ΔS_i 在 xOy 面上的投影记为 $(\Delta S_i)_{xy}$，并在其上任取一点 (ξ_i,η_i,ζ_i)，若当各小块曲面直径的最大值为 $\lambda\to 0$ 时，$\sum\limits_{i=1}^{n}R(\xi_i,\eta_i,\zeta_i)(\Delta S_i)_{xy}$ 的极限总存在，则称此极限为函数 $R(x,y,z)$ 在有向曲面 Σ 上对坐标 x 和 y 的曲面积分，记作 $\iint\limits_{\Sigma}R(x,y,z)\mathrm{d}x\mathrm{d}y$. 即

$$\iint\limits_{\Sigma}R(x,y,z)\mathrm{d}x\mathrm{d}y=\lim_{\lambda\to 0}\sum_{i=1}^{n}R(\xi_i,\eta_i,\zeta_i)(\Delta S_i)_{xy} ;$$

类似地，可以定义函数 $Q(x,y,z)$ 在有向曲面 Σ 上对坐标 z 和 x 的曲面积分

$$\iint\limits_{\Sigma}Q(x,y,z)\mathrm{d}z\mathrm{d}x=\lim_{\lambda\to 0}\sum_{i=1}^{n}Q(\xi_i,\eta_i,\zeta_i)(\Delta S_i)_{zx} ;$$

以及函数 $P(x,y,z)$ 在有向曲面 Σ 上对坐标 y 和 z 的曲面积分

$$\iint\limits_{\Sigma}P(x,y,z)\mathrm{d}y\mathrm{d}z=\lim_{\lambda\to 0}\sum_{i=1}^{n}P(\xi_i,\eta_i,\zeta_i)(\Delta S_i)_{yz} .$$

在应用上，对坐标的曲面积分（或第二类曲面积分）往往表现为三者之和，即

$$\iint\limits_{\Sigma}P(x,y,z)\mathrm{d}y\mathrm{d}z+Q(x,y,z)\mathrm{d}z\mathrm{d}y+R(x,y,z)\mathrm{d}x\mathrm{d}y .$$

注意 若 Σ^- 是 Σ 的反向曲面，则

$$\iint\limits_{\Sigma^-}P\mathrm{d}y\mathrm{d}z+Q\mathrm{d}z\mathrm{d}y+R\mathrm{d}x\mathrm{d}y=-\iint\limits_{\Sigma}P\,\mathrm{d}y\mathrm{d}z+Q\mathrm{d}z\mathrm{d}y+R\mathrm{d}x\mathrm{d}y .$$

（2）物理意义

第二类曲面积分$\iint\limits_{\Sigma}P\mathrm{d}y\mathrm{d}z+Q\mathrm{d}z\mathrm{d}y+R\mathrm{d}x\mathrm{d}y$的物理意义是流速场$\boldsymbol{A}=\{P,Q,R\}$流过有向曲面$\Sigma$的流量$\Phi$，即

$$\Phi=\iint\limits_{\Sigma}\boldsymbol{A}\cdot\mathrm{d}\boldsymbol{S}=\iint\limits_{\Sigma}P\mathrm{d}y\mathrm{d}z+Q\mathrm{d}z\mathrm{d}y+R\mathrm{d}x\mathrm{d}y.$$

其中：有向曲面Σ的微元是向量$\mathrm{d}\boldsymbol{S}=\{\mathrm{d}y\mathrm{d}z,\mathrm{d}z\mathrm{d}x,\mathrm{d}x\mathrm{d}y\}$.

（3）计算方法

直接计算，即“一投影、二代入、三定号”三步法.

第一步（投影）　写出曲面Σ的显式方程$z=z(x,y)$，并将Σ向xOy面上的投影得区域D_{xy}.

第二步（代入）　把曲面Σ的方程$z=z(x,y)$代入到被积函数$R(x,y,z)$中，即

$$R(x,y,z)=R[x,y,z(x,y)].$$

第三步（定号）　当Σ为上侧（即法向量向上）时取正号；当Σ取下侧（即法向量向下时）取负号. 从而将对坐标x和y的曲面积分$\iint\limits_{\Sigma}R(x,y,z)\mathrm{d}x\mathrm{d}y$转变为二重积分

$$\iint\limits_{\Sigma}R(x,y,z)\mathrm{d}x\mathrm{d}y=\pm\iint\limits_{D_{xy}}R[x,y,z(x,y)]\mathrm{d}x\mathrm{d}y.$$

类似地，经过变量x,y,z的轮换，可以计算$\iint\limits_{\Sigma}P(x,y,z)\mathrm{d}y\mathrm{d}z$和$\iint\limits_{\Sigma}Q(x,y,z)\mathrm{d}z\mathrm{d}x$，即

$$\iint\limits_{\Sigma}Q(x,y,z)\mathrm{d}z\mathrm{d}x=\pm\iint\limits_{D_{zx}}R[x,y(z,x),z]\mathrm{d}z\mathrm{d}x;$$

$$\iint\limits_{\Sigma}P(x,y,z)\mathrm{d}y\mathrm{d}z=\pm\iint\limits_{D_{yz}}P[x(y,z),y,z]\mathrm{d}y\mathrm{d}z.$$

其中，曲面Σ为前正后负；右正左负.

注意　①在第二类曲面积分的直接计算中，曲面Σ的投影方向是固定的，不能由计算者选定，例如，计算$\iint\limits_{\Sigma}Q(x,y,z)\mathrm{d}z\mathrm{d}x$时，只能将$\Sigma$向$xOz$面上投影；

② 若曲面Σ在坐标面上的投影区域面积为零，则积分等于零.

间接计算　对于第二类曲面积分，如果不宜直接进行计算或直接计算比较繁琐，那么就需要计算出$\dfrac{\partial P}{\partial x}$，$\dfrac{\partial Q}{\partial y}$和$\dfrac{\partial R}{\partial z}$，使用高斯公式将其转化为三重积分进行间接计算.

3. 高斯公式

（1）高斯定理. 设①空间区域Ω是由分片光滑的有向曲面Σ围成（Σ是Ω的整个边界的外侧）；②函数$P(x,y,z)$，$Q(x,y,z)$和$R(x,y,z)$在Ω内具有一阶连续偏导数，则

$$\oiint\limits_{\Sigma}P\mathrm{d}y\mathrm{d}z+Q\mathrm{d}z\mathrm{d}x+P\mathrm{d}x\mathrm{d}y=\iiint\limits_{\Omega}\left(\frac{\partial P}{\partial x}+\frac{\partial Q}{\partial y}+\frac{\partial R}{\partial z}\right)\mathrm{d}v.$$

注意：① 此公式称为高斯公式；

② 定理中的条件①、②缺一不可，其中条件②最容易被忽视；

③ 如果Σ是Ω的整个边界的内侧，则在使用高斯公式时要补加一个负号.

（2）沿任意封闭曲面的曲面积分为零的条件.

设①区域G是单连通域，有向曲面$\Sigma\subset G$；②函数$P(x,y,z)$，$Q(x,y,z)$和$R(x,y,z)$

在 G 中具有一阶连续偏导数，则曲面积分 $\iint\limits_{\Sigma} P(x,y,z)\mathrm{d}y\mathrm{d}z + Q(x,y,z)\mathrm{d}z\mathrm{d}y + R(x,y,z)\mathrm{d}x\mathrm{d}y$ 在 G 内与所取曲面 Σ 无关（或沿 G 内任意封闭曲面的曲面积分为零）的充分必要条件是

$$\frac{\partial P}{\partial x}+\frac{\partial Q}{\partial y}+\frac{\partial R}{\partial z}=0.$$

4. 两类曲面积分之间的关系

设有向曲面 Σ 的单位法向量 $\boldsymbol{n}^0=\{\cos\alpha,\cos\beta,\cos\gamma\}$；$\Sigma$ 的微元 $\mathrm{d}\boldsymbol{S}=\{\mathrm{d}y\mathrm{d}z,\mathrm{d}z\mathrm{d}x,\mathrm{d}x\mathrm{d}y\}$，$|\mathrm{d}\boldsymbol{S}|=\mathrm{d}S$，因为 $\mathrm{d}\boldsymbol{S}//\boldsymbol{n}^0$，所以有

$$\frac{\mathrm{d}y\mathrm{d}z}{\cos\alpha}=\frac{\mathrm{d}z\mathrm{d}x}{\cos\beta}=\frac{\mathrm{d}x\mathrm{d}y}{\cos\gamma}=\mathrm{d}S \tag{11-1}$$

于是得 $\mathrm{d}y\mathrm{d}z=\mathrm{d}S\cos\alpha,\mathrm{d}z\mathrm{d}x=\mathrm{d}S\cos\beta,\mathrm{d}x\mathrm{d}y=\mathrm{d}S\cos\gamma$，将这三式代入第二类曲面积分式得

$$\iint\limits_{\Sigma}P\mathrm{d}y\mathrm{d}z+Q\mathrm{d}z\mathrm{d}y+R\mathrm{d}x\mathrm{d}y=\iint\limits_{\Sigma}(P\cos\alpha+Q\cos\beta+R\cos\gamma)\mathrm{d}S.$$

若用向量表示，记 $\boldsymbol{A}=\{P,Q,R\}$，则上式可用向量形式表示为

$$\iint\limits_{\Sigma}\boldsymbol{A}\cdot\mathrm{d}\boldsymbol{S}=\iint\limits_{\Sigma}\boldsymbol{A}\cdot\boldsymbol{n}_0\,\mathrm{d}S.$$

注意：设曲面 Σ（方向向上）的方程由显式给出：$z=z(x,y)$. 这时，Σ 的法向量的方向余弦是

$$\cos\alpha=\frac{-z_x}{\sqrt{1+z_x^2+z_y^2}},\quad \cos\beta=\frac{-z_y}{\sqrt{1+z_x^2+z_y^2}},\quad \cos\gamma=\frac{1}{\sqrt{1+z_x^2+z_y^2}}.$$

将这三个表达式代入（11-1）中得：$\dfrac{\mathrm{d}y\mathrm{d}z}{-z_x}=\dfrac{\mathrm{d}z\mathrm{d}x}{-z_y}=\dfrac{\mathrm{d}x\mathrm{d}y}{1}$. 于是 $\mathrm{d}y\mathrm{d}z=-z_x\mathrm{d}x\mathrm{d}y$，$\mathrm{d}z\mathrm{d}x=-z_y\mathrm{d}x\mathrm{d}y$，这两个公式说明 Σ 的微元 $\mathrm{d}\boldsymbol{S}$ 三个分量 $\mathrm{d}y\mathrm{d}z$，$\mathrm{d}z\mathrm{d}x$，$\mathrm{d}x\mathrm{d}y$ 不是独立的，而且可以互相转化，有些第二类曲面积分的问题需要这些公式.

5. 空间曲线积分与曲面积分的联系：斯托克斯公式.

（1）**定理**. 设① Γ 是分段光滑的空间有向闭曲线，Σ 是以 Γ 为边界的分片光滑的有向曲面，Γ 的正向与 Σ 的侧满足右手规则；②函数 $P(x,y,z)$，$Q(x,y,z)$，$R(x,y,z)$ 在曲面 Σ（连同边界 Γ）上具有一阶连续偏导数，则有

$$\iint\limits_{\Sigma}\begin{vmatrix}\mathrm{d}y\mathrm{d}z & \mathrm{d}z\mathrm{d}x & \mathrm{d}x\mathrm{d}y\\ \dfrac{\partial}{\partial x} & \dfrac{\partial}{\partial y} & \dfrac{\partial}{\partial z}\\ P & Q & R\end{vmatrix}=\oint_{\Gamma}P\mathrm{d}x+Q\mathrm{d}y+R\mathrm{d}z.$$

注意：① 此公式称为斯托克斯公式；

② 计算空间曲线上的第二类曲线积分的直接方法与平面曲线上的第二类曲线积分的直接计算方法相同（“一定向、二代入”两步法），其间接方法就是使用斯托克斯公式将曲线积分转化为曲面积分.

（2）空间曲线积分与路径无关的条件.

设①空间区域 G 是单连通域；②函数 $P(x,y,z)$，$Q(x,y,z)$ 和 $R(x,y,z)$ 在 G 中具有一阶连续偏导数，则空间曲线积分 $\oint_{\Gamma}P\mathrm{d}x+Q\mathrm{d}y+R\mathrm{d}z$ 在 G 内与路径无关（或沿 G 内任意封闭曲线的曲线积分为零）的充分必要条件是

$$\frac{\partial P}{\partial y}=\frac{\partial Q}{\partial x},\frac{\partial Q}{\partial z}=\frac{\partial R}{\partial y},\frac{\partial R}{\partial x}=\frac{\partial P}{\partial z}.$$

（三）场论初步

1. 通量与散度

（1）**定义 5**　设向量场 $\boldsymbol{A}(x,y,z)=P(x,y,z)\boldsymbol{i}+Q(x,y,z)\boldsymbol{j}+R(x,y,z)\boldsymbol{k}$，则 $\frac{\partial P}{\partial x}+\frac{\partial Q}{\partial y}+\frac{\partial R}{\partial z}$ 称为向量场 $\boldsymbol{A}(x,y,z)$ 在点 $M(x,y,z)$ 处的散度，记作 $\mathrm{div}\boldsymbol{A}$．即

$$\mathrm{div}\boldsymbol{A}=\frac{\partial P}{\partial x}+\frac{\partial Q}{\partial y}+\frac{\partial R}{\partial z}.$$

（2）物理意义．散度是不可压缩流体在点 M 处的源头强度，即在包含点 M 的微小区域内单位时间、单位体积流出的液体质量．

（3）向量场 $\boldsymbol{A}(x,y,z)$ 流过有向曲面 Σ 的通量（或流量）是 $\Phi=\iint\limits_{\Sigma}\boldsymbol{A}\cdot\mathrm{d}\boldsymbol{S}$．利用散度定义，可以把高斯公式简单地表示为 $\oint\!\!\!\oint\limits_{\Sigma}\boldsymbol{A}\cdot\mathrm{d}\boldsymbol{S}=\iiint\limits_{\Omega}\mathrm{div}\boldsymbol{A}\mathrm{d}v$．

2. 环流量与旋度

（1）**定义 6**　设向量场 $\boldsymbol{A}(x,y,z)=P(x,y,z)\boldsymbol{i}+Q(x,y,z)\boldsymbol{j}+R(x,y,z)\boldsymbol{k}$，则向量 $\left(\frac{\partial P}{\partial y}-\frac{\partial Q}{\partial x}\right)\boldsymbol{i}+\left(\frac{\partial Q}{\partial z}-\frac{\partial R}{\partial y}\right)\boldsymbol{j}+\left(\frac{\partial R}{\partial x}-\frac{\partial P}{\partial z}\right)\boldsymbol{k}$ 称为向量场 $\boldsymbol{A}(x,y,z)$ 在点 $M(x,y,z)$ 处的旋度，记作 $\mathrm{rot}\boldsymbol{A}$．即

$$\mathrm{rot}\boldsymbol{A}=\left(\frac{\partial P}{\partial y}-\frac{\partial Q}{\partial x}\right)\boldsymbol{i}+\left(\frac{\partial Q}{\partial z}-\frac{\partial R}{\partial y}\right)\boldsymbol{j}+\left(\frac{\partial R}{\partial x}-\frac{\partial P}{\partial z}\right)\boldsymbol{k}=\begin{vmatrix}\boldsymbol{i}&\boldsymbol{j}&\boldsymbol{k}\\ \frac{\partial}{\partial x}&\frac{\partial}{\partial y}&\frac{\partial}{\partial z}\\ P&Q&R\end{vmatrix}.$$

（2）向量场 $\boldsymbol{A}=\{P,Q,R\}$ 沿有向闭曲线 Γ 的环流量是 $\Phi=\oint_{\Gamma}\boldsymbol{A}\cdot\mathrm{d}\boldsymbol{r}$．其中 $\mathrm{d}\boldsymbol{r}=\{\mathrm{d}x,\mathrm{d}y,\mathrm{d}z\}$．利用旋度定义，可以把斯托克斯公式简单地表示为

$$\oint_{\Gamma}\boldsymbol{A}\mathrm{d}\boldsymbol{r}=\iint\limits_{\Sigma}\mathrm{rot}\boldsymbol{A}\mathrm{d}\boldsymbol{S}.$$

（四）曲线积分和曲面积分计算中常用的技巧

1. 代入技巧

如：若计算 $\int_L f(x,y)\mathrm{d}s$，而 L 的方程恰是 $f(x,y)=a$，则

$$\int_L f(x,y)\mathrm{d}s=\int_L a\,\mathrm{d}s=al\qquad(l\text{ 是 }L\text{ 的长度}).$$

若计算 $\iint\limits_{\Sigma}f(x,y,z)\mathrm{d}S$，而 Σ 的方程恰为 $f(x,y,z)=a$，则

$$\iint\limits_{\Sigma}f(x,y,z)\mathrm{d}S=\iint\limits_{\Sigma}a\,\mathrm{d}S=a\sigma\qquad(\sigma\text{ 是 }\sum\text{ 的面积}).$$

注意　这种代入技巧在两类曲线积分和两类曲面积分中都适用，但是绝不可以用在重积分上．

例如，设 D 是由 $x^2+y^2=a^2$ 围成的区域，则下面的“代入”是错误的

$$\iint_D(x^2+y^2)\mathrm{d}x\mathrm{d}y=\iint_D a^2\mathrm{d}x\mathrm{d}y$$

错误的原因是在 D 的内部 $x^2+y^2<a^2$.

2. 奇偶对称性

(1) 第一类曲线积分和曲面积分的奇偶对称性与二重积分和三重积分类似.

如：设曲线 L 关于 y 轴对称（L_1 是 L 在 y 轴右侧或左侧的部分），则

$$\int_L f(x,y)\mathrm{d}s=\begin{cases}0, & \text{当 } f(x,y) \text{ 关于 } x \text{ 为奇函数},\\ 2\int_{L_1} f(x,y)\mathrm{d}s, & \text{当 } f(x,y) \text{ 关于 } x \text{ 为偶函数}.\end{cases}$$

注意　若曲线 L 关于 x 轴对称，则有类似的结果.

设曲面 Σ 关于 yOz 面对称（Σ_1 是 Σ 在 yOz 面前侧或后侧的部分），则

$$\iint_\Sigma f(x,y,z)\mathrm{d}S=\begin{cases}0, & \text{当 } f(x,y,z) \text{ 关于 } x \text{ 为奇函数},\\ 2\iint_{\Sigma_1} f(x,y,z)\mathrm{d}S, & \text{当 } f(x,y,z) \text{ 关于 } x \text{ 为偶函数}.\end{cases}$$

注意　若曲面 Σ 关于另两个坐标面有对称性，则有类似的结果.

(2) 第二类曲线积分和曲面积分的奇偶对称性恰与上述情形相反.

如：设曲线 L 关于 y 轴对称（L_1 是 L 在 y 轴右侧或左侧的部分），则

$$\int_L Q(x,y)\mathrm{d}y=\begin{cases}2\int_{L_1} Q(x,y)\mathrm{d}y, & \text{当 } Q(x,y) \text{ 关于 } x \text{ 为奇函数},\\ 0, & \text{当 } Q(x,y) \text{ 关于 } x \text{ 为偶函数}.\end{cases}$$

注意　若曲线 L 关于 x 轴对称，则必须考虑对 x 的曲线积分 $\int_L P(x,y)\mathrm{d}x$，会有类似的结果.

设曲面 Σ 关于 yOz 面对称（Σ_1 是 Σ 在 yOz 面前侧或后侧的部分），则

$$\iint_\Sigma P(x,y,z)\mathrm{d}y\mathrm{d}z=\begin{cases}0, & \text{当 } P(x,y,z) \text{ 关于 } x \text{ 为偶函数},\\ 2\iint_{\Sigma_1} P(x,y,z)\mathrm{d}y\mathrm{d}z, & \text{当 } P(x,y,z) \text{ 关于 } x \text{ 为奇函数}.\end{cases}$$

注意　若曲面 Σ 关于 zOx 面对称，则必须考虑对 z 和 x 的曲面积分 $\iint_\Sigma Q(x,y,z)\mathrm{d}z\mathrm{d}x$；若曲面 Σ 关于 xOy 面对称，则必须考虑对 x 和 y 的曲面积分 $\iint_\Sigma R(x,y,z)\mathrm{d}x\mathrm{d}y$，会有类似的结果.

事实上，在积分区域、曲线、曲面满足关于坐标轴或坐标面对称的条件下，重积分、曲线积分、曲面积分都具有奇偶对称性. 其中，二重积分、三重积分、第一类曲线积分和曲面积分都是被积函数为奇函数时积分值为零，而相应坐标的第二类曲线积分和曲面积分却是被积函数为偶函数时积分值为零.

3. 轮换对称性

坐标的轮换对称性，简单地说就是将坐标轴重新命名，如果积分区域的函数表达不变，则被积函数中的 x,y,z 也作同样变化后，积分值保持不变.

如：对于第一类曲线积分 $\int_L f(x,y)\mathrm{d}s$，若积分曲线 L 关于 x，y 具有轮换对称性，则

$$\int_L f(x,y)\mathrm{d}s=\int_L f(y,x)\mathrm{d}s.$$

注意　其他曲线和曲面积分也有类似的结果.

如：若计算曲面积分 $\oiint\limits_{\Sigma} x^2 \mathrm{d}S$，其中 Σ 为：$x^2+y^2+z^2=R^2$. 则利用轮换对称性，得

$$\oiint\limits_{\Sigma} x^2 \mathrm{d}S=\oiint\limits_{\Sigma} y^2 \mathrm{d}S=\oiint\limits_{\Sigma} z^2 \mathrm{d}S=\frac{1}{3}\oiint\limits_{\Sigma}(x^2+y^2+z^2)\mathrm{d}S=\frac{R^2}{3}\oiint\limits_{\Sigma} 1\mathrm{d}S=\frac{4\pi R^4}{3}.$$

二、精选题解析

1. 曲线积分的计算

【例 1】 计算 $\int_L \mathrm{e}^{\sqrt{x^2+y^2}}\mathrm{d}s$，其中 L 为 $x^2+y^2=a^2$，$y=x$ 在第一象限与 x 轴围成的扇形区域的整个边界（如图 11.2）.

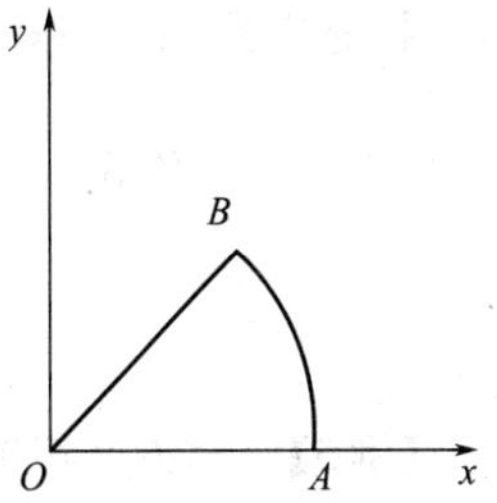

【解】 根据积分对曲线的可加性，

原式 $=\int_{\overline{OA}} \mathrm{e}^{\sqrt{x^2+y^2}}\mathrm{d}s+\int_{\widehat{AB}} \mathrm{e}^{\sqrt{x^2+y^2}}\mathrm{d}s+\int_{\overline{BO}} \mathrm{e}^{\sqrt{x^2+y^2}}\mathrm{d}s$.

（定限）$\overline{OA}: y=0, 0\leqslant x\leqslant a$.

（代入）$\mathrm{d}s=\mathrm{d}x$，则

$$\int_{\overline{OA}} \mathrm{e}^{\sqrt{x^2+y^2}}\mathrm{d}s=\int_0^a \mathrm{e}^{\sqrt{x^2}}\mathrm{d}x=\mathrm{e}^x\Big|_0^a=\mathrm{e}^a-1.$$

图 11.2

（定限）$\overline{BO}: y=x，0\leqslant x\leqslant \frac{\sqrt{2}}{2}a$.

（代入）$\mathrm{d}s=\mathrm{d}x$，则 $\int_{\overline{OB}} \mathrm{e}^{\sqrt{x^2+y^2}}\mathrm{d}s=\int_0^{\frac{\sqrt{2}}{2}a} \mathrm{e}^{\sqrt{2x^2}}\sqrt{2}\mathrm{d}x=\mathrm{e}^a-1$.

（定限）$\widehat{AB}: x=a\cos t, y=a\sin t，0\leqslant t\leqslant \frac{\pi}{4}$.

（代入）$\mathrm{d}s=\sqrt{(-a\sin t)^2+(a\cos t)^2}\mathrm{d}t=a\mathrm{d}t$，则 $\int_{\widehat{AB}} \mathrm{e}^{\sqrt{x^2+y^2}}\mathrm{d}s=\int_0^{\frac{\pi}{4}} \mathrm{e}^a a\,\mathrm{d}t=\frac{\pi}{4}a\mathrm{e}^a$.

从而，原式 $=(\mathrm{e}^a-1)+(\mathrm{e}^a-1)+\frac{\pi}{4}a\mathrm{e}^a=2\mathrm{e}^a-2+\frac{\pi}{4}a\mathrm{e}^a$.

【例 2】 计算 $\int_L (x\sin\sqrt{x^2+y^2}+x^2+4y^2-8y+1)\mathrm{d}s$，其中：$L$ 是椭圆 $\frac{x^2}{4}+(y-1)^2=1$，并设 L 的全长为 l.

【解】 由第一类曲线积分的奇偶对称性可知，$\int_L x\sin\sqrt{x^2+y^2}\mathrm{d}s=0$；再将 L 的方程改写为 $x^2+4y^2=8y$，并代入被积表达式中（代入技巧），得原式 $=\int_L 1\mathrm{d}s=l$.

【例 3】 计算 $\oint_L \frac{\mathrm{e}^{x^2}-x^2y}{x^2+y^2}\mathrm{d}x+\frac{xy^2-\sin y^2}{x^2+y^2}\mathrm{d}y$，其中 L 是 $x^2+y^2=a^2$ 的顺时针方向.

【解】 将 $x^2+y^2=a^2$ 代人被积表达式中

$$原式=\frac{1}{a^2}\oint_L(\mathrm{e}^{x^2}-x^2y)\mathrm{d}x+(xy^2-\sin y)\mathrm{d}y.$$

设 $P=\mathrm{e}^{x^2}-x^2y, Q=xy^2-\sin y^2$，则 $\frac{\partial Q}{\partial x}-\frac{\partial P}{\partial y}=y^2+x^2$，从而由格林公式得

$$原式=-\frac{1}{a^2}\iint\limits_{x^2+y^2\leqslant a^2}(x^2+y^2)\mathrm{d}\sigma=-\frac{1}{a^2}\int_0^{2\pi}\mathrm{d}\theta\int_0^r r^3\mathrm{d}r=-\frac{\pi a^2}{2}.$$

注意 (1) 应用格林公式之前使用代入技巧，消去分母，否则不满足格林定理中的条件②；

(2) 因为 L 是顺时针方向（即反方向），所以使用格林公式时需要补加一个负号.

【例 4】 计算 $\int_L \sqrt{x^2+y^2}\,dx + [x + y\ln(x+\sqrt{x^2+y^2})]dy$，其中 L 是 $(x-1)^2+(y-1)^2=1$ 的上半圆，取顺时针方向.

分析 由于被积函数形式较复杂，不宜直接进行计算，因此应先检验 $\frac{\partial Q}{\partial x}-\frac{\partial P}{\partial y}$，考虑应用格林公式.

【解】 设 $P=\sqrt{x^2+y^2}$，$Q=x+y\ln(x+\sqrt{x^2+y^2})$，

则
$$\frac{\partial Q}{\partial x}=1+\frac{y}{\sqrt{x^2+y^2}},\quad \frac{\partial P}{\partial y}=\frac{y}{\sqrt{x^2+y^2}},\quad \text{从而}\ \frac{\partial Q}{\partial x}-\frac{\partial P}{\partial y}=1.$$

补充直线 $AB: y=1$，x 由 2 向 0，将 AB 与 L 所围成的区域记为 D. 从而由格林公式得

$$\text{原式}=\int_{L+AB}-\int_{AB}=\iint_D d\sigma-\int_2^0\sqrt{x^2+1}\,dx$$
$$=-\frac{\pi}{2}-\left[\frac{\pi}{2}\sqrt{x^2+1}+\ln(x+\sqrt{x^2+1})\right]\Big|_2^0=-\frac{\pi}{2}+\sqrt{5}+\ln(2+\sqrt{5}).$$

【例 5】 （2002 年考研题）设函数 $f(x)$ 在 R 上具有一阶连续导数，L 是上半平面（$y>0$）内的有向分段光滑曲线，起点为 (a,b)，终点为 (c,d). 记

$$I=\int_L \frac{1}{y}[1+y^2f(xy)]dx+\frac{x}{y^2}[y^2f(xy)-1]dy,$$

(1) 证明：曲线积分 I 与路径无关； (2) 当 $ab=cd$ 时，求 I 的值.

【证明】 (1) 设 $P(x,y)=\frac{1}{y}[1+y^2f(xy)]$，$Q(x,y)=\frac{x}{y^2}[y^2f(xy)-1]$，

则 $\frac{\partial P}{\partial y}=f(xy)-\frac{1}{y^2}+xyf'(xy)=\frac{\partial Q}{\partial x}$ 在上半平面（$y>0$）内恒成立，所以曲线积分 I 与路径无关.

【解】 (2) 由于曲线积分 I 与路径无关，故可取积分路径为：由点 (a,b) 到点 (c,b) 再到点 (c,d) 的有向折线，有

$$I=\int_a^c \frac{1}{b}[1+b^2f(bx)]dx+\int_b^d \frac{c}{y^2}[y^2f(cy)-1]dy$$
$$=\frac{c}{d}-\frac{a}{b}+\int_a^c bf(bx)dx+\int_b^d cf(cy)dy \quad \text{（积分基本计算）}$$
$$=\frac{c}{d}-\frac{a}{b}+\int_{ab}^{bc} f(t)dt+\int_{bc}^{ad} f(t)dt \quad \text{（利用定积分的换元法）}$$
$$=\frac{c}{d}-\frac{a}{b}+\int_{ab}^{cd} f(t)dt=\frac{c}{d}-\frac{a}{b} \quad \text{（由于}\ ab=cd\text{）}.$$

【例 6】 计算 $\int_\Gamma x^2yz\,dx+(x^2+y^2)dy+(x+y+1)dz$，其中 Γ：$\begin{cases}x^2+y^2+z^2=5,\\ z=1+x^2+y^2,\end{cases}$ 从 z 轴正方向看去为顺时针.

【解】 方法一（直接计算） 将 $x^2+y^2=z-1$ 代入 $x^2+y^2+z^2=5$ 中，得

$$z=2,\quad z=-3 \quad \text{（舍去）}.$$

由此可知 Γ 是平面 $z=2$ 上的圆周 $x^2+y^2=1$，因此可得 Γ 的参数方程为

$$\Gamma: x=\cos t, \ y=\sin t, \ z=2 \ (t \text{由} 2\pi \text{到} 0).$$

所以 $$\text{原式}=\int_{2\pi}^{0}(-2\cos^2 t\sin^2 t+\cos t)\mathrm{d}t=2\int_0^{2\pi}\sin^2 t(1-\sin^2 t)\mathrm{d}t$$

$$=2\times 4\times\int_0^{\frac{\pi}{2}}(\sin^2 t-\sin^4 t)\mathrm{d}t=2\times 4\times\left(\frac{1}{2}\times\frac{\pi}{2}-\frac{3}{4}\times\frac{1}{2}\times\frac{\pi}{2}\right)=\frac{\pi}{2}.$$

方法二(投影方法) 将 $\Gamma:\begin{cases}x^2+y^2=1,\\ z=2\end{cases}$ 向 xOy 面上投影，投影曲线是 $L: x^2+y^2=1$ (顺时针方向)，它所围的区域设为 D，则

$$\text{原式}=\oint_L 2x^2y\mathrm{d}x+\mathrm{d}y \quad (\text{利用代入技巧，将空间曲线积分转化为平面曲线积分})$$

$$=-\iint_D(0-2x^2)\mathrm{d}\sigma=2\iint_D x^2\mathrm{d}\sigma \quad (\text{利用格林公式})$$

$$=\iint_D(x^2+y^2)\mathrm{d}\sigma \quad (\text{利用轮换对称性})=\int_0^{2\pi}\mathrm{d}\theta\int_0^1\rho^3\mathrm{d}\rho=\frac{\pi}{2}.$$

2. 曲面积分的计算

【例 7】 (2007 年考研题)设曲面 $\Sigma: |x|+|y|+|z|=1$，则 $\oiint_\Sigma(x+|y|)\mathrm{d}S=$ ____.

【解】 $\frac{4}{3}\sqrt{3}$. 由于曲面 $\Sigma: |x|+|y|+|z|=1$ 关于坐标面 yOz 对称，因此 $\oiint_\Sigma x\mathrm{d}S=0$；又曲面 $\Sigma: |x|+|y|+|z|=1$ 具有轮换对称性，同时考虑代入技巧，于是

$$\oiint_\Sigma|y|\mathrm{d}S=\oiint_\Sigma|x|\mathrm{d}S=\oiint_\Sigma|z|\mathrm{d}S=\frac{1}{3}\oiint_\Sigma(|x|+|y|+|z|)\mathrm{d}S$$

$$=\frac{1}{3}\oiint_\Sigma\mathrm{d}S=\frac{1}{3}\times 8\times\frac{\sqrt{3}}{2}=\frac{4}{3}\sqrt{3}.$$

【例 8】 计算 $\iint_\Sigma[(x+y)^2+z^2]\mathrm{d}S$，其中 Σ 是柱面 $x^2+y^2=R^2$ 介于 $0\leqslant z\leqslant h$ 的部分.

【解】 原式 $=\iint_\Sigma(x^2+2xy+y^2)\mathrm{d}S+\iint_\Sigma z^2\mathrm{d}S=I_1+I_2$.

$$I_1=\iint_\Sigma(x^2+2xy+y^2)\mathrm{d}S=\iint_\Sigma(x^2+y^2)\mathrm{d}S \quad (\text{由奇偶对称性知}\iint_\Sigma 2xy\mathrm{d}S=0)$$

$$=\iint_\Sigma R^2\mathrm{d}S=2\pi R^3 h \quad (\text{因为} x^2+y^2=R^2\text{，应用代入技巧}).$$

设 Σ_1 表示 Σ 在 xOz 面右侧的部分，有 $\Sigma_1: y=\sqrt{R^2-x^2}$，

投影域 $D_{xz}: -R\leqslant x\leqslant R, 0\leqslant z\leqslant R$；$\mathrm{d}S=\sqrt{1+y_x^2+y_z^2}\mathrm{d}x\mathrm{d}z=\dfrac{R}{\sqrt{R^2-x^2}}\mathrm{d}x\mathrm{d}z$.

于是 $$I_2=\iint_\Sigma z^2\mathrm{d}S=2\iint_{\Sigma_1}z^2\mathrm{d}S \quad (\text{由奇偶对称性})$$

$$= 2\iint_{D_{xz}} \frac{Rz^2}{\sqrt{R^2 - x^2}} \mathrm{d}x\mathrm{d}z = 2R\int_0^h z^2 \mathrm{d}z \int_{-R}^{R} \frac{\mathrm{d}x}{\sqrt{R^2 - x^2}} = 2R \cdot \frac{1}{3}h^3 .$$

因此，原式 $= I_1 + I_2 = 2\pi R^3 h + \frac{2}{3}\pi R h^3$.

注意 (1) 不能把 Σ 向 xOy 面上投影，因为第一类曲面积分中 Σ 的投影域面积不能为零.

(2) 当 Σ 有对称性时要充分利用. 例如 $\iint_{\Sigma} xy\,\mathrm{d}S = 0$，$\iint_{\Sigma} z^2 \mathrm{d}S = 2\iint_{\Sigma_1} z^2 \mathrm{d}S$.

(3) 注意使用代入技巧. 例如 $\iint_{\Sigma}(x^2 + y^2)\mathrm{d}S = \iint_{\Sigma} R^2 \mathrm{d}S$.

(4) $\iint_{\Sigma} z^2 \mathrm{d}S$ 的计算是直接计算，即“一投影、二代入、三替换”三步法，这是计算第一类曲面积分的基本方法.

【例 9】 计算 $\oiint_{\Sigma} z^2 \mathrm{d}S$，其中 Σ: $x^2 + y^2 + z^2 = R^2$.

【解】 方法一(直接计算) 设 Σ_1 : $z = \sqrt{R^2 - x^2 - y^2}$，投影域 D_{xy} : $x^2 + y^2 \leqslant R^2$；

$\mathrm{d}S = \sqrt{1 + z_x^2 + z_y^2}\,\mathrm{d}x\mathrm{d}y = \frac{R}{\sqrt{R^2 - x^2 - y^2}}\mathrm{d}x\mathrm{d}y = 2R\int_0^R \sqrt{R^2 - x^2 - y^2}\,\mathrm{d}x\mathrm{d}y$.

原式 $= \iint_{\Sigma} z^2 \mathrm{d}S = 2\iint_{\Sigma_1} z^2 \mathrm{d}S$ （利用奇偶对称性）$= 2\iint_{D_{xy}} \frac{(R^2 - x^2 - y^2)R}{\sqrt{R^2 - x^2 - y^2}}\mathrm{d}x\mathrm{d}y$

$$= 2R\iint_{D_{xy}} \sqrt{R^2 - x^2 - y^2}\,\mathrm{d}x\mathrm{d}y = 2R\int_0^{2\pi}\mathrm{d}\theta\int_0^R r\sqrt{R^2 - r^2}\,\mathrm{d}r = \frac{4}{3}\pi R^4 .$$

方法二(使用计算技巧) 由 Σ 的轮换对称性和代入技巧可知

$$\iint_{\Sigma} z^2 \mathrm{d}S = \frac{1}{3}\iint_{\Sigma}(x^2 + y^2 + z^2)\mathrm{d}S = \frac{1}{3}\iint_{\Sigma} R^2 \mathrm{d}S = \frac{4}{3}\pi R^4 .$$

【例 10】 计算 $\iint_{\Sigma} zx\,\mathrm{d}y\mathrm{d}z + xy\,\mathrm{d}z\mathrm{d}x + yz\,\mathrm{d}x\mathrm{d}y$，其中 Σ 是柱面 $x^2 + y^2 = 1$ 在第一卦限中 $0 \leqslant z \leqslant 1$ 部分的前侧.

【解】(直接计算) 分别计算 $\iint_{\Sigma} zx\,\mathrm{d}y\mathrm{d}z$，$\iint_{\Sigma} xy\,\mathrm{d}z\mathrm{d}x$，$\iint_{\Sigma} yz\,\mathrm{d}x\mathrm{d}y$.

将 Σ: $x = \sqrt{1 - y^2}$ (前侧) 向 yOz 面上投影得 D_{yz} : $0 \leqslant y \leqslant 1$，$0 \leqslant z \leqslant 1$，则

$$\iint_{\Sigma} zx\,\mathrm{d}y\mathrm{d}z = \iint_{D_{yz}} zx\,\mathrm{d}y\mathrm{d}z = \iint_{D_{yz}} z\sqrt{1 - y^2}\,\mathrm{d}y\mathrm{d}z = \int_0^1 z\mathrm{d}z\int_0^1 \sqrt{1 - y^2}\,\mathrm{d}y = \frac{\pi}{8} ;$$

将 Σ: $y = \sqrt{1 - x^2}$ (右侧) 向 xOz 面上投影的 D_{xz} : $0 \leqslant x \leqslant 1$，$0 \leqslant z \leqslant 1$，则

$$\iint_{\Sigma} xy\,\mathrm{d}z\mathrm{d}x = \iint_{D_{xz}} xy\,\mathrm{d}z\mathrm{d}x = \iint_{D_{yz}} x\sqrt{1 - x^2}\,\mathrm{d}z\mathrm{d}x = \int_0^1 x\sqrt{1 - x^2}\,\mathrm{d}x = \frac{1}{3} ;$$

将 Σ 向 xOy 面上投影得投影区域的面积为 0，得 $\iint_{\Sigma} yz\,\mathrm{d}x\mathrm{d}y = 0$；

$$原式 = \frac{\pi}{8} + \frac{1}{3} .$$

【例 11】 计算 $\iint_{\Sigma} x\,\mathrm{d}y\mathrm{d}z + y\mathrm{d}z\mathrm{d}x + z\mathrm{d}x\mathrm{d}y$，其中 Σ 是 $z = x^2 + y^2$ 在第一卦限中 $0 \leqslant z \leqslant$

1 部分的上侧.

【解】　方法一(直接计算)　首先由 Σ: $x=\sqrt{z-y^2}$(后侧)向 yOz 面的投影得

$$D_{yz}: 0\leqslant y\leqslant 1,\ y^2\leqslant z\leqslant 1.$$

$$\iint\limits_{\Sigma} x\,\mathrm{d}y\mathrm{d}z=-\iint\limits_{D_{yz}}\sqrt{z-y^2}\,\mathrm{d}y\mathrm{d}z=-\int_0^1\mathrm{d}y\int_{y^2}^1\sqrt{z-y^2}\,\mathrm{d}z=-\int_0^1\frac{2}{3}(z-y^2)^{\frac{3}{2}}\Big|_{y^2}^1\mathrm{d}y$$

$$=-\int_0^1\frac{2}{3}(z-y^2)^{\frac{3}{2}}\mathrm{d}y\xlongequal{y=\sin t}-\frac{2}{3}\int_0^{\frac{\pi}{2}}\cos^4 t\,\mathrm{d}t=-\frac{2}{3}\times\frac{3}{4}\times\frac{1}{2}\times\frac{\pi}{2}=-\frac{\pi}{8}.$$

其次,由 x,y 位置对称性,$\iint\limits_{\Sigma} y\,\mathrm{d}z\mathrm{d}x=-\dfrac{\pi}{8}$.

最后,Σ: $z=x^2+y^2$(上侧)向 xOy 面的投影得 D_{xy}: $0\leqslant\theta\leqslant 1$, $0\leqslant r\leqslant 1$.

$$\iint\limits_{\Sigma} z\,\mathrm{d}x\mathrm{d}y=\iint\limits_{D_{xy}}(x^2+y^2)\mathrm{d}x\mathrm{d}y=\int_0^{\frac{\pi}{2}}\mathrm{d}\theta\int_0^1 r^3\mathrm{d}r=\frac{\pi}{8};$$

故

$$原式=-\frac{\pi}{8}-\frac{\pi}{8}+\frac{\pi}{8}=-\frac{\pi}{8}.$$

注意　在计算 $\iint\limits_{\Sigma} x\,\mathrm{d}y\mathrm{d}z$ 时,Σ: $x=\sqrt{z-y^2}$ 的方向向后,与 x 轴正向相反,在化为二重积分时极易漏掉负号而产生错误.

方法二(利用高斯公式)　补 Σ_x: $x=0$(前侧),Σ_y: $y=0$(后侧)和 Σ_z: $z=1$(下侧).又设 Σ_0 为 $x=0,y=0,z=1$ 和曲面 Σ 所围立体 Ω 的内表面.则

$$原式=\iint\limits_{\Sigma_0}-\iint\limits_{\Sigma_x}-\iint\limits_{\Sigma_y}-\iint\limits_{\Sigma_z}.$$

其中

$$\iint\limits_{\Sigma_0}=-\iiint\limits_{\Omega}3\mathrm{d}v=-3\int_0^{\frac{\pi}{2}}\mathrm{d}\theta\int_0^1 r\mathrm{d}r\int_{r^2}^1\mathrm{d}z=-\frac{3\pi}{8}\quad(根据高斯公式).$$

在 Σ_x: $x=0$ 上,微元 $\mathrm{d}z\mathrm{d}x=\mathrm{d}x\mathrm{d}y=0$,故 $\iint\limits_{\Sigma_z}=\iint\limits_{\Sigma_x}0\mathrm{d}y\mathrm{d}z=0$,同理得 $\iint\limits_{\Sigma_y}=0$.

而在 Σ_z: $z=1$(下侧)上,微元 $\mathrm{d}y\mathrm{d}z=\mathrm{d}z\mathrm{d}x=0$,故 $\iint\limits_{\Sigma_z}=-\iint\limits_{D_{xy}}\mathrm{d}x\mathrm{d}y=-\dfrac{\pi}{4}$.

从而

$$原式=-\frac{3\pi}{8}-\left(-\frac{\pi}{4}\right)=-\frac{\pi}{8}.$$

注意　(1) 使用高斯公式计算非封闭曲面上的曲面积分时,必须补一个或多个曲面使之成为封闭曲面并且在补曲面时必须注意各片曲面方向的一致性,如果上边所补的三个曲面 Σ_x,Σ_y,Σ_z 的方向依次取为向前、向左、向上,那么它们与 Σ 的方向(向上)相反. 这是错误的.

(2) 在已经正确地选取所补曲面的方向的前提下,由于 Σ_0 是立体边界的内表面,所以在使用高斯公式时要补加一个负号,这也是极易出错的地方.

(3) 特别需要指出,第二类曲面积分的曲面的方向性应予以重视. 例如,只知曲面而不指明方向,则容易出错.

【例 12】　(2009 年考研题)计算曲面积分 $I=\oiint\limits_{\Sigma}\dfrac{x\mathrm{d}y\mathrm{d}z+y\mathrm{d}z\mathrm{d}x+z\mathrm{d}x\mathrm{d}y}{(x^2+y^2+z^2)^{\frac{3}{2}}}$,其中 Σ 是旋转椭球面 $2x^2+2y^2+z^2=4$ 的外侧.

【解】　设 $P=\dfrac{x}{(x^2+y^2+z^2)^{\frac{3}{2}}}$, $Q=\dfrac{y}{(x^2+y^2+z^2)^{\frac{3}{2}}}$, $R=\dfrac{z}{(x^2+y^2+z^2)^{\frac{3}{2}}}$

则 $\dfrac{\partial P}{\partial x}+\dfrac{\partial Q}{\partial y}+\dfrac{\partial R}{\partial z}=0$，但被积函数 P,Q,R 及其导数在点 $(0,0,0)$ 处不连续，

因此作封闭曲面（外侧）$\Sigma_1: x^2+y^2+z^2=r^2\left(0<r<\dfrac{1}{16}\right)$，有

$$\text{原式}=\left(\oiint_{\Sigma}-\oiint_{\Sigma_1}\right)+\oiint_{\Sigma_1}=0+\oiint_{\Sigma_1}\frac{x\mathrm{d}y\mathrm{d}z+y\mathrm{d}z\mathrm{d}x+z\mathrm{d}x\mathrm{d}y}{(x^2+y^2+z^2)^{\frac{3}{2}}}\quad\text{（利用高斯公式）}$$

$$=\oiint_{\Sigma_1}\frac{x\mathrm{d}y\mathrm{d}z+y\mathrm{d}z\mathrm{d}x+z\mathrm{d}x\mathrm{d}y}{r^3}\quad\text{（由代入技巧）}$$

$$=\frac{1}{r^3}\iiint_{\Omega}3\mathrm{d}v\quad\text{（由高斯公式，其中 }\Omega\text{ 为 }\Sigma_1: x^2+y^2+z^2=r^2\text{ 所围的区域）}$$

$$=\frac{3}{r^3}\cdot\frac{4\pi r^3}{3}=4\pi.$$

【例 13】 计算 $\iint_{\Sigma}(x^3\cos\alpha+y^3\cos\beta+z^3\cos\gamma)\mathrm{d}S$，其中 Σ 是锥面 $z^2=x^2+y^2$ 在 $-1\leqslant z\leqslant 0$．部分的上侧，$\cos\alpha$，$\cos\beta$，$\cos\gamma$ 是 Σ 上任一点 (x,y,z) 法线的方向余弦.

【解】 补 Σ_0：$z=-1$，$x^2+y^2\leqslant 1$，方向向下；则 $\iint_{\Sigma}=\iint_{\Sigma+\Sigma_0}-\iint_{\Sigma_0}$.

又设 $\Sigma+\Sigma_0$ 所围区域为 Ω．根据高斯公式得

$$\iint_{\Sigma+\Sigma_0}=3\iiint_{\Omega}(x^2+y^2+z^2)\mathrm{d}v=3\int_0^{2\pi}\mathrm{d}\theta\int_{\frac{3\pi}{4}}^{\pi}\sin\varphi\mathrm{d}\varphi\int_0^{-\frac{1}{\cos\varphi}}r^4\mathrm{d}r$$

$$=-\frac{6\pi}{5}\int_{\frac{3\pi}{4}}^{\pi}\frac{\sin\varphi}{\cos^5\varphi}\mathrm{d}\varphi=\frac{3\pi}{10}\left[\frac{-1}{\cos^4\varphi}\right]_{\frac{3\pi}{4}}^{\pi}=\frac{9\pi}{10};$$

在 Σ_0 上，$\cos\alpha=\cos\beta=0$，$\cos\gamma=-1$，且 $z=-1$，

因此 $$\iint_{\Sigma}(x^3\cos\alpha+y^3\cos\beta+z^3\cos\gamma)\mathrm{d}S=\iint_{\Sigma_0}\mathrm{d}S=\iint_{x^2+y^2\leqslant 1}\mathrm{d}x\mathrm{d}y=\pi;$$

故 $$\text{原式}=\frac{9\pi}{10}-\pi=-\frac{\pi}{10}.$$

注意　这种带有 $\cos\alpha$，$\cos\beta$，$\cos\gamma$ 的第一类曲面积分容易化为第二类曲面积分．但是在使用高斯公式之前，没有必要化为第二类曲面积分，直接使用高斯公式第二种形式即可.

3．曲线和曲面积分的应用

【例 14】 (2001 年考研题)设 $r=\sqrt{x^2+y^2+z^2}$，则 $\operatorname{div}(\operatorname{grad}r)\big|_{(1,-2,2)}=$ ________.

【解】 $\dfrac{2}{3}$.

【例 15】 在变力 $\boldsymbol{F}=yz\boldsymbol{i}+zx\boldsymbol{j}+xy\boldsymbol{k}$ 的作用下，质点由原点沿直线运动到椭球面 $\dfrac{x^2}{a^2}+\dfrac{y^2}{b^2}+\dfrac{z^2}{c^2}=1$ 上第一卦限的点 $M(\xi,\eta,\zeta)$，问：当 ξ,η,ζ 取何值时，变力 $\boldsymbol{F}$ 所做的功 W 最大，并求出 W 的最大值.

【解】 根据第二类曲线积分的物理意义和计算方法得

$$W=\int_{\Gamma}yz\,\mathrm{d}x+xz\,\mathrm{d}y+xy\,\mathrm{d}z=3\int_0^1\xi\eta\zeta t^2\,\mathrm{d}t=\xi\eta\zeta\text{，其中 }\Gamma:\begin{cases}x=\xi t,\\y=\eta t,\\z=\zeta t\end{cases}\quad(0\leqslant t\leqslant 1).$$

于是设
$$F(\xi,\eta,\zeta)=\xi\eta\zeta+\lambda\left(\frac{x^2}{a^2}+\frac{y^2}{b^2}+\frac{z^2}{c^2}-1\right),$$

并令
$$\begin{cases}F'_{\xi}=\eta\zeta+\dfrac{2\lambda\xi}{a^2}=0,\\F'_{\eta}=\xi\zeta+\dfrac{2\lambda\eta}{b^2}=0,\\F'_{\zeta}=\xi\eta+\dfrac{2\lambda\zeta}{c^2}=0,\\\dfrac{x^2}{a^2}+\dfrac{y^2}{b^2}+\dfrac{z^2}{c^2}=1,\end{cases}\text{，得}\begin{cases}\xi=\dfrac{a}{\sqrt{3}},\\\eta=\dfrac{b}{\sqrt{3}},\\\zeta=\dfrac{c}{\sqrt{3}}.\end{cases}$$

由于问题本身有最大值，且函数有唯一的驻点，因此驻点处的函数值即为最大值
$$W=\frac{abc}{3\sqrt{3}}.$$

【例 16】 设有一密度均匀（面密度为 μ ）的半球面，半径为 R ，求它对位于球心处质量为 m 的质点的引力.

【解】 以球心为原点建立空间直角坐标系，则由对称性可知：$F_x=F_y=0$ ，

$$F_z=g\iint_{\Sigma}\frac{m\mu z}{(x^2+y^2+z^2)^{\frac{3}{2}}}\mathrm{d}S=gm\mu\pi\text{；故引力为 }\boldsymbol{F}=-gm\mu\pi\boldsymbol{k}=(0,0,-gm\mu\pi).$$

4. 计算方法与技巧归纳

（1）曲线积分

① 两类曲线积分的基本计算方法都是直接计算，即“一定限、二代入、三替换”三步法和“一定限、二代入”两步法.

② 对于第二类曲线积分，通常采用间接计算法. 即先计算 $\dfrac{\partial Q}{\partial x}-\dfrac{\partial P}{\partial y}$ ：若 $\dfrac{\partial Q}{\partial x}-\dfrac{\partial P}{\partial y}=0$ ，则曲线积分与路径无关，可以通过改变积分路径使计算简单可行. 若 $\dfrac{\partial Q}{\partial x}-\dfrac{\partial P}{\partial y}\neq 0$ ，但适于二重积分计算，则考虑使用格林公式.

③ 使用格林公式时还需要特别注意以下三点：一是 P ，Q 必须具有一阶连续偏导数，否则要用小圆将不连续点排除；二是曲线方向必须为正向，否则要补加一个负号；三是如果曲线不是封闭的，需要补加一条或几条曲线使之封闭，并且所补加曲线一定要与原曲线的方向保持一致.

④ 计算过程中代入技巧和对称性的使用可以简化计算.

（2）曲面积分

① 两类曲面积分的基本计算方法都是直接计算，即“一投影、二代入、三替换”和“一投影、二代入、三定号”三步法.

② 对于第二类曲面积分，通常采用间接计算法，即使用高斯公式进行计算. 特别需要注意，在使用高斯公式有以下几点注意事项：一是 P ，Q ，R 必须具有一阶连续偏导数，否则要用小球将不连续点排除；二是曲面方向必须向外，否则要补加一个负号；三是如果曲面不是封闭的，需要补加一个或几个曲面使之封闭，并且所补加曲面一定要与原曲面的方向保持一致.

③ 计算过程中代入技巧和对称性的使用可以简化计算.

三、强化练习题

☆A 题☆

1. 填空题

(1) 设曲线 $L: y=x^2(0\leqslant x\leqslant\sqrt{2})$，则 $\int_L x\,\mathrm{d}s=$ ________.

(2) 设 L 是圆周 $x=a\cos t$, $y=a\sin t\ (0\leqslant t\leqslant 2\pi)$，则 $\oint_L(x^2+y^2)^3\mathrm{d}s=$ ________.

(3) 设 L 是从点(1,1)到(2, 3) 的一条直线，则 $\int_L(x+y)\mathrm{d}x+(x-y)\mathrm{d}y=$ ________.

(4) 设 L 是 $x^2+y^2=1$ 上从 $A(1,0)$ 经 $E(0,1)$ 到 $B(-1,0)$ 的曲线段，则 $\int_L \mathrm{e}^{y^2}\mathrm{d}y=$ ________.

(5) 设 L 是从 $A(1,6)$ 沿 $xy=6$ 至点 $B(6,1)$ 的曲线段，则积分 $\int_L \mathrm{e}^{xy}(y\mathrm{d}x+x\mathrm{d}y)=$ ________.

(6) 设 L 是任意简单闭曲线，则 $\oint_L y\mathrm{d}x+x\mathrm{d}y=$ ________.

(7) 设 $f(x,y)$ 在 $\frac{x^2}{4}+y^2\leqslant 1$ 上具有二阶连续偏导数，L 是椭圆 $\frac{x^2}{4}+y^2=1$ 的顺时针方向，则 $\oint_L[3y+f_x(x,y)]\mathrm{d}x+f_y(x,y)\mathrm{d}y=$ ________.

(8) 若 Σ 是 $z=0$, $(x,y)\in D$ 的平面部分，将积分 $\iint_\Sigma(x^2+y^2)\mathrm{e}^z\mathrm{d}S$ 化为二重积分________.

(9) 设 Σ: $x^2+y^2+z^2=R^2$，则 $\iint_\Sigma(x+y+z)\mathrm{d}S=$ ________.

(10) 设 Σ 是柱面 $x^2+y^2=a^2$ 在 $0\leqslant z\leqslant h$ 之间的部分，则积分 $\iint_\Sigma x^2\mathrm{d}S=$ ________.

(11) 设 Σ 是球面 $x^2+y^2+z^2=a^2$ 的内侧，则曲面积分 $\iint_\Sigma(x^2+y^2+z^2)\mathrm{d}y\mathrm{d}z=$ ________.

(12) 设 Σ 是球面 $x^2+y^2+z^2=a^2$ 的外侧，则球面面积为______；球的体积为______；曲线积分 $\iint_\Sigma(z-y)\mathrm{d}x\mathrm{d}y+(y-x)\mathrm{d}z\mathrm{d}x+(x-z)\mathrm{d}y\mathrm{d}z=$ ________.

2. 选择题

(1) 设 L 是从 $A(1,0)$ 到 $B(0,1)$ 的线段，则曲线积分 $\int_L\frac{1}{x+y}\mathrm{d}s=$ (　　).

(A) $-\sqrt{2}$　　(B) $\sqrt{2}$　　(C) 2　　(D) 0

(2) 物质曲线沿 $C: x=t$, $y=\frac{t^2}{2}$, $z=\frac{t^3}{3}\ (0\leqslant t\leqslant 1)$，其线密度 $\mu=\sqrt{2y}$，则它的

质量为（　　）.

(A) $\int_0^1 \sqrt{t}\ \sqrt{1+t^2+t^4}\,dt$　　(B) $\int_0^1 \sqrt{1+t^2+t^4}\,dt$

(C) $\int_0^1 t^2\ \sqrt{1+t^2+t^4}\,dt$　　(D) $\int_0^1 t\ \sqrt{1+t^2+t^4}\,dt$

(3) 已知曲线 $L: x^2+y^2=1$，方向为逆时针方向，则曲线积分 $I_1=\oint_L \frac{x\,dx-y\,dy}{x^2+y^2}=$（　　）；$I_2=\oint_L \frac{x\,dy-y\,dx}{x^2+y^2}=$（　　）.

(A) 0　　(B) 2π　　(C) -2π　　(D) π

(4) L 是圆域 $D: x^2+y^2\leqslant -2x$ 的正向周界，则 L 上 $\oint_L (x^3-y)dx+(x-y^3)dy=$（　　）.

(A) -2π　　(B) 0　　(C) $\frac{3}{2}\pi$　　(D) 2π

(5) 设 $\overset{\frown}{AEB}$ 是由点 $A(-1,0)$ 沿上半圆 $y=\sqrt{1-x^2}$ 经点 $E(0,1)$ 到点 $B(1,0)$ 的弧段，则曲线积分 $I_1=\int_{\overset{\frown}{AEB}} y^3\,dx=$（　　）；$I_2=\int_{\overset{\frown}{AEB}} x^2y^2\,dy=$（　　）.

(A) 0　　(B) $2\int_{\overset{\frown}{EB}} x^2y^2\,dy$　　(C) $2\int_{\overset{\frown}{EB}} y^3\,dx$　　(D) $2\int_{\overset{\frown}{EA}} y^3\,dx$

(6) 设 Σ 为曲面 $z=2-(x^2+y^2)$ 在 xOy 面上方部分，则 $\iint_\Sigma dS=$（　　）.

(A) $\int_0^{2\pi} d\theta \int_0^r r\ \sqrt{1+4r^2}\,dr$　　(B) $\int_0^{2\pi} d\theta \int_0^2 r\ \sqrt{1+4r^2}\,dr$

(C) $\int_0^{2\pi} d\theta \int_0^{\sqrt{2}} r\ \sqrt{1+4r^2}\,dr$　　(D) $\int_0^{2\pi} d\theta \int_0^{\sqrt{2}} (2-r^2)\ \sqrt{1+4r^2}\,dr$

(7) 设 Σ 是球面 $x^2+y^2+z^2=a^2$ 的外侧，$D_{xy}: x^2+y^2\leqslant a^2$，则必有（　　）.

(A) $\oiint_\Sigma z^2\,dx\,dy=2\iint_D (a^2-x^2-y^2)\,dx\,dy$　　(B) $\oiint_\Sigma z^2\,dx\,dy=0$

(C) $\oiint_\Sigma z^3\,dx\,dy=3\iint_D (a^2-x^2-y^2)\,dx\,dy$　　(D) $\oiint_\Sigma z^3\,dx\,dy=0$

(8) 已知 Σ 为平面 $x+y+z=1$ 在第一卦限内的下侧曲面，则 $\iint_\Sigma (x^2+y^2+z)\,dx\,dy=$（　　）.

(A) $-\int_0^1 dx\int_0^{1-x} (x^2+y^2-x-y+1)\,dy$　　(B) $\int_0^1 dx\int_0^{1-x} (x^2+y^2-x-y+1)\,dy$

(C) $\int_0^1 dy\int_0^{1-x} (x^2+y^2-x-y+1)\,dy$　　(D) $-\int_0^1 dx\int_0^{1-x} (x^2+y^2+z)\,dy$

3. 计算题

(1) 设 L 是连接点 $A(2,0)$ 与点 $B(3,\frac{3}{2})$ 的直线段，计算 $\int_L \left(2xy+\frac{3}{2}x^2\right)ds$.

(2) 计算 $\int_L y e^2\,ds$，其中 L 是由 $\begin{cases} x=a\cos^2 t, \\ y=a\sin t\cos t \end{cases}$ $(a>0)$ 给出的对应于 $0\leqslant t\leqslant \frac{\pi}{4}$ 上的一段.

(3) 已知 L 为由 $x^2+y^2\leqslant 1$，$0\leqslant y\leqslant x$ 所确定的平面域的边界线，求 $\oint_L \cos\sqrt{x^2+y^2}\,ds$.

(4) 设曲线 C 为圆周 $x^2+y^2=a^2$ 顺时针方向一周，求 $\oint_C xy^2dy-x^2ydx$.

(5) 计算积分 $\int_L \sin2xdx+2(x^2-1)ydy$，其中 L 是曲线 $y=\sin x$ 上从 $(0,0)$ 到 $(\pi,0)$ 的一段.

(6) 计算曲线积分 $\int_{\overset{\frown}{ANO}}(e^x\sin y-my)dx+(e^x\cos y-m)dy$，其中 $\overset{\frown}{ANO}$ 是由点 $A(a,0)$ 沿上半圆 $x^2+y^2=ax$ $(a>0)$ 至点 $O(0,0)$ 的曲线段（如图 11.3 所示）.

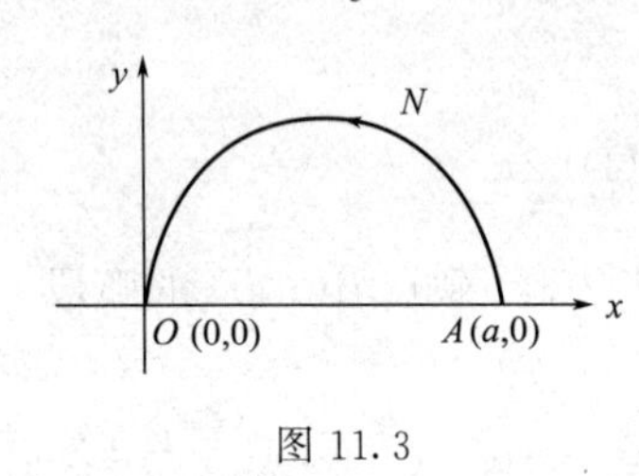

图 11.3

(7) 试证积分 $\int_L \frac{3y-x}{(x+y)^3}dx+\frac{y-3x}{(x+y)^3}dy$ 与路径无关，其中 L 是不经过直线 $x+y=0$ 的任意曲线. 并求 $\int_{(1,2)}^{(3,0)}\frac{3y-x}{(x+y)^3}dx+\frac{y-3x}{(x+y)^3}dy$ 的值.

(8) 计算积分 $\iint_\Sigma(2x+2y+z)dS$，其中 Σ 是 $2x+2y+z-2=0$ 被三个坐标平面所截下的在第一卦限的部分.

(9) 设 Σ 为锥面 $z=\sqrt{x^2+y^2}$ 被平面 $z=1$ 和 $z=2$ 所截得部分的下侧，计算

$$\iint_\Sigma \frac{e^z dxdy}{\sqrt{x^2+y^2}}.$$

(10) 计算积分 $\iint_\Sigma(z-3)dxdy$，Σ 是曲面 $2z=x^2+y^2$ 介于 $2\leqslant z\leqslant 3$ 之间部分的下侧.

(11) 计算积分 $\iint_\Sigma x\,dydz+ydzdx+zdxdy$，其中 Σ 是球面 $x^2+y^2+z^2=R^2$ 在第一卦限部分的上侧.

(12) 计算积分 $\iint_\Sigma 2xz^2dydz+y(z^2+1)dzdx+(9-z^3)dxdy$，其中曲面 Σ 是旋转抛物面 $z=x^2+y^2+1$ $(1\leqslant z\leqslant 2)$ 的下侧.

☆ **B 题** ☆

1. 填空题

(1) 设 C 为抛物线 $y=x^2$ 从点 $(0,0)$ 到 $(2,4)$ 一段弧，则 $\int_C(x^2-y^2)dx=$ ________.

(2) 设 L 是 xOy 平面上沿逆时针方向绕行的简单闭曲线，且 $\oint_L(x-2y)dx+(4x+3y)dy=9$，则 L 所围成的平面闭区域 D 的面积等于________.

(3) 设 Σ 为曲面 $z=\sqrt{x^2+y^2}$ $(z\leqslant 1)$ 的下侧，则 $\iint_\Sigma(x^2+y^2)dS=$ ________.

(4) 设 Σ 是柱面 $x^2+y^2=4$ 介于 $1\leqslant z\leqslant 3$ 之间部分，它的法向量指向 Oz 轴，则曲面积分 $\iint_\Sigma \sqrt{x^2+y^2+z^2}dxdy=$ ________.

(5) 设函数 $f(x)$ 有连续导数，若曲线积分 $\oint_L e^{2y}[x\mathrm{d}x+f(x)\mathrm{d}y]=0$，其中 L 是任意简单闭曲线，则 $f(x)=$ ________.

(6) 设 Σ 是球面 $x^2+y^2+z^2=2ax$ 的外侧，则积分 $\iint\limits_{\Sigma}(x^2+y^2+z^2)\mathrm{d}x\mathrm{d}y=$ ________.

(7)（2006 年考研题）设 Σ 是锥面 $z=\sqrt{x^2+y^2}$ $(0\leqslant z\leqslant 1)$ 的下侧，则曲面积分 $\iint\limits_{\Sigma}x\mathrm{d}y\mathrm{d}z+2y\mathrm{d}z\mathrm{d}x+3(z-1)\mathrm{d}x\mathrm{d}y=$ ________.

(8) 向量场 $\boldsymbol{A}=(x^2+yz)\boldsymbol{i}+(y^2+xz)\boldsymbol{j}+(z^2+xy)\boldsymbol{k}$ 的散度 $\mathrm{div}\boldsymbol{A}=$ ________.

(9) 向量场 $\boldsymbol{A}=(2z-3y)\boldsymbol{i}+(3x-z)\boldsymbol{j}+(y-2x)\boldsymbol{k}$ 的旋度 $\mathrm{rot}\boldsymbol{A}=$ ________.

(10) L 是 xOy 平面上具有质量的光滑曲线，其线密度 $\rho(x,y)$ 为连续函数，则 L 关于 x 轴的转动惯量可用曲线积分表示为________.

2. 计算题

(1) 设 L 为圆周 $\begin{cases}x^2+y^2+z^2=a^2,\\ x+y+z=0\end{cases}$ $(a>0)$，计算 $\int_L x^2\mathrm{d}s$.

(2) 设 L 为圆周 $x^2+y^2=ax$ $(a>0)$，计算 $\int_L \sqrt{x^2+y^2}\mathrm{d}s$.

(3) 设 C 为曲线 $2x=\pi y$ 从 $O(0,0)$ 到 $B\left(\dfrac{\pi}{2},1\right)$ 的一段弧，求第二类曲线积分

$$\int_C(2xy^3-y^2\cos x)\mathrm{d}x+(1-2y\sin x+3x^2y^2)\mathrm{d}y.$$

(4) 计算曲面积分 $\oiint\limits_{\Sigma}\dfrac{1}{a}(x^4+y^4+z^4)\mathrm{d}S$，其中 Σ：$x^2+y^2+z^2=a^2(a>0)$.

(5) 设 Σ 是球面 $x^2+y^2+z^2=1$ 外侧在 $x\geqslant 0$，$y\geqslant 0$ 的部分，计算 $\iint\limits_{\Sigma}xyz\mathrm{d}x\mathrm{d}y$.

(6)（2004 年考研题）计算曲面积分 $I=\iint\limits_{\Sigma}2x^3\mathrm{d}y\mathrm{d}z+2y^3\mathrm{d}z\mathrm{d}x+3(z^2-1)\mathrm{d}x\mathrm{d}y$，其中 Σ 是曲面 $z=1-x^2-y^2(z\geqslant 0)$ 的上侧.

(7)（2001 年考研题）计算 $I=\oint_L(y^2-z^2)\mathrm{d}x+(2z^2-x^2)\mathrm{d}y+(3x^2-y^2)\mathrm{d}z$，其中 L 是平面 $x+y+z=2$ 与柱面 $|x|+|y|=1$ 的交线，从 z 轴正向看去 L 为逆时针方向.

(8) 求椭圆柱面 $\dfrac{x^2}{5}+\dfrac{y^2}{9}=1$ 位于 xOy 面上方和平面 $z=y$ 下方部分的侧面积.

3. 证明题

(1)（2006 年考研题）设在上半平面 $D=\{(x,y)\mid y>0\}$ 内，函数 $f(x,y)$ 具有连续偏导数，且对任意的 $t>0$ 都有 $f(tx,ty)=t^{-2}f(x,y)$. 证明：对 D 内任意分段光滑简单曲线 L，都有曲线积分 $\int_L yf(x,y)\mathrm{d}x-xf(x,y)\mathrm{d}y$ 与积分路径无关.

(2) 设函数 $\varphi(y)$ 具有连续导数，在围绕原点的任意分段光滑简单闭曲线 L 上，曲线积分 $\oint_L\dfrac{\varphi(y)\mathrm{d}x+2xy\mathrm{d}y}{2x^2+y^4}$ 的值恒为同一常数. 证明：对右半平面 $x>0$ 内任意分段光滑简单闭曲线 C，有 $\oint_C\dfrac{\varphi(y)\mathrm{d}x+2xy\mathrm{d}y}{2x^2+y^4}=0$.

第十二章　无穷级数

本章基本要求

理解常数项无穷级数的基本概念和性质；会判断正项级数和交错级数的敛散性，掌握几何级数、调和级数和 p-级数的收敛性；理解无穷级数绝对收敛和条件收敛的概念以及它们之间的关系．了解函数项级数的基本概念；理解幂级数的概念及其收敛性，掌握幂级数的收敛半径、收敛区间和收敛域的计算方法，了解幂级数的运算；掌握幂级数的和函数的性质，以及简单幂级数的和函数的求法；了解函数展开成幂级数的直接法，掌握函数 e^x，$\sin x$，$\cos x$，$\ln(1+x)$，$(1+x)^\mu$，$\frac{1}{1-x}$和$\frac{1}{1+x}$的麦克劳林展开式，并会利用这些展开式间接地将函数展开成幂级数．了解三角级数的概念及其正交性，掌握函数展开成傅里叶级数的狄利克雷充分条件，以及函数展开成傅里叶级数的过程；了解正弦级数和余弦级数．

一、内容要点

（一）有关级数的基本定义

定义 1　由数列 $\{u_n\}$ 所确定的表达式 $\sum\limits_{n=1}^{\infty}u_n = u_1 + u_2 + u_3 + \cdots + u_n + \cdots$ 叫做（常数项）无穷级数，简称（常数项）级数，其中第 n 项 u_n 叫做级数的一般项，级数的前 n 项的和 $s_n = u_1 + u_2 + \cdots + u_n = \sum\limits_{i=1}^{n}u_i$ 叫做级数的部分和.

定义 2　如果级数 $\sum\limits_{n=1}^{\infty}u_n$ 的部分和数列 $\{s_n\}$ 有极限 s，即 $\lim\limits_{n\to\infty}s_n = s$，则称无穷级数 $\sum\limits_{n=1}^{\infty}u_n$ 收敛，极限 s 叫做这级数的和，记作 $s = \sum\limits_{n=1}^{\infty}u_n$；如果数列 $\{s_n\}$ 没有极限，则称无穷级数 $\sum\limits_{n=1}^{\infty}u_n$ 发散.

定义 3　如果级数 $\sum\limits_{n=1}^{\infty}u_n$ 满足 $u_n \geqslant 0$，$n = 1,2,3,\cdots$，则称该级数为正项级数；如果级数的各项是正负交错的，即 $\sum\limits_{n=1}^{\infty}(-1)^{n-1}u_n = u_1 - u_2 + u_3 - u_4 + \cdots$，或 $\sum\limits_{n=1}^{\infty}(-1)^n u_n = -u_1 + u_2 - u_3 + u_4 - \cdots$，其中 $u_n > 0$，$n = 1,2,3,\cdots$，则称该级数为交错级数.

定义 4　如果级数 $\sum\limits_{n=1}^{\infty}u_n$ 各项的绝对值所构成的正项级数 $\sum\limits_{n=1}^{\infty}|u_n|$ 收敛，则称级数 $\sum\limits_{n=1}^{\infty}u_n$ 绝对收敛；如果级数 $\sum\limits_{n=1}^{\infty}u_n$ 收敛，而级数 $\sum\limits_{n=1}^{\infty}|u_n|$ 发散，则称级数 $\sum\limits_{n=1}^{\infty}u_n$ 条件收敛.

定义 5　给定一个定义在区间 I 上的函数列 $u_1(x),u_2(x),u_3(x),\cdots,u_n(x),\cdots$，由这函数列构成的表达式 $\sum_{n=1}^{\infty}u_n(x)=u_1(x)+u_2(x)+u_3(x)+\cdots+u_n(x)+\cdots$，称为定义在区间 I 上的（函数项）无穷级数，简称（函数项）级数．函数项级数 $\sum_{n=1}^{\infty}u_n(x)$ 的前 n 项的和 $s_n(x)=\sum_{i=1}^{n}u_i(x)$，称为函数项级数的部分和函数．

定义 6　设 $x_0\in I$，如果常数项级数 $\sum_{n=1}^{\infty}u_n(x_0)$ 收敛，则称 x_0 为函数项级数 $\sum_{n=1}^{\infty}u_n(x)$ 的收敛点，否则称 x_0 为函数项级数 $\sum_{n=1}^{\infty}u_n(x)$ 的发散点．$\sum_{n=1}^{\infty}u_n(x)$ 的收敛点的全体称为它的收敛域，发散点的全体称为它的发散域．

定义 7　在收敛域上，$\sum_{n=1}^{\infty}u_n(x)=\lim_{n\to\infty}s_n(x)=s(x)$，称 $s(x)$ 为函数项级数的和函数．

定义 8　各项都是幂函数的函数项级数称为幂级数，它的一般形式是

$$\sum_{n=0}^{\infty}a_n(x-x_0)^n=a_0+a_1(x-x_0)+a_2(x-x_0)^2+\cdots+a_n(x-x_0)^n+\cdots,$$

常用的特殊形式是

$$\sum_{n=0}^{\infty}a_nx^n=a_0+a_1x+a_2x^2+\cdots+a_nx^n+\cdots,$$

其中常数 $a_0,a_1,a_2,\cdots,a_n,\cdots$ 叫做幂级数的系数．

定义 9　对任何幂级数 $\sum_{n=0}^{\infty}a_nx^n$ 都存在唯一的正数 R，当 $|x|<R$ 时，该幂级数绝对收敛，当 $|x|>R$ 时，该幂级数发散，称 R 为该幂级数的收敛半径．开区间 $(-R,R)$ 称为幂级数 $\sum_{n=0}^{\infty}a_nx^n$ 的收敛区间．

定义 10　设 $f(x)$ 在点 x_0 的某邻域 $U(x_0)$ 内具有任意阶导数，幂级数

$$f(x_0)+f'(x_0)(x-x_0)+\cdots+\frac{1}{n!}f^{(n)}(x_0)(x-x_0)^n+\cdots=\sum_{n=0}^{\infty}\frac{1}{n!}f^{(n)}(x_0)(x-x_0)^n$$

称为函数 $f(x)$ 在点 x_0 处的泰勒（Taylor）级数；展开式 $f(x)=\sum_{n=0}^{\infty}\frac{1}{n!}f^{(n)}(x_0)(x-x_0)^n$，$x\in U(x_0)$ 称为函数 $f(x)$ 在点 x_0 处的泰勒展开式．

定义 11　在泰勒级数中，取 $x_0=0$，得

$$f(0)+f'(0)x+\cdots+\frac{1}{n!}f^{(n)}(0)x^n+\cdots=\sum_{n=0}^{\infty}\frac{1}{n!}f^{(n)}(0)x^n$$

称为函数 $f(x)$ 的麦克劳林级数．

定义 12*　级数 $\frac{a_0}{2}+\sum_{n=1}^{\infty}(a_n\cos\frac{n\pi x}{l}+b_n\sin\frac{n\pi x}{l})$ 称为周期为 $2l$ 的函数 $f(x)$ 的傅里叶级数，其中 $a_n=\frac{1}{l}\int_{-l}^{l}f(x)\cos\frac{n\pi x}{l}dx\ (n=0,1,2,\cdots)$，$b_n=\frac{1}{l}\int_{-l}^{l}f(x)\sin\frac{n\pi x}{l}dx\ (n=1,2,3,\cdots)$，$a_0,a_1,b_1,\cdots$ 称为函数 $f(x)$ 的傅里叶系数．当 $f(x)$ 为奇函数时，$a_n=0(n=0,1,2,\cdots)$，$b_n=$

$\frac{2}{l}\int_0^l f(x)\sin\frac{n\pi x}{l}\mathrm{d}x(n=1,2,3,\cdots)$，由此得到只含有正弦项的正弦级数 $\sum_{n=1}^{\infty}b_n\sin\frac{n\pi x}{l}$；当 $f(x)$ 为偶函数时，$a_n=\frac{2}{l}\int_0^l f(x)\cos\frac{n\pi x}{l}\mathrm{d}x\ (n=0,1,2,\cdots)$，$b_n=0(n=1,2,3,\cdots)$，由此得到只含常数项和余弦项的余弦级数 $\frac{a_0}{2}+\sum_{n=1}^{\infty}a_n\cos\frac{n\pi x}{l}$. 令 $l=\pi$ 便得周期为 2π 的函数的傅里叶级数.

（二）有关级数的基本性质

1. 收敛级数的基本性质

（1）级数 $\sum_{n=1}^{\infty}u_n$ 的每一项同乘一个不为零的常数 k 后，其敛散性不变；且若级数 $\sum_{n=1}^{\infty}u_n$ 收敛于和 s，则级数 $\sum_{n=1}^{\infty}ku_n$ 也收敛，其和为 ks.

（2）若 $\sum_{n=1}^{\infty}u_n=s$，$\sum_{n=1}^{\infty}v_n=\sigma$，则 $\sum_{n=1}^{\infty}(u_n\pm v_n)=s\pm\sigma$，即两个收敛级数可以逐项相加与逐项相减.

（3）在级数中去掉、加上或改变有限项，不会改变级数的敛散性.

（4）如果级数 $\sum_{n=1}^{\infty}u_n$ 收敛，则对这级数的项任意加括号后所成的级数

$$(u_1+\cdots+u_{n_1})+(u_{n_1+1}+\cdots+u_{n_2})+\cdots+(u_{n_{k-1}+1}+\cdots+u_{n_k})+\cdots$$

仍然收敛，且其和不变；如果加括号后所成的级数发散，则原来级数发散.

（5）若 $\sum_{n=1}^{\infty}u_n$ 收敛，则它的一般项 u_n 趋于零，即 $\lim\limits_{n\to\infty}u_n=0$.

注意　$\lim\limits_{n\to\infty}u_n=0$ 是级数收敛的必要非充分条件，即 $\sum_{n=1}^{\infty}u_n$ 收敛 $\Rightarrow\lim\limits_{n\to\infty}u_n=0$，但 $\lim\limits_{n\to\infty}u_n=0\not\Rightarrow\sum_{n=1}^{\infty}u_n$ 收敛；其逆否命题成立，即如果 $\lim\limits_{n\to\infty}u_n\neq0$，则该级数必定发散.

2. 幂级数的和函数的分析性质

（1）幂级数 $\sum_{n=0}^{\infty}a_nx^n$ 的和函数 $s(x)$ 在其收敛域 I 上连续.

（2）幂级数 $\sum_{n=0}^{\infty}a_nx^n$ 的和函数 $s(x)$ 在其收敛域 I 上可积，并有逐项积分公式

$$\int_0^x s(x)\mathrm{d}x=\int_0^x\left[\sum_{n=0}^{\infty}a_nx^n\right]\mathrm{d}x=\sum_{n=0}^{\infty}\int_0^x a_nx^n\mathrm{d}x=\sum_{n=0}^{\infty}\frac{a_n}{n+1}x^{n+1}\quad(x\in I),$$

逐项积分后所得到的幂级数与原级数有相同的收敛半径.

（3）幂级数 $\sum_{n=0}^{\infty}a_nx^n$ 的和函数 $s(x)$ 在其收敛区间 $(-R,R)$ 内可导，且有逐项求导公式

$$s'(x)=\left(\sum_{n=0}^{\infty}a_nx^n\right)'=\sum_{n=0}^{\infty}(a_nx^n)'=\sum_{n=1}^{\infty}na_nx^{n-1}\quad(|x|<R),$$

逐项求导后所得到的幂级数与原级数有相同的收敛半径.

（三）级数收敛的判别法

1. 正项级数收敛性的判别法

（1）利用级数收敛的定义判别，即若级数 $\sum_{n=1}^{\infty} u_n$ 的部分和数列 $\{s_n\}$ 有极限，则 $\sum_{n=1}^{\infty} u_n$ 收敛.

（2）**定理 1**　正项级数 $\sum_{n=1}^{\infty} u_n$ 收敛的充分必要条件是：它的部分和数列 $\{s_n\}$ 有界.

（3）**定理 2**　比较审敛法：设 $\sum_{n=1}^{\infty} u_n$ 和 $\sum_{n=1}^{\infty} v_n$ 都是正项级数，且 $u_n \leqslant v_n$（$n=1,2,\cdots$）. 若级数 $\sum_{n=1}^{\infty} v_n$ 收敛，则级数 $\sum_{n=1}^{\infty} u_n$ 收敛；反之，若级数 $\sum_{n=1}^{\infty} u_n$ 发散，则级数 $\sum_{n=1}^{\infty} v_n$ 发散.

推论　设 $\sum_{n=1}^{\infty} u_n$ 和 $\sum_{n=1}^{\infty} v_n$ 都是正项级数，如果级数 $\sum_{n=1}^{\infty} v_n$ 收敛，且存在正整数 N，使当 $n \geqslant N$ 时有 $u_n \leqslant kv_n (k>0)$ 成立，则级数 $\sum_{n=1}^{\infty} u_n$ 收敛；如果级数 $\sum_{n=1}^{\infty} v_n$ 发散，且当 $n \geqslant N$ 时有 $u_n \geqslant kv_n (k>0)$ 成立，则级数 $\sum_{n=1}^{\infty} u_n$ 发散.

（4）**定理 3**　比较审敛法的极限形式：设 $\sum_{n=1}^{\infty} u_n$ 和 $\sum_{n=1}^{\infty} v_n$ 都是正项级数，如果 $\lim\limits_{n\to\infty} \frac{u_n}{v_n} = l$，则有

① $0 < l < +\infty$ 时，级数 $\sum_{n=1}^{\infty} u_n$ 和 $\sum_{n=1}^{\infty} v_n$ 同时收敛或同时发散；

② $l = 0$ 时，若级数 $\sum_{n=1}^{\infty} v_n$ 收敛，则级数 $\sum_{n=1}^{\infty} u_n$ 收敛；

③ $l = +\infty$ 时，若级数 $\sum_{n=1}^{\infty} v_n$ 发散，则级数 $\sum_{n=1}^{\infty} u_n$ 发散.

（5）**定理 4**　比值审敛法[达朗贝尔(d'Alembert)判别法]：设 $\sum_{n=1}^{\infty} u_n$ 为正项级数，如果 $\lim\limits_{n\to\infty} \frac{u_{n+1}}{u_n} = \rho$，则当 $\rho < 1$ 时级数收敛；$\rho > 1$（或 $\lim\limits_{n\to\infty} \frac{u_{n+1}}{u_n} = \infty$）时级数发散；$\rho = 1$ 时级数可能收敛也可能发散.

（6）**定理 5**　根值审敛法（柯西判别法）：设 $\sum_{n=1}^{\infty} u_n$ 为正项级数，如果 $\lim\limits_{n\to\infty} \sqrt[n]{u_n} = \rho$，则当 $\rho < 1$ 时级数收敛；$\rho > 1$（或 $\lim\limits_{n\to\infty} \sqrt[n]{u_n} = +\infty$）时级数发散；$\rho = 1$ 时级数可能收敛也可能发散.

（7）**定理 6**　极限审敛法：设 $\sum_{n=1}^{\infty} u_n$ 为正项级数，

① 如果 $\lim\limits_{n\to\infty} nu_n = l > 0$（或 $\lim\limits_{n\to\infty} nu_n = +\infty$），则级数 $\sum_{n=1}^{\infty} u_n$ 发散；

② 如果 $p > 1$，而 $\lim\limits_{n\to\infty} n^p u_n = l (0 \leqslant l < +\infty)$，则级数 $\sum_{n=1}^{\infty} u_n$ 收敛.

2. 交错级数收敛性的判别法

定理 7 莱布尼茨定理 如果交错级数 $\sum_{n=1}^{\infty}(-1)^{n-1}u_n\ (u_n>0)$ 满足条件：① $u_n \geqslant u_{n+1}$ $(n=1,2,3,\cdots)$；② $\lim_{n\to\infty}u_n=0$，则级数收敛，且其和 $s\leqslant u_1$，其余项 r_n 的绝对值 $|r_n|\leqslant u_{n+1}$.

定理 8 如果级数 $\sum_{n=1}^{\infty}u_n$ 绝对收敛，则级数 $\sum_{n=1}^{\infty}u_n$ 必定收敛.

注意：绝对收敛和条件收敛定义的本身是判定任意项级数收敛性的重要方法.

3. 幂级数的收敛性及其收敛半径

定理 9 阿贝尔（Abel）定理 如果级数 $\sum_{n=0}^{\infty}a_nx^n$ 当 $x=x_0\ (x_0\neq 0)$ 时收敛，则适合不等式 $|x|<|x_0|$ 的一切 x 使这幂级数绝对收敛. 反之，如果级数 $\sum_{n=0}^{\infty}a_nx^n$ 当 $x=x_0$ 时发散，则适合不等式 $|x|>|x_0|$ 的一切 x 使这幂级数发散.

推论 如果幂级数 $\sum_{n=0}^{\infty}a_nx^n$ 不是仅在 $x=0$ 一点收敛，也不是在整个数轴上都收敛，则必有一个确定的正数 R 存在，使得当 $|x|<R$ 时，幂级数绝对收敛；当 $|x|>R$ 时，幂级数发散；当 $x=R$ 与 $x=-R$ 时，幂级数可能收敛也可能发散.

定理 10 给定幂级数 $\sum_{n=0}^{\infty}a_nx^n$，如果 $\lim_{n\to\infty}\left|\frac{a_{n+1}}{a_n}\right|=\rho$，其中 a_n,a_{n+1} 是幂级数 $\sum_{n=0}^{\infty}a_nx^n$ 的相邻两项的系数，则这幂级数的收敛半径

$$R=\begin{cases}\dfrac{1}{\rho}, & \rho\neq 0,\\ +\infty, & \rho=0,\\ 0, & \rho=+\infty.\end{cases}$$

注意 当收敛半径 R 确定以后，幂级数 $\sum_{n=0}^{\infty}a_nx^n$ 在区间 $(-R,R)$ 内收敛. 对于端点 $x=\pm R$ 处的收敛性，考虑相应的常数项级数的敛散性加以确定，进而确定收敛域.

4. 函数 $f(x)$ 展开成泰勒级数的充要条件

定理 11 设函数 $f(x)$ 在点 x_0 的某一邻域 $U(x_0)$ 内具有各阶导数，则 $f(x)$ 在该邻域内能展开成泰勒级数的充分必要条件是在该邻域内 $f(x)$ 的泰勒公式中的余项 $R_n(x)$ 当 $n\to\infty$ 时的极限为零，即

$$\lim_{n\to\infty}R_n(x)=0,\quad x\in U(x_0).$$

5*. 傅里叶级数的收敛性

定理 12 收敛定理[狄利克雷（Dirichlet）充分条件] 设 $f(x)$ 是周期为 2π 的周期函数，如果它满足：①在一个周期内连续或只有有限个第一类间断点；②在一个周期内至多只有有限个极值点，则 $f(x)$ 的傅里叶级数收敛，并且和函数 $s(x)$ 为

$$s(x)=\frac{a_0}{2}+\sum_{n=1}^{\infty}(a_n\cos nx+b_n\sin nx)=\begin{cases}f(x), & x\text{ 为 }f(x)\text{ 的连续点},\\ \dfrac{1}{2}[f(x^-)+f(x^+)], & x\text{ 为 }f(x)\text{ 的间断点}.\end{cases}$$

（四）有关级数的重要结论

1. 几个典型常数项级数的敛散性

(1) 等比级数（又称为几何级数）$\sum_{n=0}^{\infty} aq^n$，当 $|q|<1$ 时收敛，其和为 $\frac{a}{1-q}$，当 $|q|\geqslant 1$ 时发散，其中 $a\neq 0$，q 叫做级数的公比.

(2) 调和级数 $\sum_{n=1}^{\infty}\frac{1}{n}$ 发散.

(3) p —级数 $\sum_{n=1}^{\infty}\frac{1}{n^p}$，当 $p>1$ 收敛，当 $p\leqslant 1$ 时发散.

2. 几个重要函数的麦克劳林级数

(1) $e^x = 1+x+\frac{x^2}{2!}+\cdots+\frac{x^n}{n!}+\cdots=\sum_{n=0}^{\infty}\frac{x^n}{n!}$，$x\in(-\infty,+\infty)$.

(2) $\sin x = x-\frac{x^3}{3!}+\frac{x^5}{5!}-\cdots+(-1)^n\frac{x^{2n+1}}{(2n+1)!}+\cdots$

$$=\sum_{n=0}^{\infty}\frac{(-1)^n}{(2n+1)!}x^{2n+1},\ x\in(-\infty,+\infty).$$

(3) $\cos x = 1-\frac{x^2}{2!}+\frac{x^4}{4!}-\cdots+(-1)^n\frac{x^{2n}}{(2n)!}+\cdots=\sum_{n=0}^{\infty}\frac{(-1)^n}{(2n)!}x^{2n}$，$x\in(-\infty,+\infty)$.

(4) $\ln(1+x) = x-\frac{x^2}{2}+\frac{x^3}{3}-\cdots+(-1)^n\frac{x^{n+1}}{n+1}+\cdots=\sum_{n=0}^{\infty}\frac{(-1)^n}{n+1}x^{n+1}$

$$=\sum_{n=1}^{\infty}\frac{(-1)^{n-1}}{n}x^n,\ x\in(-1,1].$$

(5) $(1+x)^m = 1+mx+\frac{m(m-1)}{2!}x^2+\cdots+\frac{m(m-1)\cdots(m-n+1)}{n!}x^n+\cdots$，$x\in(-1,1)$.

(6) $\frac{1}{1-x}=1+x+x^2+\cdots+x^n+\cdots=\sum_{n=0}^{\infty}x^n$，$x\in(-1,1)$.

(7) $\frac{1}{1+x}=1-x+x^2-\cdots+(-1)^n x^n+\cdots=\sum_{n=0}^{\infty}(-1)^n x^n$，$x\in(-1,1)$.

(8) $\arctan x = x-\frac{x^3}{3}+\frac{x^5}{5}-\cdots+(-1)^n\frac{x^{2n+1}}{2n+1}+\cdots=\sum_{n=0}^{\infty}\frac{(-1)^n}{2n+1}x^{2n+1}$，$x\in[-1,1]$.

二、精选题解析

1. 级数敛散性的判别

依据级数收敛的判别法以及收敛级数的基本性质，判别下列级数的敛散性.

【例 1】 $\sum_{n=1}^{\infty}\sin\frac{\pi}{4^n}$.

【解】 $\sin\frac{\pi}{4^n}<\frac{\pi}{4^n}$，而 $\sum_{n=1}^{\infty}\frac{\pi}{4^n}=\pi\sum_{n=1}^{\infty}\frac{1}{4^n}$ 收敛，由比较审敛法知原级数收敛.

【例 2】 $\sum_{n=1}^{\infty}\frac{5^{n-1}\cdot n!}{n^n}$.

【解】 $\lim_{n\to\infty}\frac{u_{n+1}}{u_n}=\lim_{n\to\infty}\frac{5^n\cdot(n+1)!}{(n+1)^{n+1}}\cdot\frac{n^n}{5^{n-1}\cdot n!}=\frac{5}{e}>1$，

由比值审敛法知原级数发散.

【例 3】 $\sum_{n=1}^{\infty} 3^n[2+(-1)^n]$.

【解】 $\lim_{n\to\infty}\sqrt[n]{u_n}=\lim_{n\to\infty}\sqrt[n]{3^n[2+(-1)^n]}=\lim_{n\to\infty}3\cdot\sqrt[n]{[2+(-1)^n]}=3>1$，由根值审敛法知原级数发散.

【例 4】 $\sum_{n=1}^{\infty}(\sqrt{3}-\sqrt[3]{3})(\sqrt{3}-\sqrt[5]{3})\cdots(\sqrt{3}-\sqrt[2n+1]{3})$.

【解】 $\lim_{n\to\infty}\frac{u_{n+1}}{u_n}=\lim_{n\to\infty}(\sqrt{3}-\sqrt[2n+3]{3})=\sqrt{3}-1<1$，由比值审敛法知原级数收敛.

【例 5】 $\sum_{n=1}^{\infty}\frac{1}{(n+1)\cdot\sqrt[n]{n}}$.

【解】 $\lim_{n\to\infty}\frac{1}{(n+1)\cdot\sqrt[n]{n}}\Big/\frac{1}{n}=\lim_{n\to\infty}\frac{1}{\sqrt[n]{n}}=1$，

而级数 $\sum_{n=1}^{\infty}\frac{1}{n}$ 发散，故由比较审敛法的极限形式知原级数发散.

【例 6】 $\sum_{n=1}^{\infty}\frac{1}{\int_0^n\sqrt[4]{1+x^4}\,dx}$.

【解】 级数 $\sum_{n=1}^{\infty}u_n=\sum_{n=1}^{\infty}\frac{1}{\int_0^n\sqrt[4]{1+x^4}\,dx}$ 的一般项 u_n 满足

$$0<u_n=\frac{1}{\int_0^n\sqrt[4]{1+x^4}\,dx}\leqslant\frac{1}{\int_0^n x\,dx}=\frac{2}{n^2},$$

而 $\sum_{n=1}^{\infty}\frac{2}{n^2}=2\sum_{n=1}^{\infty}\frac{1}{n^2}$ 收敛，再由比较审敛法知原级数收敛.

【例 7】 $\sum_{n=1}^{\infty}\frac{n}{2n-1}$.

【解】 由于 $\lim_{n\to\infty}u_n=\lim_{n\to\infty}\frac{n}{2n-1}=\frac{1}{2}\neq 0$，故级数 $\sum_{n=1}^{\infty}\frac{n}{2n-1}$ 发散.

【例 8】 $\sum_{n=1}^{\infty}\frac{(-1)^n}{\ln(n+2)}$.

【解】 一方面，$\lim_{n\to\infty}\left|\frac{(-1)^n}{\ln(n+2)}\right|\Big/\frac{1}{n}=\infty$，而级数 $\sum_{n=1}^{\infty}\frac{1}{n}$ 发散，故由比较审敛法的极限形式知级数 $\sum_{n=1}^{\infty}\left|\frac{(-1)^n}{\ln(n+2)}\right|$ 发散. 另一方面，原交错级数满足

$$u_n=\frac{1}{\ln(n+2)}>\frac{1}{\ln(n+3)}=u_{n+1} \text{ 和 } u_n\to 0\ (n\to\infty),$$

故由莱布尼茨定理知原级数收敛. 即得原级数条件收敛.

【例 9】 $\sum_{n=1}^{\infty}\frac{(-1)^{n+1}}{(2n-1)^2}$.

【解】 由于 $0<\frac{1}{(2n-1)^2}\leqslant\frac{1}{n^2}$，且级数 $\sum_{n=1}^{\infty}\frac{1}{n^2}$ 收敛，故由比较审敛法知级数 $\sum_{n=1}^{\infty}\frac{1}{(2n-1)^2}$

收敛，从而原级数绝对收敛.

注意　正项级数敛散性的常用判别法有比较审敛法、比值审敛法、根值审敛法和比较审敛法的极限形式，交错级数的敛散性往往由莱布尼茨定理判别.

2. 求幂级数的收敛半径与收敛区间（收敛域）

依据阿贝尔定理及其推论以及定理 10，求下列幂级数的收敛半径和收敛域【例 10】～【例 13】.

【例 10】 $\sum_{n=1}^{\infty}\frac{3^n}{n+1}x^n$.

【解】 $\rho=\lim_{n\to\infty}\left|\frac{a_{n+1}}{a_n}\right|=\lim_{n\to\infty}\frac{3^{n+1}}{n+2}\cdot\frac{n+1}{3^n}=3$, $R=\frac{1}{\rho}=\frac{1}{3}$.

$x=-\frac{1}{3}$ 时，原级数成为 $\sum_{n=1}^{\infty}\frac{(-1)^n}{n+1}$ ，收敛；$x=\frac{1}{3}$ 时，原级数成为 $\sum_{n=1}^{\infty}\frac{1}{n+1}$ ，发散. 故原级数的收敛域为 $[-\frac{1}{3},\frac{1}{3})$.

【例 11】 $\sum_{n=1}^{\infty}(-1)^n\frac{x^n}{n^2}$.

【解】 $\rho=\lim_{n\to\infty}\left|\frac{a_{n+1}}{a_n}\right|=\lim_{n\to\infty}\frac{\frac{1}{(n+1)^2}}{\frac{1}{n^2}}=1$, $R=\frac{1}{\rho}=1$.

$x=-1$ 时，原级数成为 $\sum_{n=1}^{\infty}\frac{1}{n^2}$ ，收敛；

$x=1$ 时，原级数成为 $\sum_{n=1}^{\infty}\frac{(-1)^n}{n^2}$ ，收敛. 故原级数的收敛域为 $[-1,1]$.

注意　幂级数在收敛区间端点处的敛散性，要把端点带入原幂级数进行判断.

【例 12】 $\sum_{n=1}^{\infty}(-1)^n\frac{x^{2n+1}}{2n+1}$.

【解】 令 $u_n=(-1)^n\frac{x^{2n+1}}{2n+1}$ ，则 $\lim_{n\to\infty}\left|\frac{u_{n+1}}{u_n}\right|=\lim_{n\to\infty}\left|\frac{x^{2n+3}}{2n+3}\cdot\frac{2n+1}{x^{2n+1}}\right|=x^2$ ，

令 $x^2<1$ ，解得 $x\in(-1,1)$ ，由正项级数的比值审敛法知级数 $\sum_{n=1}^{\infty}(-1)^n\frac{x^{2n+1}}{2n+1}$ 在 $(-1,1)$ 内绝对收敛. 当 $x=-1$ 时，原级数成为 $\sum_{n=1}^{\infty}\frac{(-1)^{n+1}}{2n+1}$ ，收敛；当 $x=1$ 时，原级数成为 $\sum_{n=1}^{\infty}\frac{(-1)^n}{2n+1}$ ，收敛. 故原级数的收敛半径为 1，收敛域为 $[-1,1]$.

注意　(1) 对于任何幂级数 $\sum_{n=0}^{\infty}a_n(x-x_0)^n$ ，若当 $|x-x_0|<R$ 时，该幂级数绝对收敛，当 $|x-x_0|>R$ 时，该幂级数发散，则称 R 为该幂级数的收敛半径；

(2) 该级数缺少偶次幂的项，定理 10 不能直接应用，应根据比值审敛法来求收敛半径.

【例 13】 $\sum_{n=1}^{\infty}\frac{(x-3)^n}{\sqrt{n}\cdot 2^n}$.

【解】 令 $t=x-3$，则原级数成为 $\sum\limits_{n=1}^{\infty}\frac{t^n}{\sqrt{n}\cdot 2^n}$，对此级数求收敛半径

$$\rho_t=\lim_{n\to\infty}\left|\frac{a_{n+1}}{a_n}\right|=\lim_{n\to\infty}\frac{\sqrt{n}\cdot 2^n}{\sqrt{n+1}\cdot 2^{n+1}}=\frac{1}{2},\quad R_t=\frac{1}{\rho_t}=2.$$

当 $t=-2$ 时，$\sum\limits_{n=1}^{\infty}\frac{t^n}{\sqrt{n}\cdot 2^n}$ 成为 $\sum\limits_{n=1}^{\infty}\frac{(-1)^n}{\sqrt{n}}$，它收敛；

当 $t=2$ 时，$\sum\limits_{n=1}^{\infty}\frac{t^n}{\sqrt{n}\cdot 2^n}$ 成为 $\sum\limits_{n=1}^{\infty}\frac{1}{\sqrt{n}}$，它发散.

故级数 $\sum\limits_{n=1}^{\infty}\frac{t^n}{\sqrt{n}\cdot 2^n}$ 的收敛半径是2，它的收敛域是 $[-2,2)$，因此当 $-2\leqslant x-3<2$，即 $1\leqslant x<5$ 时，原级数收敛. 故原级数的收敛半径是2，收敛域为 $[1,5)$.

注意 对于一般形式的幂级数 $\sum\limits_{n=0}^{\infty}a_n(x-x_0)^n$，其收敛域的计算只需作代换 $t=x-x_0$，把它转化成幂级数的特殊形式 $\sum\limits_{n=0}^{\infty}a_nt^n$，再进一步求解.

【例 14】 (2000 年考研题)求幂级数 $\sum\limits_{n=1}^{\infty}\frac{1}{3^n+(-2)^n}\cdot\frac{x^n}{n}$ 的收敛区间，并讨论该区间端点处的收敛性.

【解】 因为

$$\lim_{n\to\infty}\left|\frac{a_{n+1}}{a_n}\right|=\lim_{n\to\infty}\frac{[3^n+(-2)^n]\cdot n}{[3^{n+1}+(-2)^{n+1}]\cdot(n+1)}$$

$$=\lim_{n\to\infty}\frac{1+(-\frac{2}{3})^n}{3+(-2)\times(-\frac{2}{3})^n}=\frac{1}{3},$$

所以该级数的收敛半径 $R=3$，收敛区间为 $(-3,3)$.

当 $x=3$ 时，原级数成为 $\sum\limits_{n=1}^{\infty}\left[\frac{3^n}{3^n+(-2)^n}\cdot\frac{1}{n}\right]$，而

$$\frac{3^n}{3^n+(-2)^n}\cdot\frac{1}{n}>\frac{3^n}{3^n+3^n}\cdot\frac{1}{n}=\frac{1}{2n},$$

且 $\sum\limits_{n=1}^{\infty}\frac{1}{n}$ 发散，所以原级数在点 $x=3$ 处发散；

当 $x=-3$ 时，原级数成为 $\sum\limits_{n=1}^{\infty}\left[\frac{(-3)^n}{3^n+(-2)^n}\cdot\frac{1}{n}\right]$，而

$$\frac{(-3)^n}{3^n+(-2)^n}\cdot\frac{1}{n}=\frac{(-1)^n}{n}-\frac{2^n}{3^n+(-2)^n}\cdot\frac{1}{n},$$

由于 $\sum\limits_{n=1}^{\infty}\frac{(-1)^n}{n}$ 与 $\sum\limits_{n=1}^{\infty}\frac{2^n}{[3^n+(-2)^n]}\cdot\frac{1}{n}$ 都收敛，所以原级数在点 $x=-3$ 处收敛.

3. 在收敛域上求幂级数的和函数.

依据幂级数的和函数的分析性质，将级数经过适当变形后，逐项积分或逐项求导. 注意积分或求导后的级数与上面所列的几个重要函数的麦克劳林级数的关系.

【例 15】 求幂级数 $\sum\limits_{n=1}^{\infty}\frac{x^{2n+1}}{2n+1}$ 的和函数.

【解】 先求收敛域.

该幂级数缺项，定理 10 不能直接应用，根据比值审敛法来求收敛半径

$$\lim_{n\to\infty}\frac{|u_{n+1}|}{|u_n|}=\lim_{n\to\infty}\left|\frac{x^{2n+3}}{2n+3}\cdot\frac{2n+1}{x^{2n+1}}\right|=|x|^2,$$

当 $|x|^2<1$，即 $-1<x<1$ 时，原级数收敛. $x=-1$ 时，原级数成为 $-\sum\limits_{n=1}^{\infty}\frac{1}{2n+1}$，发散；$x=1$ 时，原级数成为 $\sum\limits_{n=1}^{\infty}\frac{1}{2n+1}$，发散. 故原级数的收敛域为 $(-1,1)$.

设和函数为 $s(x)$，即 $s(x)=\sum\limits_{n=1}^{\infty}\frac{x^{2n+1}}{2n+1}\ (-1<x<1)$，则

$$s(0)=0,\ s'(x)=\sum_{n=1}^{\infty}x^{2n}=\frac{x^2}{1-x^2}\ (-1<x<1),$$

从而 $$s(x)=\int_0^x s'(x)\mathrm{d}x=\int_0^x\frac{x^2}{1-x^2}\mathrm{d}x=\frac{1}{2}\ln\frac{1+x}{1-x}-x\quad(-1<x<1).$$

【例 16】 求幂级数 $\sum\limits_{n=1}^{\infty}nx^{n-1}$ 的和函数.

【解】 先求收敛域.

因为 $\rho=\lim\limits_{n\to\infty}\left|\frac{a_{n+1}}{a_n}\right|=\lim\limits_{n\to\infty}\frac{n+1}{n}=1$，所以收敛半径 $R=\frac{1}{\rho}=1$. $x=-1$ 时，原级数成为 $\sum\limits_{n=1}^{\infty}(-1)^{n-1}n$，发散；$x=1$ 时，原级数成为 $\sum\limits_{n=1}^{\infty}n$，发散. 故原级数的收敛域为 $(-1,1)$.

设和函数为 $s(x)$，则在 $(-1,1)$ 上　$s(x)=\sum\limits_{n=1}^{\infty}nx^{n-1}=1+2x+3x^2+\cdots+nx^{n-1}+\cdots$，

$$\int_0^x s(x)\mathrm{d}x=\int_0^x\sum_{n=1}^{\infty}nx^{n-1}\mathrm{d}x=\sum_{n=1}^{\infty}\int_0^x nx^{n-1}\mathrm{d}x=\sum_{n=1}^{\infty}x^n=x+x^2+x^3+\cdots+x^n+\cdots=\frac{x}{1-x},$$

故 $$s(x)=\left(\frac{x}{1-x}\right)'=\frac{1}{(1-x)^2},\ x\in(-1,1).$$

【例 17】 (2005 年考研题)求幂级数 $\sum\limits_{n=1}^{\infty}(-1)^{n-1}\left[1+\frac{1}{n(2n-1)}\right]x^{2n}$ 的收敛区间与和函数 $f(x)$.

【解】 先求收敛半径，进而可确定收敛区间与收敛域. 而和函数可利用逐项求导得到.

$$\lim_{n\to\infty}\frac{|u_{n+1}|}{|u_n|}=x^2\lim_{n\to\infty}\frac{(n+1)(2n+1)+1}{(n+1)(2n+1)}\cdot\frac{n(2n-1)}{n(2n-1)+1}=x^2,$$

当 $x^2<1$，即 $-1<x<1$ 时，该幂级数收敛. 故该幂级数的收敛区间为 $(-1,1)$.

当 $x=\pm1$ 时，该幂级数成为

$$\sum_{n=1}^{\infty}(-1)^{n-1}\left[1+\frac{1}{n(2n-1)}\right]=\sum_{n=1}^{\infty}(-1)^{n-1}+\sum_{n=1}^{\infty}\frac{(-1)^{n-1}}{n(2n-1)}\quad 发散.$$

因此该幂级数的收敛域为 $(-1,1)$，在该幂级数的收敛域 $(-1,1)$ 内求它的和函数 $f(x)$.

记 $s(x)=\sum\limits_{n=1}^{\infty}\frac{(-1)^{n-1}}{2n(2n-1)}x^{2n}$，$x\in(-1,1)$，则

$$s'(x)=\sum_{n=1}^{\infty}\frac{(-1)^{n-1}}{2n-1}x^{2n-1}=\arctan x,\ x\in(-1,1),$$

由于 $s(0)=0$，所以 $s(x)=\int_0^x s'(t)\mathrm{d}t=\int_0^x \arctan t\mathrm{d}t=x\arctan x-\frac{1}{2}\ln(1+x^2)$.

又 $$\sum_{n=1}^{\infty}(-1)^{n-1}x^{2n}=\frac{x^2}{1+x^2},\ x\in(-1,1),$$

从而 $$f(x)=\frac{x^2}{1+x^2}+2s(x)=\frac{x^2}{1+x^2}+2x\arctan x-\ln(1+x^2),\ x\in(-1,1).$$

注意　在求幂级数的和函数时，首先需要求出幂级数的收敛域，然后在收敛域中，利用幂级数的和函数的性质，对幂级数进行适当变形后逐项积分或逐项求导，再进一步求得和函数的表达式.

4. 将函数展开为幂级数

(1) 直接方法　先按定义 10、定义 11 写出相应的泰勒级数或麦克劳林级数，然后在级数收敛区间内证明余项 $R_n(x)$ 当 $n\to\infty$ 时的极限为零，即 $\lim\limits_{n\to\infty}R_n(x)=0$.

(2) 间接方法　利用一些已知的函数展开式［如 $\frac{1}{1+x}$,$\ln(1+x)$］，通过幂级数的运算（如四则运算，逐项求导，逐项积分）以及变量代换等，将所给函数展开成幂级数.

【例 18】 将函数 $f(x)=\frac{1}{x+1}$ 展开成 $(x-4)$ 的幂级数.

【解】 $$f(x)=\frac{1}{x+1}=\frac{1}{5+(x-4)}=\frac{1}{5}\cdot\frac{1}{1+\frac{x-4}{5}}$$
$$=\frac{1}{5}\sum_{n=0}^{\infty}(-1)^n(\frac{x-4}{5})^n=\sum_{n=0}^{\infty}\frac{(-1)^n}{5^{n+1}}(x-4)^n\quad(-1<x<9).$$

【例 19】 将函数 $f(x)=\frac{1}{(1-x)^2}$ 展开成 x 的幂级数.

【解】 $f(x)=\frac{1}{(1-x)^2}=\left(\frac{1}{1-x}\right)'$，而
$$\frac{1}{1-x}=\sum_{n=0}^{\infty}x^n=1+x+x^2+\cdots+x^n+\cdots\quad(-1<x<1),$$

故 $$f(x)=(\sum_{n=0}^{\infty}x^n)'=(1+x+x^2+\cdots+x^n+\cdots)'$$
$$=1+2x+3x^2+\cdots+nx^{n-1}+\cdots=\sum_{n=1}^{\infty}nx^{n-1}\quad(-1<x<1).$$

【例 20】 (2006 年考研题) 将函数 $f(x)=\frac{x}{2+x-x^2}$ 展开成 x 的幂级数.

【解】 $$f(x)=\frac{x}{2+x-x^2}=\frac{x}{(2-x)(1+x)}=\frac{1}{3}(\frac{2}{2-x}-\frac{1}{1+x}),$$

而 $$\frac{2}{2-x}=\frac{1}{1-\frac{x}{2}}=\sum_{n=0}^{\infty}\left(\frac{x}{2}\right)^n,\ x\in(-2,2);\quad \frac{1}{1+x}=\sum_{n=0}^{\infty}(-1)^nx^n,\ x\in(-1,1),$$

故 $$f(x)=\frac{x}{2+x-x^2}=\frac{1}{3}\left(\sum_{n=0}^{\infty}\frac{x^n}{2^n}-\sum_{n=0}^{\infty}(-1)^nx^n\right)$$
$$=\frac{1}{3}\sum_{n=0}^{\infty}\left[\frac{1}{2^n}+(-1)^{n+1}\right]x^n,\ x\in(-1,1).$$

注意　间接方法是将函数展开为幂级数时更常用的方法.

5*. 将函数展开成傅里叶级数

(1) 设周期为 $2l$ 的函数 $f(x)$ 满足收敛定理的条件，则在连续点处其傅里叶级数展开式为

$$f(x)=\frac{a_0}{2}+\sum_{n=1}^{\infty}\left(a_n\cos\frac{n\pi x}{l}+b_n\sin\frac{n\pi x}{l}\right),$$

其中 $a_n=\frac{1}{l}\int_{-l}^{l}f(x)\cos\frac{n\pi x}{l}\mathrm{d}x\ (n=0,1,2,\cdots)$，$b_n=\frac{1}{l}\int_{-l}^{l}f(x)\sin\frac{n\pi x}{l}\mathrm{d}x\ (n=1,2,3,\cdots)$.

当 $f(x)$ 为奇函数时，其傅里叶级数成为正弦级数 $f(x)=\sum\limits_{n=1}^{\infty}b_n\sin\frac{n\pi x}{l}$；当 $f(x)$ 为偶函数时，其傅里叶级数成为余弦级数 $f(x)=\frac{a_0}{2}+\sum\limits_{n=1}^{\infty}a_n\cos\frac{n\pi x}{l}$.

(2) 设 $f(x)$ 是定义在 $[-l,l]$ 上的函数，且满足收敛定理的条件，则通过周期延拓，$f(x)$ 在 $[-l,l]$ 上的连续点处有 (1) 中的展开式.

(3) 在间断点处所得傅里叶级数的收敛性仍按收敛定理进行.

(4) 设 $f(x)$ 是定义在 $[0,l]$ 上的函数，且满足收敛定理的条件，则通过对函数进行奇(偶)延拓，可将其展开成正弦(余弦)级数，在端点处的收敛性应按延拓后的函数在该端点处的收敛性来确定.

【例 21】 将函数 $f(x)=\begin{cases}0, & -\pi\leqslant x<0,\\ \mathrm{e}^x, & 0\leqslant x\leqslant\pi\end{cases}$ 展开成傅里叶级数，并指出级数所收敛的和函数.

【解】 将 $f(x)$ 拓广为周期为 2π 的周期函数 $F(x)$，在 $(-\pi,\pi]$ 上有 $F(x)\equiv f(x)$，将其展开成傅里叶级数，计算傅里叶系数如下

$$a_0=\frac{1}{\pi}\int_{-\pi}^{\pi}f(x)\mathrm{d}x=\frac{1}{\pi}\left[\int_{-\pi}^{0}0\mathrm{d}x+\int_{0}^{\pi}\mathrm{e}^x\mathrm{d}x\right]=\frac{\mathrm{e}^\pi-1}{\pi},$$

$$a_n=\frac{1}{\pi}\int_{-\pi}^{\pi}f(x)\cos nx\,\mathrm{d}x=\frac{1}{\pi}\left[\int_{-\pi}^{0}0\mathrm{d}x+\int_{0}^{\pi}\mathrm{e}^x\cos nx\,\mathrm{d}x\right]$$

$$=\frac{\mathrm{e}^\pi\cos n\pi-1}{\pi(1+n^2)}=\frac{(-1)^n\mathrm{e}^\pi-1}{\pi(1+n^2)}\quad(n=1,2,\cdots),$$

$$b_n=\frac{1}{\pi}\int_{-\pi}^{\pi}f(x)\sin nx\,\mathrm{d}x=\frac{1}{\pi}\left[\int_{-\pi}^{0}0\mathrm{d}x+\int_{0}^{\pi}\mathrm{e}^x\sin nx\,\mathrm{d}x\right]$$

$$=\frac{n[1-(-1)^n\mathrm{e}^\pi]}{\pi(1+n^2)}\quad(n=1,2,\cdots).$$

从而得到 $f(x)$ 的傅里叶级数为

$$f(x)=\frac{a_0}{2}+\sum_{n=1}^{\infty}(a_n\cos nx+b_n\sin nx)$$

$$=\frac{\mathrm{e}^\pi-1}{2\pi}+\frac{1}{\pi}\sum_{n=1}^{\infty}\left\{\frac{(-1)^n\mathrm{e}^\pi-1}{1+n^2}\cos nx+\frac{n[1-(-1)^n\mathrm{e}^\pi]}{1+n^2}\sin nx\right\},\ x\in(-\pi,0)\cup(0,\pi),$$

当 $x=\pm\pi$ 时，由收敛定理，该级数收敛于 $\frac{f(\pi^-)+f(-\pi^+)}{2}=\frac{\mathrm{e}^\pi}{2}$，

当 $x=0$ 时，该级数收敛于 $\frac{f(0^-)+f(0^+)}{2}=\frac{1}{2}$，

故 $f(x)$ 的傅里叶级数的和函数为

$$s(x)=\begin{cases} f(x), x\in(-\pi,0)\cup(0,\pi), \\ \dfrac{e^{\pi}}{2}, \quad x=\pm\pi, \\ \dfrac{1}{2}, \quad x=0. \end{cases}$$

【例 22】 (2008 年考研题)将函数 $f(x)=1-x^2\ (0\leqslant x\leqslant\pi)$ 展开成余弦级数，并求级数 $\sum\limits_{n=1}^{\infty}\dfrac{(-1)^{n+1}}{n^2}$ 的和.

【解】 对 $f(x)$ 作偶周期延拓，得函数 $F(x)$，当 $x\in[0,\pi]$ 时，$F(x)\equiv f(x)$. 按公式有

$$a_0=\frac{2}{\pi}\int_0^{\pi}f(x)\mathrm{d}x=\frac{2}{\pi}\int_0^{\pi}(1-x^2)\mathrm{d}x=2(1-\frac{\pi^2}{3}),$$

$$a_n=\frac{2}{\pi}\int_0^{\pi}f(x)\cos nx\,\mathrm{d}x=\frac{2}{\pi}\int_0^{\pi}(1-x^2)\cos nx\,\mathrm{d}x=\frac{4\cdot(-1)^{n+1}}{n^2}\quad(n=1,2,\cdots),$$

所以 $f(x)=1-x^2=\dfrac{a_0}{2}+\sum\limits_{n=1}^{\infty}a_n\cos nx=1-\dfrac{\pi^2}{3}+4\sum\limits_{n=1}^{\infty}\dfrac{(-1)^{n+1}}{n^2}\cos nx$ ，$0\leqslant x\leqslant\pi$.

令 $x=0$，有 $f(0)=1-\dfrac{\pi^2}{3}+4\sum\limits_{n=1}^{\infty}\dfrac{(-1)^{n+1}}{n^2}$ ，又 $f(0)=1$ ，所以 $\sum\limits_{n=1}^{\infty}\dfrac{(-1)^{n+1}}{n^2}=\dfrac{\pi^2}{12}$.

6. 杂例

【例 23】 若 $\lim\limits_{n\to\infty}u_n=0$ ，则级数 $\sum\limits_{n=1}^{\infty}u_n$ ________.（收敛，发散，敛散性不确定）

【解】 敛散性不确定. $\lim\limits_{n\to\infty}u_n=0$ 是级数收敛的必要非充分条件，即 $\sum\limits_{n=1}^{\infty}u_n$ 收敛时一定有 $\lim\limits_{n\to\infty}u_n=0$ ，但 $\lim\limits_{n\to\infty}u_n=0$ 时，$\sum\limits_{n=1}^{\infty}u_n$ 可能收敛也可能发散. 如级数 $\sum\limits_{n=1}^{\infty}\dfrac{1}{n}$ ，$\lim\limits_{n\to\infty}\dfrac{1}{n}=0$ ，但它是发散的；而级数 $\sum\limits_{n=1}^{\infty}\dfrac{1}{n^2}$ ，$\lim\limits_{n\to\infty}\dfrac{1}{n^2}=0$ ，但它是收敛的.

【例 24】 级数 $\sum\limits_{n=1}^{\infty}\dfrac{1}{1+a^n}\ (a>0)$ 的敛散情况是________.

【解】 $0<a\leqslant1$ 时，发散；$a>1$ 时，收敛. 当 $0<a\leqslant1$ 时，$\dfrac{1}{1+a^n}\geqslant\dfrac{1}{2}$ ，而级数 $\sum\limits_{n=1}^{\infty}\dfrac{1}{2}$ 发散，故此时级数 $\sum\limits_{n=1}^{\infty}\dfrac{1}{1+a^n}$ 发散；当 $a>1$ 时，$\dfrac{1}{1+a^n}<\dfrac{1}{a^n}$ ，因级数 $\sum\limits_{n=1}^{\infty}\dfrac{1}{a^n}$ $(a>1)$ 收敛，由比较审敛法知，此时原级数收敛.

注意 当级数的一般项中含有参数时，一般应对参数进行讨论.

【例 25】 级数 $\sum\limits_{n=1}^{\infty}\dfrac{1}{n(n+1)}$ 的和是________.

【解】 $\sum\limits_{n=1}^{\infty}\dfrac{1}{n(n+1)}$ 的和是 1.

由于部分和数列 $s_n=\dfrac{1}{1\cdot2}+\dfrac{1}{2\cdot3}+\cdots+\dfrac{1}{n(n+1)}$

$$=\left(1-\frac{1}{2}\right)+\left(\frac{1}{2}-\frac{1}{3}\right)+\cdots+\left(\frac{1}{n}-\frac{1}{n+1}\right)=1-\frac{1}{n+1},$$

故得 $s=\lim\limits_{n\to\infty}s_n=1$.

【例 26】 已知 $f(x)=\sum_{n=1}^{\infty}(n+1)3^n x^n$，则 $\int_0^{\frac{1}{4}}f(x)\mathrm{d}x=$ ________.

【解】 $\frac{3}{4}$. 由幂级数的逐项积分公式有

$$\int_0^{\frac{1}{4}}f(x)\mathrm{d}x=\sum_{n=1}^{\infty}\int_0^{\frac{1}{4}}(n+1)3^n x^n\mathrm{d}x=\frac{1}{4}\sum_{n=1}^{\infty}\left(\frac{3}{4}\right)^n=\frac{3}{4}.$$

【例 27*】 设 $f(x)$ 是周期为 2 的周期函数，它在区间 $(-1,1]$ 上定义为 $f(x)=\begin{cases}2, & -1<x\leqslant 0,\\ x^3, & 0<x\leqslant 1,\end{cases}$ 则 $f(x)$ 的傅里叶级数在 $x=1$ 处收敛于________.

【解】 $\frac{3}{2}$. 根据收敛定理，$f(x)$ 的傅里叶级数在 $x=1$ 处收敛于 $\frac{1}{2}[f(1^-)+f(-1^+)]=\frac{3}{2}$.

【例 28】 设有级数 $\sum_{n=1}^{\infty}a_n$，$s_n=\sum_{k=1}^{n}a_k$，则 s_n 有界是级数 $\sum_{n=1}^{\infty}a_n$ 收敛的（　　）.

(A) 充分条件　　(B) 必要条件

(C) 充分必要条件　　(D) 既非充分条件也非必要条件

【解】 选择 (B). 由级数收敛的概念知：$\sum_{n=1}^{\infty}a_n$ 收敛 $\Leftrightarrow$ 部分和数列 $\{s_n\}$ 有极限. 由数列的收敛性与有界性的关系知：$\{s_n\}$ 有极限 $\Rightarrow s_n$ 有界，但 s_n 有界 $\not\Rightarrow\{s_n\}$ 有极限，因此选择 (B).

注意　部分和数列 $\{s_n\}$ 有界是正项级数收敛的充分必要条件.

【例 29】 下面结论中正确的是（　　）.

(A) 若 $\sum_{n=1}^{\infty}u_n$ 和 $\sum_{n=1}^{\infty}v_n$ 都收敛，则 $\sum_{n=1}^{\infty}(u_n+v_n)$ 收敛

(B) 若 $\sum_{n=1}^{\infty}(u_n+v_n)$ 收敛，则 $\sum_{n=1}^{\infty}u_n$ 和 $\sum_{n=1}^{\infty}v_n$ 都收敛

(C) 若 $\sum_{n=1}^{\infty}u_n$ 和 $\sum_{n=1}^{\infty}v_n$ 都发散，则 $\sum_{n=1}^{\infty}(u_n+v_n)$ 发散

(D) 若 $\sum_{n=1}^{\infty}(u_n+v_n)$ 发散，则 $\sum_{n=1}^{\infty}u_n$ 和 $\sum_{n=1}^{\infty}v_n$ 都发散

【解】 选择 (A). 由收敛级数的基本性质可知 (A) 正确. 取 $u_n=\frac{1}{n}$，$v_n=-\frac{1}{n}$，则级数 $\sum_{n=1}^{\infty}(u_n+v_n)$ 收敛，但 $\sum_{n=1}^{\infty}u_n$ 和 $\sum_{n=1}^{\infty}v_n$ 都发散，因此 (B)，(C) 不正确；取 $u_n=\frac{1}{n^2}$，$v_n=\frac{1}{n}$，则级数 $\sum_{n=1}^{\infty}(u_n+v_n)$ 发散，但 $\sum_{n=1}^{\infty}u_n$ 收敛，$\sum_{n=1}^{\infty}v_n$ 发散，因此 (D) 不正确.

【例 30】 (2006 年考研题)若级数 $\sum_{n=1}^{\infty}a_n$ 收敛，则级数（　　）.

(A) $\sum_{n=1}^{\infty}|a_n|$ 收敛　　(B) $\sum_{n=1}^{\infty}(-1)^n a_n$ 收敛

(C) $\sum_{n=1}^{\infty}a_n a_{n+1}$ 收敛　　(D) $\sum_{n=1}^{\infty}\frac{a_n+a_{n+1}}{2}$ 收敛

【解】 选择 (D)．取 $a_n=\dfrac{(-1)^n}{\sqrt{n}}$，则 $\sum\limits_{n=1}^{\infty}a_n=\sum\limits_{n=1}^{\infty}\dfrac{(-1)^n}{\sqrt{n}}$ 收敛，但 $\sum\limits_{n=1}^{\infty}|a_n|=\sum\limits_{n=1}^{\infty}(-1)^n a_n=\sum\limits_{n=1}^{\infty}\dfrac{1}{\sqrt{n}}$ 发散，故 (A)，(B) 不正确，$\sum\limits_{n=1}^{\infty}a_n a_{n+1}=-\sum\limits_{n=1}^{\infty}\dfrac{1}{\sqrt{n(n+1)}}$ 发散，故 (C) 不正确，从而选择 (D)．

【例 31】 级数 $\sum\limits_{n=1}^{\infty}\dfrac{(-1)^{n+1}}{n^p}(p>0)$ 的敛散性是（　　）．

(A) $p>1$ 时绝对收敛，$p\leqslant 1$ 时条件收敛　(B) $p<1$ 时绝对收敛，$p\geqslant 1$ 时条件收敛

(C) $p>1$ 时收敛，$p\leqslant 1$ 时发散　(D) 对任何 $p>0$ 时绝对收敛

【解】 由 p 级数的敛散性易知 (A) 为正确答案．

【例 32】 幂级数 $\sum\limits_{n=1}^{\infty}a_n(x-3)^n$ 在 $x=1$ 处收敛，则此级数在 $x=2$ 处（　　）．

(A) 条件收敛　(B) 绝对收敛　(C) 发散　(D) 收敛性不能确定

【解】 选择 (B)．令 $t=x-3$，由 $\sum\limits_{n=1}^{\infty}a_n(x-3)^n$ 在 $x=1$ 处收敛可知级数 $\sum\limits_{n=1}^{\infty}a_n t^n$ 在 $t=-2$ 处收敛，因此 $\sum\limits_{n=1}^{\infty}a_n t^n$ 的收敛半径 $R\geqslant 2$．$x=2$ 时，$t=-1\in(-R,R)$，故由阿贝尔定理知 $\sum\limits_{n=1}^{\infty}a_n t^n$ 在 $t=-1$ 即 $\sum\limits_{n=1}^{\infty}a_n(x-3)^n$ 在 $x=2$ 处绝对收敛．

【例 33*】 函数 $f(x)=\begin{cases}\cos\dfrac{\pi x}{l}, & 0\leqslant x\leqslant\dfrac{l}{2},\\ 0, & \dfrac{l}{2}<x<l\end{cases}$ 展成余弦级数时，应对 $f(x)$ 进行（　　）．

(A) 周期为 $2l$ 的延拓　(B) 周期为 $2l$ 的偶延拓

(C) 周期为 l 的延拓　(D) 周期为 $2l$ 的奇延拓

【解】 选择 (B)．(A) 未指明奇延拓还是偶延拓；展成余弦级数时，应将函数进行偶延拓．

三、强化练习题

☆ A 题 ☆

1. 填空题

(1) 对级数 $\sum\limits_{n=1}^{\infty}u_n$，$\lim\limits_{n\to\infty}u_n=0$ 是它收敛的________条件，$\sum\limits_{n=1}^{\infty}u_n$ 收敛是 $\lim\limits_{n\to\infty}u_n=0$ 的________条件．

(2) 已知 $\{s_n\}$ 为级数 $\sum\limits_{n=1}^{\infty}u_n$ 的部分和数列，且 $\lim\limits_{n\to\infty}s_n=6$，则 $\sum\limits_{n=1}^{\infty}\dfrac{2u_n}{3}=$________．

(3) 正项级数 $\sum\limits_{n=1}^{\infty}u_n$ 收敛是其部分和数列 $\{s_n\}$ 有界的________条件．

(4) 级数 $\sum\limits_{n=1}^{\infty}3^{n-1}x^{2n-1}$ 的收敛区间是________．

(5) 级数 $\sum\limits_{n=1}^{\infty}\dfrac{3}{n(n+2)}$ 的和是________.

(6) 将函数 $f(x)=\dfrac{1}{1+x}$ 展开成 $(x-1)$ 的幂级数时，其收敛域是________.

(7) 函数 $f(x)=\ln(1+x^2)$ 的麦克劳林展开式为________.

(8) 将 $f(x)=2x+1\ (0\leqslant x\leqslant\pi)$ 展开成余弦级数时，$a_0=$ ________.

(9) 将函数 $f(x)=\begin{cases}0, & -\pi\leqslant x<0,\\ 2x+3, & 0\leqslant x\leqslant\pi\end{cases}$ 展开成傅里叶级数，则该级数在 $x=2$ 处收敛于________.

2. 选择题

(1) 交错级数 $\sum\limits_{n=1}^{\infty}(-1)^n u_n\ (u_n>0, n=1,2,\cdots)$ 收敛的充要条件是（　　）.

(A) $u_n>u_{n+1}$　　(B) 级数 $\sum\limits_{n=1}^{\infty}u_n$ 收敛

(C) 部分和数列 $\{s_n\}$ 极限存在　　(D) $\lim\limits_{n\to\infty}u_n=0$

(2) 若级数 $\sum\limits_{n=0}^{\infty}a_n^2$ 收敛，则级数 $\sum\limits_{n=0}^{\infty}a_n$（　　）

(A) 发散　　(B) 条件收敛

(C) 绝对收敛　　(D) 可能收敛也可能发散

(3) 设 $\sum\limits_{n=1}^{\infty}u_n$ 为常数项级数，下列结论中正确的是（　　）.

(A) $\lim\limits_{n\to\infty}\left|\dfrac{u_{n+1}}{u_n}\right|=l,\ l<1$，级数条件收敛　　(B) $\lim\limits_{n\to\infty}\dfrac{u_{n+1}}{u_n}=l,\ l=1$，级数发散

(C) $\lim\limits_{n\to\infty}\left|\dfrac{u_{n+1}}{u_n}\right|=l,\ l<1$，级数绝对收敛　　(D) $\lim\limits_{n\to\infty}\dfrac{u_{n+1}}{u_n}=l,\ l<1$，级数绝对收敛

(4) 下列级数中，只是条件收敛的是（　　）.

(A) $\sum\limits_{n=1}^{\infty}(-1)^n\dfrac{1}{\sqrt{n+1}}$　　(B) $\sum\limits_{n=1}^{\infty}(-1)^n\dfrac{n}{n+1}$　　(C) $\sum\limits_{n=1}^{\infty}(-1)^{n-1}\dfrac{1}{n^2}$　　(D) $\sum\limits_{n=1}^{\infty}(-1)^n\dfrac{1}{n^3}$

(5) 下列级数中收敛的是（　　）.

(A) $\left(1+\dfrac{1}{2}\right)+\left(\dfrac{1}{2}+\dfrac{1}{2^2}\right)+\cdots+\left(\dfrac{1}{n}+\dfrac{1}{2^n}\right)+\cdots$

(B) $1+2+3+\cdots+100+\dfrac{1}{3}+\dfrac{1}{3^2}+\cdots+\dfrac{1}{3^n}+\cdots$

(C) $1+\dfrac{1}{2}+\dfrac{1}{2^2}+\cdots+\dfrac{1}{2^{100}}+1+\dfrac{1}{2}+\dfrac{1}{3}+\cdots+\dfrac{1}{n}+\cdots$

(D) $\left(1+\dfrac{1}{2}+\dfrac{1}{3}+\cdots+\dfrac{1}{n}+\cdots\right)+\left(1+\dfrac{1}{2}+\dfrac{1}{2^2}+\cdots+\dfrac{1}{2^n}+\cdots\right)$

(6)（2004 年考研题）设有下列命题：

① 若 $\sum\limits_{n=1}^{\infty}(u_{2n-1}+u_{2n})$ 收敛，则 $\sum\limits_{n=1}^{\infty}u_n$ 收敛；　　② 若 $\sum\limits_{n=1}^{\infty}u_n$ 收敛，则 $\sum\limits_{n=1}^{\infty}u_{n+1000}$ 收敛；

③ 若 $\lim\limits_{n\to\infty}\dfrac{u_{n+1}}{u_n}>1$，则 $\sum\limits_{n=1}^{\infty}u_n$ 发散；　　④ 若 $\sum\limits_{n=1}^{\infty}(u_n+v_n)$ 收敛，则 $\sum\limits_{n=1}^{\infty}u_n$，$\sum\limits_{n=1}^{\infty}v_n$ 都收敛.

则以上命题中正确的是（　　）.

(A) ①，②　　(B) ②，③　　(C) ③，④　　(D) ①，④.

(7) 已知级数 $\sum_{n=0}^{\infty}\frac{a^n-b^n}{a^n+b^n}x^n(0<a<b)$，则其收敛半径是（　　）.

(A) b　　(B) $\frac{1}{a}$　　(C) $\frac{1}{b}$　　(D) 与 a,b 的值无关

(8) 幂级数 $\sum_{n=1}^{\infty}(-1)^n x^{2n}$ 当 $|x|<1$ 时，收敛于（　　）.

(A) $\frac{1}{1+x^2}$　　(B) $\frac{-x^2}{1+x^2}$　　(C) $\frac{-x}{1+x}$　　(D) $\frac{1}{1+x}$.

(9) 若级数 $\sum_{n=0}^{\infty}a_n x^n$ 的收敛域是 $[-R,R)$，则级数 $\sum_{n=0}^{\infty}a_n x^{2n+1}$ 的收敛域是（　　）.

(A) $(-\sqrt{R},\sqrt{R})$　　(B) $(-\sqrt{R},\sqrt{R}]$　　(C) $[-\sqrt{R},\sqrt{R})$　　(D) $[-\sqrt{R},\sqrt{R}]$

3. 计算题

(1) 判别下列级数的敛散性.

① $\sum_{n=1}^{\infty}\frac{(-1)^{n+1}}{\pi^{n+1}}\sin\frac{\pi}{n+1}$；　② $\sum_{n=1}^{\infty}\frac{(-1)^{n-1}}{3}\cdot\frac{1}{4^{n-1}}$；　③ $\sum_{n=1}^{\infty}\frac{3^n n^n}{n!}$；

④ $\sum_{n=1}^{\infty}\frac{(n!)^2}{2n^2}$；　⑤ $\sum_{n=1}^{\infty}\frac{n+1}{n(n+10)}$；　⑥ $\sum_{n=1}^{\infty}\left(\frac{n}{3n-1}\right)^{2n-1}$；

⑦ $\sum_{n=1}^{\infty}(-1)^{n-1}\frac{n\cos^2\frac{n\pi}{3}}{2^n}$；　⑧ $\sum_{n=1}^{\infty}\frac{n!}{10^n}$.

(2) 求下列幂级数的收敛域.

① $\sum_{n=1}^{\infty}\frac{2^n}{n^2+1}x^n$；　② $\sum_{n=1}^{\infty}\frac{2n-1}{2^n}x^{2n-2}$；　③ $\sum_{n=1}^{\infty}\frac{(x-3)^n}{\sqrt{n}}$；

④ $\sum_{n=1}^{\infty}\sqrt{n}3^{\frac{n}{2}}x^{2n-1}$；　⑤ $\sum_{n=1}^{\infty}\frac{x^n}{n\cdot 3^n}$；　⑥ $\sum_{n=1}^{\infty}(-1)^{n+1}\frac{(x-2)^n}{(2n+1)\cdot 3^n}$.

(3) 将函数 $f(x)=\frac{1}{x^2-2x-3}$ 展开成 x 的幂级数.

(4) 将函数 $f(x)=\frac{1}{x^2+3x+2}$ 展开成 $(x+4)$ 的幂级数.

(5) 求幂级数 $\sum_{n=1}^{\infty}\frac{x^{4n+1}}{4n+1}$ 的收敛域，并求其和函数.

(6*) 将函数 $f(x)=x^2$，$x\in[-\pi,\pi]$ 展开成傅里叶级数.

☆ B　题 ☆

1. 填空题

(1) 若级数 $\sum_{n=1}^{\infty}(u_n-2)$ 收敛，则 $\lim_{n\to\infty}u_n=$________.

(2) 级数 $\sum_{n=1}^{\infty}\frac{1}{1+a^n}$ 收敛的充分必要条件是________.

(3) 如果级数 $\sum_{n=1}^{\infty}u_n$ 绝对收敛，则级数 $\sum_{n=1}^{\infty}u_n$ 必定________；如果级数 $\sum_{n=1}^{\infty}u_n$ 条件收

敛，则级数 $\sum_{n=1}^{\infty}|u_n|$ 必定________；如果级数 $\sum_{n=1}^{\infty}u_n$ 发散，则级数 $\sum_{n=1}^{\infty}|u_n|$ 必定________.（填收敛或发散）

(4)（2009年考研题）幂级数 $\sum_{n=1}^{\infty}\frac{e^n-(-1)^n}{n^2}x^n$ 的收敛半径为________.

(5) 已知级数 $\sum_{n=1}^{\infty}(-1)^{n-1}u_n=2,\sum_{n=1}^{\infty}u_{2n-1}=5$，则级数 $\sum_{n=1}^{\infty}u_n$ 的和是________.

(6) 极限 $\lim\limits_{n\to\infty}\frac{2^n n!}{n^n}=$ ________.

(7)（2008年考研题）已知幂级数 $\sum_{n=0}^{\infty}a_n(x+2)^n$ 在 $x=0$ 处收敛，在 $x=-4$ 处发散，则幂级数 $\sum_{n=0}^{\infty}a_n(x-3)^n$ 的收敛域为________.

(8*)（2003年考研题）设 $x^2=\sum_{n=0}^{\infty}a_n\cos nx\ (-\pi\leqslant x\leqslant\pi)$，则 $a_2=$ ________.

(9*) 设 $f(x)=\begin{cases}-2, & -\pi\leqslant x<0,\\ x, & 0<x<\pi,\end{cases}$ 且 $f(x)$ 在 $[-\pi,\pi]$ 上的傅里叶级数的和函数为 $s(x)$，则 $s(\pi)+s(\frac{\pi}{4})=$ ________.

2. 选择题

(1)（2005年考研题）设 $a_n>0,n=1,2,\cdots$，若 $\sum_{n=1}^{\infty}a_n$ 发散，$\sum_{n=1}^{\infty}(-1)^{n-1}a_n$ 收敛，则下列结论正确的是（　　）.

(A) $\sum_{n=1}^{\infty}a_{2n-1}$ 收敛，$\sum_{n=1}^{\infty}a_{2n}$ 发散　　(B) $\sum_{n=1}^{\infty}a_{2n}$ 收敛，$\sum_{n=1}^{\infty}a_{2n-1}$ 发散

(C) $\sum_{n=1}^{\infty}(a_{2n-1}+a_{2n})$ 收敛　　(D) $\sum_{n=1}^{\infty}(a_{2n-1}-a_{2n})$ 收敛

(2)（2009年考研题）设有两个数列 $\{a_n\},\{b_n\}$，若 $\lim\limits_{n\to\infty}a_n=0$，则（　　）.

(A) 当 $\sum_{n=1}^{\infty}b_n$ 收敛时，$\sum_{n=1}^{\infty}a_nb_n$ 收敛　　(B) 当 $\sum_{n=1}^{\infty}b_n$ 发散时，$\sum_{n=1}^{\infty}a_nb_n$ 发散

(C) 当 $\sum_{n=1}^{\infty}|b_n|$ 收敛时，$\sum_{n=1}^{\infty}a_n^2b_n^2$ 收敛　　(D) 当 $\sum_{n=1}^{\infty}|b_n|$ 发散时，$\sum_{n=1}^{\infty}a_n^2b_n^2$ 发散

(3) 设常数 $k>0$，则级数 $\sum_{n=1}^{\infty}(-1)^n\frac{k+n}{n^2}$（　　）.

(A) 条件收敛　　(B) 绝对收敛　　(C) 发散　　(D) 收敛或发散与 k 的值有关.

(4)（2004年考研题）设 $\sum_{n=1}^{\infty}a_n$ 为正项级数，下列结论中正确的是（　　）.

(A) 若 $\lim\limits_{n\to\infty}na_n=0$，则级数 $\sum_{n=1}^{\infty}a_n$ 收敛

(B) 若存在非零常数 λ，使得 $\lim\limits_{n\to\infty} na_n = \lambda$，则级数 $\sum\limits_{n=1}^{\infty} a_n$ 发散

(C) 若级数 $\sum\limits_{n=1}^{\infty} a_n$ 收敛，则 $\lim\limits_{n\to\infty} n^2 a_n = 0$

(D) 若级数 $\sum\limits_{n=1}^{\infty} a_n$ 发散，则存在非零常数 λ，使得 $\lim\limits_{n\to\infty} na_n = \lambda$

(5) (2002 年考研题) 设幂级数 $\sum\limits_{n=1}^{\infty} a_n x^n$ 与 $\sum\limits_{n=1}^{\infty} b_n x^n$ 的收敛半径分别为 $\frac{\sqrt{5}}{3}$ 与 $\frac{1}{3}$，则幂级数 $\sum\limits_{n=1}^{\infty} \frac{a_n^2}{b_n^2} x^n$ 的收敛半径为（　　）.

(A) 5　　(B) $\frac{\sqrt{5}}{3}$　　(C) $\frac{1}{3}$　　(D) $\frac{1}{5}$

(6) 幂级数 $\sum\limits_{n=1}^{\infty} a_n (x-1)^n$ 在 $x=-3$ 处条件收敛，则其收敛半径 R 为（　　）.

(A) 4　　(B) 3　　(C) 5　　(D) 2

(7) (2002 年考研题) 设 $u_n \neq 0$，且 $\lim\limits_{n\to\infty} \frac{n}{u_n} = 1$，则级数 $\sum\limits_{n=1}^{\infty} (-1)^{n+1} \left(\frac{1}{u_n} + \frac{1}{u_{n+1}}\right)$（　　）.

(A) 发散　　(B) 绝对收敛　　(C) 条件收敛　　(D) 收敛性不能判定

(8) 幂级数 $\sum\limits_{n=1}^{\infty} nx^{n-1}$ 在 $(-1,1)$ 上的和函数为（　　）.

(A) $\frac{x}{1-x}$　　(B) $\frac{1}{(1-x)^2}$　　(C) $\frac{x}{(1-x)^2}$　　(D) $\frac{-1}{(1-x)^2}$

3. 计算题

(1) 判别下列级数的敛散性.

① $\sum\limits_{n=1}^{\infty} \int_0^{\frac{1}{2n}} \frac{x}{1+x^2} dx$；　　② $\sum\limits_{n=1}^{\infty} (-1)^{n-1} \ln \frac{n+2}{n}$；

③ $\sum\limits_{n=1}^{\infty} (-1)^n (\sqrt{n+2} - \sqrt{n})$；　　④ $\sum\limits_{n=1}^{\infty} (-1)^n \frac{\ln(n+1)}{n+1}$.

(2) 求下列幂级数的收敛域.

① $\sum\limits_{n=1}^{\infty} \frac{3^n + 2^n}{n} x^n$；　　② $\sum\limits_{n=1}^{\infty} \left(1+\frac{1}{n}\right)^{n^2} x^n$.

(3) 求幂级数 $\sum\limits_{n=1}^{\infty} 2nx^n$ 的和函数，并求级数 $\sum\limits_{n=1}^{\infty} \frac{2n}{3^n}$ 的和.

(4) (2001 年考研题) 设 $f(x) = \begin{cases} \frac{1+x^2}{x} \arctan x, & x \neq 0, \\ 1, & x = 0, \end{cases}$ 将 $f(x)$ 展开成 x 的幂级数，并求级数 $\sum\limits_{n=1}^{\infty} \frac{(-1)^n}{1-4n^2}$ 的和.

(5) 将函数 $f(x) = (x-2)^3 \ln x$ 展开成 $(x-2)$ 的幂级数.

(6) 将函数 $f(x) = \begin{cases} e^x, & -\pi \leqslant x < 0, \\ 1, & 0 \leqslant x \leqslant \pi \end{cases}$ 展开成傅里叶级数，并指出级数所收敛的和函数.

(7) 将函数 $f(x) = x$ $(0 \leqslant x \leqslant \pi)$ 展开成正弦级数.

自测题

自测题（一）

1. 填空题

(1) $\lim\limits_{x \to 0} \dfrac{\int_0^{x^2} t^{\frac{3}{2}} \mathrm{d}t}{\int_0^x t(t - \sin t)\mathrm{d}t} =$ ________.

(2) 设 $f'(0) = a, g'(0) = b$，且 $f(0) = g(0)$，则 $\lim\limits_{x \to 0} \dfrac{f(x) - g(x)}{x} =$ ________.

(3) 设曲线 $y = ax^3 + bx^2 + 1$ 的拐点为 $(1,3)$，则 $a =$ ________，$b =$ ________.

(4) 定积分 $\int_{-1}^{1} (\sin x^3 + x^2) \sqrt{1 - x^2} \mathrm{d}x =$ ________.

(5) 反常积分 $\int_1^{+\infty} \dfrac{1 + 2x^2}{x^2(1 + x^2)} \mathrm{d}x$ 的收敛性是________.

2. 选择题

(1) 设函数 $f(x) = \begin{cases} \dfrac{\mathrm{e}^{2x} - 1}{kx}, & x > 0, \\ 1 - x, & x \leqslant 0 \end{cases}$ 在 $x = 0$ 处连续，则 $k =$（　　）.

(A) -1　　(B) 1　　(C) -2　　(D) 2

(2) $x \to 0$ 时，与 x 等价的无穷小量是（　　）

(A) $1 - \mathrm{e}^x$　　(B) $\ln \frac{1+x^2}{1-x}$

(C) $\sqrt{1 + x} - 1$　　(D) $1 - \cos x$

(3) 不定积分 $\int x f''(x) \mathrm{d}x =$（　　）

(A) $xf''(x) - xf'(x) - f(x) + C$　　(B) $xf(x) - \int f(x) \mathrm{d}x$

(C) $xf'(x) - f(x) + C$　　(D) $xf'(x) + f(x) + C$

(4) 在 $\left[-\dfrac{\pi}{2}, \dfrac{\pi}{2}\right]$ 上的曲线 $y = \sin x$ 与 x 轴围成平面图形的面积为（　　）

(A) $\int_{-\frac{\pi}{2}}^{\frac{\pi}{2}} \sin x \mathrm{d}x$　　(B) $\int_0^{\frac{\pi}{2}} \sin x \mathrm{d}x$　　(C) 0　　(D) $\int_{-\frac{\pi}{2}}^{\frac{\pi}{2}} |\sin x| \mathrm{d}x$

(5) 下列方程可化为变量分离方程的是（　　）.

(A) $(x + y)\mathrm{d}x = y^2 \mathrm{d}y$　　(B) $x(y\mathrm{d}x - \mathrm{d}y) = y\mathrm{d}x$

(C) $x^2 \mathrm{d}y + y\mathrm{d}x = (1 + x)\mathrm{d}x$　　(D) $x(\mathrm{d}x + \mathrm{d}y) = y(\mathrm{d}x - \mathrm{d}y)$

3. 计算题

(1) 求极限 $\lim\limits_{x \to 0} \dfrac{1 - \cos x^2}{x^3 \sin x}$.

(2) 设函数 $y = y(x)$ 是由方程 $y = 1 + x\sin y$ 所确定的隐函数，求 $\left.\frac{dy}{dx}\right|_{x=0}$.

(3) 求定积分 $\int_0^1 \frac{1}{1+e^x}dx$.

(4) 已知连续函数 $f(x)$ 满足关系式 $f(x) = \int_0^{3x} f(\frac{t}{3})dt + e^{2x}$ ，求 $f(x)$.

(5) 设参数方程 $\begin{cases} x = 2te^t + 1, \\ y = t^3 - 3t \end{cases}$ 确定了函数 $y = y(x)$ ，求 $\left.\frac{d^2y}{dx^2}\right|_{t=0}$.

(6) 求不定积分 $\int \frac{\cos x + \sin x}{\sin x - \cos x}dx$.

(7) 设 $f(x) = \begin{cases} x^2, 0 \leqslant x < 1, \\ x, 1 \leqslant x \leqslant 2, \end{cases}$ 求 $G(x) = \int_0^x f(t)dt$ 在 $[0,2]$ 上的表达式.

(8) 求微分方程 $2y'' + y' - y = 2e^x$ 的通解.

4. 应用题

(1) 某工厂生产 q 台电视机的成本是 $C = 5000 + 250q - 0.01q^2$ ，销售收入为 $R = 400q - 0.02q^2$ ，假设生产的电视机全部都能售出，问生产多少台时利润最大?

(2) 由曲线 $y = x^2$ 与直线 $x = 1$ ，以及 x 轴所围成的图形分别绕 x 轴，y 轴旋转，计算所得旋转体的体积.

5. 证明题

当 $x > 0$ 时，证明不等式：$1 - \cos x < \frac{x^2}{2}$.

自测题（二）

1. 选择题

(1) 设 $f(x)$ 在 x_0 点可导，则 $\lim\limits_{h \to 0} \frac{f(x_0 + h) - f(x_0)}{h}$ (　　).

(A) 与 x_0 ，h 都有关　　(B) 仅与 x_0 有关，与 h 无关

(C) 仅与 h 有关，与 x_0 无关　　(D) 与 x_0 ，h 都无关

(2) 点 $x = 0$ 是函数 $f(x) = \begin{cases} e^{\frac{1}{x-1}}, & x > 0, \\ \ln(1+x), & -1 < x \leqslant 0 \end{cases}$ 的 (　　).

(A) 连续点　　(B) 跳跃间断点　　(C) 可去间断点　　(D) 第二类间断点

(3) 设 $f(x)$ 有连续的二阶导数，且 $f(0) = 0, f'(0) = 1, f''(0) = -2$ ，则 $\lim\limits_{x \to 0} \frac{f(x) - x}{x^2} =$ (　　).

(A) -1　　(B) 0　　(C) -2　　(D) 不存在

(4) 若函数 $f(x)$ 的一个原函数是 e^{-x} ，则 $\int \frac{f(\ln x)}{x}dx =$ (　　).

(A) $\ln\ln x + C$　　(B) $\frac{1}{2}\ln^2 x + C$　　(C) $x + C$　　(D) $\frac{1}{x} + C$

(5) 曲线 $\rho = a(1 - \cos\theta)$ $(a > 0)$ 相应于 $0 \leqslant \theta \leqslant 2\pi$ 一段的弧长是 (　　).

(A) $\int_0^{\pi} a\sqrt{2(1-\cos\theta)}\,d\theta$　　(B) $2\int_0^{\pi} a\sqrt{2(1-\cos\theta)}\,d\theta$

(C) $\int_0^{2\pi} a\sqrt{(1-\cos\theta)}\,\mathrm{d}\theta$　　(D) $2\int_0^{\pi} a\sqrt{(1-\cos\theta)}\,\mathrm{d}\theta$

2. 填空题

(1) 已知 $\lim\limits_{x\to\infty}\left(\frac{x-2a}{x-a}\right)^x=8$，则 $a=$__________.

(2) 函数 $y=x^3-3x^2+6x-2$ 在 $[-1,1]$ 上的最大值为__________.

(3) 定积分 $\int_{-2}^{2}\frac{x-3}{\sqrt{8-x^2}}\,\mathrm{d}x=$__________.

(4) 无穷限反常积分 $\int_1^{+\infty}\frac{x}{(1+x)^3}\,\mathrm{d}x$ 的收敛性是__________（收敛、发散）.

(5) 微分方程 $y''-2y'+y=x\mathrm{e}^x$ 的特解 $y^*=$__________.

3. 计算题

(1) 求极限 $\lim\limits_{x\to0}\frac{\int_0^x t^2\mathrm{e}^{t^2}\,\mathrm{d}t}{x\mathrm{e}^{x^2}}$.

(2) 设函数 $y=y(x)$ 是由方程 $xy^2+\mathrm{e}^y=\cos(x+y^2)$ 所确定的隐函数，求 $\frac{\mathrm{d}y}{\mathrm{d}x}$.

(3) 求参数方程 $\begin{cases}x=\sin t,\\ y=\sin(t+\sin t)\end{cases}$ 在 $t=0$ 处的切线方程和法线方程.

(4) 求不定积分 $\int\frac{\sin x}{1+\sin x}\,\mathrm{d}x$.

(5) 设函数 $f(x)=\begin{cases}x\mathrm{e}^{x^2}, & x\geqslant0,\\ \frac{1}{1+\cos x}, & -1<x<0,\end{cases}$ 求定积分 $\int_1^4 f(x-2)\,\mathrm{d}x$.

(6) 设函数 $g(x)$ 在 $(-\infty,+\infty)$ 上连续，且 $\int_0^1 g(x)\,\mathrm{d}x=2$，若 $f(x)=\frac{1}{2}\int_0^x(x-t)^2g(t)\,\mathrm{d}t$，计算 $f''(1)$.

4. 应用题

(1) 某个宾馆有150间客房，通过一段时间的经营管理，经理得出一些数据：如果每个房间定价为160元，则住房率为55%；如果每个房间定价为140元，则住房率为65%；如果每个房间定价为120元，则住房率为75%；如果每个房间定价为100元，则住房率为85%. 如果想使得每天收入最高，那么每个房间定价应为多少？

(2) 求由抛物线 $x=1-2y^2$ 与直线 $y=x$ 所围成平面图形的面积.

5. 证明题

当 $x>0$ 时，证明不等式：$x<\mathrm{e}^x-1<x\mathrm{e}^x$.

自测题（三）

1. 填空题

(1) 设函数 $f(x,y)=x^2+(y-2)\arcsin\sqrt{\frac{x}{y}}$，则 $f_x(1,2)=$__________.

(2) 平面 $x-y+z=2$ 与曲面 $z=x^2+y^2$ 在点 $(1,1,2)$ 处的切线的方向向量为__________.

(3) 交换二重积分次序，$\int_0^1 dx\int_0^x f(x,y)dy + \int_1^2 dx\int_0^{2-x} f(x,y)dy =$ ______.

(4) 设曲线 L 为 $x^2+y^2=1$ 上从 $A(1,0)$ 到 $B(-1,0)$，则 $\int_L e^{y^2}dy =$ ______.

(5) 设函数 $f(x)$ 是周期为 2 的周期函数，它在区间 $(-1,1]$ 上的定义为 $f(x)=\begin{cases}2, & -1<x\leqslant 0,\\ x^3, & 0<x\leqslant 1,\end{cases}$ 则 $f(x)$ 的傅里叶级数在 $x=1$ 处收敛于______.

2. 选择题

(1) 设 $\boldsymbol{a},\boldsymbol{b}$ 为非零向量，且 $\boldsymbol{a}\perp\boldsymbol{b}$，则（ ）.

(A) $|\boldsymbol{a}+\boldsymbol{b}|=|\boldsymbol{a}|+|\boldsymbol{b}|$　　(B) $|\boldsymbol{a}+\boldsymbol{b}|=|\boldsymbol{a}-\boldsymbol{b}|$

(C) $|\boldsymbol{a}-\boldsymbol{b}|=|\boldsymbol{a}|-|\boldsymbol{b}|$　　(D) $\boldsymbol{a}+\boldsymbol{b}=\boldsymbol{a}-\boldsymbol{b}$

(2) 函数 $z=f(x,y)$ 在点 $p(x_0,y_0)$ 处可微，则它在点 $p(x_0,y_0)$ 处以下结论不正确的是（ ）.

(A) 极限存在　(B) 连续　(C) 偏导数存在　(D) 偏导数连续

(3) 设 $f(x)$ 为连续函数，$F(t)=\int_1^t dy\int_y^t f(x)dx$，则 $F'(2)=$（ ）.

(A) $f(2)$　(B) $2f(2)$　(C) $-f(2)$　(D) 0

(4) 设 Σ 为锥面 $z=\sqrt{x^2+y^2}$ 在柱体 $x^2+y^2\leqslant 2x$ 的内部，则曲面积分 $\iint\limits_{\Sigma} z\,dS$ 为（ ）.

(A) $\frac{16}{9}\sqrt{2}$　(B) $\frac{64}{9}\sqrt{2}$　(C) $\frac{32}{9}\sqrt{2}$　(D) $\sqrt{2}$

(5) 设级数 $\sum_{n=1}^{\infty}(-1)^n a_n 2^n$ 收敛，则 $\sum_{n=1}^{\infty}a_n$（ ）.

(A) 发散　(B) 绝对收敛　(C) 条件收敛　(D) 敛散性不确定

3. 计算题

(1) 求极限 $\lim\limits_{(x,y)\to(0,0)}\frac{e^{x^2+y^2}-1}{\sin(x^2+y^2)}$.

(2) 设函数 $z=z(x,y)$ 是由方程 $\frac{x}{z}=\ln\left(\frac{z}{y}\right)$ 所确定，求此函数的全微分 dz.

(3) 计算曲面积分 $\iint\limits_{\Sigma}(x^2+2y^2+3z^2)dS$，其中 Σ 为球面 $x^2+y^2+z^2=a^2$.

(4) 求幂级数 $\sum_{n=0}^{\infty}\frac{3^n}{n+2}x^n$ 的收敛域.

(5) 设有函数 $u=z\sqrt{x^2-y^2}$ 和点 $A(5,4,-3)$，求函数 u 在点 A 沿什么方向的方向导数最大？最大值是多少？

(6) 设 $f(x,y)$ 为连续函数，且有 $f(x,y)=e^{-x^2}+y\iint\limits_{D}f(x,y)d\sigma$，其中 D 是由直线 $x=1$，$y=x$ 与 x 轴所围成，求函数 $f(x,y)$.

(7) 计算曲线积分 $\oint_L y\,dx - x\,dy$，其中 L 为圆周 $\frac{x^2}{a^2}+\frac{y^2}{b^2}=1$ 的正向边界曲线.

(8) 计算曲面积分 $\iint\limits_{\Sigma}y\,dydz - x\,dzdx + z^2\,dxdy$，其中 Σ 是锥面 $z=\sqrt{x^2+y^2}$ 上满足 $0\leqslant$

$x\leqslant 1,0\leqslant y\leqslant 1$ 部分的下侧.

4. 应用题

(1) 将函数 $f(x)=\dfrac{1}{x^2-3x-4}$ 展开成 $x-1$ 的幂级数.

(2) 求长、宽、高的倒数之和为常数 $\dfrac{1}{a}$ $(a>0)$，而体积最大的长方体的体积.

5. 证明题

设函数 $z=f(x-y,x+y)=x^2-y^2$，证明：$\dfrac{\partial f}{\partial x}+\dfrac{\partial f}{\partial y}=x+y$.

自测题（四）

1. 选择题

(1) 下列极限存在的是（　　）.

(A) $\lim\limits_{\substack{x\to 0\\ y\to 0}}\dfrac{x}{x+y}$　　(B) $\lim\limits_{\substack{x\to 0\\ y\to 0}}\dfrac{1}{x+y}$

(C) $\lim\limits_{\substack{x\to 0\\ y\to 0}}\dfrac{x^3y}{x^6+y^2}$　　(D) $\lim\limits_{\substack{x\to 0\\ y\to 0}}x\sin\dfrac{1}{x+y}$

(2) 已知两条直线 $\dfrac{x-4}{2}=\dfrac{y+1}{3}=\dfrac{z+2}{5}$ 和 $\dfrac{x+1}{-3}=\dfrac{y-1}{2}=\dfrac{z-3}{4}$，则它们是(　　).

(A) 两条相交的直线　　(B) 两条异面的直线

(C) 两条平行但不重合的直线　　(D) 两条重合的直线

(3) 设平面区域 D：$(x-2)^2+(y-1)^2\leqslant 1$，若 $I_1=\iint\limits_D(x+y)^2\mathrm{d}x\mathrm{d}y$，$I_2=\iint\limits_D(x+y)^3\mathrm{d}x\mathrm{d}y$，则 I_1,I_2 之间的大小顺序为（　　）.

(A) $I_1=I_2$　　(B) $I_1>I_2$　　(C) $I_1<I_2$　　(D) $I_1\geqslant I_2$

(4) 已知 $f(x,y)$ 是连续函数，且 $f(x,y)=xy+\iint\limits_D f(u,v)\mathrm{d}u\mathrm{d}v$，其中 D 由 $y=0,y=x^2,x=1$ 围成，则 $f(x,y)=$（　　）.

(A) xy　　(B) $xy+\dfrac{1}{8}$　　(C) $2xy$　　(D) $xy+1$

(5) 级数 $\sum\limits_{n=0}^{\infty}(-1)^n\dfrac{\ln n}{n}$ 是（　　）.

(A) 条件收敛　　(B) 绝对收敛　　(C) 发散　　(D) 可能收敛也可能发散

2. 填空题

(1) 函数 $z=\ln\sqrt{1+x^2+y^2}$ 在点 $(1,1)$ 处的微分 $\mathrm{d}z=$ ________.

(2) 设平面 $2x+3y-z=\lambda$ 是曲面 $z=2x^2+3y^2$ 在点 $(\dfrac{1}{2},\dfrac{1}{2},\dfrac{5}{4})$ 处的切平面，则 $\lambda=$ ________.

(3) 计算 $\int_0^1\mathrm{d}x\int_x^1 x^2\mathrm{e}^{-y^2}\mathrm{d}y=$ ________.

(4) 设 L 为椭圆 $\frac{x^2}{4}+\frac{y^2}{9}=1$，并将其周长记为 a，则第一类曲线积分 $\oint_L (9x^2+2xy+4y^2)\,\mathrm{d}s=$ ________.

(5) 设 $f(x)=x+1$，则它的以周期为 2 的余弦级数在 $x=-\frac{1}{2}$ 处收敛于________.

3. 计算题

(1) 求极限 $\lim\limits_{(x,y)\to(0,0)} \frac{\sqrt{x^2+y^2}-\sin\sqrt{x^2+y^2}}{(x^2+y^2)^{3/2}}$.

(2) 计算二重积分 $\iint\limits_D e^{\max\{x^2,y^2\}}\,\mathrm{d}x\mathrm{d}y$，其中 $D=\{(x,y)\mid 0\leqslant x\leqslant 1, 0\leqslant y\leqslant 1\}$.

(3) 计算三重积分 $\iiint\limits_\Omega (x+y+z)\,\mathrm{d}x\mathrm{d}y\mathrm{d}z$，其中 $\Omega: x^2+y^2+z^2\leqslant R^2, x\geqslant 0, y\geqslant 0, z\geqslant 0$.

(4) 求函数 $u=e^{xyz}+x^2+y^2$ 在点 $A(1,1,1)$ 处沿 $x=t, y=2t^2-1, z=t^3$ 在此点切线方向上的方向导数.

(5) 求 $\sum\limits_{n=1}^{\infty}(-1)^n\frac{(x-3)^n}{n^2}$ 的收敛域.

(6) 计算曲线积分 $I=\oint_L \sqrt{x^2+y^2}\,\mathrm{d}x+[5x+y\ln(x+\sqrt{x^2+y^2})]\mathrm{d}y$，其中 L 是圆周 $(x-1)^2+(y-1)^2=1$ 逆时针方向旋转一周的封闭曲线.

(7) 计算曲面积分 $\iint\limits_\Sigma x\,\mathrm{d}y\mathrm{d}z+y\,\mathrm{d}z\mathrm{d}x+(z^2-2z)\,\mathrm{d}x\mathrm{d}y$，其中 Σ 是曲面 $z=\sqrt{x^2+y^2}$ $(0\leqslant z\leqslant 1)$ 的外侧.

4. 应用题

(1) 将函数 $f(x)=\frac{1}{x^2+4x+3}$ 展开成 $(x+2)$ 的幂级数.

(2) 在所有对角线之长为 d 的长方体中，求体积最大的长方体的尺寸.

5. 证明题

设函数 $z=z(x,y)$ 由方程 $\Phi\left(x+\frac{z}{y}, y+\frac{z}{x}\right)=0$ 所确定，其中 $\Phi(u,v)$ 具有连续的一阶偏导数，证明：$x\frac{\partial z}{\partial x}+y\frac{\partial z}{\partial y}=z-xy$.

强化练习题参考答案与提示

第一章

☆ A 题 ☆

1. 填空题

（1）$(-2,-1)\cup(1,+\infty)$；（2）$2\cos^2 x$；（3）$|A|+1$；（4）2；（5）$\frac{4}{7}$；（6）1；（7）$e^{\frac{2}{3}}$；（8）2；（9）$a=3$；（10）$k=-2$；（11）第一类，可去；（12）$a=1$.

2. 选择题

（1）B；（2）D；（3）A；（4）B；（5）D；（6）C；（7）D；（8）C；（9）B；（10）C；（11）D；（12）B.

3. 计算题

（1）$\lim\limits_{n\to\infty}\frac{n}{\sqrt{n^2+n}+n}=\frac{1}{2}$.

（2）$\lim\limits_{n\to\infty}\ln\left(\frac{n+3}{n}\right)=\ln 1=0$.

（3）$\lim\limits_{x\to-2}\frac{x(x+1)(x+2)}{(x-3)(x+2)}=-\frac{2}{5}$；

（4）$\frac{2^{20}\times 3^{30}}{5^{50}}$（比较分子分母最高次幂系数）.

（5）$\lim\limits_{n\to\infty}x\frac{2^n}{x}\sin\frac{x}{2^n}=x$.

（6）$\lim\limits_{x\to\infty}\frac{\frac{1}{2x^2}}{\frac{1}{x^2}}=\frac{1}{2}$.

（7）$\lim\limits_{x\to\infty}\left\{\left(1+\frac{-1}{1+x}\right)^{-1-x}\right\}^{-1}=e^{-1}$.

（8）$\lim\limits_{x\to 0}(1+3x)^{\frac{1}{3x}\cdot\frac{2\cdot 3x}{\sin x}}=e^{6}$.

（9）$\lim\limits_{x\to 1}\frac{-(x-1)(x+2)}{(x-1)(x^2+x+1)}=-1$.

（10）$\lim\limits_{x\to 0}\frac{2\sin x\left(\sqrt{1+x}+\sqrt{1-x}\right)}{2x}=2$.

（11）$a=1, b=4$.

（12）$k=3$.

（13）$\lim\limits_{x\to 0}\frac{f(x)}{x^2}=2$.

（14）提示：参考精选题解析中的【例 19】.（15）提示：参考精选题解析中的【例 20】.

（16）$\lim\limits_{n\to\infty}\frac{x_{n+1}}{x_n}=a\lim\limits_{n\to\infty}\left(\frac{n}{n+1}\right)^n=a\lim\limits_{n\to\infty}\left(1+\frac{1}{n}\right)^{-n}=\frac{a}{e}$.

（17）$x=0$ 为第一类间断点，$x=\frac{(2k+1)\pi}{4}$（$k=0,\pm1,\cdots$）为无穷间断点.

（18）① a 为任意值，$b=1$ 时 $\lim\limits_{x\to 0}f(x)$ 存在；②当 $a=b=1$，$f(x)$ 在 $x=0$ 处连续.

4. 证明题

（1）提示：设 $f(x)=x2^x-1$，由零点定理得证.

（2）设 $F(x)=f(x)-x$，则 $F(x)$ 在 $[a,b]$ 内连续，且 $F(a)=f(a)-a<0$，$F(b)=f(b)-b>0$，则由零点定理可知，$\exists\xi\in(a,b)$，使 $f(\xi)-\xi=0$，得证.

☆ B 题 ☆

1. 填空题

(1) $\varphi(x)=\sqrt{\ln(1-x)}$（定义域 $x\leqslant 0$）；(2) $\dfrac{2}{n}$；(3) $\dfrac{1}{\sqrt{e}}$；

(4) $6\ln 2$；(5) $x=0$；(6) $a=2$.

2. 选择题

(1) B；(2) C；(3) C（提示：当取 $x_n=\dfrac{1}{n\pi}$ 时，$f(x_n)=0$；当取 $x_n=\dfrac{1}{\left(2n+\frac{1}{2}\right)\pi}$ 时，$f(x_n)\to\infty$）；(4) D；(5) A；(6) B.

3. 计算题

(1) 分子、分母都有理化，则原式 $=-\dfrac{2}{3}$.

(2) $\lim\limits_{n\to\infty}\left(1+\dfrac{1}{n}+\dfrac{1}{2n^2}\right)^n=\lim\limits_{n\to\infty}\left(1+\dfrac{2n+1}{2n^2}\right)^{\frac{2n^2}{2n+1}\cdot\frac{2n+1}{2n^2}}=e$.

(3) $\lim\limits_{x\to0}\dfrac{\ln(1+x)+\ln(1-x)}{\sin^2x+1-\cos x}=\lim\limits_{x\to0}\dfrac{\ln(1-x^2)}{\sin^2x+1-\cos x}=\lim\limits_{x\to0}\dfrac{\frac{\ln(1-x^2)}{x^2}}{\frac{\sin^2x}{x^2}+\frac{1-\cos x}{x^2}}=-\dfrac{2}{3}$.

(4) $\lim\limits_{x\to+\infty}(\sin\sqrt{x+1}-\sin\sqrt{x})=\lim\limits_{x\to+\infty}2\cos\dfrac{\sqrt{x+1}+\sqrt{x}}{2}\sin\dfrac{\sqrt{x+1}-\sqrt{x}}{2}$

$=\lim\limits_{x\to+\infty}2\cos\dfrac{\sqrt{x+1}+\sqrt{x}}{2}\sin\dfrac{1}{2(\sqrt{x+1}+\sqrt{x})}=0$ （有界函数×无穷小）.

(5) $\lim\limits_{n\to\infty}[(1+x)(1+x^2)\cdots(1+x^{2^n})]=\lim\limits_{n\to\infty}\dfrac{(1-x)[(1+x)(1+x^2)\cdots(1+x^{2^n})]}{(1-x)}$

$=\dfrac{1}{1-x}$.

(6) 因为 $\lim\limits_{x\to0+}\left(\dfrac{2+e^{\frac{1}{x}}}{1+e^{\frac{4}{x}}}+\dfrac{\sin x}{|x|}\right)=\lim\limits_{x\to0+}\left(\dfrac{\frac{2}{e^{\frac{4}{x}}}+\frac{1}{e^{\frac{3}{x}}}}{\frac{1}{e^{\frac{4}{x}}}+1}+\dfrac{\sin x}{x}\right)=0+1=1$，

$\lim\limits_{x\to0-}\left(\dfrac{2+e^{\frac{1}{x}}}{1+e^{\frac{4}{x}}}+\dfrac{\sin x}{|x|}\right)=\lim\limits_{x\to0-}\left(\dfrac{2+e^{\frac{1}{x}}}{1+e^{\frac{4}{x}}}+\dfrac{\sin x}{-x}\right)=2-1=1$，所以 $\lim\limits_{x\to0}\left(\dfrac{2+e^{\frac{1}{x}}}{1+e^{\frac{4}{x}}}+\dfrac{\sin x}{|x|}\right)=1$.

(7) 由 $9=\lim\limits_{x\to\infty}\left(\dfrac{x+a}{x-a}\right)^x=\lim\limits_{x\to\infty}\left(1+\dfrac{2a}{x-a}\right)^{\frac{x-a}{2a}\cdot2a}\left(1+\dfrac{2a}{x-a}\right)^a=e^{2a}$，得 $a=\ln3$.

(8) $a=-1$，$b=2$.

(9) $a_1=2$，$a_{n+1}=\dfrac{1}{2}\left(a_n+\dfrac{1}{a_n}\right)\geqslant\sqrt{a_n\cdot\dfrac{1}{a_n}}=1$，$(n=1,2,\cdots)$；并且 $a_{n+1}-a_n=\dfrac{1-a_n^2}{2a_n}\leqslant$

0，即 $a_{n+1} \leqslant a_n$，所以数列 $\{a_n\}$ 单调递减有下限，因此极限存在. 设 $\lim\limits_{n\to\infty} a_n = a$，则有 $a = \frac{1}{2}\left(a+\frac{1}{a}\right)$，解得 $a=1$，即 $\lim\limits_{n\to\infty} a_n = 1$.

(10) $f(x)=\begin{cases}-x^2, |x|>1, \\ x, \quad |x|<1, \\ 0, \quad x=1, \\ -1, \ x=-1,\end{cases}$ 则 $x=1$ 为 $f(x)$ 的跳跃间断点.

4. 证明题

(1) 提示：① $f(0+0)=2f(0)$；② 对任意点 x_0，$f(x_0+\Delta x)=f(x_0)+f(\Delta x)$，取极限.

(2) 提示：设 $F(x)=f(x)-g(x)$，在 $[a,b]$ 内应用零点定理证明.

(3) 只需证明 $f(\xi)=\frac{2f(x_1)+3f(x_2)}{5}$，由于 $f(x)$ 在 $[x_1,x_2]$ 上连续，则必在 $[x_1,x_2]$ 上有最大值 M 和最小值 m，从而

$$m=\frac{2m+3m}{5}\leqslant\frac{2f(x_1)+3f(x_2)}{5}\leqslant\frac{2M+3M}{5}=M.$$

于是由闭区间连续函数介值定理知：$\xi\in(a,b)$，使 $5f(\xi)=2f(x_1)+3f(x_2)$.

第二章

☆ A　题 ☆

1. 填空题

(1) -3；

(2) $y'=\frac{a}{1+ax}$，$y''=-\left(\frac{a}{1+ax}\right)^2$；

(3) $4[\cos^2 2xf''(\sin 2x)-\sin 2xf'(\sin 2x)]$；

(4) $\frac{2e^y+3x^2}{1-2xe^y}$；

(5) $x^{\sin x}\left(\cos x\cdot\ln x+\frac{\sin x}{x}\right)$；

(6) $y-\frac{\pi}{4}=\frac{1}{2}(x-1)$；

(7) $y+2x-1=0$；

(8) $f'(0)$；

(9) 3；

(10) $\arctan x+C$ 或 $-\text{arccot}x+C$.

2. 选择题

(1) A； (2) D； (3) A； (4) B； (5) B； (6) C； (7) D； (8) B.

3. 计算题

(1) $f(x)=\begin{cases}x^2, \quad x\geqslant 0, \\ -x^2, \ x<0,\end{cases}$ 利用左、右导数定义得：$f'(0)=0$.

(2) $y'=3^{\sin x}(\ln 3)\cos x$.

(3) $y'=\frac{1}{1-\sin x}+2x\sec^2 x\cdot\tan x$.

(4) 由 $y=\ln(1+x)-\ln(1-x)$，得 $y'=\frac{2}{1-x^2}$.

(5) $y'=\frac{2x}{1+x^2}$， $y''=\frac{2-2x^2}{(1+x^2)^2}$.

(6) $f''(1)=8e$.

(7) $y'=\frac{1}{1+\ln(1+x)}\cdot\frac{1}{1+x}$.

(8) $y'=\frac{1}{x^2}\ln 2\cdot\sin\frac{2}{x}\cdot 2^{\cos^2\frac{1}{x}}$.

(9) $F'(x)=f'[\varphi^2(x)+\varphi(x)]\varphi'(x)[2\varphi(x)+1]$.

(10) 两边求导得：$e^{xy}(y+y')+\sec^2(xy)(y+y')=y'$，又 $x=0$，$y=1$，所以 $y'(0)=2$.

(11) $\dfrac{dy}{dx}=\dfrac{e^y}{1-xe^y}\quad(1-xe^y\neq 0)$，

$$\frac{d^2y}{dx^2}=2\left(\frac{e^y}{1-xe^y}\right)^2+x\left(\frac{e^y}{1-xe^y}\right)^3\quad(1-xe^y\neq 0).$$

(12) 方程两边对 x 求导得：$e^y y'+6xy'+6y+2x=0$，再对 x 求导得

$$e^y y''+e^y(y')^2+6xy''+12y'+2=0,$$

将 $x=0$ 代入原方程得 $y=0$，从而 $y''(0)=0$.

(13) $y'=(1+x^2)^{\sin x}\left[\dfrac{2x\sin x}{1+x^2}+\cos x\ln(1+x^2)\right]$.

(14) 由题意可知，$y'=\dfrac{1}{x}=1$，得 $x=1$，即切点为 $(1,0)$，从而所求切线方程为

$$y=x-1.$$

(15) 切线方程为 $y+1=\dfrac{1}{4}(x-1)$；法线方程 $y+1=-4(x-1)$.

(16) $\dfrac{dy}{dx}=\dfrac{1}{2t}$，$\dfrac{d^2y}{dx^2}=-\dfrac{1+t^2}{4t^3}$.　　(17) $\left.\dfrac{dx}{dy}\right|_{t=\frac{3\pi}{4}}=-1$，$\left.\dfrac{d^2x}{dy^2}\right|_{t=\frac{3\pi}{4}}=\dfrac{-16}{3\sqrt{2}a\pi}$.

(18) 方法一　令 $x^3=t$，则 $y=\sin(\sqrt[3]{t^2})$，从而 $\dfrac{dy}{d(x^3)}=\dfrac{dy}{dt}=\dfrac{2}{3x}\cos x^2$；

方法二　利用分子、分母的微分得 $\dfrac{dy}{d(x^3)}=\dfrac{2x\cos x^2dx}{3x^2dx}=\dfrac{2}{3x}\cos x^2$.

(19) 由 $\dfrac{2x}{1+2x}=1-\dfrac{1}{1+2x}$，得 $y^{(n)}=(-1)^{n+1}\cdot 2^n\cdot n!\cdot(1+2x)^{-(n+1)}$.

(20) 由 $f'(x)=\begin{cases}\dfrac{2}{x^3}e^{-\frac{1}{x^2}}, & x\neq 0,\\ 0, & x=0,\end{cases}$ $\lim\limits_{x\to 0}f'(x)=0=f'(0)$，故 $f'(x)$ 在 $x=0$ 处连续.

☆ **B　题** ☆

1. 填空题

(1) $-\dfrac{3}{2}$；　(2) $\dfrac{y\sin(xy)-e^{x+y}}{e^{x+y}-x\sin(xy)}$；　(3) $\dfrac{(x+\sqrt{1+x^2})^{\frac{1}{3}}}{3(1+x^2)^{\frac{1}{2}}}$；

(4) $\dfrac{dy}{dx}=-\dfrac{1}{2t}+\dfrac{3t}{2}$，$\dfrac{d^2y}{dx^2}=-\dfrac{1}{4t^3}-\dfrac{3}{4t}$；　(5) $(-1)^n\dfrac{2\cdot n!}{(1+x)^{n+1}}$.

2. 选择题

(1) A；　(2) D；　(3) B；　(4) C；　(5) D.

3. 解答题

(1) 方程两边求导得：$y'=(1+y')f$，即 $y'=\dfrac{f'}{1-f'}$，从而

$$y''=\left(\frac{f'}{1-f'}\right)'=\frac{f''}{(1-f')^3}.$$

(2) $\dfrac{dy}{dx}=\dfrac{\ln(1+t^2)}{-e^{-t}}$，$\dfrac{d^2y}{dx^2}=e^{2t}\left[\dfrac{2t}{1+t^2}+\ln(1+t^2)\right]$，故 $\left.\dfrac{d^2y}{dx^2}\right|_{t=0}=0$.

(3) 切线：$y=x+1$；法线：$y=-x+1$.

(4) $f''(x)=3[f(x)]^2 f'(x)=3[f(x)]^5$，同理 $f'''(x)=3\times5[f(x)]^7$，以此类推得

$$f^{(n)}(x)=(2n-1)!![f(x)]^{2n+1}.$$

(5) 因为 $f(0+0)=\lim\limits_{x\to0+}\dfrac{\sqrt{1+x}-1}{\sqrt{x}}=\lim\limits_{x\to0+}\dfrac{\sqrt{x}}{\sqrt{1+x}+1}=0=f(0-0)=f(0)$，所以函数 $f(x)$ 在 $x=0$ 处连续. 而

$$f'(0+0)=\lim_{x\to0+}\frac{f(x)-f(0)}{x}=\lim_{x\to0+}\frac{\sqrt{1+x}-1}{x\sqrt{x}}=\lim_{x\to0+}\frac{1}{\sqrt{x}(\sqrt{1+x}+1)}$$

不存在，所以不可导.

第三章

☆ A 题 ☆

1. 填空题

(1) $(x+1)^3-5(x+1)+8$； (2) -2； (3) $(0,0)$，$\left(\dfrac{2}{3},-\dfrac{16}{27}\right)$；

(4) $|x|<\dfrac{\sqrt{2}}{2}$； (5) $-\dfrac{1}{\ln2}$； (6) $\dfrac{\pi}{2}$；

(7) $y=1$，$x=\pm1$； (8) $\dfrac{(\ln2)^n}{n!}$.

2. 选择题

(1) A； (2) B； (3) C； (4) B； (5) C； (6) B； (7) A； (8) C；

3. 计算题

(1) $-\dfrac{1}{2}$； (2) $\dfrac{1}{2}$； (3) $\dfrac{1}{2}$； (4) $-\dfrac{1}{32}$； (5) e； (6) $-\dfrac{1}{2}$；

(7)

x	$(-\infty,-\sqrt{3})$	$-\sqrt{3}$	$(-\sqrt{3},-1)$	-1	$(-1,0)$	0	$(0,1)$	1	$(1,\sqrt{3})$	$\sqrt{3}$	$(\sqrt{3},+\infty)$
$f'(x)$	$-$		$-$	0	$+$		$+$	0	$-$		$-$
$f''(x)$	$-$	0	$+$		$+$	0	$-$		$-$	0	$+$
$f(x)$	减、凸	拐点	减、凹	极小	增、凹	拐点	增、凸	极大	减、凸	拐点	减、凹

$f_{极小}=f(-1)=-\dfrac{1}{2}$，$f_{极大}=f(1)=\dfrac{1}{2}$，拐点为 $\left(-\sqrt{3},\dfrac{\sqrt{3}}{4}\right)$；$(0,0)$；$\left(\sqrt{3};\dfrac{\sqrt{3}}{4}\right)$.

(8)

x	$(-\infty,-1)$	-1	$\left(-1,\dfrac{1}{2}\right)$	$\dfrac{1}{2}$	$\left(\dfrac{1}{2},2\right)$	2	$(2,+\infty)$
$f'(x)$	$+$	0	$-$		$-$	0	$+$
$f''(x)$	$-$		$-$	0	$+$		$+$
$f(x)$	增、凸	极大	减、凸	拐点	减、凹	极小	增、凹

$f_{极大}=f(-1)=9$，$f_{极小}=f(2)=-18$，拐点为$\left(\dfrac{1}{2},-\dfrac{9}{2}\right)$.

4. 证明不等式

提示：参照第三章中精选题解析 2 不等式的证明.

第(1)题应用拉格朗日中值定理；第(2),(3),(4)题利用单调性证明. 证明过程略.

☆ B 题 ☆

1. 填空题

(1) $(-\frac{1}{2},e^{-2})$，$(0,0)$； (2) 3 条； (3) $a=1,b=-4$； (4) 2.

2. 选择题

(1) C； (2) A； (3) B； (4) B； (5) C.

3. 计算题

(1) $\frac{3}{2}$； (2) $\frac{1}{6}$； (3) 0； (4) $\frac{4}{3}$；

(5) 由 $f'(-x)=x(f'(x)-1)$ 可得 $f'(-x)=xf'(x)-x$ 和 $f'(x)=-xf'(-x)+x$

由上式可得 $f'(x)=-x^2f'(x)+x^2+x$，所以 $f'(x)=\frac{x+x^2}{1+x^2}$，

故函数在其定义域内导数为零和导数不存在的点当为 $x=0,x=1$，又因为

$$f''(x)=\frac{(1+2x)(1+x^2)-(x+x^2)2x}{(1+x^2)^2}=\frac{1-x^2+2x}{(1+x^2)^2},$$

所以 $f''(0)=1>0$，$f''(-1)=-\frac{1}{2}<0$，因此 $x=0$ 是函数的极小值点，$x=1$ 是函数的极大值点.

由 $f'(x)=\frac{x+x^2}{1+x^2}$，可得 $f(x)=x+\frac{1}{2}\ln(1+x^2)-\arctan x+C$，

由于 $f(0)=0$，所以 $f(x)=x+\frac{1}{2}\ln(1+x^2)-\arctan x$.

因此函数极小值为为 $f(0)=0$，极大值为 $f(-1)=-1+\frac{1}{2}\ln 2+\frac{\pi}{4}$.

4. 证明题

(1) 提示：当 $x\neq 0$ 时，$f''(x)=3[f'(x)]^2+\frac{1-e^{-x}}{x}$.

(2) 由 $\varphi(x)=\frac{f(x)}{x-a}$，得 $\varphi'(x)=\frac{(x-a)f'(x)-f(x)}{(x-a)^2}$，对函数 $f(x)$ 在区间 $[a,x]$ 上应用拉格朗日中值定理

$$f(x)=f(x)-f(a)=f'(\xi)(x-a)\quad(a<\xi<x),$$

于是 $\varphi'(x)=\frac{f'(x)-f'(\xi)}{x-a}$，又因为 $f'(x)$ 是单调增加，所以 $f'(x)>f'(\xi)$ 因此 $\varphi'(x)>0$，即 $\varphi(x)$ 在 (a,b) 内单调增加.

第四章

☆ A 题 ☆

1. 填空题

(1) $\int\frac{dx}{\sqrt{4x-x^2}}=\int\frac{d(x-2)}{\sqrt{4-(x-2)^2}}=\arcsin\frac{x-2}{2}+C$.

(2) $\int \frac{1}{\sin^2 x\cos^2 x}dx = \int \frac{\sin^2 x + \cos^2 x}{\sin^2 x\cos^2 x}dx = \int(\sec^2 x + \csc^2 x)dx = \tan x - \cot x + C$.

(3) $\int \frac{dx}{x^2(1+x^2)} = \int \frac{1}{x^2(1+x^2)}dx = \int \frac{1+x^2-x^2}{x^2(1+x^2)}dx$

$$= \int\left(\frac{1}{x^2} - \frac{1}{1+x^2}\right)dx = -\frac{1}{x} - \arctan x + C.$$

(4) $\int \frac{dx}{4+x^2} = \frac{1}{2}\int \frac{d\left(\frac{x}{2}\right)}{1+\left(\frac{x}{2}\right)^2} = \frac{1}{2}\arctan\frac{x}{2} + C$.

(5) $\ln(2+\sin x)+C$.　　(6) $x\arccos x - \sqrt{1-x^2}+C$.

(7) 令 $\sqrt{x}=t$，$\int \ln\sqrt{x}dx = x\ln\sqrt{x} - \frac{1}{2}x + C$.

(8) $\int \sec x(\sec x - \tan x)dx = \int(\sec^2 x - \sec x\tan x)dx = \tan x - \sec x + C$.

(9) $\frac{1}{3}x - \frac{1}{3\sqrt{3}}\arctan\sqrt{3}x + C$.　　(10) $\sqrt{2x+1}e^{\sqrt{2x+1}} - e^{\sqrt{2x+1}} + C$.

(11) $\frac{3}{2}(\sin x - \cos x)^{\frac{2}{3}} + C$.　　(12) $\frac{3}{\sqrt{2}}\ln\left|\frac{\sqrt{2}+x}{\sqrt{2}-x}\right| + 2\ln|2-x^2| - x + C$.

(13) $-\frac{1}{2}[\ln(x+1) - \ln x]^2 + C$.

(14) 原式 $= \int x(\sec^2 x - 1)dx = \int x d\tan x - \frac{1}{2}x^2 = x\tan x - \int \tan x dx - \frac{1}{2}x^2$.

$$= x\tan x - \frac{1}{2}x^2\ln|\cos x| + C.$$

(15) 应填 $x - \arctan x + C$. 因为 $f(x) = (\arctan x)' = \frac{1}{1+x^2}$，

所以 $\int x^2 f(x)dx = \int \frac{x^2}{1+x^2}dx = \int(1 - \frac{1}{1+x^2})dx = x - \arctan x + C$.

(16) $\int xf'(x)dx = \int xdf(x) = xf(x) - \int f(x)dx = xf(x) - e^{-x^2} + C$.

$f(x) = (e^{-x^2})' = -2xe^{-x^2}$，故 $\int xf'(x)dx = (-2x^2-1)e^{-x^2} + C$.

(17) $x - (1+e^{-x})\ln(1+e^x) + C$.

(18) $\int xf(x)dx = \int xd\cot^2 x = x\cot^2 x - \int \cot^2 x dx$

$$= x\cot^2 x - \int(\csc^2 x - 1)dx = x\cot^2 x + \cot x + x + C.$$

(19) $\int f(3x-5)dx = \frac{1}{3}\int f(3x-5)d(3x-5) = \frac{1}{3}F(3x-5) + C$.

(20) $\frac{1}{2}e^{\frac{\sqrt{x}}{2}}$.　　(21) $\frac{1}{x} + C$.　　(22) $\ln|x| + C$.

2. 计算题

(1) $\int x^2 e^x dx = \int x^2 de^x = x^2e^x - 2\int xe^x dx = x^2e^x - 2\int xde^x$

$$= x^2e^x - 2(xe^x - e^x) + C = e^x(x^2 - 2x + 2) + C.$$

(2) $\int \frac{\sec^2 x}{4+\tan^2 x}dx = \int \frac{d\tan x}{4+\tan^2 x} = \frac{1}{2}\arctan(\frac{\tan x}{2}) + C$.

(3) $\int \frac{xe^x}{(1+x)^2}dx = -\int xe^x d\frac{1}{1+x} = -\frac{xe^x}{1+x} + \int \frac{1}{1+x}dxe^x = -\frac{xe^x}{1+x} + \int \frac{1}{1+x}(e^x + xe^x)dx$

$$= -\frac{xe^x}{1+x} + \int e^x dx = -\frac{xe^x}{1+x} + e^x + C.$$

(4) $\int x\cos^2 x dx = \int x\frac{1+\cos 2x}{2}dx = \frac{1}{2}\times\frac{1}{2}x^2 + \frac{1}{2}\times\frac{1}{2}\int x d\sin 2x$

$$= \frac{1}{4}x^2 + \frac{1}{4}\left[x\sin 2x - \frac{1}{2}\int \sin 2x d2x\right] = \frac{1}{4}x^2 + \frac{1}{4}x\sin 2x + \frac{1}{8}\cos 2x + C.$$

(5) 原式 $= \frac{2}{3}\int \frac{1}{\sqrt{a^3 - (\sqrt{x^3})^2}}d\sqrt{x^3} = \frac{2}{3}\arcsin\frac{\sqrt{x^3}}{\sqrt{a^3}} + C.$

(6) $\int \ln^2 x dx = x\ln^2 x - 2\int x\ln x\frac{1}{x}dx = x\ln^2 x - 2x\ln x + 2x + C.$

(7) 原式 $= \int \frac{1}{2+(x\ln x)^2}d(x\ln x) = \frac{1}{\sqrt{2}}\arctan\left(\frac{1}{\sqrt{2}}x\ln x\right) + C.$

(8) 被积函数中含有 $\sqrt{a^2 - x^2}$ 的积分，一般可用 $x = a\sin t$ 或 $x = a\cos t$ 换元，

原式 $= \int \frac{\cos t}{2\sin t + \cos t}dt = \frac{1}{5}\int \frac{(2\sin t + \cos t) + 2(2\cos t - \sin t)}{2\sin t + \cos t}dt$

$$= \frac{1}{5}(t + 2\ln|2\sin t + \cos t|) + C = \frac{1}{5}(\arcsin x + 2\ln\left|2x + \sqrt{1-x^2}\right|) + C.$$

(9) $\int \frac{x(1+x^2)}{1+x^4}dx = \int \frac{x}{1+x^4}dx + \int \frac{x^3}{1+x^4}dx = \frac{1}{2}\int \frac{1}{1+(x^2)^2}dx^2 + \frac{1}{4}\int \frac{1}{1+x^4}d(1+x^4)$

$$= \frac{1}{2}\arctan x^2 + \frac{1}{4}\ln(1+x^4) + C.$$

(10) $\int \frac{dx}{x(1+2\ln x)} = \int \frac{d(\ln x)}{1+2\ln x} = \frac{1}{2}\int \frac{d(1+2\ln x)}{1+2\ln x} = \frac{1}{2}\ln|1+2\ln x| + C.$

(11) 令 $e^x = t$，则 $\int \frac{dx}{(1+e^x)^2} = \int \frac{dt}{t(1+t)^2} = \int\left(\frac{1}{t} - \frac{1}{t+1} - \frac{1}{(t+1)^2}\right)dt$

$$= x - \ln(1+e^x) + \frac{1}{1+e^x} + C.$$

(12) $\int \frac{x^3}{9+x^2}dx = \frac{1}{2}\int \frac{x^2+9-9}{9+x^2}d(9+x^2) = \frac{1}{2}\int (1 - 9\times\frac{1}{9+x^2})d(9+x^2)$

$$= \frac{1}{2}[9 + x^2 - 9\ln(9+x^2)] + C$$

$$= \frac{x^2}{2} - \frac{9}{2}\ln(x^2+9) + C_1 \quad (C_1 = C + \frac{9}{2}).$$

(13) $\int x(\arctan x)^2 dx = \frac{1}{2}\int (\arctan x)^2 dx^2 = \frac{x^2}{2}(\arctan x)^2 - \int \frac{x^2}{1+x^2}\arctan x dx$

$$= \frac{x^2}{2}(\arctan x)^2 - \int \arctan x dx + \int \arctan x d(\arctan x)$$

$$= \frac{x^2+1}{2}(\arctan x)^2 - x\arctan x + \frac{1}{2}\ln(1+x^2) + C.$$

(14) $\int \frac{\ln\tan x}{\cos x\sin x}dx = \int \frac{\ln\tan x}{\tan x\cos^2 x}dx = \int \ln\tan x\cdot\frac{1}{\tan x}d\tan x = \int \ln\tan x d(\ln\tan x)$

$$=\frac{1}{2}(\ln\tan x)^2+C.$$

(15) $\int\frac{\ln x}{(1-x)^2}dx=-\int\ln x d\left(\frac{1}{x-1}\right)=-\frac{\ln x}{x-1}+\int\frac{1}{x-1}\cdot\frac{1}{x}dx$

$$=-\frac{\ln x}{x-1}+\int(\frac{1}{x-1}-\frac{1}{x})dx$$

$$=-\frac{\ln x}{x-1}+\ln|x-1|-\ln|x|+C.$$

(16) $\int\frac{x\tan x}{\cos^4 x}dx=\int x\cdot\frac{\sin x}{\cos^5 x}dx=\int xd\left(\frac{1}{4}\frac{1}{\cos^4 x}\right)=\frac{1}{4}x\sec^4 x-\frac{1}{4}\int\sec^4 xdx$

$$=\frac{1}{4}x\sec^4 x-\frac{1}{4}\int(1+\tan^2 x)d\tan x$$

$$=\frac{1}{4}x(1+\tan^2 x)^2-\frac{1}{4}\left(\tan x+\frac{1}{3}\tan^3 x\right)+C.$$

(17) $\int\frac{1}{(x+1)^2(x^2+1)}dx=\frac{A}{x+1}+\frac{B}{(x+1)^2}+\frac{Cx+D}{x^2+1}$,

比较系数，得 $\begin{cases}A+C=0,\\A+B+2C+D=0,\\A+C+2D=0,\\A+B+D=1,\end{cases}$ 解得 $\begin{cases}A=\frac{1}{2},\\B=\frac{1}{2},\\C=-\frac{1}{2},\\D=0.\end{cases}$

故 原式 $=\frac{1}{2}\int\frac{1}{1+x}dx+\frac{1}{2}\int\frac{1}{(1+x)^2}dx-\frac{1}{2}\int\frac{1}{1+x^2}dx$

$$=\frac{1}{2}\ln|x+1|-\frac{1}{2(1+x)}-\frac{1}{4}\ln(1+x^2)+C.$$

(18) $\int e^x\cos xdx=\int\cos xde^x=e^x\cos x+\int e^x\sin xdx=e^x\cos x+e^x\sin x-\int e^x\cos xdx$,

移项，得 $\int e^x\cos xdx=\frac{1}{2}e^x(\cos x+\sin x)+C.$

(19) $\int x\arctan xdx=\frac{1}{2}\int\arctan xd(x^2)=\frac{x^2}{2}\arctan x-\frac{1}{2}\int\frac{x^2}{1+x^2}dx$

$$=\frac{x^2}{2}\arctan x-\frac{1}{2}\int\left(1-\frac{1}{1+x^2}\right)dx=\frac{x^2}{2}\arctan x-\frac{1}{2}(x-\arctan x)+C$$

$$=\frac{1}{2}(x^2+1)\arctan x-\frac{1}{2}x+C.$$

(20) $\int x^2\arctan xdx=\frac{1}{3}\int\arctan xdx^3=\frac{1}{3}x^3\arctan x-\frac{1}{3}\int x^3 d\arctan x$

$$=\frac{1}{3}x^3\arctan x-\frac{1}{3}\int\frac{x^3+x-x}{1+x^2}dx$$

$$=\frac{1}{3}x^3\arctan x-\frac{1}{3}\int xdx+\frac{1}{6}\int\frac{1}{1+x^2}d(1+x^2)$$

$$=\frac{1}{3}x^3\arctan x-\frac{1}{6}x^2+\frac{1}{6}\ln(1+x^2)+C.$$

(21) $\int\frac{dx}{x(1+2\ln x)}=\int\frac{1}{1+2\ln x}d\ln x=\frac{1}{2}\int\frac{1}{1+2\ln x}d(1+2\ln x)=\frac{1}{2}\ln|1+2\ln x|+C.$

(22) 原式 $=\int\frac{x}{\sqrt{1-x^4}}dx+\int\frac{1}{x\sqrt{1-x^4}}dx=\frac{1}{2}\int\frac{1}{\sqrt{1-(x^2)^2}}dx^2+\int\frac{1}{x^3\sqrt{\frac{1}{x^4}-1}}dx$

$$=\frac{1}{2}\arcsin x^2-\frac{1}{2}\int\frac{1}{\sqrt{\left(\frac{1}{x^2}\right)^2-1}}d\left(\frac{1}{x^2}\right)=\frac{1}{2}\arcsin x^2-\frac{1}{2}\ln(1+\sqrt{1-x^4})+\ln x+C.$$

(23) 因为 $\sin 2x dx=d(\sin^2 x)$，所以原式 $=\int\frac{1}{1+(\sin^2 x)^2}d(\sin^2 x)=\arctan(\sin^2 x)+C$.

(24) 利用 $\cos x dx=d(\sin x)$，有

原式 $=\int\frac{\cos x}{\sqrt{2\cos^2 x+\sin^2 x}}dx=\int\frac{1}{\sqrt{2-\sin^2 x}}d(\sin x)=\arcsin\left(\frac{\sin x}{\sqrt{2}}\right)+C$.

(25) 原式 $=\int\frac{(x+1)e^x}{xe^x(1+xe^x)}dx=\int\frac{1}{xe^x(1+xe^x)}d(xe^x)=\int\left(\frac{1}{xe^x}-\frac{1}{1+xe^x}\right)d(xe^x)$

$$=\ln(xe^x)-\ln(1+xe^x)+C.$$

(26) $\int\sin(\ln x)dx=x\sin(\ln x)-\int x\cos(\ln x)\frac{1}{x}dx=x\sin(\ln x)-\int\cos(\ln x)dx$

$$=x\sin(\ln x)-x\cos(\ln x)-\int x\sin(\ln x)\frac{1}{x}dx$$

$$=x\sin(\ln x)-x\cos(\ln x)-\int\sin(\ln x)dx,$$

所以 $$\int\sin(\ln x)dx=\frac{x}{2}[\sin(\ln x)-\cos(\ln x)]+C.$$

(27) $\int e^{\sin x}\sin 2x dx=2\int e^{\sin x}\sin x\cos x dx=2\int e^{\sin x}\sin x d\sin x$

$$=2\int\sin x de^{\sin x}=2[\sin x e^{\sin x}-\int e^{\sin x}d\sin x]$$

$$=2[\sin x e^{\sin x}-e^{\sin x}]+C=2e^{\sin x}(\sin x-1)+C.$$

(28) $\int\frac{1}{1+\cos x}dx=\int\frac{1}{2\cos^2\frac{x}{2}}dx=\int\sec^2\frac{x}{2}d\frac{x}{2}=\tan\frac{x}{2}+C$.

(29) $\int\frac{\sin^2 x}{\cos^3 x}dx=\int\frac{1-\cos^2 x}{\cos^3 x}dx=\int(\sec^3 x-\sec x)dx$

$$=\int\sec^3 x dx-\int\sec x dx=\int\sec^3 x dx-\ln|\sec x+\tan x|,$$

而 $$\int\sec^3 x dx=\frac{1}{2}(\sec x\tan x+\ln|\sec x+\tan x|),$$

所以 $$\int\frac{\sin^2 x}{\cos^3 x}dx=\frac{1}{2}(\sec x\tan x-\ln|\sec x+\tan x|)+C.$$

(30) $\int\frac{\sqrt{1+\cos x}}{\sin x}dx=\int\frac{\sqrt{2\cos^2\frac{x}{2}}}{2\sin\frac{x}{2}\cos\frac{x}{2}}dx=\int\frac{\sqrt{2}\left|\cos\frac{x}{2}\right|}{2\sin\frac{x}{2}\cos\frac{x}{2}}dx$

$$=\sqrt{2}\ln(\left|\csc\frac{x}{2}\right|-\left|\cot\frac{x}{2}\right|)+C.$$

(31) 令 $x=\sin t$，则 $\int\sqrt{1-x^2}\arcsin x dx=\int t\cos^2 t dt$

$$=\int t\frac{1+\cos 2t}{2}dt=\frac{1}{4}t^2+\frac{1}{4}\int t d\sin 2t$$

$$= \frac{1}{4}t^2 + \frac{1}{4}t\sin 2t - \frac{1}{4}\int \sin 2t\,dt = \frac{1}{4}t^2 + \frac{1}{4}t\sin 2t + \frac{1}{8}\cos 2t + C$$

$$= \frac{1}{4}(\arcsin x)^2 + \frac{1}{2}x\sqrt{1-x^2}\arcsin x - \frac{1}{4}x^2 + C.$$

(32) $\int \tan^4 dx = \int (\sec^2 x - 1)^2 dx = \int \sec^4 x dx - 2\int \sec^2 x dx + \int dx$

$$= \int (1+\tan^2 x)\,d\tan x - 2\tan x + x = \frac{1}{3}\tan^3 x - \tan x + x + C.$$

(33) $\int \sqrt{\frac{a+x}{a-x}}dx = \int \frac{a+x}{\sqrt{a^2-x^2}}dx = a\int \frac{1}{\sqrt{a^2-x^2}}dx + \int \frac{-\frac{1}{2}}{\sqrt{a^2-x^2}}d(a^2-x^2)$

$$= a\arcsin\left(\frac{x}{a}\right) - (a^2-x^2)^{\frac{1}{2}} + C.$$

(34) 原式 $= \int \frac{2}{2x+1}dx + \int \frac{-x}{x^2+x+1}dx$

$$= \ln|2x+1| - \frac{1}{2}\left[\int \frac{(2x+1)dx}{x^2+x+1} - \int \frac{d(x+\frac{1}{2})}{(x+\frac{1}{2})^2+\frac{3}{4}}\right]$$

$$= \ln|2x+1| - \frac{1}{2}\ln(x^2+x+1) + \frac{\sqrt{3}}{3}\arctan\frac{2x+1}{\sqrt{3}} + C.$$

☆ B 题 ☆

1. 填空题与选择题

(1) 原式 $= \int (\ln x - 1)d(-\frac{1}{x}) = -\frac{1}{x}(\ln x - 1) + \int \frac{1}{x}d(\ln x - 1) = -\frac{\ln x}{x} + C.$

(2) 原式$= \frac{1}{2}\int \frac{d(x^2-6x+13)}{x^2-6x+13} + \int \frac{8dx}{x^2-6x+13} = \frac{1}{2}\ln(x^2-6x+13) + 4\arctan\frac{x-3}{2} + C.$

(3) 令 $t=\sqrt{x}$，则 $x=t^2$，$dx=2tdt$，故

原式$= 2\int \arcsin t\,dt = 2t\arcsin t - 2\int \frac{t}{\sqrt{1-t^2}}dt$

$$= 2t\arcsin t + 2\sqrt{1-t^2} + C = 2\sqrt{x}\arcsin\sqrt{x} + 2\sqrt{1-x} + C.$$

(4) 由题设 $f(x) = (\ln^2 x)' = \frac{2\ln x}{x}$，故 $\int xf'(x)dx = \int x df(x) = xf(x) - \int f(x)dx$

$$= 2\ln x - \int \frac{2\ln x}{x}dx = 2\ln x - \ln^2 x + C.$$

(5) 应选 (A). 因为 $F(x)$ 可以表示为 $\quad F(x) = \int_0^x f(t)dt + C$，

于是 $\quad F(-x) = \int_0^{-x} f(t)dt + C = \int_0^x f(-u)d(-u) + C$，

当 $f(x)$ 为奇函数时，$f(-u) = -f(u)$，从而有

$$F(-x) = \int_0^x f(u)du + C = \int_0^x f(t)d(t) + C = F(x),$$

即 $F(x)$ 为偶函数. 故选 (A).

其余选项可举反例如下：$f(x)=x^2$ 是偶函数，但 $F(x)=\frac{1}{3}x^3+C$ 不是奇函数；$f(x)=\cos^2 x$ 是周期函数，但 $F(x)=\frac{1}{2}x+\frac{1}{4}\sin 2x$ 不是周期函数；$f(x)=x$ 在 $(-\infty,+\infty)$ 内为单调增函数，但 $F(x)=\frac{1}{2}x^2$ 在 $(-\infty,+\infty)$ 内不是单调增函数.

2. 计算题（略）

3. 辨析题

（1）非. 因为 $F(x)$ 在 $x=0$ 处不连续，当然也就不可导了，这与原函数定义相矛盾.

正确的解法：令 $G(x)=\begin{cases} e^x, & x\geqslant 0, \\ a-e^{-x}, & x<0; \end{cases}$ 若使 $G(x)$ 在 $x=0$ 处可导（当然连续），只需取 $a=2$，故 $G(x)=\begin{cases} e^x, & x\geqslant 0, \\ 2-e^{-x}, & x<0 \end{cases}$ 才是 $y=e^{|x|}$ 的一个原函数 $[x\in(-\infty,+\infty)]$.

（2）非. 若 $f(x)$ 在 (a,b) 内连续，则它在此区间必然存在原函数，但其逆不真. 例如：当 $x\in(-1,1)$ 时，设

$$f(x)=\begin{cases} 2x\sin\frac{1}{x}-\cos\frac{1}{x}, & x\neq 0, \\ 0, & x=0; \end{cases}\qquad F(x)=\begin{cases} x^2\sin\frac{1}{x}, & x\neq 0, \\ 0, & x=0; \end{cases}$$

显然 $F'(x)=f(x), x\in(-1,1)$，就是说 $f(x)$ 在 $(-1,1)$ 存在原函数 $F(x)$. 但由于 $\lim\limits_{x\to 0}f(x)$ 不存在，故 $f(x)$ 在 $x=0$ 处不连续.

第五章

☆ A 题 ☆

1. 填空题

（1）0；（2）$I_1>I_2$；（3）原函数；（4）$-\frac{1}{2}$；（5）$\arctan f(3)-\arctan f(1)$；（6）0；（7）$2\pi$；（8）$\tan t$；（9）$\sin[\varphi(x^2)]^2\varphi'(x^2)\cdot 2x-\sin(\varphi(x))^2\varphi'(x)$；（10）收敛.

2. 选择题

（1）B；（2）B；（3）D；（4）B；（5）B；（6）B；（7）B；（8）C；（9）B；（10）D.

3. 计算题

（1）原式 $=\lim\limits_{x\to 0}\dfrac{\frac{x^2}{\sqrt{x+4}}}{1-\cos x}=\lim\limits_{x\to 0}\dfrac{\frac{x^2}{\sqrt{x+4}}}{\frac{1}{2}x^2}=1$.　（2）原式 $=\lim\limits_{a\to 0}\dfrac{\ln(2+a)}{1+a^2}=\ln 2$.

（3）原式 $=0$，因为 $\ln\dfrac{1-x}{1+x}$ 是奇函数.　（4）原式 $=0$，因为 $\sin x$ 是奇函数.

（5）原式 $=-\int_{\frac{1}{e}}^{1}\ln x\mathrm{d}x+\int_{1}^{e}\ln x\mathrm{d}x=-[x\ln x\left|_{\frac{1}{e}}^{1}\right.-\int_{\frac{1}{e}}^{1}x\cdot\frac{1}{x}\mathrm{d}x]+x\ln x\left|_{1}^{e}\right.-\int_{1}^{e}x\cdot\frac{1}{x}\mathrm{d}x=$

$2-\frac{2}{e}$.

(6) 原式 $=\int_0^3\sqrt{x+1}dx-\int_0^3\frac{1}{\sqrt{x+1}}dx=\frac{8}{3}$. (7) 原式 $=-\int_0^{\frac{\pi}{2}}\cos^6 2x d\cos 2x=\frac{2}{7}$.

(8) 原式 $=\int_1^e\frac{d(1+\ln x)}{\sqrt[3]{(1+\ln x)^2}}=3(1+\ln x)^{\frac{1}{3}}\Big|_1^e=3(2^{\frac{1}{3}}-1)$.

(9) 原式 $=-xe^{-x}\Big|_0^{\ln 2}+\int_0^{\ln 2}e^{-x}dx=\frac{1}{2}-\frac{\ln 2}{2}$.

(10) 原式 $=\int_2^3\frac{dx}{(x-1)(2x+1)}=\frac{1}{3}\int_2^3\frac{dx}{x-1}-\frac{2}{3}\int_2^3\frac{dx}{2x+1}=\frac{1}{3}\ln\frac{10}{7}$.

4. 综合题

(1) 由于 $\sqrt{1-\sin 2x}=|\cos x-\sin x|=\begin{cases}\cos x-\sin x, & x\in[0,\frac{\pi}{4}),\\ \sin x-\cos x, & x\in[\frac{\pi}{4},\frac{\pi}{2}]\end{cases}$,

所以 原式 $=\int_0^{\frac{\pi}{2}}|\cos x-\sin x|dx=\int_0^{\frac{\pi}{4}}(\cos x-\sin x)dx+\int_{\frac{\pi}{4}}^{\frac{\pi}{2}}(\sin x-\cos x)dx$

$$=(\sin x+\cos x)\Big|_0^{\frac{\pi}{4}}+(-\cos x-\sin x)\Big|_{\frac{\pi}{4}}^{\frac{\pi}{2}}=2(\sqrt{2}-1).$$

(2) $\int_0^2 f(x-1)dx\xlongequal{x-1=t}\int_{-1}^1 f(t)dt=\int_{-1}^0\frac{e^t}{1+e^{2t}}dt+\int_0^1\frac{1}{t^2+3t+2}dt$

$$=\int_{-1}^0\frac{de^t}{1+e^{2t}}+\int_0^1\frac{1}{(t+1)(t+2)}dt$$

$$=\arctan e^t\Big|_{-1}^0+\int_0^1(\frac{1}{x+1}-\frac{1}{x+2})dx$$

$$=\frac{\pi}{4}-\arctan e^{-1}+\ln\left|\frac{x+1}{x+2}\right|\Bigg|_0^1=\frac{\pi}{4}-\arctan e^{-1}+\ln\frac{4}{3}.$$

(3) 当 $x\to 0$ 时，分子趋于零，且极限是不为零的，故有分母趋于零，即 $\lim\limits_{x\to 0}\int_b^x\frac{\ln(1+t^3)}{t}dt=0$，故有 $b=0$，再由罗比塔法则

$$原式=\lim_{x\to 0}\frac{a-\cos x}{\frac{\ln(1+x^3)}{x}}=\lim_{x\to 0}\frac{a-\cos x}{x^2},$$

若 $a\neq 1$，则极限为 ∞，与题设不符，故 $a=1$，又因当 $x\to 0$ 时，$1-\cos x\sim\frac{1}{2}x^2$，故 $c=\frac{1}{2}$，综上 $a=1$，$b=0$，$c=\frac{1}{2}$.

(4) 设 $\int_0^2 f(t)dt=a$，$\int_0^1 f(t)dt=b$，则 $f(x)=x^2-ax+2b$，对 $f(x)$ 分别在 $[0,2]$，$[0,1]$ 上积分，有

$$a=\int_0^2(ax^2-ax+2b)dx,\quad b=\int_0^1(ax^2-ax+2b)dx,$$

积分后得到关于 a,b 的方程组

$$\begin{cases}3a-4b=\frac{8}{3},\\ a-2b=\frac{2}{3},\end{cases}\quad 解得\ a=\frac{4}{3},b=\frac{1}{3}，故\ f(x)=x^2-\frac{4}{3}x+\frac{2}{3}.$$

(5) 当 $x\in[0,1)$ 时，$G(x)=\int_0^x f(t)dt=\int_0^x t^2dt=\frac{1}{3}t^3\Big|_0^x=\frac{1}{3}x^3$，

当 $x\in[1,2]$ 时，

$$G(x)=\int_0^x f(t)dt=\int_0^1 t^2dt+\int_1^x(2-t)dt$$

$$=\frac{1}{3}t^3\Big|_0^1+(2t-\frac{1}{2}t^2)\Big|_1^x=2x-\frac{1}{2}x^2-\frac{7}{6},$$

所以 $G(x)=\begin{cases}\dfrac{1}{3}x^3, & 0\leqslant x<1,\\ 2x-\dfrac{1}{2}x^2-\dfrac{7}{6}, & 1\leqslant x\leqslant 2.\end{cases}$

(6) 当 $x\leqslant 0$ 时，$\varphi(x)=\int_{-\infty}^{x}f(t)\mathrm{d}t=\int_{-\infty}^{x}0\mathrm{d}t=0$，

当 $0<x\leqslant 2$ 时，$\varphi(x)=\int_{-\infty}^{0}0\mathrm{d}t+\int_{0}^{x}\dfrac{1}{2}t\mathrm{d}t=\dfrac{x^2}{4}$，

当 $x>2$ 时，$\varphi(x)=\int_{-\infty}^{0}0\mathrm{d}t+\int_{0}^{2}\dfrac{1}{2}t\mathrm{d}t+\int_{2}^{x}1\mathrm{d}t=x-1$，

所以 $\qquad\varphi(x)=\begin{cases}0, & x\leqslant 0,\\ \dfrac{x^2}{4}, & 0\leqslant x<2,\\ x-1, & x>2.\end{cases}$

(7) $F'(x)=f(x)=\int_{1}^{x^2}\dfrac{\sqrt{1+u^4}}{u}\mathrm{d}u$，　$F''(x)=\dfrac{2x\sqrt{1+(x^2)^4}}{x^2}=\dfrac{2\sqrt{1+x^8}}{x}$，故 $F''(2)=\sqrt{257}$.

(8) 将方程两边对 x 求导，$\mathrm{e}^{y+x}\cdot\left(\dfrac{\mathrm{d}y}{\mathrm{d}x}+1\right)+\cos x=0$，$\dfrac{\mathrm{d}y}{\mathrm{d}x}=-\dfrac{\cos x+\mathrm{e}^{y+x}}{\mathrm{e}^{y+x}}$.

(9) $\varphi(x)$ 在定义域 $(-\infty,+\infty)$ 上可导，且 $\varphi'(x)=x(x-1)$，令 $\varphi'(x)=0$，得驻点 $x=0$，$x=1$，又 $\varphi''(x)=2x-1$，$\varphi''(0)=-1<0$，$\varphi''(1)=1>0$，根据极值的第二充分条件知，$x=0$ 是 $\varphi(x)$ 的极大值点，$x=1$ 是 $\varphi(x)$ 的极小值点，即

$$\varphi_{极大}(0)=0,\quad \varphi_{极小}(1)=-\frac{1}{6}.$$

(10) 令 $y=0$，有 $f(x)=f(x)+f(0)$，则 $f(0)=0$，再令 $y=-x$，有 $f[x+(-x)]=$

$f(x)+f(-x)=f(0)=0$，即 $f(-x)=-f(x)$，可见 $f(x)$ 是奇函数，故

$$\int_{-1}^{1}(x^2+1)f(x)\mathrm{d}x=0.$$

5. 证明题

(1) 设 $F(x)=xf(x)$，则 $F(x)$ 在 $[0,1]$ 上连续，在 $(0,1)$ 内可导，因为 $\int_{0}^{\frac{1}{2}}xf(x)\mathrm{d}x=\zeta f(\zeta)\cdot\dfrac{1}{2}$，$\zeta\in\left(0,\dfrac{1}{2}\right)$，$F(1)=f(1)=2\int_{0}^{\frac{1}{2}}xf(x)\mathrm{d}x=\zeta f(\zeta)=F(\zeta)$，在 $[\zeta,1]$ 上，对 $F(x)$ 运用罗尔定理，存在 $\xi\in(\zeta,1)\subset(0,1)$，使得 $F'(\xi)=0$，即有

$$f(\xi)+\xi f'(\xi)=0.$$

(2) 当 $x>0$ 时，
$$\varphi'(x)=\frac{xf(x)\int_{0}^{x}f(t)\mathrm{d}t-f(x)\int_{0}^{x}tf(t)\mathrm{d}t}{\left(\int_{0}^{x}f(t)\mathrm{d}t\right)^2}$$
$$=\frac{f(x)}{\left(\int_{0}^{x}f(t)\mathrm{d}t\right)^2}\left(x\int_{0}^{x}f(t)\mathrm{d}t-\int_{0}^{x}tf(t)\mathrm{d}t\right)$$
$$=\frac{f(x)}{\left(\int_{0}^{x}f(t)\mathrm{d}t\right)^2}\int_{0}^{x}(x-t)f(t)\mathrm{d}t,$$

由于在区间 $(0,x)$ 上 $f(t)>0$，有 $(x-t)f(t)>0$，则

$$\int_0^x (x-t)f(t)\mathrm{d}t>0,$$

从而 $\varphi'(x)>0$，$x\in(0,+\infty)$，故 $\varphi(x)$ 为单调增加函数.

(3) 令 $f(x)=\dfrac{\sin x}{x}$，则 $f'(x)=\dfrac{x\cos x-\sin x}{x^2}$，再令 $g(x)=x\cos x-\sin x$，则

$$g'(x)=-x\sin x<0,$$

当 $x\in(\frac{\pi}{6},\frac{\pi}{2})$ 时，$g(x)$ 为单调递减，即有 $g(\frac{\pi}{2})<g(x)<g(\frac{\pi}{6})<0$，于是 $f'(x)<0$，$f(x)$ 在 $(\frac{\pi}{6},\frac{\pi}{2})$ 为单调递减，即有 $\frac{2}{\pi}=f(\frac{\pi}{2})<f(x)<f(\frac{\pi}{6})=\frac{3}{\pi}$，两边取 $[\frac{\pi}{6},\frac{\pi}{2}]$ 上的定积分，有

$$\frac{2}{3}=\int_{\frac{\pi}{6}}^{\frac{\pi}{2}}\frac{2}{\pi}\mathrm{d}x<\int_{\frac{\pi}{6}}^{\frac{\pi}{2}}\frac{\sin x}{x}\mathrm{d}x<\int_{\frac{\pi}{6}}^{\frac{\pi}{2}}\frac{3}{\pi}\mathrm{d}x=1.$$

☆ B 题 ☆

1. 填空题

(1) $x(2+3x)f(x^2+x^3)-2f(2x)$；(2) $\ln 2$；(3) 43；(4) $\dfrac{6}{\pi}$；(5) $\dfrac{\pi}{2}$；(6) $-\dfrac{2}{3}$.

2. 选择题

(1) B； (2) C； (3) D； (4) B； (5) C.

3. 计算题

(1) 因 $x\to 0$，有 $a^x-1\to 0$，而极值存在，故分子 $\ln(1+\dfrac{f(x)}{\sin x})\to 0$，所以 $\lim\limits_{x\to 0}\dfrac{f(x)}{\sin x}=0$，于是

$$\lim_{x\to 0}\frac{\ln(1+\frac{f(x)}{\sin x})}{a^x-1}=\lim_{x\to 0}\frac{\frac{f(x)}{\sin x}}{x\ln a}=\frac{1}{\ln a}\lim_{x\to 0}\frac{f(x)}{x\sin x}=\frac{1}{\ln a}\lim_{x\to 0}\frac{f(x)}{x^2}=b,$$

故

$$\lim_{x\to 0}\frac{f(x)}{x^2}=b\ln a.$$

(2) 由积分中值定理：$\lim\limits_{n\to\infty}\displaystyle\int_0^1\frac{x^n}{1+x}\mathrm{d}x=\lim\limits_{n\to\infty}\frac{\xi^n}{1+\xi}$，其中 $0<\xi<1$，$\dfrac{1}{2}<\dfrac{1}{1+\xi}<1$，

故

$$\lim_{n\to\infty}\int_0^1\frac{x^n}{1+x}\mathrm{d}x=\lim_{n\to\infty}\frac{\xi^n}{1+\xi}=0.$$

(3) 设 $S_n=\dfrac{1}{n}\sqrt[n]{n(n+1)\cdots(2n-1)}=\sqrt[n]{1\cdot(1+\frac{1}{n})(1+\frac{2}{n})\cdots(1+\frac{n-1}{n})}$，两边取对数，得 $\ln S_n=\dfrac{1}{n}\displaystyle\sum_{i=1}^{n}\ln(1+\frac{i-1}{n})$，则

$$\lim_{n\to\infty}\ln S_n=\lim_{n\to\infty}\frac{1}{n}\sum_{i=1}^{n}\ln(1+\frac{i-1}{n})=\int_0^1\ln(1+x)\mathrm{d}x=\ln 4-1，故 \lim_{n\to\infty}S_n=\frac{4}{e}.$$

(4) $$\int_0^4 x^2\sqrt{4x-x^2}\,\mathrm{d}x=\int_0^4 x^2\sqrt{4-(x-2)^2}\,\mathrm{d}x\xlongequal{令\ x-2=2\sin t}16\int_{-\frac{\pi}{2}}^{\frac{\pi}{2}}(1+\sin t)^2\cos^2 t\,\mathrm{d}t$$

$$=32\int_0^{\frac{\pi}{2}}(1-\sin^4 t)\mathrm{d}t=10\pi.$$

4. 综合题

(1) 由 $\displaystyle\int_0^1 f(tx)\mathrm{d}t\xlongequal{tx=y}\frac{1}{x}\int_0^x f(y)\mathrm{d}y=f(x)+x\sin x$，得 $\displaystyle\int_0^x f(y)\mathrm{d}y=xf(x)+x^2\sin x$，

两边对 x 求导有 $f(x)=f(x)+xf'(x)+2x\sin x+x^2\cos x$，即 $f'(x)=-2\sin x-x\cos x$，从而 $f(x)=2\cos x-x\sin x-\cos x+C$，由 $f(0)=0$ 得 $C=-1$，即

$$f(x)=\cos x-x\sin x-1.$$

(2) $F(-x)=\int_0^{-x}f(t)\cos t\mathrm{d}t+\int_0^{-x}\frac{1}{1+t^2}\mathrm{d}t\xlongequal{t=-u}-\int_0^{x}f(-u)\cos(-u)\mathrm{d}u-\int_0^{x}\frac{1}{1+u^2}\mathrm{d}u$，

又因 $f(x)$ 为奇函数，所以 $F(-x)=\int_0^x f(u)\cos u\mathrm{d}u-\int_0^x\frac{1}{1+u^2}\mathrm{d}u$，

而 $F(1)=\int_0^1 f(t)\cos t\mathrm{d}t+\int_0^1\frac{1}{1+t^2}\mathrm{d}t=\int_0^1 f(t)\cos t\mathrm{d}t+\arctan t\big|_0^1=\int_0^1 f(t)\cos t\mathrm{d}t+\frac{\pi}{4}=\pi$，

于是 $\int_0^1 f(t)\cos t\mathrm{d}t=\frac{3\pi}{4}$，故 $F(-1)=\int_0^1 f(u)\cos u\mathrm{d}u-\int_0^1\frac{1}{1+u^2}\mathrm{d}u=\frac{\pi}{2}$.

(3) $I_2=\int_\pi^{2\pi}\mathrm{e}^{-x^2}\cos^2x\mathrm{d}x\xlongequal{x=t+\pi}\int_0^\pi\mathrm{e}^{-(t+\pi)^2}\cos^2(t+\pi)\mathrm{d}t=\int_0^\pi\mathrm{e}^{-(t+\pi)^2}\cos^2t\mathrm{d}t$

当 $0<x<\pi$ 时，$x^2<(x+\pi)^2$，$\mathrm{e}^{-x^2}>\mathrm{e}^{-(x+\pi)^2}$，即 $\cos^2x\mathrm{e}^{-x^2}\geqslant\cos^2x\mathrm{e}^{-(x+\pi)^2}$.

故 $$\int_0^\pi\mathrm{e}^{-x^2}\cos^2x\mathrm{d}x>\int_0^\pi\mathrm{e}^{-(x+\pi)^2}\cos^2x\mathrm{d}x\text{，即 }I_1>I_2.$$

(4) 当 $\alpha\leqslant0$ 时，有 $\lim\limits_{x\to+\infty}F(x)=+\infty$，故结论不成立，当 $\alpha>0$ 时，

有 $\lim\limits_{x\to+\infty}F(x)=\lim\limits_{x\to+\infty}\frac{\int_0^x\ln(1+t^2)\mathrm{d}t}{x^\alpha}=\lim\limits_{x\to+\infty}\frac{\ln(1+x^2)}{\alpha x^{\alpha-1}}=\lim\limits_{x\to+\infty}\frac{2x}{1+x^2}\frac{1}{\alpha(\alpha-1)x^{\alpha-2}}=0$，

得到 $\alpha>1$，$\lim\limits_{x\to0^+}F(x)=\lim\limits_{x\to0^+}\frac{\int_0^x\ln(1+t^2)\mathrm{d}t}{x^\alpha}=\lim\limits_{x\to0^+}\frac{\ln(1+x^2)}{\alpha x^{\alpha-1}}=\lim\limits_{x\to0^+}\frac{x^2}{\alpha x^{\alpha-1}}=0$，

得到 $2>\alpha-1$，从而 $\alpha<3$，综上 $1<\alpha<3$.

(5) 由
$$\begin{aligned}f'(x)&=\frac{1}{2}\left[x^2\int_0^x g(t)\mathrm{d}t-2x\int_0^x tg(t)\mathrm{d}t+\int_0^x t^2g(t)\mathrm{d}t\right]'\\&=\frac{1}{2}\left[2x\int_0^x g(t)\mathrm{d}t+x^2g(x)-2\int_0^x tg(t)\mathrm{d}t-2x\cdot xg(x)+x^2g(x)\right]\\&=x\int_0^x g(t)\mathrm{d}t-\int_0^x tg(t)\mathrm{d}t,\end{aligned}$$

$$f''(x)=\int_0^x g(t)\mathrm{d}t+xg(x)-xg(x)=\int_0^x g(t)\mathrm{d}t;$$

得 $$f''(1)=\int_0^1 g(t)\mathrm{d}t=2,\ f'''(x)=g(x),\ f'''(1)=g(1)=5.$$

(6) $F(x)=\left(\frac{2}{x}+\ln x\right)\int_1^x f(t)\mathrm{d}t-\int_1^x\left(\frac{2}{t}+\ln t\right)f(t)\mathrm{d}t$，

则
$$\begin{aligned}F'(x)&=\left(-\frac{2}{x^2}+\frac{1}{x}\right)\int_1^x f(t)\mathrm{d}t+\left(\frac{2}{x}+\ln x\right)f(x)-\left(\frac{2}{x}+\ln x\right)f(x)\\&=\left(-\frac{2}{x^2}+\frac{1}{x}\right)\int_1^x f(t)\mathrm{d}t.\end{aligned}$$

令 $F'(x)=0$，得 $x=2$ 或 $x=1$．当 $1<x<2$ 时，$F'(x)<0$；当 $x>2$ 时，$F'(x)>0$，可见 $x=2$ 为 $F(x)$ 的极小值点，又因为 $x=2$ 是可导函数在 $(1,+\infty)$ 上的唯一极小值点，故 $x=2$ 为 $F(x)$ 的最小值点.

5. 证明题

（1）由积分中值定理，可知至少存在一点 $\eta\in[2,3]$，使

$$\int_2^3\varphi(x)\mathrm{d}x=\varphi(\eta)(3-2)=\varphi(\eta),$$

又由 $\varphi(2)>\int_2^3\varphi(x)\mathrm{d}x=\varphi(\eta)$，知 $2<\eta\leqslant 3$，对 $\varphi(x)$ 在 $[1,2]$,$[2,\eta]$ 上分别应用拉格朗日中值定理，并注意到 $\varphi(1)<\varphi(2)$，$\varphi(\eta)<\varphi(2)$，得

$\varphi'(\xi_1)=\dfrac{\varphi(2)-\varphi(1)}{2-1}>0\ (1<\xi_1<2)$；　$\varphi'(\xi_2)=\dfrac{\varphi(\eta)-\varphi(2)}{\eta-2}<0\ (2<\xi_1<\eta\leqslant 3)$.

在 $[\xi_1,\xi_2]$ 上对导函数 $\varphi'(x)$ 应用拉格朗日中值定理，有

$$\varphi''(\xi)=\frac{\varphi'(\xi_2)-\varphi'(\xi_1)}{\xi_2-\xi_1}<0,\quad \xi\in(\xi_1,\xi_2)\subset(1,3).$$

（2）在 $[a,x]$ 上对 $f(x)$ 使用拉格朗日中值定理，$f(x)-f(a)=f'(\xi)(x-a)$，其中 $a<\xi<x\leqslant b$，因为 $f(a)=0$，故 $f(x)=f'(\xi)(x-a)\leqslant M(x-a)$，所以 $\int_a^b f(x)\mathrm{d}x\leqslant M\int_a^b(x-a)dx=\dfrac{M}{2}(b-a)^2$，即 $\int_a^b f(x)\mathrm{d}x\leqslant\dfrac{M}{2}(b-a)^2$.

（3）令 $F(x)=\int_a^x f(t)\mathrm{d}t,x\in[a,b]$，则 $F'(x)=f(x)\geqslant 0$，从而在 $[a,b]$ 上 $F(x)$ 单调不减，于是 $M=F(b)=\int_a^b f(x)\mathrm{d}x>0,m=F(a)=0$．因为 $k>1$，$0=m<\dfrac{1}{k}\int_a^b f(x)\mathrm{d}x<M$,$m$,$M$ 分别为 $F(x)$ 在 $[a,b]$ 上的最小值和最大值，又因为 $F(x)$ 在 $[a,b]$ 上连续，由介值定理知，必存在 $\xi\in(a,b)$，使

$$F(\xi)=\int_a^\xi f(x)\mathrm{d}x=\frac{1}{k}\int_a^b f(x)\mathrm{d}x\quad(k>1).$$

第六章

☆ A　题 ☆

1. 填空题

（1）$\dfrac{3}{2}$；　（2）1；　（3）$\dfrac{\pi^2}{2}$；　（4）$\dfrac{16}{3}$；　（5）$2\sqrt{5}+\ln(2+\sqrt{5})$.

2. 选择题

（1）C；　（2）A；（提示：双纽线方程的极坐标形式为 $r^2=\cos2\theta$）；　（3）B；
（4）B；　（5）A；　（6）B.

3. 计算题

（1）$\dfrac{37}{12}$；　（2）π；　（3）$\dfrac{1}{4a}(\mathrm{e}^{4\pi a}-1)$；

（4）（如答案图 1 所示）当 θ 等于 0 和 $\dfrac{\pi}{3}$ 时，

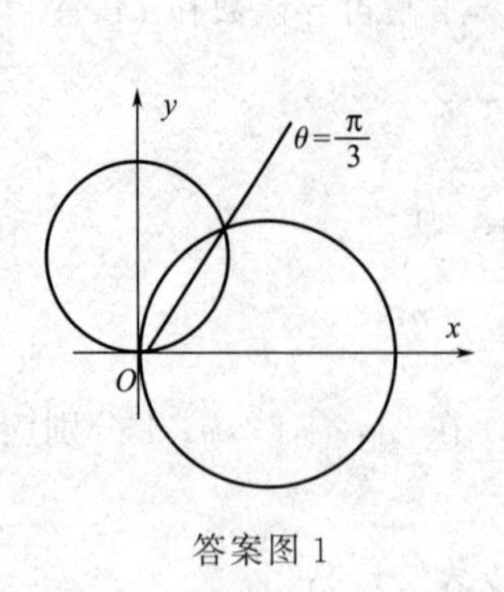

答案图 1

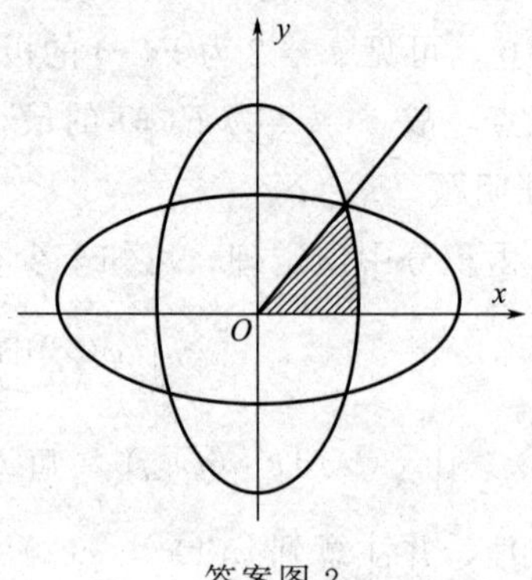

答案图 2

两曲线相交，所围公共部分的面积为

$$A=\frac{1}{2}\int_{0}^{\frac{\pi}{3}}\sin^2\theta\mathrm{d}\theta+\frac{1}{2}\int_{\frac{\pi}{3}}^{\frac{\pi}{2}}3\cos^2\theta\mathrm{d}\theta=\frac{5\pi}{24}-\frac{\sqrt{3}}{4}.$$

(5) $\ln3-\frac{1}{2}$.

4. 综合题

(1) 设切点为 $(t,\sqrt{t})$，则切线 l 的方程为 $y=\frac{1}{2\sqrt{t}}x+\frac{\sqrt{t}}{2}$，从而面积为

$$S(t)=\int_{0}^{2}[(\frac{1}{2\sqrt{t}}x+\frac{\sqrt{t}}{2})-\sqrt{x}]\mathrm{d}x=\frac{1}{\sqrt{t}}+\sqrt{t}-\frac{4\sqrt{2}}{3}.$$

令 $S'(t)=0$，得 $t=1$，又 $S''(1)>0$，故当 $t=1$ 时，面积取最小值. 此时，切线 l 的方程为 $y=\frac{x+1}{2}$，最小面积为 $S(1)=2-\frac{4\sqrt{2}}{3}$.

(2) 先画出草图（如答案图 2 所示)，由图可知所求面积的图形，关于 x 轴，y 轴及原点均对称，因此所求面积是图中阴影部分面积，S 的 8 倍，即 $A=8S$，因此关键是求出阴影部分的面积.

方法一　在直角坐标系下计算，

由 $\begin{cases}x^2+\frac{y^2}{3}=1,\\ \frac{x^2}{3}+y^2=1\end{cases}$ 解得第一象限的交点 $E\left(\frac{\sqrt{3}}{2},\frac{\sqrt{3}}{2}\right)$.

从而知线段 OE 所在的直线方程为 $y=x$ 以 y 为自变量，故

$$S=\int_{0}^{\frac{\sqrt{3}}{2}}\left(\sqrt{1-\frac{y^2}{3}}-y\right)\mathrm{d}y=\int_{0}^{\frac{\sqrt{3}}{2}}\frac{1}{\sqrt{3}}\sqrt{3-y^2}\mathrm{d}y-\frac{3}{8},$$

令 $y=\sqrt{3}\sin t$，有 $S=\frac{1}{\sqrt{3}}\int_{0}^{\frac{\pi}{6}}(\sqrt{3}\cos t\cdot\sqrt{3}\cos t)\mathrm{d}t-\frac{3}{8}=\frac{\sqrt{3}}{12}\pi$. 因此 $A=8S=\frac{2}{\sqrt{3}}\pi$.

注意　此题所求面积也可用椭圆 $x^2+\frac{y^2}{3}=1$ 的面积减去图中阴影部分的面积的 2 倍得到.

方法二　利用极坐标计算，将 $x=r\cos\theta,y=r\sin\theta$ 代入 $x^2+\frac{y^2}{3}=1$ 得该椭圆的极坐标

方程为 $r^2 = \dfrac{3}{3\cos^2\theta + \sin^2\theta}$. 从而

$$S = \frac{1}{2}\int_0^{\frac{\pi}{4}} r^2(\theta)\mathrm{d}\theta = \frac{1}{2}\int_0^{\frac{\pi}{4}} \frac{3}{3\cos^2\theta + \sin^2\theta}\mathrm{d}\theta$$

$$= \frac{1}{2}\int_0^{\frac{\pi}{4}} \frac{3\mathrm{d}\tan\theta}{3 + \tan^2\theta} = \frac{3}{2}\left[\frac{1}{\sqrt{3}}\arctan\frac{\tan\theta}{\sqrt{3}}\right]_0^{\frac{\pi}{4}} = \frac{\sqrt{3}\pi}{12}.$$

因此 $A = 8S = \dfrac{2}{\sqrt{3}}\pi$.

(3) 由 $A = \int_0^1 (ax + b)\mathrm{d}x = \dfrac{a}{2} + b$, $V = \pi\int_0^1 (ax + b)^2\mathrm{d}x = \pi(\dfrac{a^2}{3} + ab + b^2)$,

得 $V = \pi(\dfrac{4}{3}A^2 - \dfrac{2}{3}Ab + \dfrac{1}{3}b^2)$, 令 $V' = 0$, 得 $b = A$, 从而 $a = 0$.

(4) ① 抛物线 $y^2 = 4ax$. 先写出 $y^2 = 4ax$ 的参数方程: $\begin{cases} x = a + r\cos\theta, \\ y = r\sin\theta, \end{cases}$

代入 $y^2 = 4ax$ ($0 < \theta < \dfrac{\pi}{2}$), 得

$$r^2\sin^2\theta = 4a(a + r\cos\theta), \quad \text{即 } r^2\sin^2\theta - 4ar\cos\theta - 4a^2 = 0,$$
$$r^2 - (r\cos\theta + 2a)^2 = 0, \quad (r - r\cos\theta - 2a)(r + r\cos\theta + 2a) = 0.$$

所以 $r = \dfrac{2a}{1 - \cos\theta}$ ($y^2 = 4ax$ 的“广义”极坐标方程).

② 求 $y^2 = 4ax$ 与过焦点弦所围平面图形面积. 因为在$[\theta, \theta + \mathrm{d}\theta]$上面积微元为

$$\frac{1}{2}r^2\mathrm{d}\theta = \frac{2a^2}{(1 - \cos\theta)^2}\mathrm{d}\theta,$$

则在 $\theta \in [\alpha, \alpha + \pi]$ 上面积为 $S(\alpha) = \int_\alpha^{\alpha+\pi} \dfrac{2a^2}{(1 - \cos\theta)^2}\mathrm{d}\theta$.

③ 确定弦的方程使 $S(\alpha)$ 最大. 令 $S'(\alpha) = \dfrac{2a^2}{[1 - \cos(\pi + \alpha)]^2} - \dfrac{2a^2}{(1 - \cos\alpha)^2} = 0$.

得 $1 + \cos\alpha = 1 - \cos\alpha$, 即 $\alpha = \dfrac{\pi}{2}$, 从而弦的方程为 $x = a$, 即 $y^2 = 4ax$ 与过焦点 $(a, 0)$ 的弦 $x = a$ 所围面积最大.

④ 求最大面积. $S_{\max} = \int_{-2a}^{2a}\left(a - \dfrac{1}{4a}y^2\right)\mathrm{d}y = 4a^2 - \dfrac{1}{12a}y^3 \Big|_{-2a}^{2a} = \dfrac{8}{3}a^2$.

注意 如果本题不将 $y^2 = 4ax$ 写成 $r = \dfrac{2a}{1 - \cos\theta}$ 的形式，计算比较麻烦. 而由于 $r = \dfrac{2a}{1 - \cos\theta}$ 是“广义”极坐标方程，在②中求面积时使用了微元法；最后，在直角坐标系下计算最大面积值. 本题知识点较多，有一定难度.

☆ B 题 ☆

1. 填空题

(1) $\dfrac{ab}{6}$ [提示: $A = \int_0^a b(1 - \sqrt{\dfrac{x}{a}})^2\mathrm{d}x$]; (2) 4 (提示定义域为 $0 \leqslant x \leqslant \pi$) ; (3) $\dfrac{1}{2}$.

2. 选择题

(1) A ; (2) A ; (3) C ; (4) B .

3. 计算题

(1) 考虑摆线与 x 轴所围的平面图形在 $[x, x + \mathrm{d}x]$ 上的部分 (即阴影部分), 如答案图 3 所示. 绕直线 $y = 2a$ 旋转一周所得微量元素为:

$$\mathrm{d}V = [\pi(2a)^2 - \pi(2a - y)^2]\mathrm{d}x = \pi(4ay - y^2)\mathrm{d}x.$$

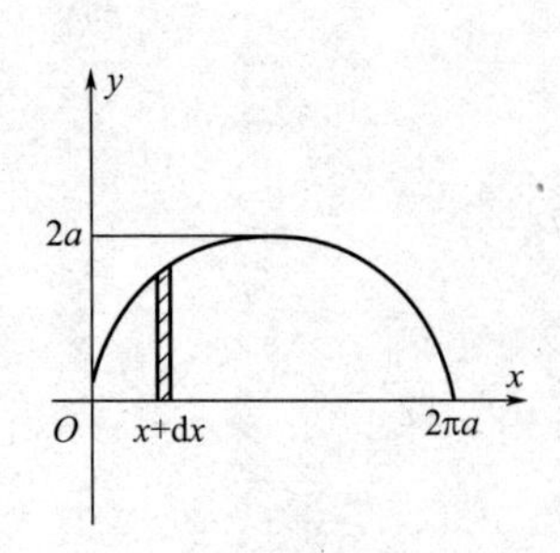

答案图 3

所以 $V=\int_0^{2\pi a}\pi(4ay-y^2)\mathrm{d}x \xlongequal{x=a(t-\mathrm{sih}t)}$.

$$=\pi\int_0^{2\pi}[4a^2(1-\cos t)-a^2(1-\cos t)^2]a(1-\cos t)\mathrm{d}t$$

$$=4a^3\pi\int_0^{2\pi}(1-\cos t)^2\mathrm{d}t-a^3\int_0^{2\pi}(1-\cos t)^3\mathrm{d}t$$

$$=16a^3\pi\int_0^{2\pi}\sin^4\frac{t}{2}\mathrm{d}t-8a^3\int_0^{2\pi}\sin^6\frac{t}{2}\mathrm{d}t$$

$$\xlongequal{\frac{t}{2}=u}32a^3\pi\int_0^{\pi}\sin^4u\mathrm{d}u-16a^3\int_0^{\pi}\sin^6u\mathrm{d}u$$

$$=64a^3\pi\times\frac{3}{4}\times\frac{1}{2}\times\frac{\pi}{2}-32a^3\pi\times\frac{5}{6}\times\frac{3}{4}\times\frac{1}{2}\times\frac{\pi}{2}=7\pi^2a^3.$$

注意　我们给出了绕 x,y 轴的旋转体的体积公式（包括圆片法和壳驻法），但若旋转轴不是 x 或 y 轴，应利用微元法进行计算.

（2）由题设，当 $x\neq 0$ 时 $\frac{xf'(x)-f(x)}{x^2}=\frac{3a}{2}$，即 $\frac{\mathrm{d}}{\mathrm{d}x}\left[\frac{f(x)}{x}\right]=\frac{3a}{2}$，并由 $f(x)$ 在点 $x=0$ 处的连续性，得 $f(x)=\frac{3a}{2}x^2+Cx,x\in[0,1]$. 又由已知条件得

$$2=\int_0^1(\frac{3a}{2}x^2+Cx)\mathrm{d}x=\left[\frac{a}{2}x^3+\frac{C}{2}x^2\right]_0^1=\frac{1}{2}a+\frac{1}{2}C,$$

即 $C=4-a$，因此 $f(x)=\frac{3a}{2}x^2+(4-a)x$；所以，旋转体的体积为

$$V(a)=\pi\int_0^1f^2(x)\mathrm{d}x=\pi\int_0^1\left[\frac{3a}{2}x^2+(4-a)x\right]^2\mathrm{d}x=\pi\left(\frac{1}{30}a^2+\frac{a}{3}+\frac{16}{3}\right),$$

则
$$V'(a)=\pi\left(\frac{1}{15}a+\frac{1}{3}\right)=0,$$

解得 $a=-5$，又因为 $V''(a)=\frac{1}{15}>0$，故 $a=-5$ 时，旋转体体积最小.

（3）应首先求出弧 $\overset{\frown}{AB}$ 的长及弧 $\overset{\frown}{AM}$ 的长，然后令弧 $\overset{\frown}{AM}$ 的长等于 $\frac{1}{4}$ 弧 $\overset{\frown}{AB}$ 的长.

① $\int_\alpha^\beta\sqrt{x'^2(t)+y'^2(t)}=at$，$\overset{\frown}{AB}$ 弧长为 $S=\int_0^\pi\sqrt{x'^2(t)+y'^2(t)}\mathrm{d}t=\int_0^\pi at\mathrm{d}t=\frac{\pi^2a}{2}$；

② 设点 $M(x_0,y_0)$ 对应于参数 t_0，则 $\overset{\frown}{AM}$ 弧长为

$$S_1=\int_0^{t_0}\sqrt{x'^2(t)+y'^2(t)}\mathrm{d}t=\int_0^{t_0}at\mathrm{d}t=\frac{{t_0}^2a}{2}.$$

③ 令 $\frac{{t_0}^2a}{2}=\frac{1}{4}\frac{a}{2}\pi^2$，解得 $t_0=\frac{\pi}{2}$，从而 $x_0=a(\cos\frac{\pi}{2}+\frac{\pi}{2}\sin\frac{\pi}{2})=\frac{\pi}{2}a$；

$y_0=a(\sin\frac{\pi}{2}-\frac{\pi}{2}\cos\frac{\pi}{2})=a$，故所求点为 $M(\frac{\pi}{2}a,a)$.

注意　计算弧长的公式有三种不同情形，即直角坐标公式，参数方程公式和极坐标公式要视不同情况使用.

（4）因为抛物线过原点，所以 $c=0$. 又由题设可知 $\int_0^1(ax^2+bx)\mathrm{d}x=\frac{a}{3}+\frac{b}{2}=\frac{1}{3}$，即 $b=\frac{2}{3}(1-a)$，且 $V=\pi\int_0^1(ax^2+bx)^2\mathrm{d}x=\pi\left(\frac{1}{5}a^2+\frac{ab}{2}+\frac{1}{3}b^2\right)$

$$=\pi\left(\frac{1}{5}a^2+\frac{1}{3}a(1-a)+\frac{4}{27}(1-a)^2\right)=\pi\left(\frac{2}{135}a^2+\frac{a}{27}+\frac{4}{24}\right).$$

(5)（如答案图 4 所示）$A=3\times\frac{1}{2}\int_{0}^{\frac{\pi}{3}}(a\sin3\theta)^{2}\mathrm{d}\theta=\frac{3}{2}\times a^{2}\left(\frac{1}{2}\frac{\pi}{3}-\frac{\sin6\theta}{12}\Big|_{0}^{\frac{\pi}{3}}\right)=\frac{\pi a^{2}}{4}$.

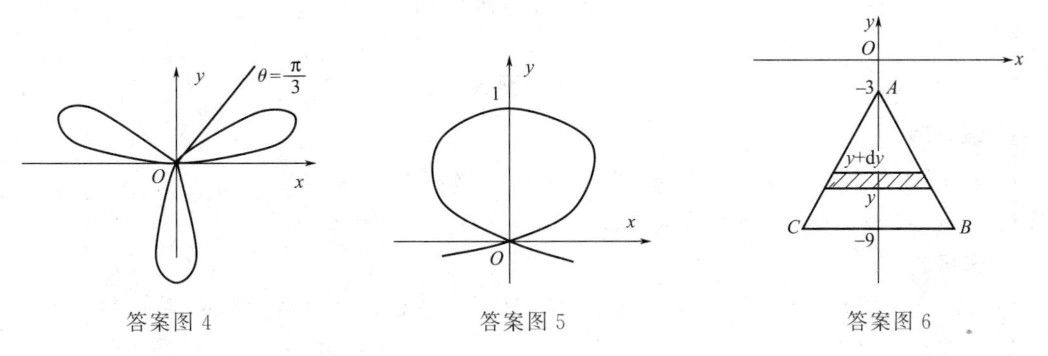

答案图 4　　答案图 5　　答案图 6

(6)（如答案图 5 所示）当参数由 -1 增大到 1 时，曲线围成的图形面积为

$$
\begin{aligned}
A&=\int_{-1}^{1}(1-t^{4})(t-t^{3})'\mathrm{d}t=\int_{-1}^{1}(1-t^{4})(1-3t^{2})\mathrm{d}t\\
&=2\int_{0}^{1}(1-3t^{2}-t^{4}+3t^{6})\mathrm{d}t=\frac{16}{35}.
\end{aligned}
$$

(7) 根据题意建立直角坐标系，作出图形（如答案图 6 所示）则球在 xOy 平面的截面的边界曲线方程为 $(x-r)^{2}+y^{2}=R^{2}$.

对 $0\leqslant x\leqslant 2R$，在 $[x,x+\mathrm{d}x]$ 上做薄片从水中取出所做的功，由于将球取出包含将此薄片从 x 处移至 $x-2R$ 处，且在水中移动时，有浮力作用，故先求薄片从 x 移动到 O 处所做功，再求从 O 处移动到 $x-2R$ 处所做功，然后求和，即

$$
\begin{aligned}
\mathrm{d}w&=(\mathrm{d}v\cdot r\cdot g-\mathrm{d}v\cdot 1\cdot g)x+\mathrm{d}v\cdot r\cdot g\cdot(2R-x)\\
&=\mathrm{d}v.\,g\cdot(r-1)\cdot x+\mathrm{d}v.\,r.\,g(2R-x)\\
&=\pi y^{2}.\,\mathrm{d}x.\,(r-1)\cdot x+\pi y^{2}\mathrm{d}x\cdot rg(2R-x)\\
&=\pi(r-1)\cdot x(R^{2}-(x-R)^{2})\mathrm{d}x+\pi rg(2R-x)(R^{2}-(x-R)^{2})\mathrm{d}x.
\end{aligned}
$$

所以 $W=\pi(r-1)\int_{0}^{2R}x(2R-x)\mathrm{d}x+\pi rg\int_{0}^{2R}(2R-x)^{2}\mathrm{d}x$.

注意　与水吸干不同，球是固体，因此薄片的位移均是常数（本题是 $2R$）；另外，$\mathrm{d}w$ 的第一项是水内做功，要去掉浮力的做功.

(8) 根据题意建立坐标系，作出图形（如答案图 7 所示）由 $A(0,-3)$，$C(4,-9)$ 可得直线 AC 的方程：$3x+2y+6=0$.

对 $-9\leqslant y\leqslant -3$，在 $[y,y+\mathrm{d}y]$ 上计算水对薄片的压力，即压力的微量元素

$$
\begin{aligned}
\mathrm{d}p&=\mathrm{d}s\cdot g(0-y)=-2x\cdot\mathrm{d}y\cdot g\cdot y\\
&=g\cdot\frac{12+4y}{3}\cdot\mathrm{d}y=g(4y+\frac{4}{3}y^{2})\mathrm{d}y;
\end{aligned}
$$

所以压力 $p=g\int_{-9}^{-3}(4y+\frac{4}{3}y^{2})\mathrm{d}y=g(2y^{2}+\frac{4}{9}y^{3})\Big|_{-9}^{-3}$

$=168g\approx 1.65\,(\mathrm{N})$.

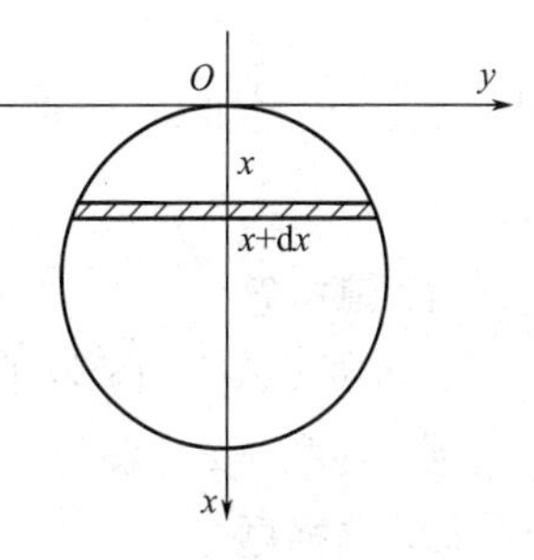

答案图 7

注意　本题利用微元法计算压力，其中压力的计算公式为：

面积×水密度×水深，当水深以cm为单位时，力的单位为N（牛顿），其中 $g=9.8$.

第七章

☆A 题☆

1. 填空题

(1) 4； (2) 3； (3) $e^x-e^y=C$； (4) $y=(x+c)\cos x$；

(5) $y=e^{-2x}(C_1\cos 5x+C_2\sin 5x)$； (6) $y''-2y'+y=0$.

2. 选择题

(1) B； (2) D； (3) B； (4) A； (5) B； (6) C； (7) A； (8) A；

3. 计算题

(1) $e^{3y}dy=xe^{2x}dx$，$\frac{1}{3}e^{3y}=\frac{1}{4}e^{2x}(2x-1)+C$.

(2) $\frac{dy}{y}=\ln x dx$，通解 $y=Ce^{x(\ln x-1)}$，特解 $y=2e^{x(\ln x-1)+1}$.

(3) $y'-\frac{3}{x}y=x, y=e^{\int\frac{3}{x}dx}\left(\int xe^{-\int\frac{3}{x}}dx+C\right), y=x^3(C-\frac{1}{x})$.

(4) 原方程化为 $3y^2y'+y^3=1$（伯努利方程），令 $u=y^3$，则

$$u'+u=1 \text{（一阶线性方程），解得 } y^3=1+Ce^{-x}.$$

(5) $y=\overline{Y}+y^*=C_1e^{-2x}+C_2e^{4x}+\cos 2x-3\sin 2x$.

(6) $r^2+r=0, r_1=-1, r_2=0, \overline{y}=C_1e^{-x}+C_2$，$y^*=2x-\frac{1}{2}\cos x-\frac{1}{2}\sin x$，

故原方程的通解为 $y=\overline{y}+y^*=C_1e^{-x}+C_2+2x-\frac{1}{2}\cos x-\frac{1}{2}\sin x$.

(7) $r^2-2r+1=0, r_1=r_2=1, y^*=x^2(Ax^2+Bx+C)e^x$，$A=\frac{1}{12}, B=C=0$，

故

$$y^*=\frac{1}{12}x^4e^x.$$

(8) 此方程属于 $y''=f(y,y')$ 型，令 $y'=p$，则 $y''=p\frac{dp}{dy}$，方程化为 $p\frac{dp}{dy}+\frac{1}{1-y}p^2=0$，

即得方程 $p=0$，或 $\frac{dp}{dy}=\frac{1}{1-y}p=0$. 由 $p=0$，得 $y'=0, y=c$（舍去），

由 $\frac{dp}{dy}+\frac{1}{1-y}p=0, \frac{dp}{p}=\frac{1}{1-y}dy$，得 $p=y'=C_1(y-1)$，即 $\frac{dy}{y-1}=C_1dx$，故

$$y=C_2e^{C_1x}+1.$$

由 $y|_{x=0}=2$ 知 $C_2=1$；由 $y'|_{x=0}=1$ 知 $C_1=1$. 所以 $y=e^x+1$ 为所求特解.

☆B 题☆

1. 填空题

(1) $y^2(y'^2+1)=1$； (2) $y=2(e^x-x-1)$； (3) $y^*=3x$；

(4) $y^*=x(Ax^2+Bx+C)+Dxe^{2x}$；(5) $y'''-3y''+4y'-2y=0$； (6) $2+cx$.

2. 选择题

(1) B； (2) D； (3) C； (4) B； (5) B； (6) A； (7) D； (8) D； (9) D；(10) C.

3. 计算题

(1) $y' + \frac{1}{x+1}y = \frac{x+1}{x}e^x$，

$y = e^{-\ln|x+1|}[\int \frac{x}{x+1}e^{-x}e^{\ln|x+1|}dx + C] = \frac{1}{x+1}[C - e^{-x}(x+1)] = \frac{C}{x+1} - e^{-x}$.

(2) 令 $y' = u$，则原方程化为 $u'(x+u^2) = u$. 即 $\frac{dx}{du} - \frac{1}{u}x = u$，

其解为 $x = e^{-\int -\frac{1}{u}du}(\int u e^{\int -\frac{1}{u}du}du + C) = u(u+C)$，利用 $u = y'(1) = 1$，有 $C = 0$，

于是 $x = u^2$ 或 $u = \sqrt{x}$. 再由 $y' = \sqrt{x}$，积分得 $y = \int \sqrt{x}dx = \frac{2}{3}x^{\frac{3}{2}} + C_1$，代入初始条件 $y(1) = 1$，得 $C_1 = \frac{1}{3}$，故满足初始条件 $y(1) = y'(1) = 1$ 的特解为

$$y = \frac{2}{3}x^{\frac{3}{2}} + \frac{1}{3}.$$

(3) 令 $y' = p$，则 $y'' = \frac{dp}{dx}$. 于是原方程可化为 $\frac{dp}{dx} = p^2$，$\frac{dp}{p^2} = dx$，

则 $-\frac{1}{p} = x + C_1$，$P = -\frac{1}{x+C_1}$ 即 $\frac{dy}{dx} = -\frac{1}{x+C_1}$，故原方程的通解为

$$y = -\ln(x+C_1) + C_2.$$

(4) $r^2 + r = 0, r_1 = 0, r_2 = -1, y^* = Ax^3 + Bx^2 + Cx + Dxe^{-x}$，

$$A = \frac{1}{3}, B = -1, C = 2, D = -1. \ y^* = \frac{1}{3}x^3 - x^2 + 2x - xe^{-x}.$$

(5) 原方程为 $\frac{dy}{dx} - \frac{2}{x}y = -1$，则 $y = e^{\int \frac{2}{x}dx}(C - \int e^{-\int \frac{2}{x}dx}dx) = x^2(\frac{1}{x} + C) = x + Cx^2$.

所求旋转体的体积为 $V(C) = \int_1^2 \pi(x+Cx^2)^2 dx = \pi(\frac{31}{5}C^2 + \frac{15}{2}C + \frac{7}{3})$，

令 $V'(C) = \pi(\frac{62}{5}C + \frac{15}{2}) = 0$，得唯一驻点 $C = -\frac{75}{124}$. 又 $V''(C) = \frac{62}{5}\pi > 0$，

故 $C = -\frac{75}{124}$ 为最小值点，于是所求曲线方程为 $y = x - \frac{75}{124}x^2$.

(6) ①由反函数的求导公式知 $\frac{dx}{dy} = \frac{1}{y'}$，于是有

$$\frac{d^2x}{dy^2} = \frac{d}{dy}(\frac{dx}{dy}) = \frac{d}{dx}(\frac{1}{y'})\frac{dx}{dy} = \frac{-y''}{y'^2}\cdot\frac{1}{y'} = -\frac{y''}{(y')^3}.$$

代入原微分方程得 $$y'' - y = \sin x. \quad (*)$$

② 方程(*)所对应的齐次方程 $y'' - y = 0$ 的通解为 $Y = C_1e^x + C_2e^{-x}$.

设方程(*)的特解为 $y^* = A\cos x + B\sin x$，代入方程(*)，求得 $A = 0, B = -\frac{1}{2}$，故 $y^* = -\frac{1}{2}\sin x$，从而 $y'' - y = \sin x$ 的通解是 $y = Y + y^* = C_1e^x + C_2e^{-x} - \frac{1}{2}\sin x$. 由 $y(0) = 0, y'(0) = \frac{3}{2}$，得 $C_1 = 1, C_2 = -1$. 故所求初值问题的解为

$$y = e^x - e^{-x} - \frac{1}{2}\sin x.$$

(7) 由题设，飞机的质量 $m = 9000$kg，着陆时的水平速度为 $v_0 = 700$km/h. 从飞机接触跑道开始计时，设 t 时刻飞机的滑行距离为 $x(t)$，速度为 $v(t)$. 根据牛顿第二定律，

得 $m\dfrac{dv}{dt}=-kv$，又 $\dfrac{dv}{dt}=\dfrac{dv}{dx}\dfrac{dx}{dt}=v\dfrac{dv}{dx}$，于是得 $dx=-\dfrac{m}{k}dv$，积分得 $x(t)=-\dfrac{m}{k}v+C$，由于 $v(0)=v_0,x(0)=0$，故得 $C=\dfrac{m}{k}v_0$，从而 $x(t)=\dfrac{m}{k}[v_0-v(t)]$．当 $v(t)\to 0$ 时，

$$x(t)\to\frac{mv_0}{k}=\frac{9000\times 700}{6.0\times 10^6}=1.05(\mathrm{km}).$$

所以，飞机滑行的最长距离为 1.05km．

(8) 曲线在 (x,y) 处的法线方程为 $Y-y=-\dfrac{1}{y'}(X-x)$，由于当 $-\pi<x<0$ 时，法线过原点，所以有 $y=-\dfrac{x}{y'}$．由此可得 $y^2=-x^2+C$．因为点 $\left(-\dfrac{\pi}{\sqrt{2}},\dfrac{\pi}{\sqrt{2}}\right)$ 在曲线上，所以 $C=\pi^2$，则所求曲线为 $x^2+y^2=\pi^2$ $(-\pi<x<0)$．当 $0\leqslant x<\pi$ 时，由 $y''+y+x=0$ 解得 $y=C_1\cos x+C_2\sin x-x$．由于曲线是光滑的，则 $y(0-0)=y(0+0),y'_-(0)=y'_+(0)$，而 $y(0-0)=\pi,y(0+0)=C_1$，则 $C_1=\pi$．又 $y'_-(0)=0,y'_+(0)=C_2-1$，则 $C_2=1$．故

$$y=\begin{cases}\sqrt{\pi^2-x^2}, & -\pi<x<0,\\ \pi\cos x+\sin x-x, & 0\leqslant x\leqslant\pi.\end{cases}$$

(9) $\varphi(x)=e^x+2xe^x+\dfrac{1}{2}x^2e^x$．

(10) 曲线 $y=\varphi(x)$ 上的点 (x,y) 处的切线方程为 $Y-y=y'(X-x)$，令 $X=0$，得截距 $Y=y-xy'$，依题意有 $\dfrac{1}{x}\int_0^x\varphi(t)dt=y-xy'$，即

$$\int_0^x\varphi(t)dt=xy-x^2y',$$

上式两端关于 x 求导，化简得 $xy''+y'=0$，令 $y'=p$，并分离变量得 $\dfrac{dp}{p}=-\dfrac{dx}{x}$，解得 $p=\dfrac{C_1}{x}$，即 $y'=\dfrac{C_1}{x}$，进而解得 $y=C_1\ln x+C_2$．

第八章

☆ A 题 ☆

1. 填空题

(1) 13，$7\boldsymbol{j}$；(2) $k=\pm\sqrt{\dfrac{3}{5}}$；(3) $\boldsymbol{x}=(-4,2,-4)$；(4) $\pm\dfrac{1}{\sqrt{5}}(0,1,-2)$；

(5) $-\dfrac{4}{3}$；(6) $y+z=1$；(7) $x-8y-13z+9=0$；(8) $\begin{cases}x-y+2z-1=0,\\ x-3y-2z+1=0;\end{cases}$

(9) $d=15$；(10) $9(x^2+z^2)-4(y-3)^2=0$，圆锥面.

2. 选择题

(1) D；(2) D；(3) B；(4) B；(5) D；(6) B；(7) B；(8) C；(9) A；(10) C．

3. 计算题

(1) 由 $\boldsymbol{a}\cdot\boldsymbol{b}=3$，得 $|\boldsymbol{a}||\boldsymbol{b}|\cos(\widehat{\boldsymbol{a},\boldsymbol{b}})=3$，由 $\boldsymbol{a}\times\boldsymbol{b}=(1,1,1)$，得 $|\boldsymbol{a}\times\boldsymbol{b}|=|\boldsymbol{a}||\boldsymbol{b}|\sin(\widehat{\boldsymbol{a},\boldsymbol{b}})=\sqrt{3}$ 于是相比得 $\tan(\widehat{\boldsymbol{a},\boldsymbol{b}})=\dfrac{\sqrt{3}}{3}$，所以 $(\widehat{\boldsymbol{a},\boldsymbol{b}})=\dfrac{\pi}{6}$．

(2) $\lim\limits_{x\to 0}\dfrac{|\boldsymbol{a}+x\boldsymbol{b}|-|\boldsymbol{a}|}{x}=\lim\limits_{x\to 0}\dfrac{|\boldsymbol{a}+x\boldsymbol{b}|^2-|\boldsymbol{a}|^2}{x(|\boldsymbol{a}+x\boldsymbol{b}|+|\boldsymbol{a}|)}=\lim\limits_{x\to 0}\dfrac{(\boldsymbol{a}+x\boldsymbol{b})\cdot(\boldsymbol{a}+x\boldsymbol{b})-\boldsymbol{a}\cdot\boldsymbol{a}}{x(|\boldsymbol{a}+x\boldsymbol{b}|+|\boldsymbol{a}|)}$

$$=\lim_{x\to 0}\frac{(\boldsymbol{a}\cdot\boldsymbol{a}+2x\boldsymbol{a}\cdot\boldsymbol{b}+x^2|\boldsymbol{b}|^2)-\boldsymbol{a}\cdot\boldsymbol{a}}{x(|\boldsymbol{a}+x\boldsymbol{b}|+|\boldsymbol{a}|)}$$

$$=\lim_{x\to 0}\frac{2\boldsymbol{a}\cdot\boldsymbol{a}+x|\boldsymbol{b}|^2}{(|\boldsymbol{a}+x\boldsymbol{b}|+|\boldsymbol{b}|)}=\frac{2\boldsymbol{a}\cdot\boldsymbol{b}}{2|\boldsymbol{a}|}=2\cos\frac{\pi}{3}=1.$$

(3) ① 因为 $\boldsymbol{A}\perp\boldsymbol{B}$，所以 $(2\boldsymbol{a}+\boldsymbol{b})\cdot(k\boldsymbol{a}+\boldsymbol{b})=0\Rightarrow k=-2$.

② 由平行四边形的面积公式有

$$6=|\boldsymbol{A}\times\boldsymbol{B}|=|\boldsymbol{A}||\boldsymbol{B}|\sin(\widehat{\boldsymbol{A},\boldsymbol{B}})\Rightarrow k^2-4k-5=0\Rightarrow k=-1\text{ 或 }k=5.$$

(4) 设所求平面方程为 $\dfrac{x}{a}+\dfrac{y}{a}+\dfrac{z}{c}=1$ 又平面过点 $M(3,-2,1)$ 和 $N(0,3,5)$ 代入平面方程得 $a=\dfrac{1}{2}$，$c=-1$，于是所求平面方程为 $2x+2y-z=1$.

(5) 设平面方程为 $\dfrac{x}{a}+\dfrac{y}{3a}+\dfrac{z}{2a}=1$，即 $6x+2y+3z+8-6a=0$. 又原点到平面的距离为 6，于是有 $a=\pm 7$，所求平面方程为 $6x+2y+3z\pm 42=0$.

(6) 设所求平面为 $\dfrac{x}{a}+\dfrac{y}{b}+\dfrac{z}{c}=1$，由题设有 $\dfrac{1}{6}abc=1$，$\dfrac{1}{a}\Big/6=\dfrac{1}{b}\Big/1=\dfrac{1}{c}\Big/6=t$，解得 $a=1$，$b=6$，$c=1$，故所求平面方程为 $6x+y+6z-6=0$.

(7) 直线方程与 z 轴相交，则 z 轴上的点 $(0,0,z)$ 满足直线方程，代入方程得

$$\begin{cases}2z-6=0,\\-z+D=0,\end{cases}\qquad\text{所以 }D=3.$$

(8) $\begin{cases}x+y+z+1=0,\\y+z+1=0,\\x+2z=0,\end{cases}$ 得交点 $(0,-1,0)$，L：$\boldsymbol{s}=(0,1,1)\times(1,0,2)=(2,1,-1)$，平面：$\boldsymbol{n}=(1,1,1)$，取所求直线的方向向量 $\boldsymbol{s}_1=\boldsymbol{s}\times\boldsymbol{n}=(2,-3,1)$. 所求直线的方程为

$$\frac{x}{2}=\frac{y+1}{-3}=\frac{z}{1}.$$

(9) 已知两直线的方向向量 $\boldsymbol{s}_1=(1,-1,1)$，$\boldsymbol{s}_2=(2,1,3)$.
令 $\boldsymbol{s}=\boldsymbol{s}_1\times\boldsymbol{s}_2$，计算可得 $\boldsymbol{s}=(-4,-1,3)$，令 $\boldsymbol{n}_1=\boldsymbol{s}\times\boldsymbol{s}_1=(2,7,5)$，$\boldsymbol{n}_2=\boldsymbol{s}\times\boldsymbol{s}_2=(3,-9,1)$.
作平面 Π_1 与 Π_2，Π_1：$2(x+2)+7(y-3)+5(z+1)=0$，即 $2x+7y+5z-12=0$.

$$\Pi_2:3(x+4)-9y+(z-4)=0\text{，即 }3x-9y+z+8=0.$$

故所求直线为 $$L:\begin{cases}2x+7y+5z-12=0,\\3x-9y+z+8=0.\end{cases}$$

(10) 将 $z=9-2x+3y$ 代入第 1 个式子中，得 $-9y^2+6xy-2x(9-2x+3y)+24x-9y+3(9-2x+3y)-63=0$，整理得 $4x^2-9y^2=36$，即为所求.

4. 证明题

(1) 因为 $|\boldsymbol{a}+t\boldsymbol{b}|^2=(\boldsymbol{a}+t\boldsymbol{b})\cdot(\boldsymbol{a}+t\boldsymbol{b})=|\boldsymbol{a}|^2+t^2|\boldsymbol{b}|^2+2t\boldsymbol{a}\cdot\boldsymbol{b}$ 该式为关于 t 的一个 2 次多项式配方得 $|\boldsymbol{a}+t\boldsymbol{b}|^2=|\boldsymbol{b}|^2(t+\dfrac{\boldsymbol{a}\cdot\boldsymbol{b}}{|\boldsymbol{b}|^2})^2+|\boldsymbol{a}|^2\sin^2(\widehat{\boldsymbol{a},\boldsymbol{b}})$，所以，当 $t=-\dfrac{\boldsymbol{a}\cdot\boldsymbol{b}}{|\boldsymbol{b}|^2}$ 时，$|\boldsymbol{a}+t\boldsymbol{b}|$ 最小.

此时，$\boldsymbol{b}\cdot(\boldsymbol{a}+t\boldsymbol{b})=\boldsymbol{a}\cdot\boldsymbol{b}+t|\boldsymbol{b}|^2=\boldsymbol{a}\cdot\boldsymbol{b}-\dfrac{\boldsymbol{a}\cdot\boldsymbol{b}}{|\boldsymbol{b}|^2}|\boldsymbol{b}|^2=0$，所以 $\boldsymbol{b}\perp(\boldsymbol{a}+t\boldsymbol{b})$.

(2) 设所求平面方程为 $Ax+By+Cz+D=0$，由点到平面的距离公式有

$$p=\frac{|Ax_0+By_0+Cz_0+D|}{\sqrt{AA^2+B^2+C^2}}\Rightarrow D=-Ax_0-By_0-Cz_0\pm p\sqrt{A^2+B^2+C^2},$$

代入得所求平面方程为 $A(x-x_0)+B(y-y_0)+C(z-z_0)\pm p\sqrt{A^2+B^2+C^2}=0$.

☆ B 题 ☆

1. 填空题

(1) 40； (2) 3； (3) $|\boldsymbol{a}|=|\boldsymbol{b}|$ 或 $(\boldsymbol{a}+\boldsymbol{b})\perp(\boldsymbol{a}-\boldsymbol{b})$； (4) $2x+2y-3z=0$；

(5) $\begin{cases}x=x_0\\y=y_0\end{cases}$，或 $\begin{cases}A_1x+B_1y+D_1=0,\\A_2x+B_2y+D_2=0;\end{cases}$ (6) $\begin{cases}(1-c)y+z=a-b,\\x=0,\end{cases}$；

(7) $\begin{cases}11x+2y-7z-1=0,\\7x+y-5z+7=0;\end{cases}$ (8) $x^2+y^2=1$.

2. 选择题

(1) B； (2) C； (3) D； (4) A； (5) C； (6) C； (7) C； (8) B.

3. 计算题

(1) 设 $\boldsymbol{c}=\lambda\boldsymbol{a}+\mu\boldsymbol{b}$，$\mathrm{Prj}_{\boldsymbol{a}}\boldsymbol{c}=20\Rightarrow\boldsymbol{a}\cdot\boldsymbol{c}=20|\boldsymbol{a}|$，有 $81\lambda+126\mu=180$，$\boldsymbol{b}\cdot\boldsymbol{c}=9|\boldsymbol{b}|$ 有 $126\lambda+225\mu=135$，即 $\begin{cases}9\lambda+14\mu=20,\\14\lambda+25\mu=15,\end{cases}$ 解得 $\lambda=10,\mu=-5$，所以

$$\boldsymbol{c}=5(2\boldsymbol{a}-\boldsymbol{b})=15(0,1,2).$$

(2) 过已知直线的平面束方程为 $\lambda(4x-y+3z-1)+\mu(x+5y-z-2)=0$ 即 $(4\lambda+\mu)x+(-\lambda+5\mu)y+(3\lambda-\mu)z-\lambda-2\mu=0$，由于所求平面与已知平面垂直从而有 $2(4\lambda+\mu)-(-\lambda+5\mu)+5(3\lambda-\mu)=0\Rightarrow\mu=3\lambda$ 代入平面束方程得所求平面方程为 $x+2y-1=0$.

(3) l_2 的参数方程为 $\begin{cases}x=-3+3t,\\y=9-4t,\\z=-14+7t,\end{cases}$ 由于 l_1,l_2 相交，设交点 $P_0(-3+3t,9-4t,-14+7t)$. 则有 $\dfrac{3t-4}{2}=\dfrac{13-4t}{m}=\dfrac{7t-17}{-3}$，解得 $t=2,m=5$，l_1,l_2 确定的平面法向量为

$$\boldsymbol{n}=\begin{vmatrix}\boldsymbol{i}&\boldsymbol{j}&\boldsymbol{k}\\2&5&-3\\3&-4&7\end{vmatrix}=23(1,-1,-1)$$，故 l_1,l_2 确定的平面方程为 $x-y-z-2=0$.

(4) 过点 P 与 l 垂直的平面方程为 $\Pi:3x+2y-z-6=0$，l 的参数方程为 $\begin{cases}x=-1+3t,\\y=1+2t,\\z=-t,\end{cases}$ 代入平面 Π 方程，解得 $t=\dfrac{1}{2}$，故交点为 $(\dfrac{1}{2},2,-\dfrac{1}{2})$，所求直线方程为

$$\frac{x-2}{-3}=\frac{y-1}{2}=\frac{z-2}{-5}.$$

(5) 球面方程表示的是球心在 $M_0(4,-1,3)$，半径 $R=2$ 的球面. $M_0(4,-1,3)$ 到平面

的距离为 $d=\frac{|m-4|}{3}$，有 $d=2$．即 $m=-2$ 或 $m=10$ 时，平面与球面相切．$d<2$ 即 $-2<m<10$ 时，平面与球面相交．$d>2$ 即 $m<-2$ 或 $m>10$ 时，平面与球面相离．

(6) l_0 位于过 l 且与 Π 垂直的平面 Π_1 上，Π_1 的法向量 $\boldsymbol{n}_1=\boldsymbol{n}\times\boldsymbol{s}=(-1,3,2)$，$\Pi_1$ 的方程为 $x-3y-2z+1=0$，所以 l_0 的一般式方程为 $\begin{cases}x-y+2z-1=0,\\x-3y-2z+1=0,\end{cases}$ l_0 化为参数方程形式 $\begin{cases}x=2t,\\y=t,\\z=-\frac{1}{2}(t-1).\end{cases}$ 旋转曲面方程应满足 $\begin{cases}x^2+z^2=(2t)^2+\frac{1}{4}(t-1)^2,\\y=t,\end{cases}$ $t\in R$，消去参数 t 的旋转曲面的方程 $\frac{17}{4}x^2-\frac{169}{16}(y-\frac{1}{17})^2+\frac{17}{4}z^2=1$，此曲面为单叶双曲面．

4. 证明题

(1) 设 $\boldsymbol{OA}=\boldsymbol{a}$，$\boldsymbol{OB}=\boldsymbol{b}$，$\boldsymbol{OC}=\boldsymbol{c}$，根据三角形法则．则 $\boldsymbol{AB}=\boldsymbol{b}-\boldsymbol{a}$，$\boldsymbol{AC}=\boldsymbol{c}-\boldsymbol{a}$，$\boldsymbol{BC}=\boldsymbol{c}-\boldsymbol{b}$．根据条件 α,β,γ 不全为 0，不妨设 $\gamma\neq0$，则

$$\boldsymbol{AC}=\boldsymbol{c}-\boldsymbol{a}=-\frac{\alpha\boldsymbol{a}+\beta\boldsymbol{b}}{\gamma}-\boldsymbol{a}=\frac{\beta}{\alpha+\beta}(\boldsymbol{b}-\boldsymbol{a})=\frac{\beta}{\alpha+\beta}\boldsymbol{AB},$$

即 $\boldsymbol{AC}$ 与 $\boldsymbol{AB}$ 共线．所以点 A,B,C 在一条直线上．

(2) 设直线与 3 坐标轴 x,y,z 轴的夹角分别为 $\alpha_1,\beta_1,\gamma_1$，那么有

$$\alpha_1=\frac{\pi}{2}\pm\alpha,\quad \beta_1=\frac{\pi}{2}\pm\beta,\quad \gamma_1=\frac{\pi}{2}\pm\gamma,$$

根据 $\cos^2\alpha_1+\cos^2\beta_1+\cos^2\gamma_1=1$，即可得 $\cos^2\alpha+\cos^2\beta+\cos^2\gamma=2$．

第九章

☆ A 题 ☆

1. 填空题

(1) 直线 $x=m$ 及 $y=n$ 上的一切点 $(m,n=0,\pm1,\pm2,\cdots)$；(2) $\pi-\arctan\frac{3}{2}$；

(3) $\frac{3x^2-3yz}{x^3+y^3+z^3-3xyz}\mathrm{d}x+\frac{3y^2-3xz}{x^3+y^3+z^3-3xyz}\mathrm{d}y+\frac{3z^2-3xy}{x^3+y^3+z^3-3xyz}\mathrm{d}z$；

(4) $0\mathrm{d}x-2\mathrm{d}y$；(5) $z+xy$；(6) $\frac{\sqrt{2}}{2}(\ln2-1)$；(7) $2f'_x(a,b)$；

(8) $(f'_1+f'_2y)g'.(1+y)$；(9) 极小值为 $-\mathrm{e}^{-\frac{1}{3}}$；(10) $\frac{x-1}{2}=\frac{y-1}{-1}=\frac{z-1}{-1}$．

2. 选择题

(1) D；(2) A；(3) A；(4) C；(5) D；(6) C；(7) B；(8) C．

3. 计算题

(1) $\{(x,y)|x^2+y^2\geqslant4\}$．　　(2) ① 1；② $-\frac{1}{4}$；③ $2a$．

(3) $\frac{\partial z}{\partial x}=-\frac{y}{x^2+y^2}$，$\frac{\partial z}{\partial y}=\frac{x}{x^2+y^2}$．　　(4) $\frac{\mathrm{d}z}{\mathrm{d}t}=\mathrm{e}^{3x+2y}(4t-3\sin t)$．

(5) $\dfrac{\partial z}{\partial x}=f'_1\mathrm{e}^x\sin y+f'_2\cdot 2x$；

$\dfrac{\partial^2 z}{\partial z\partial y}=f''_{11}\cdot\mathrm{e}^{2x}\sin y\cos y+2f''_{12}\cdot\mathrm{e}^x(y\sin y+x\cos y)+4f''_{22}\cdot xy+f'_1\cdot\mathrm{e}^x\cos y$.

(6) $\dfrac{\partial z}{\partial x}=\dfrac{2z}{3z^2-2x}$，$\dfrac{\partial^2 z}{\partial x^2}=\dfrac{2z_x\cdot(3z^2-2x)-2z(6z\cdot z_x-2)}{(3z^2-2x)^2}=-\dfrac{16xz}{(3z^2-2x)^3}$.

(7) $\mathrm{grad}u=\dfrac{2x\boldsymbol{i}+2y\boldsymbol{j}+2z\boldsymbol{k}}{x^2+y^2+z^2}$，$\mathrm{grad}u|_M=\dfrac{2}{9}(1,2,-2)$.

(8) $\dfrac{\partial z}{\partial x}=\dfrac{1}{\sqrt{1-xy^2}}\cdot\dfrac{y}{2\sqrt{x}}=\dfrac{y}{2\sqrt{x(1-xy^2)}}$，$\dfrac{\partial z}{\partial y}=\sqrt{\dfrac{x}{1-xy^2}}$.

(9) $\dfrac{\partial u}{\partial x}=\mathrm{e}^{x^2+y^2+z^2}(2x+2z\cdot z_x)=\mathrm{e}^{x^2+y^2+z^2}(2x+4xz\sin y)=2x\mathrm{e}^{x^2+y^2+z^2}(1+2z\sin y)$.

(10) $\dfrac{\partial z}{\partial x}=(1+\varphi')\cdot F'_1$，$\dfrac{\partial^2 z}{\partial x\partial y}=(1+\varphi')(-F''_{11}\varphi'+F''_{12})-F'_1\varphi''$.

(11) $\dfrac{\mathrm{d}u}{\mathrm{d}x}=f'_x+f'_y\dfrac{\mathrm{d}y}{\mathrm{d}x}+f'_z\dfrac{\mathrm{d}z}{\mathrm{d}x}$，而 $\dfrac{\mathrm{d}y}{\mathrm{d}x}=\cos x$，

$$\varphi'_1 2x+\varphi'_2\mathrm{e}^y\frac{\mathrm{d}y}{\mathrm{d}x}+\varphi'_3\frac{\mathrm{d}z}{\mathrm{d}x}=0\Rightarrow\frac{\mathrm{d}z}{\mathrm{d}x}=-\frac{1}{\varphi'_3}(2x\varphi'_1+\mathrm{e}^y\cos x\varphi'_2)$$

代人得 $$\frac{\mathrm{d}u}{\mathrm{d}x}=f'_x+f'_y\cos x-f'_z\frac{1}{\varphi'_3}(2x\varphi'_1+\mathrm{e}^y\cos x\varphi'_2).$$

(12) $\mathrm{d}z=(f'_1+f'_2+yf'_3)\mathrm{d}x+(f'_1-f'_2+xf'_3)\mathrm{d}y$；

$\dfrac{\partial^2 z}{\partial x\partial y}=f'_3+f''_{11}-f''_{22}+xyf''_{33}+(x+y)f''_{13}+(x-y)f''_{23}$.

4. 应用题

(1) 由 $\begin{cases}z_x=2x-y-2=0,\\ z_y=2y-x+1=0,\end{cases}$ 得驻点 $(1,0)$，$A=z_{xx}=2$，$B=z_{xy}=-1$，$C=z_{yy}=2$，在 $(1,0)$ 处 $AC-B^2=3>0$，$A=2>0$，故点 $(1,0)$ 是极小值点.

(2) 切线向量 $\boldsymbol{s}$ 同时垂直于向量 $\boldsymbol{n}_1=(-1,2,2)$ 和 $\boldsymbol{n}_2=(2,-3,5)$，$\boldsymbol{s}=\boldsymbol{n}_1\times\boldsymbol{n}_2=(16,9,-1)$. 切线方程为 $\dfrac{x-1}{16}=\dfrac{y-1}{9}=\dfrac{z-1}{-1}$. 法平面方程为

$$16(x-1)+9(y-1)-(z-1)=0\text{，即 }16x+9y-z-24=0.$$

(3) 法向量 $\boldsymbol{n}=(1,-1,1)$，切平面方程为 $x-y+z+2=0$.

(4) 令 $F=x^2+y^2+z^2+\lambda(x^2+y^2-z)+\mu(x+y+z-4)$，则 $\begin{cases}F_x=2x+2\lambda x+\mu=0,\\ F_y=2y+2\lambda y+\mu=0,\\ F_z=2z-\lambda+\mu=0,\\ z=x^2+y^2,\\ x+y+z=4,\end{cases}$ 解得点为 $(1,1,2)$，$(-2,-2,8)$，所以最大值为 $u(-2,-2,8)=72$，最小值为 $u(1,1,2)=6$.

(5) 设矩形的两边分别为 x,y. 则 $x+y=1$，不妨设矩形绕长度为 y 的一边旋转，则圆柱体的体积为 $V=\pi x^2y$. 令 $L=\pi x^2y+\lambda(x+y-1)$，解方程组 $\begin{cases}L_x=2\pi xy+\lambda=0,\\ L_y=\pi x^2+\lambda=0,\\ x+y=1,\end{cases}$

得到驻点 $(\frac{2}{3},\frac{1}{3})$，则 $\max V=\frac{4}{27}\pi$，对应矩形面积为 $\frac{2}{9}$.

5. 证明题

(1) 令 $H(x,y,z)=F(x+\frac{z}{y},y+\frac{z}{x})$，$H_x=F_1+F_2\left(-\frac{z}{x^2}\right)=F_1-\frac{z}{x^2}F_2$，

$H_y=F_1\left(-\frac{z}{y^2}\right)+F_2=-\frac{z}{y^2}F_1+F_2$，$H_z=F_1\frac{1}{y}+F_2\frac{1}{x}=\frac{1}{y}F_1+\frac{1}{x}F_2$，

所以$\frac{\partial z}{\partial x}=-\frac{H_x}{H_z}=-\frac{F_1-\frac{z}{x^2}F_2}{\frac{1}{y}F_1+\frac{1}{x}F_2}$，$\frac{\partial z}{\partial y}=-\frac{H_y}{H_z}=-\frac{-\frac{z}{y^2}F_1+F_2}{\frac{1}{y}F_1+\frac{1}{x}F_2}\Rightarrow x\frac{\partial z}{\partial x}+y\frac{\partial z}{\partial y}=z-xy$.

(2) 因为 $\frac{x^2y^2}{(x^2+y^2)^{\frac{3}{2}}}\leqslant\frac{\sqrt{x^2+y^2}}{4}\to 0$，故函数连续；

根据偏导数定义有 $f_x(0,0)=\lim\limits_{x\to 0}\frac{\frac{x^2\cdot 0}{(x^2+0)^{\frac{3}{2}}}-0}{x}=0$，同理有 $f_y(0,0)=0$．即偏导数存在；

$$\Delta z-[f_x(0,0)\Delta x+f_y(0,0)\Delta y]=\frac{(\Delta x)^2(\Delta y)^2}{[(\Delta x)^2+(\Delta y)^2]^{\frac{3}{2}}}，$$

当沿着 $y=x$，令 $\rho=\sqrt{(\Delta x)^2+(\Delta y)^2}\to 0$，取极限 $\lim\limits_{\rho\to 0}\frac{\Delta z}{\rho}=\frac{1}{4}\neq 0$，故不可微.

☆ B 题 ☆

1. 填空题

(1) 0； (2) $dx-\sqrt{2}dy$； (3) $yf''(xy)+\varphi'(x+y)+y\varphi''(x+y)$； (4) $2x+4y-z=5$；

(5) $\frac{1}{\sqrt{5}}\{0,\sqrt{2},\sqrt{3}\}$； (6) $f'_1\cdot yx^{y-1}+f'_2\cdot y^x\ln y$； (7) e^3；(8) $-y$.

2. 选择题

(1) A； (2) D； (3) C； (4) D； (5) D； (6) B.

3. 计算题

(1) $\frac{\partial u}{\partial x}=f'(t)[\varphi'_1 y+2x\varphi'_2]$，

$\frac{\partial^2 u}{\partial x^2}=f''(t)(y\varphi'_1+2x\varphi'_2)^2+f'(t)(y^2\varphi''_{11}+4xy\varphi''_{12}+4x^2\varphi''_{22}+2\varphi'_2)$.

(2) $\varphi(1)=f(1,1)=1$，

$$\frac{d}{dx}\varphi^3(x)\Big|_{x=1}=\left[3\varphi^2(x)\frac{d\varphi(x)}{dx}\right]\Big|_{x=1}$$

$$=3\varphi^2(x)[f'_1(x,f(x,x))+f'_2(x,f(x,x)(f'_1(x,x)+f'_2(x,x)))]\Big|_{x=1}$$

$$=3\times 1\times[2+3(2+3)]=51.$$

(3) 设过 l 的平面方程为 $x+ay-z-3+\lambda(z+y+b)=0$，即 $(1+\lambda)x+(a+\lambda)y-z-3+\lambda b=0$．曲面 $z=x^2+y^2$ 在点 $(1,-2,5)$ 处的法向量 $\boldsymbol{n}=\{2,-4,-1\}$，故由题设知 $\frac{1+\lambda}{2}=\frac{a+\lambda}{-4}=\frac{-1}{-1}$，解得 $\lambda=1,a=-5$．又因为点 $(1,-2,5)$ 在平面 Π 上，故 $(1+\lambda)-2(a+\lambda)-$

$8+\lambda b=0$，将 $\lambda=1, a=-5$ 代入解得 $b=-2$.

(4) 方程组 $\begin{cases} y=g(x,z), \\ f(x-z,xy)=0 \end{cases}$ 的两边分别对 x 求导得 $\begin{cases} \dfrac{\mathrm{d}y}{\mathrm{d}x}=g'_1+g'_2\dfrac{\mathrm{d}z}{\mathrm{d}x}, \\ f'_1(1-\dfrac{\mathrm{d}z}{\mathrm{d}x})+f'_2(y+x\dfrac{\mathrm{d}y}{\mathrm{d}x})=0, \end{cases}$

故可以解得 $\dfrac{\mathrm{d}z}{\mathrm{d}x}=\dfrac{f'_1+yf'_2+xf'_2g'_1}{f'_1-xf'_2g'_2}$.

(5) $f_x(0,0)=\lim\limits_{x\to 0}\dfrac{f(x,0)-f(0,0)}{x-0}=0$，同理有 $f_y(0,0)=0$.

当 $y\neq 0$ 时，$f_x(0,y)=\lim\limits_{x\to 0}\dfrac{f(x,y)-f(0,y)}{x-0}=-y$，类似有 $x\neq 0, f_y(x,0)=x$，

$$f_{xy}(0,0)=\lim_{y\to 0}\frac{f_x(0,y)-f_x(0,0)}{y-0}=-1\text{，同理有 } f_{yx}(0,0)=1.$$

4. 应用题

(1) $\begin{cases} \dfrac{\partial z}{\partial x}=4y-2xy-y^2=0, \\ \dfrac{\partial z}{\partial y}=4x-x^2-2xy=0, \end{cases}$ 求得驻点 $P_1(0,0), P_2\left(\dfrac{4}{3},\dfrac{4}{3}\right), P_3(0,4), P_4(4,0)$. 只有 P_2 属于 D 内部. 在 $x=1(0\leqslant y\leqslant 5)$ 上，$z=y(4-1-y)$，令 $\dfrac{\partial z}{\partial y}=0$ 得驻点 $P_5(1,\dfrac{3}{2})$；在 $y=0(1\leqslant x\leqslant 6)$ 上，$z=0$；在 $x+y=6(1\leqslant x\leqslant 6)$ 上，令 $F=xy(4-x-y)+\lambda(x+y-6)$，由拉格朗日乘数法得到驻点 $P_6(3,3)$. 比较 P_2, P_5, P_6 的值可得最大值为 $z(\dfrac{4}{3},\dfrac{4}{3})=\dfrac{64}{27}$，最小值为 $z(3,3)=-1$.

(2) 选择 y 为参数，求得切向量 $\boldsymbol{T}=\{0,\sqrt{2},-1\}$，故可得切线方程与法平面方程分别为

$$\frac{x-a}{0}=\frac{y-a}{\sqrt{2}}=\frac{z-\sqrt{2}a}{-1} \text{ 和 } \sqrt{2}y-z=0.$$

5. 证明题

(1) 由方程得 $f'_x=f'_1\cdot\dfrac{1}{z-c}, f'_y=f'_2\cdot\dfrac{1}{z-c}, f'_z=-\dfrac{1}{(z-c)^2}[(x-a)f'_1+(y-b)f'_2]$，则切平面方程为 $\dfrac{f'_1}{z-c}(X-x)+\dfrac{f'_2}{z-c}(Y-y)-\dfrac{(x-a)f'_1+(y-b)f'_2}{(z-c)^2}(Z-z)=0$，即有

$$[(z-c)(X-x)-(x-a)(Z-z)]f'_1+[(z-c)(Y-y)-(y-b)(Z-z)]f'_2=0.$$

当 $(X,Y,Z)=(a,b,c)$ 时，上式左边为零，故曲面的切平面通过定点 (a,b,c).

(2) ①令 $u=\sqrt{x^2+y^2}$，则 $z=f(u)$. 由复合函数求导法得 $\dfrac{\partial z}{\partial x}=f'(u)\dfrac{x}{u}$，从而 $\dfrac{\partial^2 z}{\partial x^2}=f''(u)\dfrac{x^2}{u^2}+f'(u)\dfrac{u^2-x^2}{u^3}$，由对称性得到 $\dfrac{\partial^2 z}{\partial y^2}=f''(u)\dfrac{y^2}{u^2}+f'(u)\dfrac{u^2-y^2}{u^3}$，将以上两式代入

$$\frac{\partial^2 z}{\partial x^2}+\frac{\partial^2 z}{\partial y^2}=0 \text{ 得 } f''(u)+\frac{f'(u)}{u}=0.$$

② 令 $f'(u)=p,\dfrac{\mathrm{d}p}{\mathrm{d}u}=-\dfrac{p}{u}$；两端积分得 $\ln|p|=-\ln|u|+C'$，所以 $f'(u)=p=\dfrac{C}{u}$. 因为 $f'(1)=1,C=1,f(u)=\ln u+C_1$，由 $f(1)=0$ 得 $C_1=0$，于是 $f(u)=\ln u$.

第十章

☆ A 题 ☆

1. 填空题

(1) $\dfrac{1}{2}$； (2) $\dfrac{1}{6}$； (3) $\int_0^4 \mathrm{d}x\int_{\frac{x}{2}}^{\sqrt{x}} f(x,y)\mathrm{d}y$； (4) $\int_0^1 \mathrm{d}x\int_0^{1-x}\mathrm{d}y\int_0^{xy} f(x,y,z)\mathrm{d}z$；

(5) 2π； (6) $\dfrac{1}{2}\sqrt{a^2b^2+b^2c^2+c^2a^2}$.

2. 选择题

(1) A； (2) C； (3) D； (4) C； (5) D； (6) B； (7) D.

3. 计算题

(1) 原式 $=\int_0^{2\pi}\mathrm{d}\theta\int_\pi^{2\pi} r\cos r\mathrm{d}r = 2\pi\cdot(r\sin r+\cos r)\Big|_\pi^{2\pi}=4\pi$.

(2) 原式 $=\int_0^{\frac{\pi}{4}}\mathrm{d}\theta\int_1^2\theta r\,\mathrm{d}r=\dfrac{\theta^2}{2}\Big|_0^{\frac{\pi}{4}}\cdot\dfrac{r^2}{2}\Big|_1^2=\dfrac{3\pi^2}{64}$.

(3) 原式 $=\iiint\limits_{\Omega} r^3\sin\varphi\mathrm{d}r\mathrm{d}\varphi\mathrm{d}\theta=\int_0^{2\pi}\mathrm{d}\theta\int_0^{\frac{\pi}{2}}\mathrm{d}\varphi\int_0^{\cos\varphi} r^3\sin\varphi\mathrm{d}r=\dfrac{\pi}{10}$.

(4) $I=\int_0^1\mathrm{d}x\int_0^1 y\mathrm{d}y=\int_0^1\left(\dfrac{1}{2}y^2\ \Big|_0^1\right)\mathrm{d}x=\dfrac{1}{2}$.

(5) 原式 $=\int_0^1\mathrm{d}y\int_0^y \mathrm{e}^{-y^2}\mathrm{d}x=\int_0^1\mathrm{e}^{-y^2}y\mathrm{d}y=\dfrac{1}{2}(1-\mathrm{e}^{-1})$.

(6) 原式 $=\iint\limits_D(x^2+y^2+2xy)\mathrm{d}\sigma=\iint\limits_D(x^2+y^2)\mathrm{d}\sigma+2\iint\limits_D xy\mathrm{d}\sigma$，由对称性 $\iint\limits_D xy\mathrm{d}\sigma=0$.

$$原式=\int_0^{2\pi}\mathrm{d}\theta\int_0^a r^2\cdot r\mathrm{d}r=\frac{\pi a^4}{2}.$$

(7) $I=\int_0^{\frac{\pi}{2}}\mathrm{d}\theta\int_0^2 r\mathrm{d}r\int_{r^2-5}^{3-r^2} r\sin\theta\mathrm{d}z=\int_0^{\frac{\pi}{2}}\sin\theta\mathrm{d}\theta\int_0^2 r^2(8-2r^2)\mathrm{d}r=\dfrac{128}{15}$.

(8) $I=\int_0^1\mathrm{d}x\int_0^x\sqrt{4x^2-y^2}\mathrm{d}y=\int_0^1\left[\dfrac{y}{2}\sqrt{4x^2-y^2}+2x^2\arcsin\dfrac{y}{2x}\right]\Big|_0^x\mathrm{d}x$

$=\int_0^1\left(\dfrac{\sqrt{3}}{2}+\dfrac{\pi}{3}\right)x^2\mathrm{d}x=\dfrac{1}{3}\left(\dfrac{\sqrt{3}}{2}+\dfrac{\pi}{3}\right)$.

(9) $\int_0^a\mathrm{d}y\int_{\frac{y^2}{2a}}^{a-\sqrt{a^2-a^3}} f(x,y)\mathrm{d}x+\int_0^a\mathrm{d}y\int_{a+\sqrt{a^2-y^2}}^{2a} f(x,y)\mathrm{d}x+\int_a^{2a}\mathrm{d}y\int_{\frac{y^2}{2a}}^{2a} f(x,y)\mathrm{d}x$.

(10) $I=\int_0^{2\pi}\mathrm{d}\theta\int_0^{\frac{\pi}{4}}\mathrm{d}\varphi\int_0^{2a\cos\varphi} r^2\sin\varphi\mathrm{d}r=\pi a^3$.

4. 综合题

(1) $\sigma=\iint\limits_D\mathrm{d}x\mathrm{d}y=\int_0^1\mathrm{d}x\int_{\mathrm{e}^x}^{\mathrm{e}^{2x}}\mathrm{d}y=\int_0^1(\mathrm{e}^{2x}-\mathrm{e}^x)\mathrm{d}x=\dfrac{1}{2}\mathrm{e}^2-\mathrm{e}+\dfrac{1}{2}$.

(2) $dS=\sqrt{1+z_x^2+z_y^2}d\sigma=\sqrt{2}d\sigma$，$D:x^2+y^2\leqslant 2x(z=0)$，$S=\iint\limits_D\sqrt{2}d\sigma=\sqrt{2}\pi$.

(3) $V=\iint\limits_D(1-x^2-y^2)dxdy=\int_{\frac{\pi}{4}}^{\frac{\pi}{3}}d\theta\int_0^1(r-r^3)dr=\dfrac{\pi}{48}$.

(4) $V=\iint\limits_D[(2-x^2)-(x^2+2y^2)]dxdy=2\iint\limits_D[1-(x^2+y^2)]dxdy$

$=2\int_0^{2\pi}d\theta\int_0^1(1-r^2)rdr=\pi$.

(5) $dS=\sqrt{1+z_x^2+z_y^2}d\sigma=\sqrt{1+\left(-\dfrac{x}{z}\right)^2+\left(-\dfrac{y}{z}\right)^2}d\sigma=\dfrac{\sqrt{x^2+y^2+z^2}}{z}d\sigma$

$=\dfrac{2a}{\sqrt{4a^2-x^2-y^2}}d\sigma$，所以 $S=4\int_0^{\frac{\pi}{2}}d\theta\int_0^{2a\cos\theta}\dfrac{2a}{\sqrt{4a^2-r^2}}rdr=8a^2(\pi-2)$.

5. 证明题

交换积分次序，则有左边 $=\int_0^a e^{m(a-x)}f(x)dx\int_x^a dy=\int_0^a(a-x)e^{m(a-x)}f(x)dx=$ 右边.

☆ B 题 ☆

1. 填空题

(1) 3π； (2) $\iint\limits_{x^2+y^2\leqslant 1}[f(xy)]^2dxdy$； (3) 4； (4) $\dfrac{4}{3}\pi$； (5) $\int_1^2dx\int_0^{1-x}f(x,y)dy$.

2. 选择题

(1) C； (2) C； (3) C； (4) B； (5) B.

3. 计算题

(1) $I=\int_0^{2\pi}d\theta\int_0^1 rdr\int_0^1(z-r)dz=2\pi\int_0^1 r\left(\dfrac{1}{2}-r\right)dr=-\dfrac{\pi}{6}$.

(2) (如答案图 8 所示) $\iint\limits_D(|x|-3y)d\sigma=\iint\limits_D|x|d\sigma-3\iint\limits_D y\,d\sigma$，

由于 $f(x,y)=y$ 关于 y 是奇函数，D 关于 x 轴对称，故 $\iint\limits_D y\,d\sigma=0$，

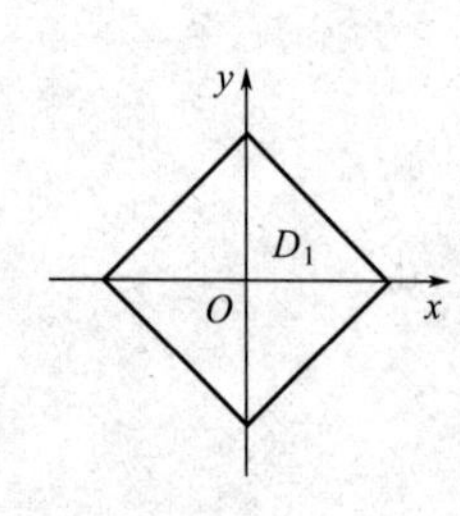

答案图 8

原式 $=\iint\limits_D|x|d\sigma=4\iint\limits_{D_1}|x|d\sigma=4\iint\limits_{D_1}xd\sigma=4\int_0^1dx\int_0^{1-x}xdy=\dfrac{2}{3}$.

(3) $I=\int_0^{2\pi}d\theta\int_0^{\pi}\sin\varphi d\varphi\int_{\pi}^{4\pi}\dfrac{\cos r}{r}r^2dr=2\pi\int_0^{\pi}2\sin\varphi d\varphi=8\pi$.

(4) $\iint\limits_D\dfrac{1+xy}{1+x^2+y^2}dxdy=\iint\limits_D\dfrac{1}{1+x^2+y^2}dxdy+\iint\limits_D\dfrac{xy}{1+x^2+y^2}dxdy$

$=\dfrac{\pi\ln 2}{2}$.

(5) 令 $y-x^2=0$，画出 $y=x^2$，将 D 分成 D_1, D_2 两部分，于是 $D=D_1\cup D_2$.

$$f(x)=\sqrt{|y-x^2|}=\begin{cases}\sqrt{x^2-y}, & (x,y)\in D_1,\\ \sqrt{y-x^2}, & (x,y)\in D_2.\end{cases}$$

则
$$\iint\limits_D\sqrt{|y-x^2|}dxdy=\iint\limits_{D_1}\sqrt{x^2-y}dxdy+\iint\limits_{D_2}\sqrt{y-x^2}dxdy$$

$$= \int_{-1}^{1} dx \int_{0}^{x^2} \sqrt{x^2 - y} dy + \int_{-1}^{1} dx \int_{x^2}^{2} \sqrt{y - x^2} dy$$

$$= \frac{1}{3} + \frac{4}{3}\int_{0}^{1} (2 - x^2)^{\frac{3}{2}} dx \xlongequal{x = \sqrt{2}\sin t} \frac{1}{3} + \frac{4}{3}\int_{0}^{\frac{\pi}{4}} 4\cos^4 t dt = \frac{5}{3} + \frac{\pi}{2}.$$

4. 综合题

(1) $V = \iint\limits_{D} (x^2 + y^2) dx dy = \int_{0}^{1} dx \int_{0}^{1-x} (x^2 + y^2) dy$

$$= \frac{1}{3}\int_{0}^{1} (-4x^3 + 6x^2 - 3x + 1) dx = \frac{1}{6}.$$

(2) 设密度 $\mu = \rho$（常数），则 $I_x = \rho \iint\limits_{D} y^2 dx dy = \rho \int_{0}^{\pi} d\theta \int_{0}^{a} r^3 \sin^2\theta dr = \frac{1}{8}\rho\pi a^4$，

$$I_y = \rho \iint\limits_{D} x^2 dx dy = \rho \int_{0}^{\pi} d\theta \int_{0}^{a} r^3 \cos^2\theta dr = \frac{1}{8}\rho\pi a^4.$$

(3) 原式 $= \lim\limits_{t \to 0} \dfrac{\int_{0}^{2\pi} d\theta \int_{0}^{\pi} d\varphi \int_{0}^{t} f(r) r^2 \sin\varphi dr}{\pi t^4} = \lim\limits_{t \to 0} \dfrac{4\pi \int_{0}^{t} r^2 f(r) dr}{\pi t^4} = \lim\limits_{t \to 0} \dfrac{t^2 f(t)}{t^3}$

$$= \lim_{t \to 0} \frac{f(t)}{t} = \lim_{t \to 0} \frac{f(t) - f(0)}{t} = f'(0).$$

5. 证明题

(1) 原式 $= \int_{0}^{1}\int_{0}^{1} \dfrac{e^{f(x)}}{e^{f(y)}} dx dy = \dfrac{1}{2}\int_{0}^{1}\int_{0}^{1} \left[\dfrac{e^{f(x)}}{e^{f(y)}} + \dfrac{e^{f(y)}}{e^{f(x)}}\right] dx dy = \dfrac{1}{2}\int_{0}^{1}\int_{0}^{1} \dfrac{e^{2f(x)} + e^{2f(y)}}{e^{f(x)+f(y)}} dx dy$

$$\geqslant \frac{1}{2}\int_{0}^{1}\int_{0}^{1} \frac{2e^{f(x)+f(y)}}{e^{f(x)+f(y)}} dx dy = \int_{0}^{1}\int_{0}^{1} dx dy = 1.$$

(2) 方法一　对左边的积分交换积分次序，应用积分与积分变量所用字母无关，得

$$\int_{0}^{1} f(x) dx \int_{x}^{1} f(y) dy = \int_{0}^{1} f(y) dy \int_{0}^{y} f(x) dx = \int_{0}^{1} f(x) dx \int_{0}^{x} f(y) dy.$$

故

$$\int_{0}^{1} f(x) dx \int_{x}^{1} f(y) dy = \frac{1}{2}\left[\int_{0}^{1} f(x) dx \int_{x}^{1} f(y) dy + \int_{0}^{1} f(x) dx \int_{0}^{x} f(y) dy\right]$$

$$= \frac{1}{2}\int_{0}^{1} f(x) dx \int_{0}^{1} f(y) dy = \frac{1}{2}\left[\int_{0}^{1} f(x) dx\right]^2.$$

方法二　设被积函数 $f(x)$ 的一个原函数 $F(x) = \int_{1}^{x} f(t) dt$，即 $F'(x) = f(x)$ 且 $F(1) = 0$，则 $\int_{0}^{1} f(x) dx \int_{x}^{1} f(y) dy = -\int_{0}^{1} f(x) F(x) dx = -\int_{0}^{1} F'(x) F(x) dx = -\frac{1}{2} F^2(x) \Big|_{0}^{1}$

$$= \frac{1}{2} F^2(0) = \frac{1}{2}\left[\int_{0}^{1} f(x) dx\right]^2.$$

第十一章

☆ A　题 ☆

1. 填空题

(1) $\dfrac{13}{6}$（利用第一类曲线积分的直接计算方法）；(2) $2\pi a^7$（代入技巧）；(3) $\dfrac{5}{2}$；

(4) 0(奇偶对称性); (5) 0[提示:$y\mathrm{d}x+x\mathrm{d}y=\mathrm{d}(xy)$]; (6) 0(格林公式);

(7) 6π; (8) $\iint\limits_D(x^2+y^2)\mathrm{d}x\mathrm{d}y$(直接计算法); (9) 0(奇偶对称性);

(10) πa^3h(轮换对称性和代入技巧); (11) 0; (12) $4\pi a^2$, $\frac{4}{3}\pi a^3$, $4\pi a^3$.

2. 选择题

(1) B; (2) D; (3) A, B; (4) D; (5) C, A; (6) C; (7) B; (8) A.

3. 计算题

(1) $\overline{AB}$ 的方程为 $3x+4y=6(0\leqslant x\leqslant 2)$,在$\overline{AB}$上,$2xy+\frac{3}{2}x^2=\frac{x}{2}(4y+3x)=3x$,

$\mathrm{d}s=\sqrt{1+\left(\frac{3}{4}\right)^2}\mathrm{d}x=\frac{5}{4}\mathrm{d}x$,故原式$=\int_0^2 3x\cdot\frac{5}{4}\mathrm{d}x=\frac{15}{2}$.

(2) $\mathrm{d}s=\sqrt{a^2\sin^2 2t+a^2\cos^2 2t}\mathrm{d}t=a\mathrm{d}t$,

原式 $=\int_0^{\frac{\pi}{2}}a\cos t\sin t\mathrm{e}^{a\cos^2 t}a\mathrm{d}t=\frac{a}{2}(-\mathrm{e}^{a\cos^2 t})\Big|_0^{\frac{\pi}{2}}=\frac{a}{2}(\mathrm{e}^a-\mathrm{e}^{\frac{a}{2}})$.

(3) 原式$=\int_0^1\cos x\mathrm{d}x+\int_0^{\frac{\pi}{4}}\cos 1\mathrm{d}t+\int_0^1\cos r\mathrm{d}r=2\sin 1+\frac{\pi}{4}\cos 1$.

(4) 格林公式 $I=\iint\limits_D(x^2+y^2)\mathrm{d}\sigma$ $D:x^2+y^2\leqslant a^2$,采用极坐标,

$$I=\iint\limits_D(x^2+y^2)\mathrm{d}\sigma=\int_0^{2\pi}\mathrm{d}\theta\int_0^a r^3\mathrm{d}r=\frac{a^4\pi}{2}.$$

(5) 设 L_1 为 x 轴上从点 $(\pi,0)$ 到 $(0,0)$ 得直线段,D 是 L_1 与 L 围成的区域,则

原式 $=\oint_{L+L_1}-\int_{L_1}\sin 2x\mathrm{d}x+2(x^2-1)y\mathrm{d}y=-4\iint\limits_D xy\mathrm{d}x\mathrm{d}y-\int_\pi^0\sin 2x\mathrm{d}x=-\frac{\pi^2}{2}$.

(6) 补充直线段 $\overline{OA}$,显然 $\int_{\overline{OA}}(\mathrm{e}^x\sin y-my)\mathrm{d}x+(\mathrm{e}^x\cos y-m)\mathrm{d}y=0$,故原积分

$$\oint\limits_{AMOA}(\mathrm{e}^x\sin y-my)\mathrm{d}x+(\mathrm{e}^x\cos y-m)\mathrm{d}y=\iint\limits_{\substack{x^2+y^2\leqslant ax\\ y\geqslant 0}}\left[\frac{\partial}{\partial x}(\mathrm{e}^x\cos y-m)-\frac{\partial}{\partial y}(\mathrm{e}^x\sin y-my)\right]\mathrm{d}x\mathrm{d}y$$

$$=\iint\limits_{\substack{x^2+y_2\leqslant ax\\ y\geqslant 0}}m\mathrm{d}x\mathrm{d}y=\frac{1}{8}\pi a^2 m.$$

(7) 参考精选题解析中【例 5】. 设 $P=\frac{3y-x}{(x+y)^3}$,$Q=\frac{y-3x}{(x+y)^3}$,由 $\frac{\partial P}{\partial y}=\frac{6(x-y)}{(x+y)^4}=\frac{\partial Q}{\partial x}$ 知 $x+y\neq 0$ 时,积分与路径无关. 取 L_1 为直线段 $x+y=3$($1\leqslant x\leqslant 3$),则

$$\text{原式}=\int_{L_1}\frac{(3y-x)\mathrm{d}x+(y-3x)\mathrm{d}y}{(x+y)^3}=\frac{1}{27}\int_{L_1}(3y-x)\mathrm{d}x+(y-3x)\mathrm{d}y$$

$$=\frac{1}{27}\int_2^0(3y-3+y)(-\mathrm{d}y)+(y-9+3y)\mathrm{d}y=\frac{1}{27}(-6y)\Big|_2^0=\frac{4}{9}.$$

（8）原式 $=\iint\limits_{D}2\sqrt{1+2^2+2^2}\mathrm{d}\sigma=5\times\frac{1}{2}\times1\times1=3$.

（9）$I=-\iint\limits_{D}\frac{\mathrm{e}^{\sqrt{x^2+y^2}}}{\sqrt{x^2+y^2}}\mathrm{d}x\mathrm{d}y$，$D_{xy}:1\leqslant x^2\leqslant y^2\leqslant4$，利用二重积分的极坐标变换得

$$I=\int_0^{\frac{\pi}{2}}\mathrm{d}\theta\int_1^2\mathrm{e}^r\mathrm{d}r=2\pi\mathrm{e}(1-\mathrm{e}).$$

（10）用 D 表示 xOy 平面上环域 $4\leqslant x^2+y^2\leqslant6$，则

原式 $=-\iint\limits_{D}\left(\frac{x^2+y^2}{2}-3\right)\mathrm{d}x\mathrm{d}y=\int_0^{2\pi}\mathrm{d}\theta\int_2^{\sqrt{6}}\left(3-\frac{r^2}{2}\right)r\mathrm{d}r=2\pi\left[\frac{3}{2}(6-4)-\frac{1}{8}(36-16)\right]=\pi$.

（11）方法一　由对称性知：$\iint\limits_{\Sigma}x\mathrm{d}y\mathrm{d}z+y\mathrm{d}z\mathrm{d}x+z\mathrm{d}x\mathrm{d}y=3\iint\limits_{\Sigma}z\mathrm{d}x\mathrm{d}y$，$\Sigma$ 在 xOy 面上的投影域 D 为 $x^2+y^2\leqslant R^2,x\geqslant0,y\geqslant0$，则原积分 $=3\iint\limits_{\Sigma}z\mathrm{d}x\mathrm{d}y$，$=3\int_0^{\frac{\pi}{2}}\mathrm{d}\theta\int_0^R r\sqrt{R^2-r^2}\mathrm{d}r=\frac{\pi}{2}R^3$.

方法二　补上 $\Sigma_1:x=0$ 取后侧；$\Sigma_2:y=0$ 取左侧；$\Sigma_3:z=0$ 取下侧，使 Σ 与之围成的区域的体积为球的体积的 $\frac{1}{8}$，则原积分 $=3\iiint\limits_{V}\mathrm{d}v=3\cdot\frac{1}{8}\cdot\frac{4}{3}\pi R^3=\frac{\pi}{2}R^3$.

（12）补充 $\Sigma_1:z=2\ (x^2+y^2\leqslant1)$ 取上侧，则

$I=\left(\oiint\limits_{\Sigma+\Sigma_1}-\iint\limits_{\Sigma_1}\right)2xz^2\mathrm{d}y\mathrm{d}z+y(z^2+1)\mathrm{d}z\mathrm{d}x+(9-z^3)\mathrm{d}x\mathrm{d}y=\iiint\limits_{\Omega}\mathrm{d}v-\iint\limits_{D_{xy}}(9-2^3)\mathrm{d}x\mathrm{d}y=-\frac{\pi}{2}$.

☆ B　题 ☆

1. 填空题

（1）$-\frac{56}{15}$；（2）$\frac{3}{2}$；（3）$\frac{\sqrt{2}}{2}\pi$；（4）0（柱面在 xOy 面的投影区域的面积为 0）；

（5）x^2+C [因为 $f'(x)=2\pi$]；（6）0；（7）2π；（8）$2(x+y+z)$；

（9）$2\boldsymbol{i}+4\boldsymbol{j}+6\boldsymbol{k}$；（10）$\int_L y^2\rho(x,y)\mathrm{d}s$.

2. 计算题

（1）利用简单方法 $I=\frac{1}{3}\int_L(x^2+y^2+z^2)\mathrm{d}s=\frac{1}{3}a^2\cdot2\pi a=\frac{2}{3}\pi a^3$.

（2）L 的极坐标方程是 $r=a\cos\theta\left(-\frac{\pi}{2}\leqslant\theta\leqslant\frac{\pi}{2}\right)$，

$\mathrm{d}s=\sqrt{r^2(\theta)+r'^2(\theta)}\mathrm{d}\theta=\sqrt{(a\cos\theta)^2+(-a\sin\theta)^2}\mathrm{d}\theta=a\mathrm{d}\theta$，则 $I=\int_{-\frac{\pi}{2}}^{\frac{\pi}{2}}a\cos\theta\cdot a\mathrm{d}\theta=2a^2$.

（3）$P(x,y)=2xy^3-y^2\cos x,Q=(x,y)=1-2y\sin x+3x^2y^2$，$\frac{\partial Q}{\partial x}=\frac{\partial P}{\partial y}=6xy^2-2y\cos x$，故积分与路径无关，而原积分路径不易计算，因此改用折线路径.

$$\begin{aligned}I&=\int_{\overline{OC}}+\int_{\overline{CB}}=0+\int_{\overline{CB}}=\int_0^1\left[1-2y\sin\frac{\pi}{2}+3\left(\frac{\pi}{2}\right)^2y^2\right]\mathrm{d}y\\&=\int_0^1\left[1-2y+3\left(\frac{\pi}{2}\right)^2y^2\right]\mathrm{d}y=\frac{\pi}{4}.\end{aligned}$$

(4) Σ 上点 (x,y,z) 处外法线方向的方向余弦为

$$\cos\alpha=\frac{x}{\sqrt{x^2+y^2+z^2}}=\frac{x}{a},\quad \cos\beta=\frac{2}{a},\quad \cos\gamma=\frac{z}{a}.$$

则 $$I=\oiint_{\Sigma}(x^3\cdot\frac{x}{a}+y^3\frac{y}{a}+z^3\frac{z}{a})\mathrm{d}S=\oiint_{\Sigma}(x^3\cos\alpha+y^3\cos\beta+z^3\cos\gamma)\mathrm{d}S$$
$$=3\iiint_{x^2+y^2+z^2\leqslant a^2}(x^2+y^2+z^2)\mathrm{d}v=\frac{12}{5}\pi a^3.$$

(5) 被积函数是关于 z 的奇函数，积分曲面关于 xOy 面对称，只需计算第一卦限内的积分再乘以 2 即可. 记 Σ 在第一卦限的部分为 Σ_1，Σ_1 在 xOy 面上的投影区域为

$$D_{xy}:x^2+y^2\leqslant 1,\quad x\geqslant 0,y\geqslant 0,$$

则 $I=2\iint_{\Sigma_1}xyz\mathrm{d}x\mathrm{d}y=2\iint_{\Sigma_1}xy\sqrt{1-x^2-y^2}\mathrm{d}x\mathrm{d}y$

$$=2\int_0^{\frac{\pi}{2}}\mathrm{d}\theta\int_0^1 r\cos\theta\cdot\sin\theta\cdot\sqrt{1-r^2}\cdot r\mathrm{d}r=\int_0^{\frac{\pi}{2}}\sin 2\theta\mathrm{d}\theta\int_0^1 r^3\sqrt{1-r^2}\mathrm{d}r=\frac{2}{15}.$$

(6) 补充 $\Sigma_1:z=0\ (x^2+y^2\leqslant 1)$，取下侧，则

$$I=\oiint_{\Sigma+\Sigma_1}-\iint_{\Sigma_1}2x^3\mathrm{d}y\mathrm{d}z+2y^3\mathrm{d}z\mathrm{d}x+3(z^2-1)\mathrm{d}x\mathrm{d}y$$
$$=6\iiint_{\Omega}(x^2+y^2+z^2)\mathrm{d}v-\iint_{x^2+y^2\leqslant 1}-3\mathrm{d}x\mathrm{d}y$$
$$=6\int_0^{2\pi}\mathrm{d}\theta\int_0^1\mathrm{d}r\int_0^{1-r^2}(z+r)r\mathrm{d}z-\iint_{x^2+y^2\leqslant 1}-3\mathrm{d}x\mathrm{d}y=2\pi-3\pi=-\pi.$$

(7) 设 Σ 为 $x+y+z=2$ 被 L 所围成的部分的上侧，$D_{xy}=\{(x,y)\,|\,|x|+|y|=1\}$ 为 Σ 在 xOy 面上的投影区域，Σ 的单位法向量为 $\frac{1}{\sqrt{3}}(1,1,1)$；则由其托克斯公式得

$$I=\oint_L(y^2-z^2)\mathrm{d}x+(2z^2-x^2)\mathrm{d}y+(3x^2-y^2)\mathrm{d}z=-\frac{2}{\sqrt{3}}\iint_{\Sigma}(4x+2y+3z)\mathrm{d}S$$
$$=-2\iint_{D_{xy}}(6+x-y)\mathrm{d}x\mathrm{d}y=-12\iint_{D_{xy}}\mathrm{d}x\mathrm{d}y=-24$$（因为由二重积分对称性有 $\iint_{D_{xy}}(x-y)\mathrm{d}x\mathrm{d}y=0$）.

(8) 所求曲面的面积为

$$A=\int_L y\mathrm{d}S=\int_0^{\pi}3\sin t\cdot\sqrt{(\sqrt{5}\cos t)'^2+(3\sin t)'^2}\mathrm{d}t$$
$$=-3\int_0^{\pi}\sqrt{5+4\cos^2 t}\mathrm{d}\cos t=9+\frac{15}{4}\ln 5.$$

3. 证明题

(1) $f(tx,ty)=t^{-2}f(x,y)$ 两边对 t 求导得

$$xf'_x(tx,ty)+yf'_y(tx,ty)=-2t^{-3}f(x,y),$$

令 $t=1$，则 $xf'_x(x,y)+yf'_y(x,y)=-2f(x,y)$，即 $f(x,y)+yf'_y(x,y)=-f(x,y)-xf'_x(x,y)$；又设 $P=yf(x,y)$，$Q=-xf(x,y)$，则

$$\frac{\partial P}{\partial y}=f(x,y)+yf'_y(x,y),\qquad \frac{\partial Q}{\partial x}=-f(x,y)-xf'_x(x,y),$$

从而有 $\dfrac{\partial P}{\partial y}=\dfrac{\partial Q}{\partial x}$，即积分与路径无关.

（2）设 C 是右半平面 $x>0$ 内任意分段光滑简单闭曲线，在 C 上任取两点 M,N，做围绕原点的闭曲线 $\overset{\frown}{MQNRM}$，同时得到另一条围绕原点的闭曲线 $\overset{\frown}{MQNPM}$. 则根据题设可知

$$\oint_{MQNRM}\frac{\varphi(y)\mathrm{d}x+2xy\mathrm{d}y}{2x^2+y^4}-\oint_{MQNPM}\frac{\varphi(y)\mathrm{d}x+2xy\mathrm{d}y}{2x^2+y^4}=0,$$

从而
$$\begin{aligned}\oint_C\frac{\varphi(y)\mathrm{d}x+2xy\mathrm{d}y}{2x^2+y^4}&=\int_{NRM}\frac{\varphi(y)\mathrm{d}x+2xy\mathrm{d}y}{2x^2+y^4}+\int_{NPN}\frac{\varphi(y)\mathrm{d}x+2xy\mathrm{d}y}{2x^2+y^4}\\&=\int_{NRM}\frac{\varphi(y)\mathrm{d}x+2xy\mathrm{d}y}{2x^2+y^4}-\int_{NPN}\frac{\varphi(y)\mathrm{d}x+2xy\mathrm{d}y}{2x^2+y^4}=0.\end{aligned}$$

第十二章

☆ A 题 ☆

1. 填空题

（1）必要，充分；（2）4；（3）充分必要；（4）$\left(-\dfrac{1}{\sqrt{3}},\dfrac{1}{\sqrt{3}}\right)$；（5）$\dfrac{9}{4}$；

（6）$(-1,3)$；（7）$\displaystyle\sum_{n=1}^{\infty}\frac{(-1)^{n-1}}{n}x^{2n}$，$(-1\leqslant x\leqslant 1)$；（8）$2(\pi+1)$；（9）7.

2. 选择题

（1）C；（2）D；（3）C；（4）A；（5）B；（6）B；（7）D；（8）B；（9）A.

3. 计算题

（1）判别下列级数的敛散性.

① $|u_n|=\left|\dfrac{(-1)^{n+1}}{\pi^{n+1}}\sin\dfrac{\pi}{n+1}\right|\leqslant\dfrac{1}{\pi^{n+1}}$，而级数 $\displaystyle\sum_{n=1}^{\infty}\frac{1}{\pi^{n+1}}$ 收敛，由比较审敛法知级数 $\displaystyle\sum_{n=1}^{\infty}|u_n|$ 收敛，从而原级数绝对收敛.

② $\displaystyle\lim_{n\to\infty}\sqrt[n]{|u_n|}=\lim_{n\to\infty}\sqrt[n]{\frac{1}{3\times4^{n-1}}}=\lim_{n\to\infty}\sqrt[n]{\frac{4}{3}\times\frac{1}{4^n}}=\frac{1}{4}<1$，由根值审敛法知，$\displaystyle\sum_{n=1}^{\infty}\frac{(-1)^{n-1}}{3}\cdot\frac{1}{4^{n-1}}$ 绝对收敛；或 $|u_n|=\dfrac{1}{3\times4^{n-1}}<\dfrac{1}{4^{n-1}}$，而 $\displaystyle\sum_{n=1}^{\infty}\frac{1}{4^{n-1}}$ 收敛，由比较审敛法知，$\displaystyle\sum_{n=1}^{\infty}|u_n|$ 收敛，即原级数绝对收敛.

③ $\displaystyle\lim_{n\to\infty}\frac{u_{n+1}}{u_n}=\lim_{n\to\infty}\frac{3^{n+1}(n+1)^{n+1}}{(n+1)!}\cdot\frac{n!}{3^nn^n}=3\lim_{n\to\infty}\left(1+\frac{1}{n}\right)^n=3\mathrm{e}>1$，由比值审敛法知所给级数发散.

④ $\displaystyle\lim_{n\to\infty}\frac{u_{n+1}}{u_n}=\lim_{n\to\infty}\frac{[(n+1)!]^2}{2(n+1)^2}\cdot\frac{2n^2}{(n!)^2}=\lim_{n\to\infty}n^2=+\infty$，由比值审敛法可知所给级数发散.

⑤ 因为 $\dfrac{n+1}{n(n+10)}>\dfrac{n}{n(n+10)}=\dfrac{1}{n+10}$，而 $\displaystyle\sum_{n=1}^{\infty}\frac{1}{n+10}$ 发散，由比较审敛法知，

$\sum\limits_{n=1}^{\infty}\dfrac{n+1}{n(n+10)}$ 发散.

⑥ $\lim\limits_{n\to\infty}\sqrt[n]{u_n}=\lim\limits_{n\to\infty}\sqrt[n]{\left(\dfrac{n}{3n-1}\right)^{2n-1}}=\dfrac{1}{9}<1$，由根值审敛法知原级数收敛.

⑦ $|u_n|=\dfrac{n\cos^2\dfrac{n\pi}{3}}{2^n}\leqslant\dfrac{n}{2^n}=v_n$，而 $\lim\limits_{n\to\infty}\dfrac{v_{n+1}}{v_n}=\dfrac{1}{2}<1$，故级数 $\sum\limits_{n=1}^{\infty}v_n$ 收敛，再由比较审敛法知级数 $\sum\limits_{n=1}^{\infty}|u_n|$ 收敛，从而原级数绝对收敛.

⑧ 因为 $\lim\limits_{n\to\infty}\dfrac{u_{n+1}}{u_n}=\lim\limits_{n\to\infty}\dfrac{(n+1)!}{10^{n+1}}\cdot\dfrac{10^n}{n!}=\lim\limits_{n\to\infty}\dfrac{n+1}{10}=+\infty$，由比值审敛法可知，所给级数发散.

(2) 求下列幂级数的收敛域.

① $\rho=\lim\limits_{n\to\infty}\left|\dfrac{a_{n+1}}{a_n}\right|=\lim\limits_{n\to\infty}\dfrac{2^{n+1}}{(n+1)^2+1}\cdot\dfrac{n^2+1}{2^n}=2$，$R=\dfrac{1}{\rho}=\dfrac{1}{2}$. $x=-\dfrac{1}{2}$ 时，原级数成为 $\sum\limits_{n=1}^{\infty}\dfrac{(-1)^n}{n^2+1}$，收敛；$x=\dfrac{1}{2}$ 时，原级数成为 $\sum\limits_{n=1}^{\infty}\dfrac{1}{n^2+1}$，收敛. 故原级数的收敛域为 $\left[-\dfrac{1}{2},\dfrac{1}{2}\right]$.

② 该级数缺少奇次幂的项，根据比值审敛法来求收敛半径.

$\lim\limits_{n\to\infty}\dfrac{|u_{n+1}|}{|u_n|}=\lim\limits_{n\to\infty}\left|\dfrac{(2n+1)x^{2n}}{2^{n+1}}\cdot\dfrac{2^n}{(2n-1)x^{2n-2}}\right|=\dfrac{|x|^2}{2}$，当 $\dfrac{|x|^2}{2}<1$，即 $-\sqrt{2}<x<\sqrt{2}$ 时，原级数收敛；$x=\pm\sqrt{2}$ 时，原级数成为 $\sum\limits_{n=1}^{\infty}\dfrac{2n-1}{2}$，发散. 故原级数收敛域为 $(-\sqrt{2},\sqrt{2})$.

③令 $x-3=t$，则原级数成为 $\sum\limits_{n=1}^{\infty}\dfrac{t^n}{\sqrt{n}}$，对于该级数，$\rho=\lim\limits_{n\to\infty}\left|\dfrac{a_{n+1}}{a_n}\right|=\lim\limits_{n\to\infty}\dfrac{\frac{1}{\sqrt{n+1}}}{\frac{1}{\sqrt{n}}}=1$，$R=\dfrac{1}{\rho}=1$. $t=-1$ 时，$\sum\limits_{n=1}^{\infty}\dfrac{t^n}{\sqrt{n}}$ 成为 $\sum\limits_{n=1}^{\infty}\dfrac{(-1)^n}{\sqrt{n}}$，收敛；$t=1$ 时，$\sum\limits_{n=1}^{\infty}\dfrac{t^n}{\sqrt{n}}$ 成为 $\sum\limits_{n=1}^{\infty}\dfrac{1}{\sqrt{n}}$，发散. 故级数 $\sum\limits_{n=1}^{\infty}\dfrac{t^n}{\sqrt{n}}$ 的收敛域为 $[-1,1)$，从而级数 $\sum\limits_{n=1}^{\infty}\dfrac{(x-3)^n}{\sqrt{n}}$ 当 $-1\leqslant x-3<1$ 时收敛，故 $\sum\limits_{n=1}^{\infty}\dfrac{(x-3)^n}{\sqrt{n}}$ 的收敛域为 $[2,4)$.

④ 级数缺少偶次幂的项，根据比值审敛法来求收敛半径.

$\lim\limits_{n\to\infty}\dfrac{|u_{n+1}|}{|u_n|}=\lim\limits_{n\to\infty}\left|\dfrac{\sqrt{n+1}\cdot 3^{\frac{n+1}{2}}\cdot x^{2n+1}}{\sqrt{n}\cdot 3^{\frac{n}{2}}\cdot x^{2n-1}}\right|=\sqrt{3}|x|^2$，当 $\sqrt{3}|x|^2<1$，即 $-\dfrac{1}{\sqrt[4]{3}}<x<\dfrac{1}{\sqrt[4]{3}}$ 时，原级数收敛；$x=-\dfrac{1}{\sqrt[4]{3}}$ 时，原级数成为 $-\sqrt[4]{3}\sum\limits_{n=1}^{\infty}\sqrt{n}$，发散；$x=\dfrac{1}{\sqrt[4]{3}}$ 时，原级数成为 $\sqrt[4]{3}\sum\limits_{n=1}^{\infty}\sqrt{n}$，发散. 故原级数的收敛域为 $\left(-\dfrac{1}{\sqrt[4]{3}},\dfrac{1}{\sqrt[4]{3}}\right)$.

⑤ $\rho=\lim\limits_{n\to\infty}\left|\dfrac{a_{n+1}}{a_n}\right|=\lim\limits_{n\to\infty}\left|\dfrac{n\cdot 3^n}{(n+1)\cdot 3^{n+1}}\right|=\dfrac{1}{3}$，$R=\dfrac{1}{\rho}=3$．当 $x=3$ 时，$\sum\limits_{n=1}^{\infty}\dfrac{3^n}{n\cdot 3^n}=\sum\limits_{n=1}^{\infty}\dfrac{1}{n}$ 发散；当 $x=-3$ 时，$\sum\limits_{n=1}^{\infty}\dfrac{(-3)^n}{n\cdot 3^n}=\sum\limits_{n=1}^{\infty}\dfrac{(-1)^n}{n}$ 收敛．故原级数的收敛半径为 3，收敛域为 $[-3,3)$．

⑥ 令 $x-2=t$，则原级数成为 $\sum\limits_{n=1}^{\infty}\dfrac{(-1)^{n+1}\cdot t^n}{(2n+1)\cdot 3^n}$，$\rho=\lim\limits_{n\to\infty}\left|\dfrac{a_{n+1}}{a_n}\right|=\lim\limits_{n\to\infty}\dfrac{(2n+1)\cdot 3^n}{(2n+3)\cdot 3^{n+1}}=\dfrac{1}{3}$，$R=\dfrac{1}{\rho}=3$．$t=-3$ 时，$\sum\limits_{n=1}^{\infty}\dfrac{(-1)^{n+1}\cdot t^n}{(2n+1)\cdot 3^n}$ 成为 $-\sum\limits_{n=1}^{\infty}\dfrac{1}{2n+1}$，发散；$t=3$ 时，$\sum\limits_{n=1}^{\infty}\dfrac{(-1)^{n+1}\cdot t^n}{(2n+1)\cdot 3^n}$ 成为 $\sum\limits_{n=1}^{\infty}\dfrac{(-1)^{n+1}}{2n+1}$，收敛．故级数 $\sum\limits_{n=1}^{\infty}\dfrac{(-1)^{n+1}\cdot t^n}{(2n+1)\cdot 3^n}$ 的收敛域为 $(-3,3]$，从而原级数当 $-3<x-2\leqslant 3$ 时收敛，即原级数的收敛域为 $(-1,5]$．

(3)
$$f(x)=\frac{1}{x^2-2x-3}=\frac{1}{(x+1)(x-3)}=\frac{1}{4}\left(\frac{1}{x-3}-\frac{1}{x+1}\right)=\frac{1}{4}\left[-\frac{1}{3}\cdot\frac{1}{1-\frac{x}{3}}-\frac{1}{1+x}\right],$$

而 $\dfrac{1}{1-\frac{x}{3}}=\sum\limits_{n=0}^{\infty}\left(\dfrac{x}{3}\right)^n\quad(-3<x<3)$，$\quad\dfrac{1}{1+x}=\sum\limits_{n=0}^{\infty}(-1)^nx^n\quad(-1<x<1)$，

所以
$$f(x)=\frac{1}{x^2-2x-3}=\frac{1}{4}\left[-\frac{1}{3}\sum_{n=0}^{\infty}\left(\frac{x}{3}\right)^n-\sum_{n=0}^{\infty}(-1)^nx^n\right]=-\frac{1}{4}\sum_{n=0}^{\infty}\left[\frac{1}{3^{n+1}}+(-1)^n\right]x^n\quad(-1<x<1).$$

(4)
$$f(x)=\frac{1}{x+1}-\frac{1}{x+2}=-\frac{1}{3\left(1-\frac{x+4}{3}\right)}+\frac{1}{2\left(1-\frac{x+4}{2}\right)},$$

因为
$$-\frac{1}{3\left(1-\frac{x+4}{3}\right)}=\sum_{n=0}^{\infty}\left[-\frac{1}{3^{n+1}}\right](x+4)^n,\quad x\in(-7,-1),$$
$$\frac{1}{2\left(1-\frac{x+4}{2}\right)}=\sum_{n=0}^{\infty}\frac{1}{2^{n+1}}(x+4)^n,\quad x\in(-6,-2),$$

故
$$f(x)=\sum_{n=0}^{\infty}\left(\frac{1}{2^{n+1}}-\frac{1}{3^{n+1}}\right)(x+4)^n,\quad x\in(-6,-2).$$

(5) 先求收敛域．该幂级数缺项，定理 10 不能直接应用，根据比值审敛法来求收敛半径．
$$\lim_{n\to\infty}\frac{|u_{n+1}|}{|u_n|}=\lim_{n\to\infty}\left|\frac{x^{4n+5}}{4n+5}\cdot\frac{4n+1}{x^{4n+1}}\right|=|x|^4,$$

当 $|x|^4<1$，即 $-1<x<1$ 时，原级数收敛．$x=-1$ 时，原级数成为 $-\sum\limits_{n=1}^{\infty}\dfrac{1}{4n+1}$，发散；$x=1$ 时，原级数成为 $\sum\limits_{n=1}^{\infty}\dfrac{1}{4n+1}$，发散．故原级数的收敛域为 $(-1,1)$．

设和函数为 $s(x)$，即 $s(x)=\sum\limits_{n=1}^{\infty}\dfrac{x^{4n+1}}{4n+1}\quad(-1<x<1)$，则 $s(0)=0$，

$$s'(x)=\sum_{n=1}^{\infty}x^{4n}=\frac{x^4}{1-x^4}\quad(-1<x<1),$$

$$s(x)=\int_0^x s'(x)\mathrm{d}x=\int_0^x\frac{x^4}{1-x^4}\mathrm{d}x=\frac{1}{4}\ln\frac{1+x}{1-x}+\frac{1}{2}\arctan x-x\quad(-1<x<1).$$

(6*) $f(x)=x^2$，$x\in[-\pi,\pi]$ 为偶函数，其傅里叶级数为余弦级数. 将 $f(x)$ 拓广为周期为 2π 的周期函数 $F(x)$，它是一个连续函数，在 $(-\pi,\pi]$ 上有 $F(x)\equiv f(x)$，将其展开成傅里叶级数，计算傅里叶系数如下

$$a_0=\frac{2}{\pi}\int_0^{\pi}x^2\mathrm{d}x=\frac{2\pi^2}{3},\quad a_n=\frac{2}{\pi}\int_0^{\pi}x^2\cos nx\,\mathrm{d}x=\frac{4}{n^2}(-1)^n\ (n=1,2,\cdots),$$

于是得到 $f(x)$ 的傅里叶级数为

$$f(x)=\frac{a_0}{2}+\sum_{n=1}^{\infty}a_n\cos nx=\frac{\pi^2}{3}+4\sum_{n=1}^{\infty}\frac{(-1)^n}{n^2}\cos nx,\ x\in[\pi,\pi].$$

☆ B 题 ☆

1. 填空题

(1) 2； (2) $|a|>1$； (3) 收敛，发散，发散； (4) $\frac{1}{\mathrm{e}}$； (5) 8； (6) 0； (7) $(1,5]$； (8) 1； (9) $\frac{3\pi}{4}-1$.

2. 选择题

(1) D； (2) C； (3) A； (4) B； (5) A； (6) A； (7) C； (8) B.

3. 计算题

(1) 判别下列级数的敛散性.

① 级数 $\sum_{n=1}^{\infty}u_n=\sum_{n=1}^{\infty}\int_0^{\frac{1}{2n}}\frac{x}{1+x^2}\mathrm{d}x$ 的一般项 u_n 满足

$$0<u_n=\int_0^{\frac{1}{2n}}\frac{x}{1+x^2}\mathrm{d}x\leqslant\int_0^{\frac{1}{2n}}x\mathrm{d}x=\frac{1}{8n^2}=v_n,$$

而 $\sum_{n=1}^{\infty}v_n=\frac{1}{8}\sum_{n=1}^{\infty}\frac{1}{n^2}$ 是 $p=2$ 时的 p 级数，因而收敛，再由比较审敛法知原级数收敛.

② 由交错级数审敛法知，$\sum_{n=1}^{\infty}(-1)^{n-1}\ln\frac{n+2}{n}$ 收敛；令 $|u_n|=\left|(-1)^{n-1}\ln\frac{n+2}{n}\right|$，$v_n=\frac{1}{n}$，则 $\lim_{n\to\infty}\frac{|u_n|}{v_n}=\lim_{n\to\infty}\ln(1+\frac{2}{n})^n=2$，而级数 $\sum_{n=1}^{\infty}\frac{1}{n}$ 发散，从而由比较审敛法的极限形式可知，级数 $\sum_{n=1}^{\infty}|u_n|$ 发散，故原级数条件收敛.

③ 由交错级数审敛法知，$\sum_{n=1}^{\infty}(-1)^n(\sqrt{n+2}-\sqrt{n})=\sum_{n=1}^{\infty}(-1)^n\frac{2}{\sqrt{n+2}+\sqrt{n}}$ 收敛；又 $|u_n|=\frac{2}{\sqrt{n+2}+\sqrt{n}}>\frac{1}{\sqrt{n+2}}$，而 $\sum_{n=1}^{\infty}\frac{1}{\sqrt{n+2}}$ 发散，从而由比较审敛法知，$\sum_{n=1}^{\infty}\frac{2}{\sqrt{n+2}+\sqrt{n}}$ 发散，故原级数条件收敛.

④ 令 $u_n=\frac{\ln(n+1)}{n+1}$，函数 $f(x)=\frac{\ln(x+1)}{x+1}$，则 $f'(x)=\frac{1-\ln(x+1)}{(x+1)^2}$. 当 $x>$

$e-1$ 时 $f'(x)<0$，函数 $f(x)$ 单调减少. 于是，当 $n\geqslant 2$ 时，$u_n>u_{n+1}$，

又 $\lim\limits_{n\to\infty}u_n=\lim\limits_{n\to\infty}\dfrac{\ln(n+1)}{n+1}=0$，由交错级数审敛法知，$\sum\limits_{n=1}^{\infty}(-1)^n\dfrac{\ln(n+1)}{n+1}$ 收敛. 令 $v_n=\dfrac{1}{n}$，则 $\lim\limits_{n\to\infty}\dfrac{|u_n|}{v_n}=\lim\limits_{n\to\infty}\ln(n+1)=+\infty$，而级数 $\sum\limits_{n=1}^{\infty}\dfrac{1}{n}$ 发散，从而由比较审敛法的极限形式可知，级数 $\sum\limits_{n=1}^{\infty}|u_n|$ 发散，故原级数条件收敛.

(2) 求下列幂级数的收敛域.

① $\rho=\lim\limits_{n\to\infty}\left|\dfrac{a_{n+1}}{a_n}\right|=\lim\limits_{n\to\infty}\dfrac{3^{n+1}+2^{n+1}}{n+1}\cdot\dfrac{n}{3^n+2^n}=3$，$R=\dfrac{1}{\rho}=\dfrac{1}{3}$. 当 $x=-\dfrac{1}{3}$ 时，原级数成为 $\sum\limits_{n=1}^{\infty}\dfrac{3^n+2^n}{n}\cdot\dfrac{(-1)^n}{3^n}=\sum\limits_{n=1}^{\infty}\dfrac{(-1)^n}{n}\left(\dfrac{2}{3}\right)^n+\sum\limits_{n=1}^{\infty}\dfrac{(-1)^n}{n}$，而 $\left|\dfrac{(-1)^n}{n}\left(\dfrac{2}{3}\right)^n\right|\leqslant\left(\dfrac{2}{3}\right)^n$，$\sum\limits_{n=1}^{\infty}\left(\dfrac{2}{3}\right)^n$ 收敛，由比较审敛法知 $\sum\limits_{n=1}^{\infty}\dfrac{(-1)^n}{n}(\dfrac{2}{3})^n$ 绝对收敛，又知交错级数 $\sum\limits_{n=1}^{\infty}\dfrac{(-1)^n}{n}$ 收敛，故 $\sum\limits_{n=1}^{\infty}\dfrac{3^n+2^n}{n}\cdot\dfrac{(-1)^n}{3^n}$ 收敛；当 $x=\dfrac{1}{3}$ 时，原级数成为 $\sum\limits_{n=1}^{\infty}\dfrac{3^n+2^n}{n}\cdot\dfrac{1}{3^n}=\sum\limits_{n=1}^{\infty}\dfrac{1}{n}(\dfrac{2}{3})^n+\sum\limits_{n=1}^{\infty}\dfrac{1}{n}$，而 $\sum\limits_{n=1}^{\infty}\dfrac{1}{n}\left(\dfrac{2}{3}\right)^n$ 收敛，调和级数 $\sum\limits_{n=1}^{\infty}\dfrac{1}{n}$ 发散，故 $\sum\limits_{n=1}^{\infty}\dfrac{3^n+2^n}{n}\cdot\dfrac{1}{3^n}$ 发散. 故原级数的收敛域为 $\left[-\dfrac{1}{3},\dfrac{1}{3}\right)$.

$$② \rho=\lim_{n\to\infty}\left|\frac{a_{n+1}}{a_n}\right|=\lim_{n\to\infty}\frac{\left(1+\dfrac{1}{n+1}\right)^{(n+1)^2}}{\left(1+\dfrac{1}{n}\right)^{n^2}}$$

$$=\lim_{n\to\infty}\frac{\left(1+\dfrac{1}{n+1}\right)^{(n+1)^2}}{\left(1+\dfrac{1}{n}\right)^{(n+1)^2}}\cdot\left[\left(1+\frac{1}{n}\right)^n\right]^2\cdot(1+\frac{1}{n})$$

$$=e^2\lim_{n\to\infty}\left[\frac{n(n+2)}{(n+1)^2}\right]^{(n+1)^2}=e^2\lim_{n\to\infty}\left[\frac{(n+1)^2-1}{(n+1)^2}\right]^{(n+1)^2}$$

$$=e^2\lim_{n\to\infty}\left\{\left[1+\frac{1}{-(n+1)^2}\right]^{-(n+1)^2}\right\}^{-1}=e,$$

$R=\dfrac{1}{\rho}=\dfrac{1}{e}$. 当 $x=\pm\dfrac{1}{e}$ 时，原级数成为 $\sum\limits_{n=1}^{\infty}\left(1+\dfrac{1}{n}\right)^{n^2}\cdot\left(\pm\dfrac{1}{e}\right)^n$，而

$$\lim_{n\to\infty}\left|\left(1+\frac{1}{n}\right)^{n^2}\cdot\left(\pm\frac{1}{e}\right)^n\right|=e^{-\frac{1}{2}}\neq 0,$$

此时原级数发散. 故原级数的收敛域为 $\left(-\dfrac{1}{e},\dfrac{1}{e}\right)$.

(3) 先求出 $\sum\limits_{n=1}^{\infty}2nx^n$ 的收敛域为 $(-1,1)$，设和函数为 $s(x)$，则

$$s(x)=2x+4x^2+6x^3+8x^4+\cdots\quad(-1<x<1),$$
$$xs(x)=2x^2+4x^3+6x^4+\cdots\quad(-1<x<1),$$

将以上两式两边分别相减得

$$(1-x)s(x)=2x+2x^2+2x^3+\cdots=2x(1+x+x^2+\cdots)=\frac{2x}{1-x}\quad(-1<x<1),$$

故 $s(x)=\dfrac{2x}{(1-x)^2}\quad(-1<x<1)$. 取 $x=\dfrac{1}{3}$，得 $\sum\limits_{n=1}^{\infty}2nx^n=\sum\limits_{n=1}^{\infty}\dfrac{2n}{3^n}=s\left(\dfrac{1}{3}\right)=\dfrac{3}{2}$.

(4) 因为 $\arctan x=\sum\limits_{n=0}^{\infty}\frac{(-1)^n}{2n+1}x^{2n+1}$，$x\in[-1,1]$，所以 $f(x)$ 的幂级数展开式为

$$\begin{aligned}
f(x)&=\frac{1+x^2}{x}\cdot\sum_{n=0}^{\infty}\frac{(-1)^n}{2n+1}x^{2n+1}=(x+\frac{1}{x})\cdot\sum_{n=0}^{\infty}\frac{(-1)^n}{2n+1}x^{2n+1}\\
&=\sum_{n=0}^{\infty}\frac{(-1)^n}{2n+1}x^{2n+2}+\sum_{n=0}^{\infty}\frac{(-1)^n}{2n+1}x^{2n}\\
&=1+\sum_{n=1}^{\infty}\frac{(-1)^n}{2n+1}x^{2n}+\sum_{n=1}^{\infty}\frac{(-1)^{n-1}}{2n-1}x^{2n}=1+\sum_{n=1}^{\infty}(\frac{1}{2n+1}+\frac{1}{1-2n})(-1)^n x^{2n}\\
&=1+2\sum_{n=1}^{\infty}\frac{(-1)^n}{1-4n^2}x^{2n}，x\in[-1,1]，
\end{aligned}$$

取 $x=1$，即得 $\sum\limits_{n=1}^{\infty}\frac{(-1)^n}{1-4n^2}=\frac{1}{2}[f(1)-1]=\frac{1}{2}(\frac{\pi}{2}-1)=\frac{\pi}{4}-\frac{1}{2}$.

(5) $(\ln x)'=\frac{1}{x}=\frac{1}{2+(x-2)}=\sum\limits_{n=0}^{\infty}(-1)^n\frac{(x-2)^n}{2^{n+1}}$，$x\in(0,4)$，

$\ln x=\ln 2+\int_2^x(\ln x)'\mathrm{d}x=\ln 2+\sum\limits_{n=1}^{\infty}\frac{(-1)^{n-1}}{n\cdot 2^n}(x-2)^n$，$x\in(0,4)$，

$f(x)=(x-2)^3\ln x=\ln 2\cdot(x-2)^3+\sum\limits_{n=1}^{\infty}\frac{(-1)^{n-1}}{n\cdot 2^n}(x-2)^{n+3}$，$x\in(0,4)$.

(6) 将 $f(x)$ 拓广为周期为 2π 的周期函数 $F(x)$，在 $(-\pi,\pi]$ 上有 $F(x)\equiv f(x)$，将其展开成傅里叶级数，计算傅里叶系数如下

$$a_0=\frac{1}{\pi}\int_{-\pi}^{\pi}f(x)\mathrm{d}x=\frac{1}{\pi}\left[\int_{-\pi}^{0}\mathrm{e}^x\mathrm{d}x+\int_0^{\pi}\mathrm{d}x\right]=\frac{1-\mathrm{e}^{-\pi}+\pi}{\pi}，$$

$$\begin{aligned}
a_n&=\frac{1}{\pi}\int_{-\pi}^{\pi}f(x)\cos nx\,\mathrm{d}x=\frac{1}{\pi}\left[\int_{-\pi}^{0}\mathrm{e}^x\cos nx\,\mathrm{d}x+\int_0^{\pi}\cos nx\,\mathrm{d}x\right]=\frac{1-\mathrm{e}^{-\pi}\cos n\pi}{\pi(1+n^2)}\\
&=\frac{1-(-1)^n\mathrm{e}^{-\pi}}{\pi(1+n^2)}\quad(n=1,2,\cdots)，
\end{aligned}$$

$$\begin{aligned}
b_n&=\frac{1}{\pi}\int_{-\pi}^{\pi}f(x)\sin nx\,\mathrm{d}x=\frac{1}{\pi}\left[\int_{-\pi}^{0}\mathrm{e}^x\sin nx\,\mathrm{d}x+\int_0^{\pi}\sin nx\,\mathrm{d}x\right]\\
&=\frac{1}{\pi}\left[\frac{n(\mathrm{e}^{-\pi}\cos n\pi-1)}{1+n^2}+\frac{1-\cos n\pi}{n}\right]\\
&=\frac{1}{\pi}\left[\frac{-n+(-1)^n n\mathrm{e}^{-\pi}}{1+n^2}+\frac{1-(-1)^n}{n}\right]\quad(n=1,2,\cdots).
\end{aligned}$$

从而得到 $f(x)$ 的傅里叶级数为

$$\begin{aligned}
f(x)&=\frac{a_0}{2}+\sum_{n=1}^{\infty}(a_n\cos nx+b_n\sin nx)=\frac{1-\mathrm{e}^{-\pi}+\pi}{2\pi}+\frac{1}{\pi}\sum_{n=1}^{\infty}\left\{\frac{1-(-1)^n\mathrm{e}^{-\pi}}{1+n^2}\cos nx\right.\\
&\left.+\left[\frac{-n+(-1)^n n\mathrm{e}^{-\pi}}{1+n^2}+\frac{1-(-1)^n}{n}\right]\sin nx\right\}，x\in(-\pi,\pi)
\end{aligned}$$

当 $x=\pm\pi$ 时，由收敛定理，该级数收敛于 $\frac{f(\pi^-)+f(-\pi^+)}{2}=\frac{1+\mathrm{e}^{-\pi}}{2}$.

故 $f(x)$ 的傅里叶级数的和函数为 $s(x)=\begin{cases}f(x)，& -\pi<x<\pi，\\ \frac{1+\mathrm{e}^{-\pi}}{2}，& x=\pm\pi.\end{cases}$

(7) 将函数 $f(x)=x(0\leqslant x\leqslant \pi)$ 展开成正弦级数. 为此，对 $f(x)$ 作奇延拓，得 $g(x)=x(-\pi<x\leqslant \pi)$，再将 $g(x)$ 展开成周期为 2π 的周期函数 $G(x)$.

$G(x)$ 在区间 $(-\pi,\pi)$ 上的正弦级数是 $\sum\limits_{n=1}^{\infty}b_n\sin nx$，系数 b_n 为

$$b_n=\frac{2}{\pi}\int_0^{\pi}x\sin nx\,\mathrm{d}x=\frac{2}{\pi}\left[-\frac{1}{n}x\cos nx+\frac{1}{n^2}\sin nx\right]_0^{\pi}=-\frac{2}{n}\cos n\pi$$
$$=(-1)^{n+1}\cdot\frac{2}{n}\quad(n=1,2,\cdots),$$

由收敛定理，当 $x=\pi$ 时，该正弦级数收敛于 $\dfrac{G(\pi^-)+G(-\pi^+)}{2}=\dfrac{\pi+(-\pi)}{2}=0$.

$G(x)$ 在区间 $[0,\pi]$ 上时，$f(x)=G(x)$ 展开成正弦级数是

$$x=\sum_{n=1}^{\infty}(-1)^{n+1}\cdot\frac{2}{n}\cdot\sin nx\qquad(0\leqslant x\leqslant \pi).$$

自测题参考答案

自测题（一）

1. 填空题

(1) 12； (2) $a-b$； (3) $-1,3$； (4) $\frac{3}{8}\pi$； (5) 收敛.

2. 选择题

(1) D； (2) B； (3) C； (4) D； (5) B.

3. 计算题

(1) $\lim\limits_{x\to 0}\dfrac{1-\cos x^2}{x^3\sin x}=\lim\limits_{x\to 0}\dfrac{\frac{1}{2}x^4}{x^3\sin x}=\lim\limits_{x\to 0}\dfrac{\frac{1}{2}x^4}{x^4}=\dfrac{1}{2}$.

(2) 方程两边对 x 求导得 $\dfrac{dy}{dx}=\sin y+x\cos y\dfrac{dy}{dx}$，从而 $\dfrac{dy}{dx}=\dfrac{\sin y}{1-x\cos y}$，

当 $x=0$ 时，$y=1$，代入上式得 $\left.\dfrac{dy}{dx}\right|_{x=0}=\sin 1$.

(3) $\displaystyle\int_0^1\frac{1}{1+e^x}dx=\int_0^1\frac{1+e^x-e^x}{1+e^x}dx=\int_0^1\left(1-\frac{e^x}{1+e^x}\right)dx$

$=[x-\ln(1+e^x)]_0^1=1+\ln 2-\ln(1+e)$.

(4) 两边对 x 求导得：$f'(x)=3f(x)+2e^{2x}$，即为一阶线性微分方程

$$f'(x)-3f(x)=2e^{2x},$$

从而 $f(x)=e^{\int 3dx}\left[\int 2e^{2x}e^{-\int 3dx}dx+C\right]=e^{3x}\left[\int 2e^{-x}dx+C\right]=Ce^{3x}-2e^x$，

又由 $f(0)=1$ 代入得 $C=3$，故 $f(x)=3e^{3x}-2e^x$.

(5) $\dfrac{dy}{dx}=\dfrac{\frac{dy}{dt}}{\frac{dx}{dt}}=\dfrac{3t^2-3}{2e^t+2te^t}$，

$$\frac{d^2y}{dx^2}=\frac{\frac{d}{dt}\left(\frac{3t^2-3}{2e^t+2te^t}\right)}{\frac{dx}{dt}}=\frac{6t^2(2e^t+2te^t)-(3t^2-3)(4e^t+2te^t)}{(2e^t+2te^t)^3}.$$

$\left.\dfrac{d^2y}{dx^2}\right|_{t=0}=\dfrac{3}{2}$.

(6) $\displaystyle\int\frac{\cos x+\sin x}{\sin x-\cos x}dx=\int\frac{1}{\sin x-\cos x}d(\sin x-\cos x)=\ln|\sin x-\cos x|+C$.

(7) 当 $0\leqslant x<1$ 时，$G(x)=\displaystyle\int_0^x f(t)dt=\int_0^x t^2dt=\frac{x^3}{3}$，

当 $1\leqslant x\leqslant 2$ 时，$G(x)=\displaystyle\int_0^x f(t)dt=\int_0^1 t^2dt+\int_1^x tdt=\frac{x^2}{2}-\frac{1}{6}$，

故 $G(x)=\begin{cases}\dfrac{x^3}{3}, & 0\leqslant x<1,\\ \dfrac{x^2}{2}-\dfrac{1}{6}, & 1\leqslant x\leqslant 2.\end{cases}$

(8) $2y''+y'-y=2e^x$ 对应齐次方程为 $2y''+y'-y=0$，特征方程为 $2r^2+r-1=0$，其根为 $r_1=\dfrac{1}{2}$，$r_2=-1$，于是对应齐次方程的通解为 $Y(x)=C_1e^{\frac{1}{2}x}+C_2e^{-x}$，由题知 $\lambda=1$ 不是特征方程的根，故可设特解为 $y^*=Ae^x$，代入原方程得 $A=1$，即 $y^*=e^x$，所求方程通解为 $y=C_1e^{\frac{1}{2}x}+C_2e^{-x}+e^x$.

4. 应用题

(1) 生产并销售 q 台电视机的利润 $Q=R-C=-0.01q^2+150q-5000$，令 $Q'=-0.02q+150=0$，得驻点 $q=7500$，由于 $q=7500$ 是唯一可能的最值点，
所以当生产 $q=7500$ 台取得的利润最大.

(2) 绕 x 轴旋转所成的旋转体的体积 $V_x=\int_0^1\pi y^2dx=\int_0^1\pi(x^2)^2dx=\pi\int_0^1x^4dx=\dfrac{\pi}{5}$.
绕 y 轴旋转所成的旋转体的体积

$$V_y=\int_0^1(\pi-\pi y)dx=\pi\int_0^1(1-y)dx=\pi\left(y-\frac{1}{2}y^2\right)\Big|_0^1=\frac{\pi}{2}.$$

5. 证明题

令 $f(x)=1-\cos x-\dfrac{x^2}{2}$，则 $f(0)=0$.

当 $x>0$ 时，$f'(x)=\sin x-x$. 又 $f''(x)=\cos x-1\leqslant 0$，所以，$f'(x)$ 在 $x>0$ 上单调递减，

即当 $x>0$ 时 $f'(x)<f'(0)=0$. 故当 $x>0$ 时，有 $1-\cos x<\dfrac{x^2}{2}$ 成立.

自测题（二）

1. 选择题

(1) B； (2) B； (3) A； (4) D； (5) B.

2. 填空题

(1) ln2； (2) 2； (3) $-\dfrac{3\pi}{2}$； (4) 收敛； (5) $y^*=\dfrac{1}{6}x^3e^x$.

3. 计算题

(1) $\lim\limits_{x\to+\infty}\dfrac{\int_0^x t^2e^{t^2}dt}{xe^{x^2}}=\lim\limits_{x\to+\infty}\dfrac{x^2e^{x^2}}{e^{x^2}+2x^2e^{x^2}}=\lim\limits_{x\to+\infty}\dfrac{x^2}{1+2x^2}=\dfrac{1}{2}$.

(2) 两边关于 x 求导得 $y^2+2xyy'+e^yy'=-\sin(x+y^2)(1+2yy')$，则有

$$y'=-\frac{y^2+\sin(x+y^2)}{2xy+e^y+2y\sin(x+y^2)}.$$

(3) $t=0$ 所对应曲线上的点为 $M(0,0)$. 曲线在 M 点的斜率为

$$k=\left.\frac{\mathrm{d}y}{\mathrm{d}x}\right|_{t=0}=\left.\frac{y'(t)}{x'(t)}\right|_{t=0}=\left.\frac{\cos(t+\sin t)(1+\cos t)}{\cos t}\right|_{t=0}=2.$$

法线斜率为 $k_1=-\frac{1}{2}$，

切线方程为 $y=2x$，法线方程为 $y=-\frac{1}{2}x$.

(4) $$\int\frac{\sin x}{1+\sin x}\mathrm{d}x=\int\frac{\sin x(1-\sin x)}{\cos^2 x}\mathrm{d}x=\int\frac{\sin x}{\cos^2 x}\mathrm{d}x-\int\tan^2 x\,\mathrm{d}x$$
$$=\frac{1}{\cos x}-\int(\sec^2 x-1)\,\mathrm{d}x=\frac{1}{\cos x}-\tan x+x+C.$$

(5) 令 $x-2=u$，$$\int_1^4 f(x-2)\mathrm{d}x=\int_{-1}^2 f(u)\mathrm{d}u=\int_{-1}^0\frac{1}{1+\cos u}\mathrm{d}u+\int_0^2 u\mathrm{e}^{u^2}\mathrm{d}u$$
$$=\int_{-1}^0\frac{1}{\cos^2\frac{u}{2}}\mathrm{d}\,\frac{u}{2}+\frac{1}{2}\int_0^2\mathrm{e}^{-u^2}\mathrm{d}u^2$$
$$=\tan\frac{u}{2}\Big|_{-1}^0-\frac{1}{2}\mathrm{e}^{-u^2}\Big|_0^2=\tan\frac{1}{2}+\frac{1}{2}(1-\mathrm{e}^{-4}).$$

(6) $$f(x)=\frac{1}{2}\int_0^x(x^2-2tx+t^2)g(t)\mathrm{d}t=\frac{1}{2}\left[x^2\int_0^x g(t)\mathrm{d}t-2x\int_0^x tg(t)\mathrm{d}t+\int_0^x t^2 g(t)\mathrm{d}t\right]$$

$f'(x)=x\cdot\int_0^x g(t)\mathrm{d}t-\int_0^x tg(t)\mathrm{d}t$；$f''(x)=\int_0^x g(t)\mathrm{d}t+xg(x)-xg(x)=\int_0^x g(t)\mathrm{d}t$，

于是 $f''(1)=\int_0^1 g(t)\mathrm{d}t=2$.

4. 应用题

(1) 由题意知，定价每降低 20 元，住房率便增加 10%，则可以得出房价每降低 1 元，住房率增加 $\frac{10\%}{20}=0.5\%$，设 y 代表宾馆一天总收入，x 表示与 160 相比降低的房价，得到

$$y=150(160-x)(55\%+0.5\%x),\quad 0\leqslant x\leqslant 90.$$

由 $y'=0$ 得到唯一驻点 $x=25$，则 $160-25=135$ 为最大收入时的房价.
当房价为 135 时，最大收入 $y=13668.75$.

(2) 联立方程 $\begin{cases}x=1-2y^2,\\ y=x\end{cases}$ 求得交点 $(-1,-1)$ 和 $(\frac{1}{2},\frac{1}{2})$，取 y 为积分变量，积分区间为 $[-1,\frac{1}{2}]$，所围成图形的面积为

$$S=\int_{-1}^{\frac{1}{2}}(1-2y^2-y)\mathrm{d}y=\left(y-\frac{1}{2}y^2-\frac{2}{3}y^3\right)\Big|_{-1}^{\frac{1}{2}}=\frac{9}{8}.$$

5. 证明题

令 $f(x)=\mathrm{e}^x$，可知 $f(x)$ 在 $[0,x]$ 上连续可导，应用拉格朗日中值定理，至少存在一点 ξ，使得 $\frac{f(x)-f(0)}{x-0}=f'(\xi)$，即 $\frac{\mathrm{e}^x-1}{x}=\mathrm{e}^{\xi}$，也就是 $\mathrm{e}^x-1=x\mathrm{e}^{\xi}$，

因为 $0<\xi<x$，且函数 $f(x)=\mathrm{e}^x$ 单调增加，所以 $x\mathrm{e}^0<\mathrm{e}^x-1<x\mathrm{e}^x$，即得证.

自测题（三）

1. 填空题

(1) 2； (2) $(1,-3,-4)$； (3) $\int_0^1\mathrm{d}y\int_y^{2-y}f(x,y)\mathrm{d}x$； (4) 0； (5) $\frac{3}{2}$.

2. 选择题

(1) B； (2) D； (3) A； (4) C； (5) B.

3. 计算题

(1) $\lim\limits_{(x,y)\to(0,0)}\dfrac{e^{x^2+y^2}-1}{\sin(x^2+y^2)}=\lim\limits_{(x,y)\to(0,0)}\dfrac{x^2+y^2}{x^2+y^2}=1$.

(2) $\dfrac{x}{z}=\ln(\dfrac{z}{y})$. 设 $F(x,y,z)=\dfrac{x}{z}-\ln(\dfrac{z}{y})$，则 $F_x=\dfrac{1}{z}$，$F_y=\dfrac{1}{y}$，$F_z=-\dfrac{x+z}{z^2}$，

于是 $\dfrac{\partial z}{\partial x}=\dfrac{z}{x+z}$，$\dfrac{\partial z}{\partial y}=\dfrac{z^2}{y(x+z)}$； $dz=\dfrac{z}{x+z}dx+\dfrac{z^2}{y(x+z)}dy$.

(3) 由对称性知 $\iint\limits_{\Sigma}x^2dS=\iint\limits_{\Sigma}y^2dS=\iint\limits_{\Sigma}z^2dS=\dfrac{1}{3}\iint\limits_{\Sigma}(x^2+y^2+z^2)dS=\dfrac{1}{3}a^2\iint\limits_{\Sigma}dS=\dfrac{4\pi}{3}a^4$，

可得 $\iint\limits_{\Sigma}(x^2+2y^2+3z^2)dS=\iint\limits_{\Sigma}x^2dS+2\iint\limits_{\Sigma}y^2dS+3\iint\limits_{\Sigma}z^2dS=6\iint\limits_{\Sigma}x^2dS=8\pi a^4$.

(4) $\rho=\lim\limits_{n\to\infty}\left|\dfrac{a_{n+1}}{a_n}\right|=\lim\limits_{n\to\infty}\dfrac{3^{n+1}}{n+3}\cdot\dfrac{n+2}{3^n}=3$，收敛半径 $R=\dfrac{1}{3}$，

当 $x=-\dfrac{1}{3}$ 时，级数 $\sum\limits_{n=0}^{\infty}\dfrac{(-1)^n}{n+2}$ 收敛；当 $x=\dfrac{1}{3}$ 时，级数 $\sum\limits_{n=0}^{\infty}\dfrac{1}{n+2}$ 发散，故收敛域为 $[-\dfrac{1}{3},\dfrac{1}{3})$.

(5) $\left.\dfrac{\partial u}{\partial x}\right|_A=\left.\dfrac{xz}{\sqrt{x^2-y^2}}\right|_A=-5$，$\left.\dfrac{\partial u}{\partial y}\right|_A=\left.\dfrac{-yz}{\sqrt{x^2-y^2}}\right|_A=4$，$\left.\dfrac{\partial u}{\partial z}\right|_A=\left.\sqrt{x^2-y^2}\right|_A=3$，

$$\mathrm{grad}u|_A=-5\boldsymbol{i}+4\boldsymbol{j}+3\boldsymbol{k},$$

所以函数 u 在点 A 沿 $\mathrm{grad}\ u|_A$ 的方向导数最大，最大值为 $|\mathrm{grad}u|_A|=5\sqrt{2}$.

(6) 令 $\iint\limits_{D}f(x,y)d\sigma=A$，则 $f(x,y)=e^{-x^2}+yA$，

则 $A=\iint\limits_{D}f(x,y)d\sigma=\iint\limits_{D}(e^{-x^2}+yA)d\sigma=\int_0^1dx\int_0^x e^{-x^2}dy+\int_0^1dx\int_0^x yA\,dy$

$=\dfrac{1}{2}\left(1-\dfrac{1}{e}\right)+\dfrac{A}{6}$，

所以 $A=\dfrac{3}{5}\left(1-\dfrac{1}{e}\right)$，于是 $f(x,y)=e^{-x^2}+\dfrac{3}{5}\left(1-\dfrac{1}{e}\right)y$.

(7) 由 $S_L=\dfrac{1}{2}\oint_L x\,dy-ydx$，其中 S_L 表示由 L 围成的面积，L 取正向，故

$$\oint_L ydx-x\,dy=-2S_L=-2\pi ab.$$

(8) $\iint\limits_{\Sigma}ydydz-xdzdx+z^2dxdy=\iint\limits_{\Sigma_{yz}}ydydz-\iint\limits_{\Sigma_{xz}}xdzdx-\iint\limits_{\Sigma_{xy}}(x^2+y^2)dxdy$

$=\int_0^1dy\int_y^{\sqrt{1+y^2}}ydz-\int_0^1dx\int_x^{\sqrt{1+x^2}}xdz-\int_0^1dx\int_0^1(x^2+y^2)dy$

$=-\dfrac{2}{3}$.

4. 应用题

(1) $f(x)=\frac{1}{5}(\frac{1}{x-4}-\frac{1}{x+1})=\frac{1}{5}\left(-\frac{1}{3}\frac{1}{1-\frac{x-1}{3}}-\frac{1}{2}\frac{1}{1+\frac{x-1}{2}}\right)$

$$=\frac{1}{5}\left[-\frac{1}{3}\sum_{n=0}^{\infty}(\frac{x-1}{3})^n-\frac{1}{2}\sum_{n=0}^{\infty}(-\frac{x-1}{2})^n\right]$$

$$=\frac{1}{5}\sum_{n=0}^{\infty}\left[\frac{-1}{3^n}-\frac{(-1)^{n+1}}{2^{n+1}}\right](x-1)^n\quad(-1<x<3).$$

(2) 设长、宽、高分别为 x, y, z, 则 $V=xyz$, 且 $\frac{1}{x}+\frac{1}{y}+\frac{1}{z}=\frac{1}{a}$,

令 $L(x,y,z)=xyz+\lambda\left(\frac{1}{x}+\frac{1}{y}+\frac{1}{z}-\frac{1}{a}\right)$, 则由 $\begin{cases}L_x=yz-\frac{\lambda}{x^2}=0,\\ L_y=xz-\frac{\lambda}{y^2}=0,\\ L_z=xy-\frac{\lambda}{z^3}=0,\\ \frac{1}{x}+\frac{1}{y}+\frac{1}{z}=\frac{1}{a}\end{cases}$ 解得 $x=y=z=\frac{3}{a}$,

由该题本身性质可知最大值一定存在，且在唯一可能极值点 $\left(\frac{3}{a},\frac{3}{a},\frac{3}{a}\right)$ 处取得，

所以当 $x=\frac{3}{a}$, $y=\frac{3}{a}$, $z=\frac{3}{a}$ 时, $V_{\max}=\frac{27}{a^3}$.

5. 证明题

提示：令 $x-y=a, x+y=b$ 求出 $f(x,y)=xy$ 即证.

自测题（四）

1. 选择题

(1) D； (2) B； (3) C； (4) B； (5) C.

2. 填空题

(1) $\frac{1}{3}\mathrm{d}x+\frac{1}{3}\mathrm{d}y$； (2) 2； (3) $\frac{1}{6}(1-\frac{2}{e})$； (4) $36a$； (5) $\frac{3}{2}$.

3. 计算题

(1) 令 $\sqrt{x^2+y^2}=t$, 则原式 $=\lim\limits_{t\to0}\frac{t-\sin t}{t^3}=\lim\limits_{t\to0}\frac{1-\cos t}{3t^2}=\lim\limits_{t\to0}\frac{\frac{1}{2}t^2}{3t^2}=\frac{1}{6}$.

(2) 设 $D_1=\{(x,y)\mid 0\leqslant x\leqslant 1, 0\leqslant y\leqslant x\}$,

$D_2=\{(x,y)\mid 0\leqslant x\leqslant 1, x\leqslant y\leqslant 1\}$,

则 $$\iint_D e^{\max\{x^2,y^2\}}\mathrm{d}x\mathrm{d}y=\iint_{D_1}e^{\max\{x^2,y^2\}}\mathrm{d}x\mathrm{d}y+\iint_{D_2}e^{\max\{x^2,y^2\}}\mathrm{d}x\mathrm{d}y$$

$$=\iint_{D_1}e^{x^2}\mathrm{d}x\mathrm{d}y+\iint_{D_2}e^{y^2}\mathrm{d}x\mathrm{d}y=2\iint_{D_1}e^{x^2}\mathrm{d}x\mathrm{d}y=2\int_0^1\mathrm{d}x\int_0^x e^{x^2}\mathrm{d}y$$

$$=e-1.$$

(3) 由轮换对称性可知 $\iiint\limits_{\Omega} x\,\mathrm{d}x\mathrm{d}y\mathrm{d}z = \iiint\limits_{\Omega} y\,\mathrm{d}x\mathrm{d}y\mathrm{d}z = \iiint\limits_{\Omega} z\,\mathrm{d}x\mathrm{d}y\mathrm{d}z$，因此可以得到

$$\iiint\limits_{\Omega}(x+y+z)\,\mathrm{d}x\mathrm{d}y\mathrm{d}z = 3\iiint\limits_{\Omega} z\,\mathrm{d}x\mathrm{d}y\mathrm{d}z = 3\int_0^R z\mathrm{d}z\iint\limits_{D_z}\mathrm{d}x\mathrm{d}y = \frac{3}{4}\int_0^R z(R^2-z^2)\mathrm{d}z = \frac{3}{16}\pi R^4 .$$

(4) 曲线 $\begin{cases} x = t, \\ y = 2t^2 - 1, \\ z = t^3 \end{cases}$ 在点 $A(1,1,1)$ 处的切线方向向量为

$$\boldsymbol{T} = \pm(1, 4t, 3t^2)\big|_A = \pm(1,4,3),$$

则与切线方向同方向的单位向量为 $\mathbf{e}_T = \pm\left(\frac{1}{\sqrt{26}}, \frac{4}{\sqrt{26}}, \frac{3}{\sqrt{26}}\right).$

且 $\left.\frac{\partial u}{\partial x}\right|_{(1,1,1)} = (yz\mathrm{e}^{xyz})\big|_{(1,1,1)} = 2+\mathrm{e}$， $\left.\frac{\partial u}{\partial y}\right|_{(1,1,1)} = (xz\mathrm{e}^{xyz}+2y)\big|_{(1,1,1)} = 2+\mathrm{e}$，

$\left.\frac{\partial u}{\partial z}\right|_{(1,1,1)} = (xz\mathrm{e}^{xyz})\big|_{(1,1,1)} = \mathrm{e}$，

故所求方向导数为 $\left.\frac{\partial u}{\partial T}\right|_{(1,1,1)} = \pm\left[(2+\mathrm{e})\frac{1}{\sqrt{26}} + (2+\mathrm{e})\frac{4}{\sqrt{26}} + \mathrm{e}\frac{3}{\sqrt{26}}\right] = \pm\frac{8\mathrm{e}+10}{\sqrt{26}}$.

(5) 令 $t = x-3$，则级数变为 $\sum\limits_{n=1}^{\infty}(-1)^n\frac{t^n}{n^2}$，

$$\rho = \lim_{n\to\infty}\left|\frac{a_{n+1}}{a_n}\right| = \lim_{n\to\infty}\left|\frac{(-1)^{n+1}\cdot n^2}{(-1)^n\cdot(n+1)^2}\right| = 1 .$$

故收敛半径 $R=1$，级数的收敛区间为 $|t|<1$，即 $2<x<4$；

当 $x=2$ 时，级数 $\sum\limits_{n=1}^{\infty}\frac{1}{n^2}$ 收敛；当 $x=4$ 时，级数 $\sum\limits_{n=1}^{\infty}(-1)^n\frac{1}{n^2}$ 收敛，故收敛域为 $[2,4]$.

(6) $P = \sqrt{x^2+y^2}$, $Q = 5x + y\ln(x+\sqrt{x^2+y^2})$，$L$ 围成区域 D. 由格林公式得

$$I = \iint\limits_D\left(\frac{\partial Q}{\partial x} - \frac{\partial P}{\partial y}\right)\mathrm{d}x\mathrm{d}y = 5\iint\limits_D\mathrm{d}x\mathrm{d}y = 5\pi$$

(7) 补上平面 Σ_1：$\begin{cases} x^2+y^2\leqslant 1, \\ z=1, \end{cases}$ 其法线矢量与 z 轴正向同向。Σ 和 Σ_1 围成的空间闭区域 Ω 的外侧，则

$$\begin{aligned}
&\iint\limits_{\Sigma} x\mathrm{d}y\mathrm{d}z + y\mathrm{d}z\mathrm{d}x + (z^2-2z)\mathrm{d}x\mathrm{d}y \\
&= \oiint\limits_{\Sigma+\Sigma_1} x\mathrm{d}y\mathrm{d}z + y\mathrm{d}z\mathrm{d}x + (z^2-2z)\mathrm{d}x\mathrm{d}y - \iint\limits_{\Sigma_1} x\mathrm{d}y\mathrm{d}z + y\mathrm{d}z\mathrm{d}x + (z^2-2z)\mathrm{d}x\mathrm{d}y \\
&= \iiint\limits_{\Omega}(1+1+2z-2)\mathrm{d}x\mathrm{d}y\mathrm{d}z - \iint\limits_{D_{xy}}(1-2) = \frac{3\pi}{2}.
\end{aligned}$$

4. 应用题

(1)
$$\begin{aligned}
f(x) &= \frac{1}{x^2+4x+3} = \frac{1}{2(x+1)} - \frac{1}{2(x+3)} \\
&= -\frac{1}{2}\cdot\frac{1}{1-(x+2)} - \frac{1}{2}\cdot\frac{1}{1+(x+2)} \\
&= -\frac{1}{2}\sum_{n=0}^{\infty}(x+2)^n - \frac{1}{2}\sum_{n=0}^{\infty}(-1)^n(x+2)^n \\
&= -\frac{1}{2}\sum_{n=0}^{\infty}[1+(-1)^n](x+2)^n \quad (-3<x<-1).
\end{aligned}$$

（2）设长方体的长宽高分变为 x,y,z，则长方体的体积为 $V=xyz$（$x>0,y>0,z>0$），且满足 $x^2+y^2+z^2=d^2$，令 $F(x,y,z)=xyz+\lambda(x^2+y^2+z^2-d^2)$，

则由 $\begin{cases} L_x=yz+2\lambda x=0, \\ L_y=xz+2\lambda y=0, \\ L_z=xy+2\lambda z=0, \\ x^2+y^2+z^2=d^2 \end{cases}$ 解得 $x=y=z=\dfrac{d}{\sqrt{3}}$，$\left(\dfrac{d}{\sqrt{3}},\dfrac{d}{\sqrt{3}},\dfrac{d}{\sqrt{3}}\right)$ 是唯一可能极值点，

则 $V=xyz$ 一定有最大值，所以当 $x=y=z=\dfrac{d}{\sqrt{3}}$ 时 $V=xyz$ 有最大值.

5. 证明题

令 $F(x,y,z)=\Phi\left(x+\dfrac{z}{y},y+\dfrac{z}{x}\right)$，

则 $F_x=\Phi_1-\dfrac{z}{x^2}\Phi_2$，$F_y=-\dfrac{z}{y^2}\Phi_1+\Phi_2$，$F_z=\dfrac{1}{y}\Phi_1+\dfrac{1}{x}\Phi_2$，

于是 $\dfrac{\partial z}{\partial x}=-\dfrac{F_x}{F_z}=-\dfrac{\Phi_1-\dfrac{z}{x^2}\Phi_2}{\dfrac{1}{y}\Phi_1+\dfrac{1}{x}\Phi_2}$，$\dfrac{\partial z}{\partial y}=-\dfrac{F_y}{F_z}=-\dfrac{-\dfrac{z}{y^2}\Phi_1+\Phi_2}{\dfrac{1}{y}\Phi_1+\dfrac{1}{x}\Phi_2}$，

故 $x\dfrac{\partial z}{\partial x}+y\dfrac{\partial z}{\partial y}=z-xy$.